本科规划教材

显示器件技术
（第三版）

XIANSHIQIJIAN JISHU
DISANBAN

于军胜　蒋　泉　张　磊　主编

电子科技大学出版社
University of Electronic Science and Technology of China Press

·成都·

图书在版编目（CIP）数据

显示器件技术 / 于军胜，蒋泉，张磊主编. -- 3 版
. -- 成都：电子科技大学出版社，2021.3

ISBN 978-7-5647-8802-5

Ⅰ. ①显… Ⅱ. ①于… ②蒋… ③张… Ⅲ. ①显示器
—教材 Ⅳ. ①TN873

中国版本图书馆 CIP 数据核字（2021）第 049702 号

显示器件技术（第三版）

于军胜 蒋 泉 张 磊 主编

策划编辑 郭蜀燕 万晓桐
责任编辑 万晓桐

出版发行 电子科技大学出版社
　　　　 成都市一环路东一段 159 号电子信息产业大厦 邮编 610051
主　 页 www.uestcp.com.cn
服务电话 028-83203399
邮购电话 028-83201495

印　 刷 成都市火炬印务有限公司
成品尺寸 185mm×260mm
印　 张 27.25
字　 数 628 千字
版　 次 2021 年 3 月第一版
印　 次 2021 年 3 月第一次印刷
书　 号 ISBN 978-7-5647-8802-5
定　 价 95.00 元

前言 // FOREWORD

《显示器件技术（第三版）》在保持2014年第二版内容全面性、广泛性的基础上，仍然保持原书结构不变，根据教学中学生反馈的情况和其他兄弟院校的建议，对整本书的内容进行进一步的梳理和优化。其中第1章增加了光度学和色度学的相关基础知识，对色度学中的色坐标的应用做了进一步的完善，使理论体系更加完整。在第二版的基础上，针对逐渐发展成熟的OLED显示技术，对其整体的结构和脉络进行了梳理，完善了有机电致发光器件的内容。随着LED技术在最近几年的快速发展，MiniLED和MicroLED技术逐渐得到应用，因此在LED显示的章节，针对其关键技术，做了相应的补充。另外在第八章的其他显示技术章节，根据最近几年新技术的不断发展，主要在3D显示技术中，进一步详细地补充了3D显示方面的内容。另外，激光显示技术也在近年来得到了实际的应用，因此新增加了激光显示技术的内容。为了整本书篇幅的要求，也根据技术发展的变化趋势，对已逐步淡出市场的等离子显示技术的章节做了适当的删减。

参与本书第三版编写的作者都是长期从事各类显示器件技术教学的教师和科研人员。电子科技大学的于军胜教授、蒋泉副教授、张磊副教授共同完成了对第三版的修订工作。在本书的编写过程中，还得到了钟建副教授，黄江研究员，魏佳邦、胡刚等研究生的大力支持，在此向他们表示衷心的感谢！科学技术的发展日新月异，由于编者学识水平有限，书中谬误在所难免，恳请同行专家和广大读者批评指正。

编者

2021年4月

目录 CONTENTS

第一章　显示技术基础 ·· 1

1.1　概述 ·· 1

　　1.1.1　显示技术 ··· 1

　　1.1.2　显示技术的发展史 ······································ 2

　　1.1.3　显示技术分类 ·· 7

1.2　光度和色度 ·· 8

　　1.2.1　视觉系统介绍 ·· 8

　　1.2.2　人眼的黑白视觉特性 ·································· 12

　　1.2.3　人眼的颜色视觉特性 ·································· 16

　　1.2.4　电磁辐射和光的度量 ·································· 20

　　1.2.5　颜色的基本术语 ·· 24

　　1.2.6　颜色匹配 ··· 25

　　1.2.7　表色系和色度图 ·· 27

　　1.2.8　色坐标计算 ·· 32

　　1.2.9　色彩混合 ··· 36

1.3　图像的分辨率特性 ··· 39

　　1.3.1　临界分辨率 ·· 39

　　1.3.2　空间调制传递函数 ····································· 40

　　1.3.3　分辨率与清晰度 ·· 43

1.4　显示器件画面质量的评价 ···································· 45

1.5　视频接口 ·· 47

　　1.5.1　复合视频接口 ··· 47

　　1.5.2　S-Video接口 ··· 48

　　1.5.3　YPbPr / YCbCr色差接口 ······························ 49

1.5.4　VGA接口 ⋯⋯⋯⋯⋯⋯⋯⋯⋯⋯⋯⋯⋯⋯49

1.5.5　DVI接口 ⋯⋯⋯⋯⋯⋯⋯⋯⋯⋯⋯⋯⋯⋯50

1.5.6　HDMI接口 ⋯⋯⋯⋯⋯⋯⋯⋯⋯⋯⋯⋯⋯51

1.5.7　BNC接口 ⋯⋯⋯⋯⋯⋯⋯⋯⋯⋯⋯⋯⋯52

1.5.8　DP接口 ⋯⋯⋯⋯⋯⋯⋯⋯⋯⋯⋯⋯⋯⋯53

1.5.9　数字音视频交互接口 DiiVA ⋯⋯⋯⋯⋯54

1.5.10　总结 ⋯⋯⋯⋯⋯⋯⋯⋯⋯⋯⋯⋯⋯⋯54

1.6　平板显示器件的驱动电路原理 ⋯⋯⋯⋯⋯⋯⋯55

1.6.1　平板显示器件的基本结构 ⋯⋯⋯⋯⋯⋯55

1.6.2　平板显示器件专用控制、驱动集成电路 ⋯57

参考文献 ⋯⋯⋯⋯⋯⋯⋯⋯⋯⋯⋯⋯⋯⋯⋯⋯⋯⋯59

习题1 ⋯⋯⋯⋯⋯⋯⋯⋯⋯⋯⋯⋯⋯⋯⋯⋯⋯⋯⋯60

第二章　等离子体显示 ⋯⋯⋯⋯⋯⋯⋯⋯⋯⋯⋯⋯61

2.1　概述 ⋯⋯⋯⋯⋯⋯⋯⋯⋯⋯⋯⋯⋯⋯⋯⋯⋯61

2.1.1　等离子体显示的发展简史 ⋯⋯⋯⋯⋯⋯61

2.1.2　等离子体显示的特点 ⋯⋯⋯⋯⋯⋯⋯⋯69

2.2　物质的第四态——等离子体 ⋯⋯⋯⋯⋯⋯⋯70

2.2.1　雷电、极光等自然现象 ⋯⋯⋯⋯⋯⋯⋯70

2.2.2　"等离子体"名称的发明 ⋯⋯⋯⋯⋯⋯72

2.2.3　等离子体的基本概念 ⋯⋯⋯⋯⋯⋯⋯⋯73

2.3　气体放电的物理基础 ⋯⋯⋯⋯⋯⋯⋯⋯⋯⋯74

2.3.1　低压气体放电 ⋯⋯⋯⋯⋯⋯⋯⋯⋯⋯⋯74

2.3.2　辉光放电 ⋯⋯⋯⋯⋯⋯⋯⋯⋯⋯⋯⋯⋯76

2.3.3　汤生放电理论 ⋯⋯⋯⋯⋯⋯⋯⋯⋯⋯⋯78

2.3.4　帕邢定律和放电着火电压 ⋯⋯⋯⋯⋯⋯81

2.4　交流等离子体显示 ⋯⋯⋯⋯⋯⋯⋯⋯⋯⋯⋯83

2.4.1　单色AC-PDP ⋯⋯⋯⋯⋯⋯⋯⋯⋯⋯⋯83

2.4.2　彩色AC-PDP ⋯⋯⋯⋯⋯⋯⋯⋯⋯⋯⋯87

2.5　PDP制造工艺 ⋯⋯⋯⋯⋯⋯⋯⋯⋯⋯⋯⋯⋯93

2.5.1　前基板制造工艺 ⋯⋯⋯⋯⋯⋯⋯⋯⋯⋯95

2.5.2　后基板制造工艺 ⋯⋯⋯⋯⋯⋯⋯⋯⋯⋯99

2.5.3　总装工艺 ⋯⋯⋯⋯⋯⋯⋯⋯⋯⋯⋯⋯101

2.6　彩色AC-PDP的驱动技术 ⋯⋯⋯⋯⋯⋯⋯⋯102

2.6.1 ADS驱动技术 ··102

2.6.2 ALIS驱动技术 ···104

参考资料 ···106

习题2 ··107

第三章　液晶显示 ···108

3.1 绪论 ···108

　　3.1.1 液晶显示器的发展历史 ··108

　　3.1.2 液晶的发展过程 ···109

　　3.1.3 液晶显示器的特点 ··110

3.2 液晶及其分类 ···111

　　3.2.1 热致液晶 ··112

　　3.2.2 溶致液晶 ··116

3.3 液晶的物理特性 ···118

　　3.3.1 指向矢（Director） ···119

　　3.3.2 有序参数 ··120

　　3.3.3 液晶的连续体理论 ··121

　　3.3.4 液晶的光学性质 ···124

3.4 液晶显示器的基本结构及其制备 ···127

　　3.4.1 液晶显示器件基本结构 ··127

　　3.4.2 液晶显示器的主要性能参量 ··128

　　3.4.3 液晶显示器的主要材料 ··130

　　3.4.4 液晶显示器的主要工艺 ··133

　　3.4.5 彩色滤色膜 ··136

3.5 液晶显示器的显示模式及其工作原理 ·······································138

　　3.5.1 扭曲向列相液晶显示器件TN-LCD ································138

　　3.5.2 超扭曲相列相液晶显示器件STN-LCD ·························140

　　3.5.3 宾主效应液晶显示器件（GH-LCD） ····························144

　　3.5.4 相变液晶显示器件（PC-LCD） ···································145

　　3.5.5 电控双折射液晶显示器件（ECB-LCD） ······················147

3.6 液晶显示器件的驱动技术 ···148

　　3.6.1 液晶显示器件的电极排列 ···148

　　3.6.2 静态驱动技术 ··149

　　3.6.3 液晶显示器件的动态驱动技术 ·····································150

3.7 有源矩阵液晶显示器件 ··· 157
　　3.7.1 二端有源器件 ··· 157
　　3.7.2 三端有源器件 ··· 160
3.8 金属氧化物IGZO薄膜晶体管 ··· 170
　　3.8.1 晶格结构 ··· 171
　　3.8.2 材料性质 ··· 171
　　3.8.3 器件结构 ··· 172
　　3.8.4 IGZO有源层的制备方法 ··· 174
　　3.8.5 应用前景 ··· 176
3.9 液晶显示器的新进展 ··· 177
　　3.9.1 TFT-LCD的广视角技术 ··· 177
　　3.9.2 提高响应速度 ··· 185
　　3.9.3 倍频插帧技术 ··· 187
参考资料 ··· 188
习题3 ··· 188

第四章　发光二极管（LED）··· 189
4.1 概述 ··· 189
　　4.1.1 发光二极管 ··· 189
　　4.1.2 发光二极管的开发经历及今后展望 ································· 190
4.2 发光二极管的工作原理、特性 ··· 190
　　4.2.1 发光机理 ··· 191
　　4.2.2 电流注入和发光 ··· 196
　　4.2.3 发光效率 ··· 198
　　4.2.4 光输出和亮度 ··· 200
　　4.2.5 调制特性 ··· 201
　　4.2.6 发光二极管和激光二极管 ··· 202
4.3 发光二极管的材料 ··· 203
4.4 发光二极管的制作工艺技术 ··· 205
　　4.4.1 外延生长技术 ··· 207
　　4.4.2 掺杂技术 ··· 209
　　4.4.3 单元化技术 ··· 210
　　4.4.4 元件制作及组装技术 ··· 210
4.5 发光二极管的特性 ··· 211

4.5.1　GaP：ZnO 红色 LED ·················212

4.5.2　GaP:N 绿色 LED ·····················213

4.5.3　GaAsP 系红色 LED ···················215

4.5.4　GaAsP：N 系列黄色、橙色 LED ·······215

4.5.5　GaAlAs 系列 LED·····················216

4.5.6　InGaAlP 系橙色、黄色 LED ···········217

4.5.7　红外 LED ··························217

4.5.8　蓝色发光二极管 ·····················217

4.5.9　LED 的可靠性 ·······················220

4.6　发光二极管的应用以及发展前景 ···········221

4.6.1　指示灯 ·····························221

4.6.2　单片型平面显示器件 ·················222

4.6.3　混合型平面显示器件 ·················222

4.6.4　点矩阵型平面显示器 ·················222

4.6.5　LED 在 LCD 背光照明的应用 ··········223

4.6.6　LED 在汽车照明的应用 ···············224

4.7　Micro-LED 技术·······················226

4.7.1　Micro-LED 简介 ·····················226

4.7.2　Micro-LED 的结构与制备工艺 ·········227

4.7.3　Micro-LED 关键技术 ·················230

4.7.4　前景展望 ···························237

4.8　LED 的驱动···························239

4.8.1　直流驱动 ···························239

4.8.2　恒流驱动 ···························240

4.8.3　脉冲驱动 ···························241

4.8.4　点阵型 LED 驱动 ····················243

4.9　发光二极管显示的其他应用 ···············245

4.10　LED 产业现状及规划 ··················246

4.10.1　全球 LED 产业分布及发展状况 ········246

4.10.2　全球半导体照明计划 ················246

4.10.3　中国 LED 技术产业规划 ·············248

参考资料 ································250

习题4 ··································251

第五章　OLED 显示技术 ································· 252

5.1　引言 ·· 252

　5.1.1　OLED 的发展过程 ························ 252

　5.1.2　OLED 的技术特点 ·················· 257

5.2　有机电致发光的基本理论 ················ 258

　5.2.1　有机电致发光器件的基本结构 ········ 258

　5.2.2　有机电致发光器件的物理机制 ········· 262

5.3　有机电致发光材料及薄膜制备 ············ 268

　5.3.1　有机小分子材料 ···················· 269

　5.3.2　有机聚合物电致发光材料 ············ 274

　5.3.3　电极材料 ························ 275

5.4　OLEDs 器件的制备工艺 ·················· 277

　5.4.1　小分子 OLED 器件制备工艺 ········· 277

　5.4.2　PLED 器件制备工艺 ·············· 279

　5.4.3　PMOLED 器件的制备工艺 ·········· 282

5.5　OLED 的驱动技术 ···················· 283

　5.5.1　PMOLED 驱动技术 ·············· 284

　5.5.2　AMOLED 驱动技术 ············· 285

5.6　新型 OLED 显示技术 ················· 291

　5.6.1　柔性 OLED 器件 ··············· 291

　5.6.2　串联式 OLED 发光器件 ·········· 296

　5.6.3　p-i-n　OLED 发光器件 ········· 298

　5.6.4　透明和顶发射型 OLED 发光器件 ··· 299

　5.6.5　硅基 OLED　（OLEDoS）显示器件 ··· 301

　5.6.6　微共振腔效应 ················· 302

5.7　白光 OLED ······················ 304

　5.7.1　介绍 ···················· 304

　5.7.2　白光 OLED 的优势 ············· 306

　5.7.3　磷光白光 OLED 器件 ·········· 307

　5.7.4　白光 OLED 的结构 ············ 307

　5.7.5　OLED 照明的最新进展 ·········· 308

参考文献 ·························· 310

习题 5 ··························· 312

第六章　电致发光显示（ELD）　·································313

6.1　电致发光显示的基本知识　·························313
6.1.1　电致发光　···································313
6.1.2　电致发光及其显示器件的发展概况　·················313
6.1.3　电致发光显示器件的分类与特点　··················314

6.2　电致发光显示器件的结构及工作原理　···············316
6.2.1　分散交流型（AC-PELD）　·····················316
6.2.2　分散直流型（DC-PELD）　·····················318
6.2.3　薄膜交流型（AC-TFELD）　····················319
6.2.4　薄膜直流型（DC-TFELD）　····················322

6.3　电致发光显示元件材料介绍　·····················323
6.3.1　发光材料　···································323
6.3.2　电介质材料　·································325
6.3.3　电极材料　···································326
6.3.4　基板材料　···································326

6.4　ACTFEL 的驱动技术　························326
6.5　电致发光显示器件的应用　·····················329
6.5.1　数字及字符显示　······························329
6.5.2　图形显示　···································329
6.5.3　彩色显示　···································330
6.5.4　其他　·······································331

6.6　电致发光显示（ELD）现状及发展前景　············332
参考文献　···332
习题6　···333

第七章　场致发射平板显示器　·······················334

7.1　场致发射显示器基本介绍　·····················334
7.1.1　场致发射显示器的发展历史及现状　················334
7.1.2　场致发射显示原理　·····························335
7.1.3　场发射理论　·································336

7.2　微尖阵列场发射阴极　························341
7.2.1　金属微尖阵列场发射阴极　·······················341
7.2.2　硅衬底微尖阵列场发射阴极　······················343
7.2.3　六硼化镧（LaB6）场发射阵列阴极　···············343

7.3　微尖发射体的性能 ·· 344

　　7.3.1　微尖发射的特点 ·· 344

　　7.3.2　发射体几何参数的影响 ································ 345

　　7.3.3　发射材料参数的影响 ·································· 346

7.4　FED中的发射均匀性和稳定性问题 ·························· 347

　　7.4.1　电阻限流原理 ·· 347

　　7.4.2　FEA限流电阻层结构 ·································· 348

7.5　FED的其他关键技术 ··· 349

　　7.5.1　支撑技术 ·· 349

　　7.5.2　真空技术 ·· 352

　　7.5.3　荧光粉 ·· 354

7.6　场致发射显示技术的种类 ···································· 354

　　7.6.1　Spindt型微尖FED ····································· 355

　　7.6.2　金刚石薄膜场致发射技术 ······························ 357

　　7.6.3　纳米管场发射显示技术（CNT） ······················· 359

　　7.6.4　弹道电子表面发射显示（BSD） ······················· 364

　　7.6.5　表面传导发射显示（SED） ··························· 366

　　7.6.6　MIM结构的FED ······································· 368

7.7　展望 ·· 369

参考文献 ·· 370

习题7 ·· 371

第八章　其他显示技术 ·· 372

8.1　立体显示技术 ·· 372

　　8.1.1　立体显示的原理 ·· 372

　　8.1.2　立体显示器的分类 ······································ 373

　　8.1.3　利用视差信息的立体显示器——眼镜方式 ··············· 374

　　8.1.4　利用视差信息的立体显示器——非眼镜方式 ············· 377

　　8.1.5　利用纵深信息的立体显示器——DFD方式 ··············· 383

　　8.1.6　利用波面信息的立体显示器——全息方式 ··············· 384

　　8.1.7　裸眼3D显示新技术 ····································· 385

　　8.1.8　体积显示 ·· 386

　　8.1.9　3D显示的性能 ··· 387

　　8.1.10　3D显示的问题 ·· 389

8.1.11　未来立体显示器的展望 ··390

8.1.12　立体显示器 ···391

8.1.13　小结 ···394

8.2　真空荧光显示（VFD） ··394

8.2.1　VFD的结构与工作原理 ···394

8.2.2　VFD的电学与光学特性 ···396

8.2.3　VFD的驱动方法 ···397

8.2.4　VFD的应用与发展前景 ···400

8.3　投影显示技术 ··400

8.3.1　液晶投影显示 ··401

8.3.2　LCOS投影显示 ··403

8.3.3　DLP显示 ··404

8.4　激光显示技术 ··405

8.4.1　激光显示的发展过程 ··405

8.4.2　激光显示的技术特点 ··411

8.4.3　激光显示技术 ··412

参考文献 ··421

习题8 ···422

第一章　显示技术基础

1.1　概述

1.1.1　显示技术

　　所谓显示，一般是指物品的陈列和展示。但随着科学技术的不断发展，显示，主要是指对信息的表示，是为了将特定的信息向人们展示而使用的全部的方法和手段。在21世纪的信息工程学领域，显示技术被限定在基于光电子手段产生的视觉效果上，即根据视觉可识别的亮度、颜色，将信息内容以光信号的形式传达给眼睛产生的视觉效果。显示技术也已经不再局限于以前的阴极射线管（Cathode Ray Tube，CRT）和液晶显示器（Liquid Crystal Display，LCD），等离子体显示板（Plasma Display Panel，PDP）、有机发光显示器（Organic Light-Emitting Diode，OLED）、电子纸（E-paper）、立体显示等多种新型的显示技术和显示方式已在多媒体市场中闪亮登场。如今的显示器的世界，无论是市场还是技术都处于急剧变化的时期，真可谓是百花齐放、争奇斗艳。

　　显示技术也称为信息显示，利用它可把看不见的电信号转化成发光信号（包括图形、图像或字码等）。信息显示主要由信息源、数据处理和显示器三部分组成，如图1-1所示。信息源包括雷达天线和摄像机探测到的信息、计算机输出的信息、磁盘存储的信息，而数据处理是把各种输出信息经过编码、变换等电路处理，送入显示器将电信号显示出来。

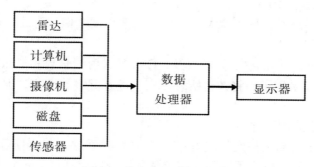

图1-1　信息显示的基本过程

　　根据不同的工作原理，显示器件可分为液晶显示（LCD）、等离子体显示（PDP）、电致发光显示（ELD）、场发射显示（FED）、真空荧光显示（VFD）和发光二极管显示（LED）等。就显示原理的本质来看，显示技术利用了发光现象和电光效应两种物理现象。这里说的电光效应是指加上电压之后物质的光学性质（包括折射率、反射率和透射率等）发生变化的现象。因此，又可以根据像素本身发光与否，把显示系统分成被动显示和主动显示两大类（也可分别称为非辐射显示和辐射显示）。

在平板显示技术中，除液晶显示器件属于被动显示器件外，其余都属于主动显示器件。下边简要地叙述各种显示器件的基本原理。

1.1.2　显示技术的发展史

1. 1970年以前的早期显示器

最早的电子显示器是1897年由德国布劳恩（Braun）发明的阴极射线管（CRT），也称为布劳恩管。最初只用于波形观察，在1940年前后的第二次世界大战中作为雷达显示管获得了巨大进展。

1950年，美国RCA发明了荫罩式彩色CRT，CRT用于彩色电视机，使彩色电视机飞速发展。但是早期的彩色电视机亮度低，只能在暗的环境中观看。后来由于新荧光粉的使用、黑底技术的引入等使彩色电视机的亮度提高了10倍，外光在屏上的反射降低了一半。人们终于可以在正常室内亮度环境下观看彩色电视。

彩色CRT的性能价格比是最好的。观众关心的是荧光屏上的图像质量，但是彩色CRT在正常工作时，必须有电子枪和偏转线圈，因此，使得彩色CRT的体积大，重量也大。观众希望有薄形的电视机，这是产生平板显示器的原动力。

2. 显示技术与半导体、计算机技术共同发展（1970—1990年）

（1）视频显示终端（VDT）成为人机接口的主流

早期计算机主要采用绘图仪、打印机这类硬拷贝进行信息的显示与记录。随着边看输出信息、边给计算机发指令这类操作的普遍化，视频显示终端（Visual Display Terminal，VDT）从1970年开始迅速得到普及。用于显示的彩色CRT称为彩色显示管（Color Display Tube，CDT），而用于彩色电视机的彩色CRT称为彩色显像管（Color Picture Tube，CPT）。

随着计算机存储器容量的增大，要显示高清晰度图像。为此CRT也发展成为高分辨力的彩色CDT。

但是随着办公自动化（OA）的普及，CRT的X射线辐射和电磁辐射问题日益受到关注，虽然CRT采用了能将X射线衰减到不危害健康的地步，但是人们心中总是心存疑惑。

（2）平板显示器的崛起

1970以后，随着超大规模集成电路（VLSIl）的发展，与此相适应的小型数据显示器，如小型计算器、电子手表等的需求量急增。促使真空荧光显示管（VFD）、发光二极管（LED）、液晶显示器（LCD）等平板显示技术得到实用化。而台式电子计算机对家庭的渗透，正促使从家庭电气化向着"个人电子化"迈进。"个人电子化"必须是袖珍式的，即耗电越小越好。作为显示器件，还希望电路结构（包括驱动电路和外围电路）尽可能简单、功耗小并能实现集成化。液晶能与低电压、小功耗的互补金属氧压物半导体（CMOS）相匹配。液晶显示器在小型显示器中战胜了VFD、LED，占据了市场主要份额，不但用于计算器和手表，还扩展到AV设备、汽车仪表、股票价格显示屏等多种场合。但是VFD与LED是主动发光型，仍有它们自己的市场位置。

这段时期平板显示器正处于初生期，均未能进入电视机与VDT领域，CRT仍处于独霸显示器市场的地位。

但是LCD借助于集成电路技术，发展出非晶硅薄膜晶体管（TFT）显示器，即有源矩阵液晶显示器（AM-LCD），使LCD能显示出大信息容量的图像。但是直到1990年左右，带AM-LCD的便携式计算机仍是一种昂贵的办公工具。

从20世纪70年代初进行了等离子体显示板（PDP）的开发，目标直指计算机终端，并于80年代应用到银行终端、股票价格显示等场合。

3. 平板显示技术进入突飞猛进的阶段

20世纪90年代是TN型AM-LCD开始普及的年代，主要是由于TFT成品率的提高，从而降低了成本，LCD笔记本电脑使用面拓宽，但是尺寸仍限于10英寸左右。

笔记本电脑对视角无大的要求，但是LCD要想进入电视机领域必须解决LCD视角小的固有缺点。因此，开发了一系列增加LCD视角的新方法、新工艺，如平面控制模式（IPS-mode）、光学补偿弯曲排列模式（OCB-mode）、垂直取向模式（VA-mode）等，使LCD的水平视角扩展到170°以上，基本上解决了视角不足的问题。

LCD的另一个弱点是响应速度低，不适于用于视频图像显示。为了使LCD能进入电视机领域，一方面将液晶层做薄；另一方面对液晶材料进行了深入研究，开发出一系列适合视频显示的材料。LCD在材料、工艺和结构上的进步，使LCD在显示视频图像时，只要不是快速变化的动态图像，已没有大的问题。

至此，妨碍LCD进入电视机领域的两大问题（视角小和响应速度低），在20世纪末获得了基本解决。同时TFT在大面积生产工艺上的日渐成熟，也打破了过去认为LCD不适宜制作大屏幕的限制。于是LCD开始了向30英寸、40英寸，甚至更大屏尺寸（如100英寸）电视机的进军。

至21世纪初，LCD在VDT领域大规模地取代了CDT；在高清晰度40英寸电视机领域取得了与PDP并驾齐驱的地位。

目前应用最广的是由薄膜晶体管（TFT）驱动的TFT-LCD，现今全球TFT-LCD的发展正由成长期向成熟期转变，稳步扩大产能规模，为了获得高画质（色彩更丰富、亮度更高、对比度更大）、高临场感（尺寸更大、画面更清晰、视角更宽、响应速度更快）以及更节能（更薄、更轻、更省电）的产品，目前已将LED背光技术、120Hz驱动技术等新技术导入大规模量产线上，大尺寸超高分辨技术、240Hz驱动、场序显示等技术也在研发过程中。作为TFT-LCD屏的核心技术，TFT器件的均匀性和迁移率还有待提高。轻薄型TFT-LCD产品通过功能集成增加产品附加值来拓展应用，为实现更高的集成度，高迁移率的TFT技术是业内研究的重点，氧化物TFT、有机TFT等新型结构也在研究中。

4. PDP显示器件

在LCD尚未解决其视角小、响应慢的弱点以前，一致认为PDP是唯一适合40英寸以上高清晰度显示的显示器。但是PDP于20世纪80年代在单色屏上取得重大进展后，在90年代初全彩色化的道路上碰到很大困难，而寿命和发光效率也制约着全彩PDP的实际应用。

与TFT-LCD技术相比，PDP技术的主要问题在于分辨率和发光效率较低，特别是在高分辨率上难以和TFT-LCD技术竞争，加上其他因素，目前PDP在50英寸以上领域才有优势。PDP正在向高亮度、高分辨率（全高清/高清）、高画质、长寿命、低功耗方面发展。通过对气体、开口率、电极结构、障壁结构、驱动线路等进行研究和开发，达到低功耗、高效率显示的目的；通过对新型电极浆料、介质浆料、障壁浆料、荧光粉浆料、高速驱动技术及FHD的单扫技术等的开发，可提高PDP的亮度和分辨率；通过器件和结构件一体化设计、新型工艺设备开发，达到简化工艺的目的。通过制造过程良品率的提升，提高PDP产品的成本竞争力。

5. LED显示器件

LED室外显示屏早已矗立在大街上和公共场所，LED也从发光效率较低发展到超高亮度，但是直到20世纪80年代末，蓝光LED由于发光效率极低，始终未能实用化，因此各种室内外LED显示屏都缺乏蓝光，构不成全彩色。

到了1993年，德岛日亚化学工业公司的中村等人研制出了采用InGaN系双异质结构的蓝光LED，其发光强度达1cd，为全彩色LED显示屏奠定了基础，随着蓝光LED大规模的生产，价格也迅速下降。现在全彩色LED显示屏，无论在室内还是室外都已到处可见。

随着LED显示技术不断提高，像素单元微小化已成为高端应用领域的必然趋势，高密度、小间距LED显示拥有传统LCD、DLP显示无法比拟的高亮度、高清晰度、高色彩饱和度、广视角、无缝拼接等优势。与常规LED显示屏相比，小间距LED显示屏的像素间距更小，可以达到2.0mm以内，单位面积的像素密度越高，分辨率越高。只有当LED显示屏的分辨率足够高，才能应用于手机、电脑、电视屏幕中。随着LED像素间距进一步减小，还出现了Mini-LED与Micro-LED等新产品，可以应用于微显示和高效率背光等领域。

6. OLED显示器件

1987年，美国柯达公司C. W. Tang成功制备双层结构小分子有机发光二极管，从而引发了OLED的研究热潮；1990年英国剑桥大学Frend成功制备共轭高分子OLED柔软显示屏。OLED的材料是有机质，可以用分子设计合成各种所需材料。例如，发蓝光的OLED的制造就比无机LED容易得多；OLED是连续薄膜结构，所以分辨率不成问题；小分子OLED的制造工艺主要是镀膜，高分子OLED的制造工艺主要是旋涂和印制，特别适合大批量生产。

OLED目前已在显示设备中得到了广泛的应用，因其分辨率高、色彩饱和度高、视角广等特点，经常被用在高端手机显示屏和大屏幕电视中，尤其是在"全面屏""曲面屏"逐渐进入人们生活的今天，OLED凭借其可柔性的特点，占据了越来越多的显示器市场份额。OLED的主动发光与轻薄的特性又与未来手机显示屏中"屏下指纹识别""屏下摄像头"等新技术的发展趋势相契合。但OLED依然存在烧屏和成本过高等问题，在显示寿命和成本控制方面还需进一步提升。在未来的一段时间内，OLED仍然会是最热门的显示技术。

7. FED显示器件

场致发射显示器（FED）从理论上讲具有CRT和LCD的优点，即FED既是平板显示器件，又可利用电子束轰击荧光粉主动发光。1968年Spindt提出钼锥场致发射阴极，形成Spindt阴极概念；1979年Spindt阴极寿命超过25 000h（12A/cm² 工作电流）；1986年首次报告矩阵选址平板单色场致发射显示屏。但是Spindt阴极型FED只停留在小屏幕显示器上，主要是军用，未能进入大屏幕消费领域，其原因是生产成本太高。碳纳米管阴极显示器，已有40英寸样管，但还需解决发光均匀性问题。20世纪90年代至今还出现了不少新型场致发射显示器，其中以表面传导发射显示（SED）的性能最为突出，2007年投入大批量生产，产品为50英寸电视机用显示屏，按发表的性能数据看，综合指标优于大屏幕显示用PDP和LCD，有可能成为PDP和LCD电视机的有力竞争者。除在显示领域的应用外，FED的发展有望拓展至背光源与照明领域，采用二极式碳纳米管FED技术，配合驱动电路，可实现高亮度、低功耗、区域调光。在显示方面，研究重点正在向改进型Spindt技术、微纳冷阴极技术或基于低逸出功材料的印刷技术方向改变。

8. 新型显示技术

（1）Micro-LED技术

Micro-LED是LED不断薄膜化、微缩化和矩阵化的结果。由最初的小间距LED、Mini-LED逐步减小像素间密度，Micro-LED的像素单元大小在100μm以下，相当于人头发丝的1/10，并被高密度地集成在一个芯片上。微缩化使得Micro-LED具有更高的发光亮度、分辨率与色彩饱和度以及更快的显示响应速度。Micro-LED具有无须背光、光电转换效率高、亮度大于10^5 cd/m²、对比度大于10^4：1、响应时间在ns级等特点。对比于传统LED、Mini-LED、OLED等，Micro-LED拥有亮度高、发光效率高、低能耗、反应速度快、对比度高、自发光、使用寿命长、解析度高与色彩饱和度好等优势，是一项十分理想的显示技术。预期能够应用于对亮度要求较高的增强现实（AR）微型投影装置、车用平视显示器（HMD）投影应用、超大型显示广告牌等特殊显示应用产品；并有望扩展到可穿戴/可植入器件、虚拟现实、光通信/光互联、医疗探测、智能车灯、空间成像等多个领域。

（2）柔性显示

柔性显示（Flexible Display，FD）是指在塑料、金属薄片、玻璃薄片等柔性基材上，制备的具有可挠曲性的显示器件。柔性显示是非常具有前景的显示技术，通过很多研究者和工程师的努力开发，柔性显示技术发展迅速，目前已经应用于曲面显示器、手机全面屏、手机折叠屏等领域。目前研究较多的实现柔性显示的主要技术有：柔性LCD、柔性电泳显示以及柔性OLED。

柔性LCD的发展较早，一直面临的一个问题是单元间隙对LCD的显示影响较大，随着柔性基板的弯曲，单元间隙发生变化，从而影响 LCD 的显示效果。直到后来新的液晶材料的发现（如：胆甾型的液晶），使得柔性 LCD 有了进一步发展。要想实现实用的柔性液晶显示屏，必须在液晶盒内形成微细聚合物间隔壁的网络结构，保持一定的液晶盒间隙，并且保持稳定的取向。

与柔性 LCD 不同，柔性电泳显示（EPD）是利用发光的电子墨水薄层来实现显示，电子墨水液体中有几百万个细小的微胶囊。每个胶囊内部是染料和颜料芯片的混合物，它利用电泳原理使夹在电极间的带电物质在电场的作用下运动，并通过带电物质的运动交替显示两种或两种以上不同颜色。以一个电泳单元为一个像素，将电泳单元进行二维矩阵式排列构成显示平面，根据要求像素可显示不同的颜色，其组合就能得到平面图像。柔性 EPD 显示主要应用于电子阅读领域。

柔性 OLED 显示屏就是利用 OLED 技术在柔性塑料或者金属薄膜上制作显示器件，其基本结构为"柔性衬底 / ITO 阳极 / 有机功能层 / 金属阴极"，发光机理与普通玻璃衬底的 OLED 相似。OLED 在柔性显示方面的应用具有独特的优势，超薄、全固态以及 OLED 所用材料的特性非常适合于柔性显示。同时，OLED 的制备工艺以蒸发、旋涂、打印为主，这些工艺均能够实现在柔性衬底上沉积薄膜。目前我们可以看到的手机全面屏、手机折叠屏、电视曲面屏等均是由柔性 OLED 实现的。

从目前三种柔性显示技术来看，柔性 LCD 面临的主要问题体现在柔性衬底的背光设计、显示视角、显示均匀性等方面。柔性 EPD 显示的彩色化显示是关注的问题之一，另外 EPD 显示的响应速度较慢，因此在动画、视频方面的应用具有一定的局限性。柔性 OLED 目前面临的关键问题是 OLED 器件本身对水氧敏感，有效的封装是研发的热点。同时，对于柔性显示来说，共性的问题是柔性基板的材料选择以及柔性基板上的 TFT 器件的制备。

（3）量子点显示技术

量子点材料作为新兴的发光材料，具备窄带发射的特性，并且其发射光谱是随量子点粒径大小连续可调的，比如硒化镉量子点材料在 2～8 nm 不同粒径时可以发出 470～660nm 不同波长的光，因此量子点材料应用在显示领域可显著提升显示屏幕的色彩饱和度和精准度。量子点宽带吸收的特性可以被蓝光以及更高能量的光激发，并且荧光量子产率高，用以取代荧光粉广泛应用在液晶显示器中。同时量子点材料还具备有机发光材料的电致发光特性，因此未来也是有源矩阵有机发光二极管（AMOLED）显示技术的潜在替代者。此外量子点在显示屏的光效、寿命、轻薄化以及制造成本等方面均有很大的发展潜力，是一种非常具备应用价值的显示用电子材料。

量子点材料的窄带发射及光谱可调的特性，使得量子点在提高显示屏色域方面具备无可比拟的优势。目前应用量子点的显示技术主要包括量子点 LED、量子点管、量子点膜三种量子点背光方案以及量子点主动发光二极管方案。目前，已上市的量子点显示屏均采用量子点背光方案，其中量子点膜因为规模制造和应用灵活性的优势已取代量子点管成为绝对市场主流，量子点 LED 结构简单、成本低，预计随着量子点 LED 封装技术的成熟将会迅速普及。主动发光显示方案中量子点发光（AMQLED）在结构与原理上与 AMOLED 相同，具备 AMOLED 的轻薄、高对比度、高响应速度、低功耗等优点，并且理论色域更宽和寿命更长，是未来的主流显示技术。

1.1.3　显示技术分类

显示器的分类可以有多种方式。

（1）按光学方式分类

按光学方式分类有三种，如图1-2所示。

1）标准的直观式，即图像直接显示在显示器件的屏上，这是最常见的，一般的LCD、PDP、CRT等属于这一种，如手机屏、笔记本电脑的显示屏、电视机的荧光屏等。图像质量一般都很好，屏幕尺寸可以从1英寸到几十英寸。

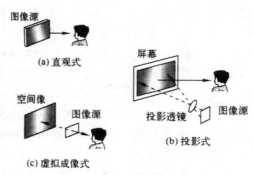

图1-2　按光学方式的分类

2）投影式，即把显示器件生成的较小图像源，通过透镜等光学系统放大投影于屏幕上的方式。投影式又分为正投式与背投式两种。观看者与图像源在屏幕的同一侧称为正投式，其优点是光损耗少，较亮，但是使用、安装不方便；图像源在屏幕之后，观看者观看屏幕的透射图像称为背投式，如CRT或LCD家用投影电视机。

3）虚拟成像式，即利用光学系统把来自图像源的像形成于空间的方式。在这种情况下，人眼看到的是一个放大的虚像，与平时通过放大镜观物类似。属于这类显示的是头盔显示器（Head Mounted Display，HMD）。

（2）按显示原理分类

就显示原理的本质来看，显示器可分为主动发光型显示和非主动发光型显示两大类。主动发光型显示是指利用电能使器件发光，显示文字和图像；而非主动发光型显示是指本身不发光，用电路控制它对外来光的反射率或透射率，借助太阳光、照明光实现显示的显示器。

主动发光型显示器是早已实用化的非平板显示型CRT和平板显示型的PDP、FED、ELD、OLED等；非主动发光型显示器是LCD等（如图1-3所示）。

（3）按显示屏幕的大小分类

除了少量军用雷达显示器采用圆扫描外，在民用显示器领域中圆形屏已被淘汰，都是矩形屏，宽高比为4:3或16:9。谈及显示屏的尺寸，都是指矩形屏对角线的尺寸。更严格地说，是显示矩形光栅的对角线尺寸。

通常把图像显示面积1 m^{2}以上的显示称为大屏幕显示，这时显示屏的尺寸约为57英寸。

一般的直观式电视机，包括在市场上被称为大屏幕40～50英寸的PDP、LCD电视机都只能算是中屏幕显示；显示面积在1～0.2m^2（即57～25英寸），称为中屏幕显示；显示面积在0.2 m^{2}以下的称为小屏幕显示，所以25英寸以下的显示器都属于小屏幕显示；显示面积大于4 m^{2}的称为超大屏幕显示，这相当于显示屏的尺寸大于114英寸，一般用于体育场馆或户外显示，多采用 LED 显示屏。

（4）按显示图像颜色分类

按显示图像颜色分类有黑白、单色、多色和彩色显示四大类。多色显示也称为分区显示，即显示屏上不同区域显示不同颜色，类似于套色的报纸，在早期手机屏中常使用。彩色显示是指屏幕能显示 64^3、128^3 或 256^3 种颜色的显示器。

（5）按显示内容分类

按显示内容分类有数码、字符、轨迹、图表、图形和图像显示。数码显示可用段式显示器；字符、轨迹、图表和图形显示不要求显示灰度，可用只有黑白或只有高低电平的单色显示；显示图像需要灰度，是各类显示内容中最困难的。显示图像的难度依下列次序递增：低分辨率、中分辨率、高分辨率；黑白、彩色；静／动态（25 帧）、普通视频（25 帧）、逐行扫描视频（50～60 帧）；小尺寸、中尺寸、大尺寸。综合所列各因素可知，显示小尺寸、低分辨率、静态（或准静态）的黑白图像最容易，基本上所有类型的显示器都能达到；显示大尺寸、高分辨率、逐行扫描的视频全彩色图像是最困难的，可以说是对显示器质量指标的最严格检验。一种显示器要在平板显示器市场上占有一定份额必须具备显示大尺寸、全彩色、高分辨率视频图像的能力。反之，只要上述四条中有一条达不到，就进入不了显示技术的主流领域。

其他分类方式还有按显示材料（固体、气体、液体、等离子体、液晶），按显示结构（瓶颈状，即 CRT；平板状，即平板显示），以及按驱动方式（静态、动态、矩阵）等。

1.2 光度和色度

电子显示技术的主要作用是在将电信号或原本是图像的光信号转换成电信号经处理传输后再变成光信号并作用于人的视觉系统，因此，不仅要了解显示电子学的有关问题，了解人的视觉生理和心理特性也是十分重要的。显示技术必须首先考虑人眼的视觉特性，因此，人眼的视觉空间特性和时间特性以及光度学的基本概念是研究显示技术的必备知识。

显示器显示的图像是供人眼观看的，因此图像的参数应满足人眼的生理特征和心理要求。因此，我们就要考察一下人眼的平均响应。在人机系统中，人和机器同是系统的组成部分。要使两者顺利地交换大量的信息，除了要了解人的生理和心理特点之外，还必须研究人的潜在能力，以便发挥人机系统的最大效力。视觉生理的研究在显示技术中占有极其重要的地位，它为显示参数的选择提供重要依据。

1.2.1 视觉系统介绍

人眼的形状为椭球体，其前后直径为 24～25 mm，横向直径约为 20 mm，由眼球壁和眼球内容物构成。眼球包括屈光系统和感光系统两部分。

眼球的屈光系统可以控制进入眼球内的光通量，还可以自动聚焦使外界的物体能在视网膜上形成清楚的图像。感光系统主要由视网膜构成，视网膜为眼球的最内层。它为一透明薄膜，由视觉感光细胞——锥体细胞与杆体细胞组成。感光细胞在视网膜上的分布是不均匀的，如图1-3所示。在中央窝，主要是锥体细胞，每平方毫米有140 000～160 000个。离开中央窝，锥体细胞急剧减少，而杆体细胞迅速增加，在离开中央窝20°的地方，杆体细胞数量最多。视网膜上的锥体细胞和杆体细胞的这种分布状态，使得视网膜的中央部位与边缘部位具有不同的视觉功能。

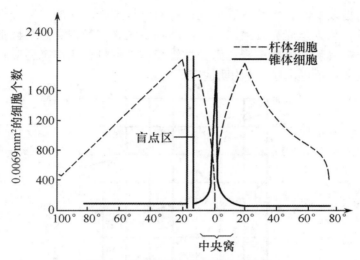

图1-3　锥体细胞与杆体细胞的分布

　　对人眼进行的大量研究结果表明，锥体细胞和杆体细胞执行着不同的视觉功能。由于它们所含的感光物质不同，锥体细胞的感光灵敏度低，在亮度3 cd/m²以上的光亮度条件下失去作用，它能够分辨颜色和物体的细节，称为锥体视觉，为明视觉（Photopic Vision）；杆体细胞只能在黑暗的条件下（亮度为0.001 cd/m²以下）作用，这称为杆体视觉，也称为暗视觉（Scotopic Vision）。如果亮度介于明视觉与暗视觉所对应的亮度水平之间，视网膜中的锥体细胞和杆体细胞同时起作用，则称为介视觉或中间视觉。显然，明视觉的视场较小，一般规定为2°；暗视觉的视场教大，一般应大于4°。

　　视网膜一定区域内的锥体细胞数量决定着视觉敏锐程度。视锐度的定义为：人眼可分辨出的两点对人眼所张视角的倒数，即视锐度

$$V = \frac{1}{\alpha}$$

式中，α 表示人眼分辨角。若 α 的单位为（'），则 V 值称为视力。

　　视力除与成像在视网膜上的位置有关外，还与环境亮度密切相关，如图1-4所示为视力与亮度的关系。由图可见，当亮度在

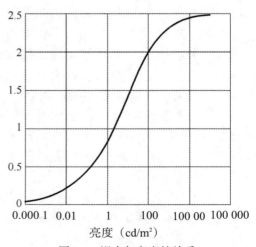

图1-4　视力与亮度的关系

1000 cd/m²以下时，视力随亮度的增加而增大；亮度大于 1000 cd/m²时，视力不会有明显的增大。而当亮度过大时，就会感到刺眼，什么也分辨不出来了。

此外，视力还与目标物的对比度有关，即与被观察对象是否明暗分明有关。图1-5给出了视力与对比度、背景亮度之间的关系，称为视功能曲线。由图可见，视力随着对比度的增大而增加。若对比度固定，则视力随着背景亮度的增大而增加。

当照明条件改变时，眼睛可以通过一定的生理过程对光的强度进行适应，以获得清晰的视觉。当人从光亮处突然进入黑暗环境时，起初视觉感受性很低，经过一段时间后逐渐提高。在黑暗中视觉感受性逐步增加的过程叫作暗适应；相反，当人从黑暗环境是进入光亮处时，成为明适应。

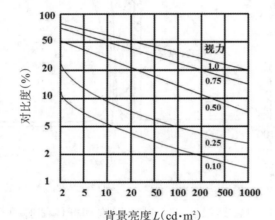

图1-5 视力与对比度、背景亮度的关系

对人眼的研究结果还表明，视网膜对可见光不同波长的感光灵敏度也不同，它对黄绿光的灵敏度最高，而对红光和蓝光、紫光的灵敏度则很低。就是说，人眼对能量相同但波长不同的单色辐射感受为不同的明亮程度。如果在一个等能光谱上，即在各个波长的单色辐射能量相等的光谱上，测试人眼对各种波长单色光的灵敏度，测试结果的倒数称为光谱光视效率曲线。眼睛的光谱光视效率也称为视见函数，它分为明视觉光谱光视效率和暗视觉光谱光视效率，也可分别称为明视见函数和暗视见函数。

人的眼睛在可见光谱区内对不同可见光的视感度不同，所以人的眼睛相当于一个具有分光感度的光感受器，如图1-6所示。

图1-6中表示昼间（用实线表示明视觉）、夜间（用虚线表示暗视觉）条件下，观察者的主观亮度感觉的光谱

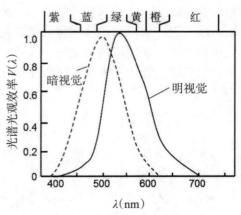

图1-6 光谱光视效能曲线

光视效率曲线。

　　一般规定，非可见光区的辐射采用辐射度学的量来描述，而对可见光区的辐射采用光度学的量来描述。辐射度学是纯客观物理量，但是光度学的量不仅与客观有关，同时还与人眼对光的视感度有关。因此，它是一种生物物理量。对于可见光的度量用辐射度学中引入的各个量，乘上一个与视觉有关的光谱光视效率$K(\lambda)$就可以得到光度学中相应的生物物理量。

　　$K(\lambda)$可用来度量由于辐射而引起视觉感光的能力大小。一般昼间辐射引起最大光效能位置为波长555 nm。实验证明，其值约为K_{max}=6831 lm/W。为了计算方便便采用归一化条件，即用K_{max}除以不同处的$K(\lambda)$，就可得到光谱光视效率（相对视感度系数）$V(\lambda)$：

$$V(\lambda)=K(\lambda)/K_{max}$$

显然$V(\lambda)\leqslant 1$。

　　$K(\lambda)$与视角（物体大小对于眼睛形成的张角）有关。人眼对各种不同波长的$V(\lambda)$见表1-1所列。人眼的$V(\lambda)$与环境亮度有关。昼间（明视觉）光谱光视效率的最大值（K_{max}=6831 lm/W）在波长555 nm处；而夜间（暗视觉）光谱光视效率的最大值移至510 nm处，是昼间的约3倍左右。这个差别是由于眼睛视网膜上视觉细胞的视感度不同造成的。人眼的平均光谱光视效率也称为光谱发光效率。通常所指的光谱发光效率是昼间的光谱发光效率。

表1-1　人眼对各种不同波长的$V(\lambda)$

波长/nm	$V(\lambda)$ 明视觉	$V(\lambda)$ 暗视觉	波长/nm	$V(\lambda)$ 明视觉	$V(\lambda)$ 暗视觉
380	0.000 0	0.000 6	580	0.870 0	0.121 2
390	0.000 1	0.002 2	590	0.757 0	0.065 5
400	0.000 4	0.009 3	600	0.631 0	0.032 2
410	0.001 2	0.034 8	610	0.503 0	0.015 9
420	0.004 0	0.096 6	620	0.381 0	0.007 4
430	0.011 6	0.199 8	630	0.265 0	0.003 3
440	0.023 0	0.328 1	640	0.175 0	0.001 5
450	0.038 0	0.455 0	650	0.107 0	0.000 7
460	0.060 0	0.567 0	660	0.061 0	0.000 3
470	0.091 0	0.676 0	670	0.032 0	0.000 1
480	0.139 0	0.793 0	680	0.017 0	0.000 1
490	0.208 0	0.904 0	690	0.008 2	0.000 0
500	0.323 0	0.982 0	700	0.004 1	0.000 0
510	0.503 0	0.997 0	710	0.002 1	0.000 0
520	0.710 0	0.935 0	720	0.001 0	0.000 0
530	0.862 0	0.811 0	730	0.000 5	0.000 0
540	0.954 0	0.650 0	740	0.000 3	0.000 0
550	0.995 0	0.481 0	750	0.000 1	0.000 0
555	1.000	—	760	0.000 1	0.000 0
560	0.995 0	0.328 8	770	0.000 0	0.000 0
570	0.952 0	0.207 6	780	0.000 0	0.000 0

1.2.2 人眼的黑白视觉特性

当物体表面对可见光谱所有波长的反射比都在80%～90%时，物体为白色；其反射比均在4%以下时，物体为黑色；处于两者之间的是不同程度的灰色。纯白色的反射比应为100%，纯黑色的反射比应为0。在现实生活中没有纯白、纯黑的物体。对发光物体来说，白黑的变化相当于白光的亮度变化，亮度高时人眼感到是白色，亮度很低时感到是灰色，无光时是黑色。非彩色只有明亮度的差异。

1. 成像功能

人眼类似于一个自动调焦的成像系统。人眼观察物体时，物体表面的每一点均可视为一个二次光源，人眼观察到的物体是上下颠倒的。但实际中，人们对客观事物的感觉并非如此。主要原因：首先来自外界物体的光线刺激感光细胞，以神经冲动的形式传导到大脑，在这一传导过程中，光刺激作用不再具有原来固定的空间关系；其次人类对事物的感觉并不由视网膜上的影像单独决定，而是以客观刺激物为依据。人在认识客观事物时，统一调动各种感觉器官——触摸觉、听觉、运动觉、视觉等协同活动、相互验证，最终能够正确地反映客观现实。

人眼能够看清不同距离的物体，是由于正常的眼睛具有调节功能。这种调节功能是靠调节人眼肌肉的拉紧与松弛来实现的。在观察远距离物体时，调节肌处于松弛状态，晶体的曲率较小，屈光力较小，使物体成像在视网膜上；当观察近距离物体时，调节肌处于紧张状态，晶体的曲率加大，厚度增加，晶体会聚光线的能力增强，使近处物体的像仍成在视网膜上。

2. 视觉的适应

人眼在一个相当大（约10个数量级）的范围内适应视场亮度。随着外界视场亮度的变化，人眼视觉响应可分为三类：

（1）明视觉响应：当人眼适应大于或等于3 cd/m²的视场亮度后，视觉由锥体细胞起作用。

（2）暗视觉响应：当人眼适应小于或等于3 cd/m²视场亮度之后，视觉只由杆体细胞起作用。由于杆体细胞没有颜色分辨能力，故夜间人眼观察景物呈灰白色。

（3）中介视觉响应：随着视场亮度从3 cd/m²降至3×10⁻⁵ cd/m²，人眼逐渐由锥体细胞的明视觉响应转向杆体细胞的暗视觉响应。

当视场亮度发生突变时，人眼要稳定到突变后的正常视觉状态需经历一段时间，这种特性称为适应，适应主要包括明暗适应和色彩适应两种。适应包括下面两个方面来调节。

（1）调节瞳孔的大小，改变进入人眼的光通量。眼瞳大小是随视场亮度而自动调节的，在各种视场亮度水平下，瞳孔直径及其面积的平均值见表1-2所列。

表1-2　不同视场亮度下人眼瞳孔的直径和面积

适应视场亮度/(cd·m⁻²)	瞳孔直径/mm	瞳孔面积/mm²	视网膜上照度/lx
10^{-5}	8.17	52.2	2.2×10^{-6}
10^{-3}	7.80	47.8	2.0×10^{-4}
10^{-2}	7.44	43.4	1.8×10^{-3}
10^{-1}	6.72	35.4	1.5×10^{-2}
1	5.66	25.1	1.0×10^{-1}
10	4.32	14.6	0.6
10^{2}	3.04	7.25	3.0
10^{3}	2.32	4.23	17.6
2×10^{4}	2.24	3.94	109.9

（2）视细胞感光机制的适应。杆体细胞内有一种紫红色的感光化学物质——视紫红质。当杆体细胞感受外界光能刺激时，较强的光量使视紫红质被破坏呈褐色；外界变暗后视紫红质又重新合成而恢复其紫红色。视紫红质的恢复可大大降低视觉阈限，所以视觉适应程度是与视紫红质的合成程度相应的。

人眼的明暗视觉适应分为亮适应和暗适应。对视场亮度由暗突然到亮的适应称为亮适应，需要2～3 min；对视场亮度由亮突然到暗的适应称为暗适应，通常需要45 min，充分暗适应则需要一个多小时。

3. 人眼的绝对视觉阈

在充分暗适应的状态下，全黑视场中，人眼感觉到的最小光刺激值，称为人眼的绝对视觉阈。以入射到人眼瞳孔上最小照度值表示时，人眼的绝对视觉阈值在10^{-9} lx数量级。以量子阈值表示时，最小可探测的视觉刺激是由58～145个蓝绿光（波长为0.51 μm）的光子轰击角膜引起的，据估算，这一刺激只有5～14个光子实际到达并作用于视网膜上。

对于点光源，天文学家认为正常视力的眼睛能看到六等星，其在眼睛形成的照度近似为8.5×10^{-9} lx。在实验室内用"人工星点"测定的视觉阈值约为2.44×10^{-9} lx。对于具有一定大小的光源来说，张角小于10′，自身发光或被照明的圆形目标，在瞳孔上的照度阈值与张角无关，等于5×10^{-9} lx，甚至只有2.2×10^{-9} lx。

在一定的背景亮度L_b条件下（10^{-9}～1 cd/m²），人眼能够观察到的最小照度E_{min}约为

$$E_{min} = 3.5 \times 10^{-5} \sqrt{L_b} \tag{1-1}$$

当$L_b > 16.4$ cd/m²后将产生炫目现象，绝对视觉阈值迅速提高。

实验表明，炫目亮度L_0与像场亮度L(cd/m²)之间的数值关系为

$$L_0 = 8\sqrt[3]{L} \tag{1-2}$$

由此可说明为何100 W的灯在白天日光下不感炫目，但在暗室将产生炫目效应。

4. 人眼的阈值对比度

通常，人眼的视觉探测是在一定背景中把目标鉴别出来。此时，人眼的视觉敏锐程度与背景的亮度及目标在背景中的衬度有关。目标的衬度以对比度C来表示：

$$C = \frac{L_T - L_B}{L_B} \tag{1-3}$$

式中，L_T 和 L_B 分别为目标和背景的亮度。有时也将 C 的倒数称为反衬灵敏度。

把人眼视觉在一定背景亮度下可探测的最小衬度对比度称为阈值对比度，或称为亮度差灵敏度。实验表明：人眼视觉特性与视场亮度、景物对比度和目标大小等参数有关。通常背景亮度 L_B、对比度 C 和人眼所能探测的目标张角 α 之间具有下述关系（Wald 定律）：

$$L_B \cdot C^2 \cdot \alpha^x = \text{const} \tag{1-4}$$

式中，x 值在 $0\sim2$ 变化。

对于小目标 $\alpha < 7'$，则 $x=2$，上式变为

$$L_B \cdot C^2 \cdot \alpha^2 = \text{const} \tag{1-5}$$

即著名的 Rose 定律。若 $\alpha < 1'$，就很难观察到目标。若目标无限大，则 $x \to 0$。

5. 人眼的分辨力

人眼能区别两发光点的最小角距离称为极限分辨角 θ，其倒数则为眼睛的分辨力，或称为视觉锐度。

集中于人眼视网膜中央的锥体细胞具有较小的直径，且每个锥体细胞都具有单独向大脑传递信号的能力。杆体细胞的分布密度较稀，且成群地联系于公共神经的末梢，故人眼中央凹处的分辨本领比视网膜边缘处高。人眼在观察物体时，总是不断地运动使各个被观察的物体依次落在中央凹处，使其被看清楚。

若将眼睛当作一个理想的光学系统，可依照物理光学中的圆孔衍射理论计算极限分辨角。如取人眼在白天的瞳孔直径为 2 mm，则其极限分辨角约为 0.7′。若两个相邻发光点同时引起同一视神经细胞的刺激，这时会感到是一个发光点，而 0.7′ 对应的极限分辨角在网膜上相当于 5~6 μm，在黄斑上的锥体细胞尺寸约为 4.5 μm，因此，视网膜结构可满足人眼光学系统分辨力的要求。实际上，在较好的照明条件下，眼睛的极限分辨角的平均值在 1′ 左右。当瞳孔增大到 3 mm 时，该值还可稍微减少些，若瞳孔直径再增大时，由于眼睛光学系统像差随之增大，极限分辨角反而会增大。

眼睛的分辨力除与眼睛的构造有关外，还与目标的亮度、形状及景物对比等有关。眼睛会随外界条件的不同，自动进行适应，因而可得到不同的极限分辨角。表 1-3 给出实验测得人眼极限分辨角（白光且观察时间不受限制条件下，双目观察白色背景上具有不同对比度且带有方形缺口的黑环）。可以看出：当背景亮度降低或对比度减小时，人眼的分辨力显著地降低。

表 1-3　人眼看的极限分辨角

L $\varepsilon/(')$ $c/c\%$	白背景的亮度 $L/(\text{cd}\cdot\text{m}^{-2})$							
	4.46×10^{-4}	3.47×10^{-3}	0.034 1	0.063 4	0.151	0.344	1.069	3.438
92.9	18	8.8	3.0	2.2	1.6	1.4	1.2	1.0
76.2	23	11	3.7	2.5	2.0	1.5	1.4	1.2
39.4	33	18	5.2	3.8	2.7	2.3	1.9	1.6
28.4	44	24	7.6	5.1	3.4	2.8	2.2	1.7
15.5		40	14	9.5	6.3	5.1	3.9	3.0
9.6			25	16	8.8	8.0	6.2	4.9

L ε/(') c/c%	白背景的亮度 L/(cd·m⁻²)							
	4.46×10^{-4}	3.47×10^{-3}	0.034 1	0.063 4	0.151	0.344	1.069	3.438
6.3			29	19	12	8.4	7.2	5.4
2.98				28	26	21	17	12
1.77					36	30	22	14

表1-4给出在白光照射且观察时间不受限制的情况下，人眼分别适应各个照度以后，观察用同样的环所测得的分辨角。可以看出：照度变化对分辨力有很大的影响，在无月的晴朗夜晚（照度约10^{-3}lx），人眼的分辨角为17'，故夜间的分辨能力比白天约小25倍。

表1-4 人眼的分辨角随照度的变化

照度/lx	分辨角/(')	照度/lx	分辨角/(')
0.0001	50	0.5	2.0
0.0005	30	1	1.5
0.001	17	5	1.2
0.005	11	10	0.9
0.010	9	100	0.8
0.050	4	500	0.7
0.100	3	1000	0.7

在实际工作中，人眼的分辨角θ可按以下经验公式估算：

$$\theta = \frac{1}{0.618 - 0.13/d} \tag{1-6}$$

式中，d为瞳孔直径（mm）。

6. 人眼对间断光的响应

人们观察周期性波动光刺激时，对波动频率较低的光，可明显感到光亮闪动；频率增高，产生闪烁感；进一步增高频率，闪烁感消失，波动光被看成是恒定光。周期性波动光在主观上不引起闪烁感时的最低频率叫作临界闪烁频率。

临界闪烁频率与波动光的亮度（或人眼视网膜上的照度）、波动光的波形以及振幅有关。在亮度较低时，临界闪烁频率还与颜色有关。当视网膜上的照度较低时，不同颜色对临界闪烁频率的影响较大，蓝光的临界闪烁频率最高，红光的临界闪烁频率最低；当照度大于1.2×10^{-2} lx时，临界闪烁频率与颜色无关；视网膜上的照度与临界闪烁频率在很大的范围内呈线性关系，随着视网膜上照度的增大，临界闪烁频率也不断增大。

对于频率大于临界闪烁频率的周期性光刺激，人眼感觉的恒定光亮度L为

$$L = \frac{1}{T}\int_0^T L(t)\,\mathrm{d}t \tag{1-7}$$

式中，$L(t)$是周期性光亮度；T是闪烁周期。

7. 视觉系统的调制传递函数（MTF）

人眼的分辨力表征了眼睛分辨两点或两线的能力，但仍有较大的局限性。为了更全面地实现对人眼图像传递和复现性能的评价，可引用光学调制传递函数的概念，其优点可列述如下。

- 从MTF可推断由单纯视力测定难以了解的视觉功能，例如推断弱视眼的特性。
- 可对视网膜、信息处理系统的特性作统一的数学处理。
- 有可能按MTF推断各种图像的像质特性、知觉特性等。

按信息传递的顺序，特别是按其功能，视觉过程大致可分为以下几个阶段。

- 眼球光学系统把外界的三维信息传递，形成二维图像。
- 视细胞检测光，并进行光电转换，视网膜进行图像信息处理。
- 大脑枕叶视皮层的信号处理与大脑中枢的辨识。

每一个阶段并不完全独立，彼此有相互作用、有反馈回路等复杂地交错在一起，对视觉过程功能的研究是生理学和有关交叉学科的重点之一。

眼球光学系统MTF是低通滤波函数。与眼球成像系统不同，视网膜并无成像作用。视网膜图像以视细胞作光敏传感器进行光电变换，并对变换后的电信号进行处理形成视觉。光到达视细胞之前通过神经细胞层，细胞层起着类似于光学弥散板的作用。此外，由于视细胞内部的折射比比其周围稍高，因此视细胞具有与光学纤维相似的光学特性。因此，由于弥散板和光学纤维在光学上的作用，输入像在受到调制后才成为信息处理系统的输入。

8. 色差灵敏度

人眼能恰好分辨色度差异的能力叫作色差灵敏度，人眼刚能分辨光线颜色变化时波长的改变量称为色差阈值。

1.2.3 人眼的颜色视觉特性

1. 彩色的特性及其表示

彩色一般可用明度、色调和饱和度三个特性来描述，也可用其他类似的三种特性表示。

明度：人眼对物体的明暗感觉。发光物体的亮度越高，则明度越高；非发光物体反射比越高，明度越高。

色调：区分彩色的特性，即红、黄、绿、蓝、紫等。不同波长的单色光具有不同的色调。发光物体的色调决定于它的光辐射的光谱组成。非发光物体的色调决定于照明光源的光谱组成和物体本身的光谱反射（透射）的特性。

饱和度：指颜色的纯洁性。可见光谱的单色光是最饱和的彩色。颜色饱和度决定于物体的反射（透射）特性。如果物体反射光的光谱带很窄，则饱和度就高。

用一个三维空间纺锤体可将颜色的明度、色调和饱和度这三个基本特征表示出来，如图1-7所示。立体的垂直轴代表白黑系列明度的变化；圆周上的各点代表光谱上各种不同的色调（红、橙、黄、绿、蓝、紫等）；从圆周向圆心过渡表示饱和度逐渐降低。

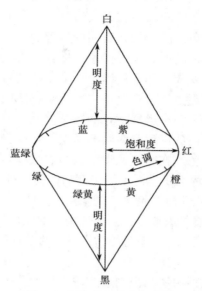

图1-7　颜色的三维空间纺体

2. 视网膜的颜色区

视网膜的中央视觉主要是锥体细胞起作用，边缘视觉则主要是杆体细胞起作用。具有正常颜色视觉的视网膜中央能分辨各种颜色，由中央向边缘过渡，锥体细胞减少，杆体细胞增多，对颜色的分辨能力逐渐减弱，直到对颜色感觉消失。与中央区相邻的外周区先丧失对红色和绿色的感受性，再向外部，对黄色和蓝色的感受也丧失，成为全色盲区。因此人的正常色视野的大小，视颜色而不同，在同一光亮条件下，白色视野的范围最大，其次为黄蓝色，红绿色视野最小。即使在中央凹处范围内，对颜色的感受性也不同。中央凹处中心15′视角的区域内，对红色的感受性最高，但对蓝、黄色的感受性丧失。故远距离观察信号灯光时，常发生误认现象，这是因为视网膜中央黄斑区，被一层黄色素覆盖，降低了短波光谱（如蓝色）的感受件。黄色素往中央凹处密度最大，向外逐渐减弱，会造成观察小面积和大面积物体时的颜色差异。当观察大于4°现场的物体颜色时，在视线正中会看到一个由中央的黄色素造成略带红色的圆斑，称为麦克斯韦尔圆斑。黄色素对人眼的颜色视觉略有影响，且随着年龄的增长越发黄，故不同年龄的人的颜色感受性也会有差异。

3. 颜色恒常性

尽管外界的条件发生变化，人们仍然能根据物体的固有颜色和亮度来感知它们。外界条件变化后，人们的色知觉仍然保持相对的不变，这种现象称为颜色恒常性。在一天中，周围物体的照度会有很大的变化，中午照度要比日出和日落时的照度大几百倍，同时，太阳光的光谱分布也会有较大的变化，但人眼视觉仍保持对物体颜色感觉的一定恒常性，红花永远是红的，绿草永远是绿的。虽然白天阳光下的煤块反射出的绝对光量值比夜晚的白雪反射出的光量还大，但白雪仍是白色的，煤块仍是黑色的。

颜色恒常性是一个复杂的问题。有人认为颜色在照明改变时仍保持恒常性是容易解释的，物体表面的颜色取决于物体表面的物理属性，物理属性在照度发生变化时并不改变。赫林用记忆色的概念来说明恒常性：最常见物体的颜色给人们的记忆以深刻的印象，这个颜色变成了印象的固定特征，一切根据人们经验所知的东西都是通过记忆颜色的眼睛去观察的，颜色恒常性是与物体的物理属性以及记忆色有一定的关系。但用这些观点来完全解释颜色的恒常性则显得过于简单，一个物体的颜色既决定于光线在物体表面的反射和吸收的情况，也受光源条件的影响。一张白纸在红光照射下会被看成红色，在绿光照射下会被看成绿色，但如果让被试者通过一小孔看被照射物体的一小块面积（看不清全部物体的形状），则被试者难以知道是用哪一种光照射物体时更易产生这种情况。如果被试者能看到纸的全部形状并知道用什么光照射时，他常常仍会将纸看成白色。从这例子中可知，在一定条件下，颜色恒常性可受到破坏而发生很大变化。对颜色恒常性现象目前尚不能全面地解释清楚。

4. 色对比

颜色视觉除了受被观察物体在视网膜成像区域大小的影响外，还受到被观察物体周围环境以及观察者眼睛在观察前观看过其他颜色（当然是很短时间前）历史的影响。色对比和色适应就是考虑到这两种因素的颜色视觉现象。

如果将两种颜色按适当比例相混合后，能产生灰色，则称这两种颜色互为补色。例如，红和绿、蓝和黄都是互补色。

在视场中，相邻区域不同颜色的相互影响叫作颜色对比，包括明度对比、色调对比和饱和度对比。一块灰色纸片放在白色背景上看起来发暗，而放在黑色背景上看起来发亮，这种当明暗不同的物体并置于视场中会感到明暗差异增强的现象称为明度对比。在红色背景上放一块小的白纸，用眼睛注视白纸中心，几分钟后，白纸上会现出淡淡的绿色（红和绿是互补色）。两种不同色调的物体并置于视场中，每一种颜色的色调都向另一颜色的补色方向变化，从而增强两颜色色调的差异，这种现象称为色调对比。将两种饱和度不同的颜色并置于视场中，会感到两饱和度的差异增强，高饱和度的更高，低饱和度的更低，这种现象称为饱和度对比。一般视场中相邻不同颜色间的影响是上述三种对比的综合结果，对比的结果是增强了相邻颜色间的差异。

5. 色适应

在亮适应状态下，视觉系统对视场中颜色的变化会产生适应的过程。当人眼对某一色光适应后，观察另一物体的颜色，不能立即获得客观的颜色印象，而带有原适应色光的补色成分，需经过一段时间适应后才会获得客观的颜色感觉，这就是色适应过程。例如当眼睛注视一块大面积的红纸一段时间后，再观看一块白纸时，会发现白纸显现出绿色，经过一段时间后，绿色逐渐变淡，白纸才逐渐成为白色。一般，对某一颜色光预先适应后再观察其他颜色，则颜色的明度和饱和度都会降低。在一个白色或灰色背景上注视一块颜色纸片一段时间，当忽然拿走颜色纸片后，则在背景的同一地点会出现原来的补色，诱导出的补色时隐时现，直到最后完全消失，这称为负后像现象，也是色适应现象。

6. 明度加法定理

明度是人眼对外界光线明暗感觉程度的度量。经验告诉我们，对于混合光，不论光谱成分如何，它所产生的表观明度等于混合光各个光谱成分分别产生的表观明度之和。这一规律称为明度加法定理。在实际研究工作中，我们常常遇到复合光辐射的测量与研究，明度加法定理是对不同光谱成分的光辐射作光度评价的重要理论依据。

7. 色觉缺陷

颜色视觉正常的视网膜上有3种体细胞，含有亲红、亲绿和亲蓝3种视色素。它们能够分辨出各种颜色，接受试验时可用红、绿、蓝三原色光相加混合出各种颜色，因此称为三色觉者。但是，有少数人出生后就不能辨别某些颜色，还有少数人由于视觉系统的疾病，使他们辨色能力衰退，成为色觉缺陷或异常色觉者。常见的色觉缺陷有色弱和色盲。

色弱：是轻度异常色觉者，也称为异常三色觉者。他们对光谱上红色和绿色区域的颜色分辨能力较差，当红绿区波长有较大变化时，才能区别出色调的变化，且红光或绿光须有较高强度才能保证对颜色的正确辨认，在亮度不足的照明下，他们可能将红色和绿色相互混淆。如果异常三色觉者对红色的辨别能力差，就属于红色弱亦称为甲型色弱；如果对绿色的辨别能力差就属于绿色弱亦称为乙型色弱。他们与正常色觉的人之间没有严格的界线，他们仍具有三色视觉，但是在用红、绿、蓝三原色相加混合出各种颜色时，红、绿原色的比例与色觉正常者不同。例如利用红原色和绿原色混合产生黄色时，甲型色弱者需要更多的红色成分，而乙型色弱者需要更多的绿色成分。色弱多发生于后天，通常是由于健康状况原因而造成色觉感受系统的一种病态表现。男性多，女性少，红色弱者约占男性人口的1%，绿色弱者约占男性人口的5%。

色盲：是严重的异常色觉者，对颜色辨别能力很差。其中又分为局部色盲和全色盲两类。局部色盲也称为二色觉者，包括红-绿色盲和蓝-黄色盲。红绿色盲者不能区分红色和绿色，红绿色盲又分红色盲和绿色盲，红色盲亦称为甲型色盲，绿色盲称为乙型色盲；蓝-黄色盲又称为丙色盲，这种色盲仅对红绿产生色觉，对黄蓝不产生色觉。图1-8说明正常色觉与甲、乙、丙三种色盲患者颜色辨别的特点。正常色觉者看到的可见光谱带包含有红、橙、黄、绿、青、蓝、紫各种颜色。光谱上感觉最亮处为555 nm处（图中"¤"所示）。甲型色盲者看光谱的红端缩短到650 nm处，650 nm以上的光谱几乎看不见，如将光强度增强可延长至700 nm处。光谱带上最亮的地方在540 nm处，比正常人向短波方向偏移了15 nm，光谱上蓝和黄之间（约在493 nm）看成没有彩色的地带称为中性点，整个光谱带上只看到黄和蓝两种色彩，将光谱上所有的红、橙、黄、绿部分都看成饱和度不同的黄色，将光谱上青、蓝、紫等各部分看成饱和度不同的蓝色，由中性点向光谱两端过渡，两种颜色的饱和度逐渐增加。甲型色盲者的主要特征是将亮红和暗绿看成相同。英国著名化学家和物理学家道尔顿（Dalton）是一个甲型色盲患者，他是第一个描述这种色觉异常的人，故红-绿色盲又称为道尔顿氏色盲。乙型色盲者看整个光谱带也只有黄和蓝两种颜色，光谱上最亮的地方与正常人相比略微移向橙色区，在560 nm左右，中性点在497 nm。乙型色盲者的主要特征是区分不出亮绿和暗红，都将它们看成黄白色。丙型色盲者看整个光谱带只有红绿两种颜色，光谱的蓝紫端缩短，光谱最亮之处在黄色区（约560 nm处），光谱上有两个中性点，一个在黄区（580 nm处），一个在蓝区（470 nm处），有的丙型色盲者在光谱中只见到一个中性点，在黄区（570 nm处），丙型色盲者的特征是黄–绿和蓝–绿分不清，紫和橙红分不清，都看成是灰色。红色盲和绿色盲二者各大约占男性人口的1%，蓝–黄色盲者约占男性人口的0.002%，且多数是由视网膜疾病造成。全色盲者只有明亮感觉而无颜色感觉，就如同我们正常颜色视觉的人用黑白电视机接收彩色电视节目一样，看不到颜色，只看到不同的明度和对比。全色盲者的视网膜缺乏锥体细胞或锥体细胞功能丧失，主要靠杆体细胞起作用。全色盲一般都是先天性的，由于视网膜中缺乏锥体细胞，故缺乏视网膜中央区的中央视觉，所以全色盲者的视锐度都很低。这种色盲者比较罕见，只占人口的0.002%～0.003%。

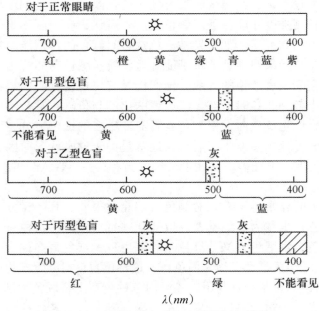

图1-8　正常色觉与色盲患者的颜色辨别

1.2.4　电磁辐射和光的度量

电子显示器件所显示的光信号是通过人的视觉而看见的，人的视觉所能看见的光信号在电磁波谱图中仅占狭窄的一个波段，即波长在380～780 nm的可见光区域。在这个可见光区域，光因波长的不同而表现出不同的颜色。

下面扼要地介绍光度学与辐射度学中几个基本物理。

（1）光量 Q_v（Luminous Energy），指光通量对时间的积分。光度学中，把光看作是沿光线行进的能量流，即光量。由此可见，光束在任一截面上单位时间所通过的

光通量是一个恒定值。发光能量是表示人眼对辐射能主观感受的强度，定义为

$$Q_v = \int Q_v(\lambda) K(\lambda) \mathrm{d}\lambda \tag{1-8}$$

式中，$K(\lambda)$ 为波长 λ 的光谱光视效率；$Q_v(\lambda)$ 为波长 λ 的辐射能（J）；Q_v 的单位为流明·秒（lm·s）。

如果波长为 λ 的辐射能为 $Q_e(\lambda)$，则对应的光能为

$$Q_v(\lambda) = K(\lambda) Q_e(\lambda) \tag{1-9}$$

（2）光通量 $\Phi_v(\lambda)$（Luminous Flux），是指发光强度为 I 的光源在立体角 $\mathrm{d}\Omega$ 内的光通量，单位是流明（lm）。对于单色光的光通量 $\Phi_v(\lambda)$ 则为

$$\Phi_v(\lambda) = K(\lambda) \Phi_e(\lambda) \tag{1-10}$$

式中，$K(\lambda) = V(\lambda) K_{max}$。

$$\Phi_v(\lambda) = K_{max} V(\lambda) \Phi_e(\lambda) \tag{1-11}$$

实际上，辐射往往不仅辐射一种波长，故对于各种波长所发出的总辐射能通量 Φ_e 相对应的总光通量为

$$\Phi_v = K_{max} \int V(\lambda) \Phi_e(\lambda) \mathrm{d}\lambda \tag{1-12}$$

由式（1-10）可得

$$K(\lambda) = \Phi_v(\lambda) / \Phi_e(\lambda) \tag{1-13}$$

式（1-13）的物理意义是：波长为 λ 的某辐射体辐射出 1 W 的辐射能通量 $\Phi_e(\lambda)$ 时，被观察者全部接收后所承认的光通量 $\Phi_v(\lambda)$ 的大小。即 $K(\lambda)$ 是光通量与辐射能通量之比（lm/W）。

（3）发光强度 I_v（Luminous Intensity），一光源在单位立体角所发出的光通量称作光源在该方向上的发光强度 $I_v(\varphi, \theta)$。

发光强度的表示式为

$$I_v(\varphi, \theta) = \frac{\mathrm{d}\varphi_v(\varphi, \theta)}{\mathrm{d}\Omega} \tag{1-14}$$

式中，$\mathrm{d}\Omega = \mathrm{d}s / r^2$，如图1-9所示。

对于各向同性的点光源（即光源在各个方向的发光是均匀的），则

$$I_v = \frac{\varphi_v}{\Omega} \tag{1-15}$$

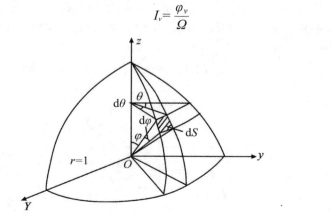

图1-9　单位立体角的发光强度

由于整个空间立体角等于4π，发出的光通量为Φ_v，则它在任何方向上的发光强度为

$$I_v = \frac{\varphi_v}{4\pi} \tag{1-16}$$

由于一般光源在各方向上的发光强度是不均匀的，所以式（1-8）表示在立体角Ω内的平均发光强度。因此，对于各向异性光源，其发光强度因方向而异。如果要求在某一方向上的发光强度，应当将立体角取得微小，即在该方向微小的立体角$d\Omega$所发出的光通量$d\Phi_v$，$d\Phi_v$与$d\Omega$之比值表示该方向的发光强度，如图1-9所示。因此某方向的发光强度$I_v(\varphi,\theta)$为

$$I_v(\varphi,\theta) = \frac{d\varphi_v(\varphi,\theta)}{d\Omega}$$

式中，$d\Omega = ds/r^2 = \sin\varphi d\varphi d\theta$。

因而

$d\varphi_v(\varphi,\theta) = I_v(\varphi,\theta)\sin\varphi d\varphi d\theta$

一个光源发出的总光通量为

$$\Phi_v = \int d\Phi_v(\varphi,\theta) = \int_0^{2\pi} d\theta \int I_v(\varphi,\theta)\sin\varphi d\varphi \tag{1-17}$$

如果光源在各个方向均匀发光，即$I(\varphi,\theta)$是一个常数，则式（1-17）就可简化成

$$\Phi_v = I_v \int_0^{2\pi} d\theta \int_0^\pi \sin\varphi d\varphi d\theta = 4\pi I_v \tag{1-18}$$

与式（1-16）相同。

发光强度的单位是cd（坎德拉）。坎德拉是一光源在给定方向上的发光强度，该光源发出频率为540×10^{12}Hz的单色辐射，在此方向上的辐射强度为1/683W/sr。

（4）亮度L_v（Brightness），亮度的概念适用于面光源。它是指表面一点处的面元在给定方向上的发光强度除以该面元在垂直于给定方向的平面上的正投影面积，如图1-10所示。在面光源上取一单元面积$d\sigma$，如果从与法线方向N成φ角观察，则单元面积$d\sigma$叫作表观面积。因此，面光源表观面积$d\sigma$在与其法线成φ角方向上的亮度L_φ等于

$$L_\varphi = d\varphi_v(\varphi,\theta)/d\sigma\cos d\Omega \tag{1-19}$$

式中，$d\varphi_v$为从单元面积$d\sigma$沿角φ方向在单位立体角$d\Omega$中发出的光通量。将式（1-14）代入式（1-19），则得

$$L_\varphi = I_v(\varphi,\theta)/d\sigma\cos\varphi = d\varphi_v(\varphi,\theta)/d\sigma\cos\varphi d\Omega \tag{1-20}$$

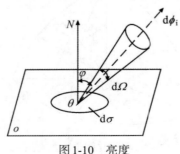

图1-10 亮度

式（1-19）说明光源表面的亮度等于该方向上单位投影面上所产生的发光强度。当处在法线方向（$\varphi=0$）时，亮度等于单位面积上所产生的发光强度。

光源的辐射能通量$\varphi_e(\varphi,\theta)$通常与方向有关，所以辐射亮度$L_e(\varphi,\theta)$也与方向有关。如果$L_e(\varphi,\theta)$不随方向而变，则要求光源的辐射强度$I_e(\varphi,\theta)$正比于$\cos\varphi$，即得

$$I_v(\varphi,\theta)=I_0\sigma\cos\varphi \tag{1-21}$$

此式可用图1-11说明。如果发光强度I_φ的分布遵守余弦定律（$I_\varphi=I_0\sigma\cos\varphi$），则可得

$$L_\varphi=I_\varphi/d\sigma\cos\varphi=I_0\cos\varphi/d\sigma\cos\varphi=I_0/d\sigma=L_0 \tag{1-22}$$

这说明了亮度L_0与方向无关，是一个常数。满足式（1-20）的特殊光源称为余弦辐射体，电致发光显示器（ELD）显示器件就是一种余弦辐射体。

亮度的单位是cd/m^2，即坎德拉每平方米。

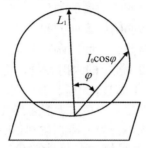

图1-11　余弦辐射体

（5）照度E_v（Illuminance），是指照到表面一点处的面元上的光通量除以该面元的面积，即

$$E_v=d\varphi_v/d\sigma \tag{1-23}$$

式中，$d\sigma$为接收光通量$d\varphi_v$的微元面积。

照度的单位是勒克斯（lx），1 lx为1m^2面积上接受1 lm的光通量。（1 lx=1 lm/m^2）。

（6）光出射度M_v（Luminous Exitance），指离开表面一点处的面元的光通量除以该面元的面积。即

$$M_v=d\varphi_v/d\sigma \tag{1-24}$$

M_v的单位是勒克斯（lx）。

见表1-5所列为辐射度学的物理量与光度学中物理量之间的对应关系及定义和单位。

表1-5　辐射度学的物理量与光度学中物理量

光度学中物理量			光度学中物理量			表达式
名称	符号	单位	名称	符号	单位	
光通量	Φ_v	lm	辐射通量	Φ_e	W	$\Phi_v=K\Phi_e=K_{max}\int\Phi_e(\lambda)V(\lambda)d\lambda$
光量	Q_v	lm/s	辐射量	Q_e	J	$Q_v=KQ_e=\int Q_e(\lambda)V(\lambda)d\lambda$
发光强度	I_v	cd	辐射强度	I_e	W/sr	$I_v=d\Phi_v/d\Omega$
亮度	L_v	cd/m²	辐射亮度	L_e	W/(sr·m²)	$L_v=d\Phi_v/d\Omega\,d\sigma\cos\varphi$
照度	E_v	lx	辐射照度	E_e	W/m²	$E_v=d\Phi_v/d\sigma$
光出射度	M_v	lx	辐射出射度	M_e	W/m²	$M_v=d\Phi_v/d\sigma$

1.2.5 颜色的基本术语

物体颜色的定量度量是涉及观察者的视觉生理、照明条件、观察条件等许多因素的复杂问题，为了能够得到一致的度量效果，国际照明委员会（简称CIE）基于每一种颜色都能用三个选定的原色按适当比例混合而成的基本事实，规定了一套标准色度系统，称为CIE标准色度系统，构成了近代色度学的基础。本节将先介绍颜色的基本术语。

（1）颜色：目视感知的一种属性，可用白、黑、灰、黄、红、绿等颜色名称进行描述。

（2）光源色：光源发射的光的颜色。

（3）物体色：光被物体反射或透射后的颜色。

（4）表面色：漫反射、不透明物体表面的颜色。

（5）光谱分布：光谱密度与波长之间的函数关系。

（6）CIE标准照明体：由CIE规定的入射在物体上的一个特定的相对光谱功率分布。包括：标准照明体A、C、D_{65}、D_{55}、D_{75}。

（7）色刺激：进入人眼能引起有彩色或无彩色感觉的可见光辐射。

（8）三刺激值：在三色系统中，与待测光达到色匹配所需的三种原刺激的量。

（9）光谱三刺激值：在三色系统中，等能单色辐射的三刺激值。在CIE1931和CICl964标准表色系统中分别用 $\overline{x}(\lambda)$、$\overline{y}(\lambda)$、$\overline{z}(\lambda)$ 和 $\overline{x}_{10}(\lambda)$、$\overline{y}_{10}(\lambda)$、$\overline{z}_{10}(\lambda)$ 表示。

（10）色品坐标：三刺激之值与它们之和的比。

（11）色空间：表示颜色的三维空间。

（12）均匀色空间：能以相同距离表示相同知觉色差的色空间。

（13）色差 ΔE：以定量表示的色知觉差异。

（14）同色异谱：具有同样颜色而光谱分布不同的两个色刺激。

（15）心理明度指数：在均匀色空间中相应的明度坐标，如L^*或L等。

（16）心理彩度坐标：在均匀色空间中等明度面内某色点位置的两个坐标，例如a^*、b^*。

（17）色调（色相）（hue）：表示红、黄、绿、蓝、紫等颜色特性。颜色的三属性之一。

（18）明度（Lightness）：①物体表面相对明暗的特性。②在同样的照明条件下，以白板作为基准，对物体表面的视知觉特性给予的分度。颜色的三属性之一。

（19）彩度（Chroma）：用距离等明度无彩点的视知觉特性来表示物体表面颜色的浓淡，并给予分度。颜色的三属性之一。

（20）饱和度（Saturation）：按照正比于物体表面的视亮度判断色浓度的一种目视感知属性，也称为相对色浓度。

（21）色温T_c：当某一种光源的色品与某一温度下黑体的色品相同时黑体的温度。

（22）相关色温T_{cp}：当某一种光源的色品与某一温度下的黑体的色品最接近，或者说在均匀色品图上的色差距离最小时黑体的温度。

（23）显色性：与参考光源相比较时，光源显现物体颜色的特性。

（24）显色指数：光源显色性的度量。以被测光源下与参考光源下物体颜色的相符程度表示。

（25）特殊显色指数 R_i：光源对某一选定标准颜色样品的显色指数。

（26）一般显色指数 R_a：光源对CIE规定的8种颜色的特殊显色指数的平均值。

1.2.6　颜色匹配

1. 颜色匹配实验

颜色混合可以是颜色光的混合，也可以是染料的混合，但这两种混合方法的结果是不同的，前者称为相加混合，后者称为颜色相减混合。将几种颜色光同时或快速先后刺激人的视觉器官，便产生不同于原来颜色的新颜色感觉，这就是颜色相加混合方法。如图1-12所示的颜色匹配实验方法就是利用颜色光相加来实现的。图左方是一块白色屏幕，上方为红、绿、蓝三原色光，下方为待测色光，三原色光照射白色屏幕上半部，待测色光照射白色屏幕下半部，白色屏幕上下两部分用一黑挡屏隔开，由白色屏幕反射出来的光通过小孔抵达右方观察者的眼内，人眼视场在2°左右，被分成两部分。图右上方还有一束光投射在小孔周围的背景白板上，因而视场周围有一圈色光作为背景，这束光的颜色和强度可调节。把两个颜色调节到视觉上相同的方法叫作颜色匹配。待测光的光色可通过调节三种原色光的强度来混合形成，当视场中两部分光色相同时，视场中的分界线感觉消失，两部分合为同一视场，待测光色与三原混合光色达到色匹配。不同的待测光达到匹配时三原色光强度不同。现场两部分光色达到匹配后，改变背景光的明暗程度，视场中的颜色会起变化，但视场两部分仍匹配。例如，在暗背景光照明下视场感知的饱和橘红色，在亮背景光时视场颜色将成为暗棕色。实验证明色匹配的基本定律——颜色匹配恒常律。两个相互匹配的颜色即使处在不同条件下，颜色始终保持匹配，即不管颜色周围环境的变化或者人眼已对其他色光适应后再来观察，视场中两种颜色始终保持匹配。

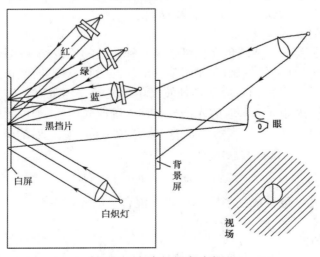

图1-12　颜色匹配实验方法

2. 颜色匹配方程

如图1-12所示颜色匹配实验的结果可用格拉斯曼定律来阐述，也可用代数式来表示。

若以（C）代表被匹配颜色的单位，（R）、（G）、（B）代表产生混合色的红、绿、蓝三原色的单位。R、G、B、C分别代表红、绿、蓝和被匹配色的数量。当实验达到两半视场匹配时，可用颜色方程表示为

$$C(C) \equiv R(R) + G(G) + B(B) \tag{1-25}$$

式中，"≡"号表示视觉上相等，即颜色匹配；R、G、B为代数量，可为负值。

3. 三刺激值和色品图

（1）三刺激值

颜色匹配实验中选取三种颜色，由它们相加混合能产生任意颜色，这三种颜色称为三原色，亦称为参照色刺激。三原色可任意选定，但三原色中任何一种颜色不能由其余两种原色相加混合得到。最常用的是红、绿、蓝三原色。

在颜色匹配实验中，与待测色达到色匹配时所需要三原色的数量，称为三刺激值，即颜色匹配方程式（1-25）的R、G、B值。一种颜色与一组R、G、B数值相对应，颜色感觉可通过三刺激值来定量表示。任意两种颜色只要R、G、B数值相同，颜色感觉就相同。

三刺激值单位（R）、（G）、（B）不用物理量为单位，而是选用色度学单位（也称三T单位）。其确定方法是：选一特定白光（W）作为标准，用颜色匹配实验选定的三原色光（红、绿、蓝）相加混合与此白光（W）相匹配；如达到匹配时测得的三原色光通量值（R）为l_R流明、（G）为l_G流明、（B）为l_B流明，则比值$l_R : l_G : l_B$定义为色度学单位（即三刺激值的相对亮度单位）。若匹配F_c流明的（C）光需要F_R流明的（R），F_G流明的（G）和F_B流明的（B），则颜色方程为

$$F_c(C) \equiv F_R(R) + F_G(G) + F_B(B) \tag{1-26}$$

式中，各单位以1lm表示。若用色度学单位来表示，则方程为

$$C(C) \equiv R(R) + G(G) + B(B) \tag{1-27}$$

式中，$C = R + G + B$，$R = F_R/l_R$，$G = F_G/l_G$，$B = F_B/l_B$。

（2）光谱三刺激值

在颜色匹配实验中，待测色光也可是某一种波长的单色光（亦称为光谱色），对应一种波长的单色光可得到一组三刺激值（R、G、B）。对不同波长的单色光做一系列类似的匹配实验，可得到对应于各种波长单色光的三刺激值。如果将各单色光的辐射能量值都保持为相同（对应的光谱分布称为等能光谱），则得到的三刺激值称为光谱三刺激值，用$\bar{r}$、$\bar{g}$、$\bar{b}$表示。光谱三刺激值又称为颜色匹配函数，数值只决定于人眼的视觉特性。匹配过程表示为

$$C_\lambda \equiv \bar{r}(R) + \bar{g}(G) + \bar{b}(B) \tag{1-28}$$

任何颜色的光都可看成是不同单色光的混合，故光谱三刺激值可作为颜色色度的基础。

（3）三刺激值的计算

CIE色度学系统用三刺激值来定量描述颜色，但每种颜色的三刺激值不可能都用

匹配实验来测得。

根据格拉斯曼颜色混合的代替律，如果有两个颜色光（R_1、G_1、B_1）和（R_2、G_2、B_2）相加混合后，混合色的三刺激值为

$$R=R_1+R_2, \quad G=G_1+G_2, \quad B=B_1+B_2 \tag{1-29}$$

任意色光都由单色光组成。如果单色光的光谱三刺激值预先测得，则能计算出相应的三刺激值。

计算方法是将待测光的光谱分布函数$\varphi(\lambda)$，按波长加权光谱三刺激值，得出每一波长的三刺激值，再进行积分，就得出该待测光的三刺激值：

$$R = \int_{\lambda} k\phi(\lambda)\bar{r}(\lambda)\mathrm{d}\lambda, \quad G = \int_{\lambda} k\phi(\lambda)\bar{g}(\lambda)\mathrm{d}\lambda, \quad B = \int_{\lambda} k\phi(\lambda)\bar{b}(\lambda)\mathrm{d}\lambda \tag{1-30}$$

积分的波长范围为可见光波段，一般为380～760 nm。

（4）色品坐标和色品图

当$C=1$，方程（1-25）可写成单位方程：

$$(C) \equiv \frac{R}{R+G+B}(R) + \frac{G}{R+G+B}(G) + \frac{B}{R+G+B}(B) \tag{1-31}$$

即一个单位颜色（C）的色品只决定于三原色的刺激值各自在$R+G+B$总量中的相对比例——色品坐标，用符号r、g、b表示。色品坐标与三刺激值之间的关系为

$$r = \frac{R}{R+G+B}, \quad g = \frac{G}{R+G+B}, \quad b = \frac{B}{R+G+B} \tag{1-32}$$

且$r+g+b=1$。于是式（1-31）可写成

$$(C) \equiv r(R)+g(G)+b(B) \tag{1-33}$$

色品坐标三个量r、g、b中只有两个独立量。

标准白光（W）的三刺激值为$R=G=B=1$，故色品坐标为$r=g=b=0.333$。

以色品坐标表示的平面图称为色品图（如图1-13所示）。三角形的三个顶点对应于三原色（R）、（G）、（B），纵坐标为色品g，横坐标为色品r。标准白光的位置是$r=0.333$，$g=0.333$。只需给出r和g坐标就可确定颜色在色品图的位置。色品图是单位平面$R+G+B=1$，只是将三维空间的三个坐标轴按一定规则分布，使单位平面成为一个等边直角三角形。色品图上表示了$C=1$各颜色量的色品。

1.2.7 表色系和色度图

光色系统的表示系有两种方式：一种是以加法混色为基础的生物物理方式；另一种是颜色的色品（也称为

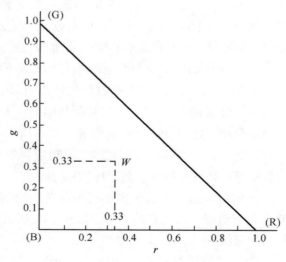

图1-13 色品图

色调）、明度、饱和度三特征为基础的纯生物方式。前者是CIE表色系，后者是用颜色标样的孟赛尔（Munsell）表色系。本节重点介绍CIE表色系。由色视觉所产生的色光（色激励）范围为380～780nm的可见光范围。

1. CIE表色系

根据加法混色法则将三基色进行适当比例的混合就能得到等能量单色光的一种色光。因此，任何一种颜色的光都可以是有选择的三基色光，按一定比例混合而成。三基色有许多选择方案，CIE表色系规定三基色的单色光为红光R(λ=700 nm)、绿光G（λ=541.6 nm）、蓝光B(λ=435.8 nm)。CIE表色系可分为CIE-RGB表色系和CIE-XYZ表色系。前者使用规定得等量的R、G、B单色光作为三基色的表色系，CIE-RGB标准表色系如图1-14所示。

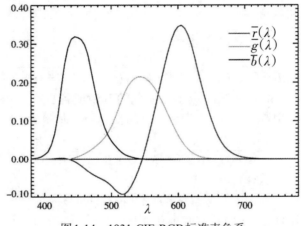

图1-14   1931 CIE-RGB标准表色系

由于CIE-RGB表色系中要配置等能白光存在着负值混色，因而给测量和计算带来许多不便。于是通过对CIE-RGB表色系的数学变换建立了CIE-XYZ表色系，欲配置任何一种似乎都能用三个虚设的基色X、Y、Z的正值混色而得到。该色系在实际使用中非常方便，故又称为CIE-XYZ标准表色系。

建立1931 CIE-XYZ计色系统主要基于以下三点考虑。

① 为了避免1931 CIE-RGB计色体系 $\bar{r}(\lambda)$、$\bar{g}(\lambda)$、$\bar{b}(\lambda)$ 三刺激值和色度坐标出现负值，就必须在R、G、B三基色基础上，另选三个基色，由这三个基色所形成的三角形色度图能包括整个光谱轨迹，即由这三个假想的基色在RGB色度图上必须落在轨迹之外，同时这三个假想的三基色应尽量与人眼的视觉系统对R、G、B三基色比较敏感的特性相适应。假定用[X]代表红基色，[Y]代表绿基色，[Z]代表蓝基色，如图1-15所示。这三个基色虽不真实存在，但X、Y、Z所形成的虚线三角形却包含了整个光谱轨迹，因此在这个新系统中，光谱轨迹上以及光谱轨迹之内颜色的色度坐标均为正值。

② 光谱轨迹上波长为540～700nm的一段，在色度图上基本是一条直线，用这段

线上的两个颜色相混合可以得到两色之间的各种光谱色。新的△XYZ的XY边应与这段直线重合。这样在这段直线光谱轨迹上的颜色只涉及X基色和Y基色的变化，而不涉及Z基色的变化，使计算方便。同时新的△XYZ的YZ边应尽量与光谱轨迹短波部分的一点（503 nm）靠近，结合上述XY边与红端光谱轨迹相切，就可以使光谱轨迹内的真实颜色尽量落在△XYZ内较大的范围，从而减少了三角形内假想颜色的范围。

③规定X和Z两点连线上的亮度为零，XZ线称为无亮度线。无亮度线上的各点只代表色度，没有亮度，但Y既代表色度，也代表亮度，这样用X、Y、Z计算色度时，因Y本身又代表亮度，就使亮度的计算较为方便。

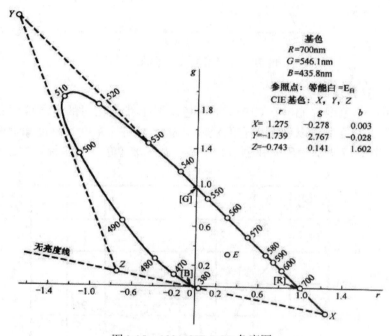

图1-15　1931 CIE-RGB色度图

1931 CIE-RGB计色系统与1931 CIE-XYZ计色系统的关系式为

$$\begin{bmatrix} \bar{x}(\lambda) \\ \bar{y}(\lambda) \\ \bar{z}(\lambda) \end{bmatrix} = \begin{bmatrix} 2.768\ 9 & 1.751\ 7 & 1.130\ 2 \\ 1.000\ 0 & 4.590\ 7 & 0.060\ 1 \\ 0.000\ 0 & 0.056\ 5 & 5.594\ 3 \end{bmatrix} \begin{bmatrix} \bar{r}(\lambda) \\ \bar{g}(\lambda) \\ \bar{b}(\lambda) \end{bmatrix}$$

（1-34）

将上列矩阵方程式展开得到

$$\bar{x}(\lambda) = 2.768\ 9\bar{r}(\lambda) + 1.751\ 8\bar{g}(\lambda) + 1.130\ 2\bar{b}(\lambda)$$
$$\bar{y}(\lambda) = 1.000\ 0\bar{r}(\lambda) + 4.590\ 7\bar{g}(\lambda) + 0.060\ 1\bar{b}(\lambda)$$
$$\bar{z}(\lambda) = 0.000\ 0\bar{r}(\lambda) + 0.056\ 5\bar{g}(\lambda) + 5.594\ 3\bar{b}(\lambda)$$

（1-35）

如图1-16所示为在CIE-XYZ标准表色系中，用$\bar{X}$、$\bar{Y}$、$\bar{Z}$表示等能光谱的三色分布系数（又称为光谱三刺激值）的混色曲线。图中$\bar{y}$曲线与如图1-16所示的相对视感度曲线分布相同。

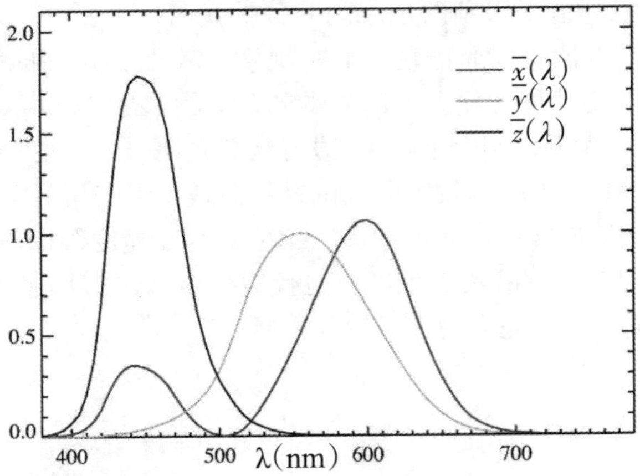

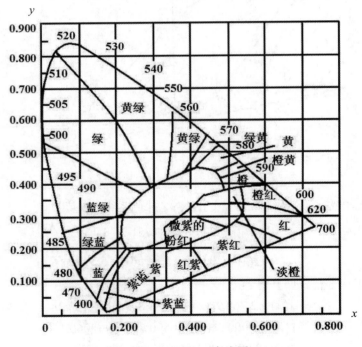

图1-16　1931 CIE-XYZ标准表色系

2. CIE1931 色度图

各种颜色的色度都能够在CIE1931-xy色度图上找到相对的色点位置；反之在色度图上的任一色点都可以确定出它的色度坐标。不同的光色，由色知觉命名为不同的色名。如图1-17所示为色度和色名的关系以及标准单色光的坐标点位置。

图1-17　CIE1931-xy色度图

图中将不同波长的单色光色坐标点连接起来的曲线叫作光谱轨迹曲线，连接轨迹首尾两点的直线叫作纯紫（非光谱色光轨迹）轨迹。两轨迹所围成的舌形曲线内包括了一切物理上可能实现的颜色。舌形曲线上各点对应着各光谱单色光。各点既可用波长表示，又可用色坐标表示。曲线内各点为非单色的复合光。根据不同坐标点的颜色不同又可划分成若干小区域，形成色域。图1-17也适用于明度 Y 值有着较宽变化范围的发光体的色度量。对于非发光体的色，因为明度 Y 值明显地受色知觉的变化，所以它的色名和色度坐标的关系随 Y 值而有所不同。

3. 普朗克辐射定律与色温

所谓黑体或完全辐射体是指在辐射作用下，既不反射也不透射，而能将落在它上面的光辐射完全吸收的物体。当物体被加热到一定的高温时便会产生光辐射，一个黑体被加热，其表面按单位面积辐射的光谱功率的大小及其分布完全取决于它的温度，黑体比任何其他光源在相同温度下，按单位面积辐射更大的功率，各个波长也发出更大的功率。

黑体光谱辐射的幅度可用普朗克辐射定律（Planck's Radiation Law）描述：

$$M_{e \cdot \lambda}(\lambda, T) = c_1 \lambda^{-5} (e^{\frac{c_2}{\lambda T}} - 1)^{-1} \, (\text{W} \cdot \text{m}^{-3}) \tag{1-36}$$

式中，$M_{e \lambda}$ 为黑体的光谱辐射输出幅度；T 为黑体的热力学温度（K）；辐射常数 c_1 为 $3.741\,50 \times 10^{-16} \, \text{W} \cdot \text{m}^2$；$c_2$ 为 $1.438\,8 \times 10^{-2} \, m \cdot K$。

当黑体连续加热、温度不断上升时，它的最大光谱辐射功率急剧上升，其相对光谱功率分布的最大功率部分将向短波方向变化，所发的光带有一定的颜色，其变化顺序是红-黄-白-蓝，即低色温发红，高色温发蓝。黑体不同温度的光色变化在1931 CIE-*XYZ*色度图上形成一个弧形轨迹，称为普朗克轨迹或黑体轨迹，如图1-18所示。

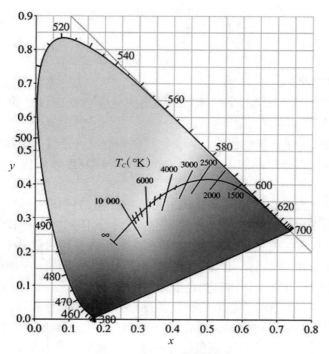

图1-18 黑体不同温度的色度轨迹

人们用绝对黑体加热到不同温度所发出的不同光色来表示一个光源的颜色，称为光源的颜色，简称色温。例如，一个光源的颜色与绝对黑体加热到绝对温度3000 K时所发出的光色相同，这个光源的色温就是3000 K。

这样做的前提是光源的光谱分布与黑体轨迹比较接近。然而，事实上绝大多数照明光源的颜色并不刚好落在黑体辐射线上，而且1931 CIE-*XYZ*色度图是一个色感不均匀的色度系统，黑体轨迹上各温度点不是按等距分布的，色度图上两处距离相等，不等于色感上的等量的差别，很难确定一个颜色在黑体辐射线之外的光源的色温。后来CIE又制定了1960 CIE-USC均匀色度坐标图，解决了色感不均匀的问题。据此Raymond Davis等人推广了色温概念，提出了相关色温，其核心思想是在均匀色品图上用距离最短的色温来表示被测光源的色温。如图1-19所示为相关色温在1960 CIE-USC中的示意图。

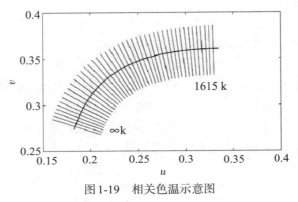

图1-19　相关色温示意图

1.2.8　色坐标计算

1. 格拉斯曼定律

1854年格拉斯曼（H. Grassmann）总结出颜色混合的定性性质——格拉斯曼定律，为现代色度学的建立奠定了基础。

（1）人的视觉只能分辨颜色的三种变化（例如明度、色度、饱和度）。

（2）在由两个成分组成的混合色中，如果一个成分连续变化，混合色外貌也连续变化。

若两个成分互为补色，以适当比例混合，便产生白色或灰色，若按其他比例混合，便产生近似于比重大的颜色成分的非饱和色；若任何两个非补色相混合，便产生中间色，中间色的色调及饱和度随这两种颜色的色调及相对数量不同而变化。

（3）颜色外貌相同的光，不管它们的光谱组成是否一样，在颜色混合中具有相同的效果。即凡是在视觉上相同的颜色都是等效的。

颜色的代替律：①若两个相同的颜色各自与另外两个颜色相同，A≡B，C≡D，则相加或相减混合后的颜色仍相同，即A+C ≡ B+D，A−C ≡ B−D，其中符号"≡"代表颜色相互匹配。②一个单位量的颜色与另一个单位量的颜色相同，A ≡ B，那么这两种颜色的数量同时扩大或缩小相同倍数则两颜色仍为相同，即nA ≡ nB。

根据代替律，只要在感觉上颜色相同，便可互相代替，所得的视觉效果是相同的，因而可利用颜色混合方法来产生或代替所需的颜色。如设A+B≡C，如果没有B这种颜色，但X+Y≡B，那么A+(X+Y)≡C。由代替而产生的混合色与原混合色具有相同的效果。

（4）混合色的总亮度等于组成混合色的各种颜色光的亮度总和——亮度相加定律。格拉斯曼定律仅适用于各种颜色光的相加混合过程。

2. 色坐标的基本计算

光源光度测量是建立在色度学的基础上。我国颜色标准采用国际照明委员会推荐的1931 CIE-XYZ系统，是以一组"1931CIE-XYZ标准色度观察者光谱三刺激值"数据为基础。该数据是根据加混色定律在实验基础上获得的，加混色定律指出任何颜色都可以用线性无关的三原色适当地相加混合与之匹配，并具有线性和可加性。

光源的颜色是可见光辐射作用于人眼所形成颜色刺激的结果，假定进入人眼的相对光谱辐射功率为$\varphi(\lambda)$，那么由它引起的CIE三刺激值X，Y，Z可以用下列方程组表示：

$$
\left.
\begin{aligned}
X &= k \int_{380}^{780} \varphi(\lambda)\bar{x}(\lambda)\mathrm{d}\lambda \\
Y &= k \int_{380}^{780} \varphi(\lambda)\bar{y}(\lambda)\mathrm{d}\lambda \\
Z &= k \int_{380}^{780} \varphi(\lambda)\bar{z}(\lambda)\mathrm{d}\lambda
\end{aligned}
\right\}
\tag{1-37}
$$

式（1-36）中，$\bar{X}(\lambda)$、$\bar{Y}(\lambda)$、$\bar{Z}(\lambda)$就是1931CIE-XYZ色度系统的光谱三刺激值。在实际计算三刺激值时，常用式（1-38）求和来代替式（1-37）的积分式：

$$
\left.
\begin{aligned}
X &= k \sum_{\lambda=380\mathrm{nm}}^{780\mathrm{nm}} \varphi(\lambda)\bar{x}(\lambda)\Delta\lambda \\
Y &= k \sum_{\lambda=380\mathrm{nm}}^{780nm} \varphi(\lambda)\bar{y}(\lambda)\Delta\lambda \\
Z &= k \sum_{\lambda=380\mathrm{nm}}^{780\mathrm{nm}} \varphi(\lambda)\bar{z}(\lambda)\Delta\lambda
\end{aligned}
\right\}
\tag{1-38}
$$

式（1-38）中的$\Delta\lambda$称为波长间隔，通常为5nm或10nm。式（1-37）和式（1-38）中的k称为调整系数，它的选择是把Y值调整为100，即

$$
k = 100 / \sum_{\lambda=380\mathrm{nm}}^{780\mathrm{nm}} \phi(\lambda)\bar{y}(\lambda)\Delta\lambda
\tag{1-39}
$$

对于自发光物体，$\varphi(\lambda)=S(\lambda)$；

对于透射频谱，$\varphi(\lambda)=S(\lambda)T(\lambda)$；

对于反射频谱，$\varphi(\lambda)=S(\lambda)R(\lambda)$。

其中，$\varphi(\lambda)$为人眼所见光谱，$S(\lambda)$为光源频谱，$T(\lambda)$为物体穿透率，$R(\lambda)$为物体反射率。

由式（1-38）计算得到 X、Y、Z 三刺激值后，再利用式（1-40）就可求得待测光源的色度坐标。

$$\left.\begin{array}{l} x = \dfrac{X}{X+Y+Z} \\[2mm] y = \dfrac{Y}{X+Y+Z} \\[2mm] z = \dfrac{Z}{X+Y+Z} \end{array}\right\} \qquad (1\text{-}40)$$

色度坐标的计算结果应精确到小数点后三位。

根据以上计算公式，在 1931 CIE-XYZ 表色体系中，对于光谱范围 380～780nm，以 10 nm 为间隔，光谱三刺激值、光谱、色度坐标的对应关系见表1-6所列。

表1-6　1931　CIE-XYZ表色体系中光谱三刺激值、波长、色度坐标对应关系

光谱三刺激值			波长(nm)	色度坐标		
$\bar{x}(\lambda)$	$\bar{y}(\lambda)$	$\bar{z}(\lambda)$		$\bar{x}(\lambda)$	$\bar{y}(\lambda)$	$\bar{z}(\lambda)$
0.001 4	0.000 0	0.006 5	380	0.174 1	0.005 0	0.820 9
0.004 2	0.000 1	0.020 1	390	0.173 8	0.004 9	0.820 9
0.014 3	0.000 4	0.067 9	400	0.173 3	0.004 8	0.821 9
0.043 5	0.001 2	0.207 4	410	0.172 6	0.004 8	0.822 6
0.134 4	0.004 0	0.645 6	420	0.171 4	0.005 1	0.823 5
0.283 6	0.011 6	1.385 6	430	0.168 9	0.006 9	0.824 2
0.348 3	0.023 0	1.747 1	440	1.164 4	0.010 9	0.824 7
0.336 2	0.038 0	1.772 1	450	0.156 6	0.017 7	0.825 7
0.290 8	0.060 0	1.669 2	460	0.144 0	0.029 7	0.826 3
0.195 4	0.091 0	1.287 6	470	0.124 1	0.057 8	0.818 1
0.095 6	0.139 0	0.813 0	480	0.091 3	0.132 7	0.776 0
0.032 0	0.208 0	0.465 2	490	0.045 4	0.295 0	0.659 6
0.004 9	0.323 0	0.272 0	500	0.008 2	0.538 4	0.453 4
0.009 3	0.503 0	0.158 2	510	0.013 9	0.750 2	0.235 9
0.063 3	0.710 0	0.078 2	520	0.074 3	0.833 8	0.091 9
0.165 5	0.862 0	0.042 2	530	0.154 7	0.805 9	0.039 4
0.290 4	0.954 0	0.020 3	540	0.229 6	0.754 3	0.016 1
0.433 4	0.995 0	0.008 7	550	0.301 6	0.692 3	0.006 1
0.594 5	0.995 0	0.003 9	560	0.373 1	0.624 5	0.002 4
0.762 1	0.952 0	0.002 1	570	0.444 1	0.554 7	0.001 2
0.916 3	0.870 0	0.001 7	580	0.512 5	0.486 6	0.000 9
1.026 3	0.757 0	0.001 1	590	0.575 2	0.424 2	0.000 6

续表

光谱三刺激值			波长(nm)	色度坐标		
$\bar{x}(\lambda)$	$\bar{y}(\lambda)$	$\bar{z}(\lambda)$		$\bar{x}(\lambda)$	$\bar{y}(\lambda)$	$\bar{z}(\lambda)$
1.062 2	0.631 0	0.000 8	600	0.627 0	0.372 5	0.000 5
1.002 6	0.503 0	0.000 3	610	0.665 8	0.334 0	0.000 2
0.854 4	0.381 0	0.000 2	620	0.691 5	0.308 3	0.000 2
0.642 4	0.265 0	0.000 0	630	0.707 9	0.292 0	0.000 1
0.447 9	0.175 0	0.000 0	640	0.719 0	0.280 9	0.000 1
0.283 5	0.107 0	0.000 0	650	0.726 0	0.274 0	0.000 0
0.164 9	0.061 0	0.000 0	660	0.730 0	0.270 0	0.000 0
0.087 4	0.032 0	0.000 0	670	0.732 0	0.268 0	0.000 0
0.046 8	0.017 0	0.000 0	680	0.733 4	0.266 6	0.000 0
0.022 7	0.008 2	0.000 0	690	0.734 4	0.265 6	0.000 0
0.011 4	0.004 1	0.000 0	700	0.734 7	0.265 3	0.000 0
0.005 8	0.002 1	0.000 0	710	0.734 7	0.265 3	0.000 0
0.002 9	0.001 0	0.000 0	720	0.734 7	0.265 3	0.000 0
0.001 4	0.000 5	0.000 0	730	0.734 7	0.265 3	0.000 0
0.000 7	0.000 3	0.000 0	740	0.734 7	0.265 3	0.000 0
0.000 3	0.000 1	0.000 0	750	0.734 7	0.265 3	0.000 0
0.000 2	0.000 1	0.000 0	776	0.734 7	0.265 3	0.000 0
0.000 1	0.000 1	0.000 0	770	0.734 7	0.265 3	0.000 0
0.000 0	0.000 0	0.000 0	780	0.734 7	0.265 3	0.000 0

2. 色温与色坐标相关计算

（1）已知色坐标计算发光体色温

由光色的色度坐标x，y，用渐进经验公式（1-41）算出发光体色温T_{cp}：

$$T_{cp} = 437n^3 + 3061n^2 + 6861n + 5517 \qquad (1-41)$$

式中，$n = \dfrac{(x-0.332\,0)}{(0.185\,8 - y)}$。

该式在$2\,000 \sim 10\,000\,K$范围内具有足够的准确度。

假定测定某发光体的色度坐标为$x = 0.284$，$y = 0.299$，则

$$n = \frac{(0.284 - 0.332\,0)}{(0.185\,8 - 0.299)} = \frac{0.048}{0.1132} = 0.424$$

将$n = 0.424$代入式（1-41），得

$$T_{cp} = 437 \times (0.424)^3 + 3\,061 \times (0.424)^2 + 6\,861 \times (0.424) + 5517 = 9\,009\,K$$

已知$x=0.284$、$y=0.299$的色温为$9\,300\,K$，相对误差为3.1%。

另一个渐进经验公式为

$$T_c = 669n^4 - 779n^3 + 3660\,n^2 - 7047\,n + 5\,652 \qquad (1\text{-}42)$$

式中，$n = \dfrac{(x-0.329)}{(y-0.187)}$。

同样将 $x=0.284$、$y=0.299$ 代入，则 $n = \dfrac{(0.284-0.329)}{(0.299-0.187)} = -\dfrac{0.045}{0.112} = -0.4018$。代入公式（1-42），则色温为

$$T_c = 669 \times (0.424)^4 - 779 \times (0.424)^3 + 3\,660 \times (0.424)^2 - 7\,047 \times (0.424) + 5652 = 9142\,(\text{K})$$

相对误差大约为 1.7%。

（2）已知色温计算色坐标

由式（1-36）普朗克黑体辐射定律，可得

$$M_{e\cdot\lambda}(\lambda, T) = c_1 \lambda^{-5}(\mathrm{e}^{\frac{c_2}{\lambda T}} - 1)^{-1}\ (\text{W}\cdot\text{m}^{-3})$$

式中，$c_1 = 3.741\,5 \times 10^{-16}$，$c_2 = 1.438\,8 \times 10^{-2}$，$\mathrm{e} = 2.718\,28$。

例如，5000 K 代入式中 T，然后将 380～780 nm，间隔 5 nm 逐一代入公式中计算 λ，则得到色温 5000 K 的黑体光谱 $M(\lambda，5000)$ 的 81 个数据，然后得出色坐标。

3. 颜色相加计算

已知三种颜色各自的色坐标 $(x_1，y_1)$、$(x_2，y_2)$、$(x_3，y_3)$ 和亮度 Y_1、Y_2、Y_3。计算混合色的色坐标 $(x，y)$ 和亮度 Y。

由

$$\frac{X}{x} = \frac{Y}{y} = \frac{Z}{z} = X + Y + Z \qquad (1\text{-}43)$$

可得

$$\begin{cases} X_1 = \dfrac{x_1}{y_1}Y_1 \\ Y_1 = Y_1 \\ Z_1 = \dfrac{z_1}{y_1}Y_1 \end{cases}, \quad \begin{cases} X_2 = \dfrac{x_2}{y_2}Y_2 \\ Y_2 = Y_2 \\ Z_2 = \dfrac{z_2}{y_2}Y_2 \end{cases}, \quad \begin{cases} X_3 = \dfrac{x_3}{y_3}Y_3 \\ Y_3 = Y_3 \\ Z_3 = \dfrac{z_3}{y_3}Y_3 \end{cases} \qquad (1\text{-}44)$$

于是

$$\begin{cases} X = X_1 + X_2 + X_3 \\ Y = Y_1 + Y_2 + Y_3 \\ Z = Z_1 + Z_2 + Z_3 \end{cases} \qquad (1\text{-}45)$$

混合色的色坐标为 $x = \dfrac{X}{X+Y+Z}$，$y = \dfrac{Y}{X+Y+Z}$，亮度 $Y = Y_1 + Y_2$。

可以推广到更多种颜色相加混合。

1.2.9　色彩混合

1. 色彩混合的定义

所谓色彩混合是指某一色彩中混入另一种色彩。经验表明，两种不同的色彩混合，可以获得第三种色彩。在颜料混合中，加入的色彩越多，颜色越暗，最终变为黑色；反之，色光的三原色能综合产生白色光。

2. 三原色理论

三原色也称为三基色，就是指这三种色中的任何一色都不能由另外两种原色混

合产生，而其他色可由这三色按一定的比例混合出来，色彩学上称这三个独立的色为三原色或三基色。三原色原理包括：① 三种原色必须互相独立，即不能用其中的任何两色混合得到第三者。② 将三基色按不同比例混合，可以引起各种不同的彩色感觉，得到自然界中的大多数颜色；③ 合成彩色的亮度等于构成该混合色的各个基色的亮度之和；④ 合成彩色的色度由三基色分量色度的比例决定色。光的三原色为：红、绿、蓝；色料三原色：品红、黄、青。

3. 色光加色法

两种或两种以上的色光同时反映于人眼，视觉会产生另一种色光的效果，这种色光混合产生综合色觉的现象称为色光加色法或称为色光的加色混合。在视网膜上的同一个部位，同时射入两种以上的色（光）刺激时，感觉出另一种颜色的现象称为加色混合现象。等量混合如图1-20所示，不同强度色光相加也会得到不同混合色光，如图1-21所示。当两种色光混合得到白光时，这两种颜色互为补色。加色法的特点是色光连续混合，并且色光混合后亮度增加，一般应用于彩色电视显示器。

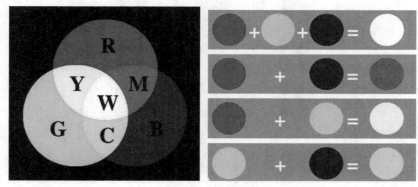

图1-20 等量混合

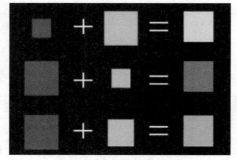

图1-21 不同强度色光混合

4. 色料减色法

两种或两种以上的色料混合后会产生另一种颜色的色料的现象。颜料不发光，看到的颜色其实是没被吸收而被反射出来的光的颜色。所以，颜料吸收的颜色就是我们看到颜料颜色的补色。等量混合如图1-22所示，不等量混合如图1-23所示。两种色料混合产生黑色，叫作色料互补色。色料减色法的特点是透明层叠合，并且是颜料混合（油漆、绘画颜料等），色料混合后亮度降低。有色物体（包括色料）之所以能显色，是因为物体对光谱中色光有选择吸收（即减去某种颜色）和反射的作用。印染的染料、绘画的颜料、印刷的油墨等色料的混合或透明色的重叠都属于减色混合。加法混色与减法混色的区别见表1-7所列。

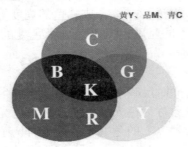

图1-22　等量混合

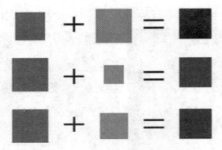

图1-23　不等量混合

表1-7　加法、减法混色不同点

	色光加色法	色料减色法
三原色	R/G/B	Y/M/C
色彩法则	R+B=Y；G+B=C；R+B=M；R+G+B=W	Y+M=R；M+C=B；Y+C=G；Y+M+C=K
实质	色光相加,加入原色光,光能量增大	色料混合,减去原色光,光能量减小
效果	亮度增大	亮度减小
呈色方法	同时加色法、继时加色法、空间加色法	色料掺和、透明色层叠加
补色关系	补色光增加,越加越亮	补色料相加,越加越暗
应用	彩色电影、电视、计色计	彩色绘画、摄影、印染

5. 空间混合

空间混合是指色光同时刺激人眼或快速先后刺激人眼，从而产生透射光在视网膜上的混合。空间混合实质上是加色法混合，有所区别的是，加色法混合是不同色光在刺激眼睛前的混合，它具有客观性，而空间混合是不同色光在视觉过程中的混合，具有主观性。

（1）时间混合：不同的颜色快速而连续地刺激人眼，由于人眼的视觉暂留致使眼睛来不及反应，就会出现视网膜上的混色效果。颜色混合转盘实验如图1-24所示。

（2）区域混合：把两种或两种以上的颜色点或色线非常密集地并置、交织在一起，在一定的视觉距离外，眼睛无法分辨颜色反射的光束，从而形成一种视网膜上区域性混合。

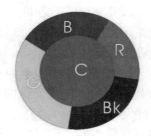

图1-24 颜色混合转盘实验

1.3 图像的分辨率特性

所谓图像分辨率特性，是指图像中的细微部分能被正确地显示、重现出来，以及图像给人清晰印象的程度等。在心理上是指图像的分辨度、细微度、清晰度等。能够测定的心理物理量或物理量包括临界分辨率、空间频率响应、像素数等。

在图像分辨率特性中，图像的细微部分在显示时被分割到什么程度，用图像分辨率或者临界分辨率表示。评价图像清晰时，只靠图像分辨率是不能评价的。这就需要用空间频率特性来评价才可以，这个概念就称为图像鲜明度或称为图像清晰度。

1.3.1 临界分辨率

在进行临界分辨率的测定时，使用如图1-25所示的测试图。在画面的中央或者中央及四角，有楔形的互相分离的细线，对这些进行目测读取临界空间频率值。

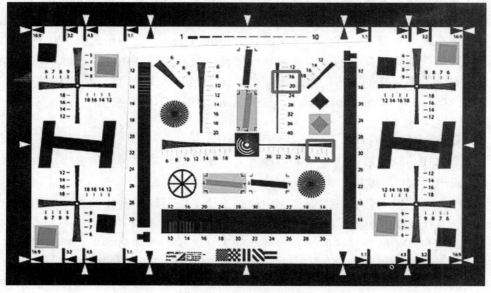

图1-25 ISO12233测试图

临界分辨率是指把画面垂直高度用多少白与黑的细线（TV线）表示，也就是说，假如在 1 mm 的高度中，有 m 根白线或黑线显示出来，那么，把 m 的 2 倍再乘上画面的高度就可求出临界分辨率。所以，临界分辨率就是 $2mV$（TV线）。其中，V 是画面的垂直高度。在一般照片、印刷品等情况中，均以白黑一对线条算作一个线对，称为一线（1line），用 1 mm 中可分辨的线数（Lines/mm）表示分辨率的方法与电视是不一样的。对于上述情况则表示为 m（Lines/mm）。

像 LCD、PDP 等显示器，它们是固定空间像素的点阵型显示器，故它们是以垂直、水平方向的像素数来表示分辨率的。例如，纵向 768 像素、横向 1024 像素的显示器，其垂直分辨率为 768，而水平分辨率为 1024。

它们的测试图在空间频率上有所不同，即纵向条纹以最大振幅表示，其最大的分辨率可用纵向分离的、可看清的条纹数来计算。关于分辨率的极限值，画面水平方向若有 m 条纵向条纹显示，显示器的外观比（水平显示幅长/垂直显示幅长）为 A，则临界分辨率 n（TV线数）可用下式求出：

$$n = 2 \cdot m \Big/ A \qquad\qquad (1\text{-}46)$$

要记住，TV 的线数是按黑与白的条纹各 1 条计算的，因此，条数一定为 m 的 2 倍才正确。

1.3.2　空间调制传递函数

作为显示器的图像分辨率特性，前面已介绍了临界分辨率。临界分辨率是指评价图像中的细微部分能分解到什么程度并显示的尺度。但是，作为表示图像精细度和清晰度的尺度，光靠图像分辨率是不充分的。也就是说，图像虽然能分辨，但其边缘部分的亮度分布钝化，图像有些模糊，清晰度（Sharpness）下降。清晰度可以利用在显示器中输入极窄幅的脉冲信号时，显示图像的扩展函数（Spread Function）进行评价。这就叫作脉冲响应（Impulse Response）。如果将这种响应特性用整合后的信号传送系统的一般表达方法（传递函数 Transfer Function）的形式来表达时，就相当于脉冲响应傅里叶变换的空间频率响应特性。显示图像清晰度之所以不好，是因为显示系统的高端空间频率的振幅响应过低所引起的。因此可以说，调制传递函数（MTF：Modulation Transfer Function）是综合评价包含清晰度在内的显示器图像分辨性能的尺度。

在 MTF 的测定中包括：

①测定作为脉冲响应所显示的点像素或线像素的扩展函数，或者说测定其亮度分布，求出其傅里叶变换。

②输入不同空间频率的图像，测定经过光学系统后输出图像的对比度相对于空间频率会有什么样的变化。

近代信息理论的发展证明，在线性空间不变系统中，任何一个成像系列可有效地看成一个空间频率滤波器，而它的成像特性和像质评价，则能以物像之间的频率之比来表示。这种频率对比特性，就是所谓的调制传递函数 MTF。线性空间不变系统则指线性系统的脉冲响应函数是稳定的，即响应函数与所选择的参考坐标位置无关，其函数值仅仅依赖于参考坐标之间的参量（$x-\xi$）。

在线性空间不变系统中，假设有一频率为 f 的正弦波形的信号，正弦波振幅为 I_a，正弦波平均振幅为 I_0（即正弦波直流分量），则其光强分布 $I(x)$ 为

$$I(x) = I_0 + I_a \cos 2\pi f x \tag{1-47}$$

而对比度 C 的定义为

$$C = \frac{I_{max} - I_{min}}{I_{max} + I_{min}} = \frac{I_a}{I_0} \tag{1-48}$$

式中，I_{max} 为最大亮度信号，I_{min} 为最小亮度信号。

在同一系统中，将空间频率不同的正弦波信号输入，把经过光学系统的对比度 C' 与未经光学系统的调制度 C 之比，定义为调制传递函数 MTF。

$$\mathrm{MTF} = \frac{C'}{C} \tag{1-49}$$

MTF 的值域为（0，1）。一般来说，MTF 值随空间频率 f 的增长而下降。当 f 达到一定值时，MTF=0。此时的频率就是截止频率，高于该频率的信号就不能被系统传递。以频率 f 为横坐标，MTF 为纵坐标，连接不同频率的 MTF 值所构成的曲线，称为 MTF 曲线，如图 1-26 所示。

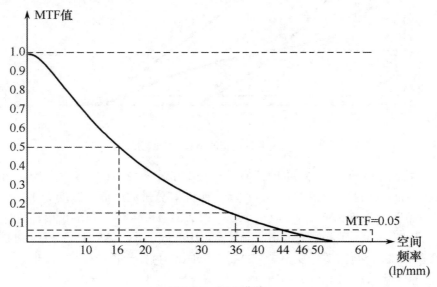

图 1-26　MTF 曲线

图中纵坐标为 1 的一条水平虚线，代表既无像差又无衍射的理想镜头的 MTF 曲线。黑实线即为一只实际镜头的 MTF 曲线。曲线与横坐标的交点为 53，说明这只镜头的理论分辨率最高值为 53 lp/mm，然后此时调制度已为零，所以 53 lp/mm 并无实际意义。由于人眼能够分辨的最低调制度为 0.05，所以这只镜头的实际分辨率为 MTF 值等于 0.05 时所对应的空间频率值，从图中可能看出，此镜头的最高分辨率为 44 lp/mm。

上述 MTF 曲线图中，10 lp/mm 的低频曲线反映了镜头的对比度特性，这条曲线越高代表镜头的对比度还原能力好；30 lp/mm 的高频曲线反映镜头的分辨率特性，这条曲线越高代表镜头的分辨率越高。

简单地看，一只镜头（人眼）的综合光学素质的高低可以用 MTF 曲线与纵横两轴所围的线下面积的大小来确定。MTF 曲线线下面积大的镜头，其光学质量一定好，因为它的对比度还原和分辨率肯定都高，或其中一项明显高。

如图 1-27 所示，A、B、C 三条曲线代表三种光学素质完全不一样的摄影镜头。其中 A、B 两只镜头代表常见、对比度特性和分辨率特性都不一样的典型照相机镜头，镜头 A 是对比度特性好而分辨率特性差；镜头 B 则正好相反，分辨率特性好而对比度特性差。而镜头 C 则是一只十分罕见的、对比度特性与分辨率特性都极佳的优质摄影镜头。

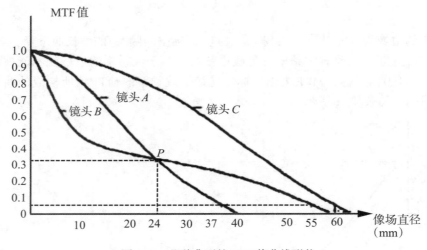

图 1-27　几种典型的 MTF 值曲线形状

代表 A、B 镜头的两条 MTF 曲线有一个公共的交点 P，对应于 P 点的空间频率为 24 lp/mm；而 P 点的 MTF 值为 0.33。由于人眼能够分辨的最低调制度为 0.05，所以当景物的调制度为 0.15（对比度为 1∶1.35）时，MTF 值 =0.05/0.15=0.33。此时两只镜头的空间频域一样，都是 24 lp/mm，当景物对比度低于 1∶1.35 时，镜头 A 的分辨率高于 B，也就是说，镜头 A 对低反差景物的细节表现比 B 好；当景物对比度高于 1∶1.35 时，镜头 B 的分辨率只有 37 lp/mm。

镜头 A 与 B 有各自的优势。在表现微弱光度对比、细小明暗差别以及轻柔的色彩变化时，镜头 A 有明显的优势，它拍出的照片层次丰富、影纹细腻、色调明快、质感强烈；在拍摄高反差影物时，镜头 B 性能较好，拍摄黑白线条清晰、锐利。

综上所述，用 MTF 评价视觉特性的优点主要有以下几点。

① MTF 曲线可推断由单纯视力测定难以了解的视觉功能，例如推断弱视眼的特性；

② 对视网膜、信息处理系统的特性作统一的数学处理；

③能按MTF推断各种图像的像质特性、知觉特性等。

1.3.3　分辨率与清晰度

在一般情况下，我们经常将电视分辨率和清晰度混为一谈。在多数情况下，这么说并不会发现什么不妥的问题，分辨率越高，清晰度就越高，因此大家往往认为这是同一个概念。实际上，分辨率和清晰度是两个完全不同的概念。

在CRT时代，模拟的电视信号的图像清晰度使用电视线的概念，清晰度高低的衡量单位是电视线。对于CRT电视机而言，衡量清晰度的标准也就是电视线。

数字电视信号出现后，图像的清晰度高低就不再以电视线作为衡量标准，而是使用分辨率的概念，比如DVD节目的分辨率是720×480，数字有线电视节目的分辨率是720×576，高清节目的分辨率是1920×1080。

平板电视出现后，也不使用电视线的概念。由于液晶电视和等离子电视都是点显示方式，因此也使用分辨率的概念。26英寸以上液晶电视的分辨率主要有两种：1366×768和1920×1080。等离子电视的情况则比较复杂，基本的分辨率是852×480和1024×768，日立还有1024×1080；高清机型的分辨率为1366×768，日立则为1280×1080；全高清机型都是1920×1080。

要想搞清楚电视线的概念，还要先弄清线的概念。在电视机屏幕上，黑白相间的两条垂直线，称作两线。但这个线还不是指电视线，电视线的概念是沿屏幕水平方向量取一段长度，使其等于画面垂直高度，其中所含的线数就等于其电视线。比如一台16∶9的电视机，水平能够显示1920线，其电视线的数值为（1920/16）×9＝1080电视线。理论上讲，液晶电视上的一个像素，最多可以显示1条线，1920×1080的液晶电视，在最理想状态下，可以显示1920条黑白相间的线。按照电视线计算公式，就是1080电视线。事实上，这个数值只是理论上的计算结果，实际显示的清晰度，并不能达到这么高。比如实际播放的图像中，有一条线刚好位于两个像素之间，这条线就不能清晰地显示在液晶电视上，清晰度就会降低。

上述情况，是指静态画面状态下，如果显示动态画面，电视清晰度降低得更厉害。特别是液晶电视，由于液晶要考虑响应速度，会发生拖尾，也就大大降低了图像清晰度，而等离子由于不存在拖尾问题，动态清晰度就相对较高。

动态清晰度标准是由中国电子视像行业协会制定的，不但适用于等离子电视，也适用于液晶电视。等离子数字电视动态图像清晰度的测量方法采用的测试信号是全高清格式，如图1-28所示。规定图像移动速度一个是4.5 PPF，即每个画面8.5秒移动一次。另一个速度是5.0 PPF，移动一次需7.7秒。通过目测，判断画面是否保持清晰。

同样是1920×1080的图像，松下等离子电视50PZ880C动态清晰度可以达到900线以上（这里指电视线），而液晶电视能达到600线就不错了。

"垂直清晰度"就是一幅图像从上到下由多少像素组成。由于每一根水平扫描线形成一个垂直方向的像素，因此我们也可以讲，"垂直清晰度"就是一幅图像由多少条"水平扫描线组成"。一幅图像有多少条水平扫描线是由信号格式决定的，因此只要信号格式确定了，垂直清晰度就确定了。对于PAL制来说，不管你看的是电视节目、录像机、VCD、LD还是DVD，你最后看到的垂直分辨率都是625。进一步讲，我们看到的一幅画面并不是由所有的625行组成的。实际上，对场效应器件，还有49行用于传输其他信息，比如闭合字幕、图文、测试信号等，同时当电子束从最底部回到最上部来开始扫描下一幅图像还需要一些时间。去掉这些我们"看不到"的行数，我们看到的一幅画面实际上最多由576行组成的。这也是PAL制的最高垂直分辨率。更进一步，由于显像的原因和人的视觉特性，这576行只是理论上的分辨率而已。实际看到的图像的垂直分辨率还必须乘以一个小于1的修正系数，这个系数称为Kell系数。对于隔行扫描，Kell系数为0.7。因此对于PAL制来说，最后显示出来的图像的垂直清晰度是400线左右。实际观看测试图的时候，由于不考虑Kell系数，观察得到的垂直清晰度通常可以达到450线左右。

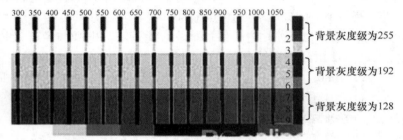

测定模式(4条线为一个归纳,间隔根据每个归纳变化,根据间隔规定电视机线数)

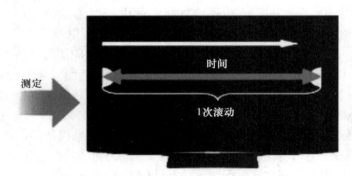

4.5 PPF(画面从左横向移动到右约8.5 s)和5.0 PPF(画面从左横向移动到右约7.7 s),以上两次侧试的平均值为电视机线数

图1-28 平板电视动态清晰度测试方法

正如前面讲到的，垂直清晰度完全由信号格式决定，这非常易懂。而水平清晰度却是最容易令人混淆的概念，其中最大的问题就是因为水平清晰度有多种表达方式。多种表达方式可以由很多种数据来表达，在不同的场合，相同的数据可能就表示完全不同的性能。计算机领域 在计算机行业中经常使用组成图像的像素的多少来表示分辨率，即水平像素数×垂直像素数。例如，VGA：640×480；SVGA：800×600；XGA：1024×768。

在视频领域，我们更习惯使用"每图像高度"的像素多少来表示水平清晰度，并称之为"电视线"。这种习惯的由来要追溯到电视机诞生的60年前。当时，由于信号的格式已经决定了图像的垂直清晰度，因此专家们的想法是用和垂直清晰度相关的方式来表示水平清晰度。也就是说，到底是水平方向更清晰还是垂直方向更清晰，通过这个相对的清晰度表示就可以一目了然。水平清晰度（电视线）被定义为：在和屏幕高度相等的水平方向上可以显示的像素数。在这种定义下得到的清晰度就叫作"电视线"。所以，当仍然听到别人讲视频信号有多少清晰度的时候，它并不是指从图像最左边到最右边有多少像素组成，而是指在和图像高度相同的水平宽度上有多少像素。请看一下你的电视机或电脑显示器，你会发现它们并不是四四方方的，其显示比例是 4：3 的。也就是说，要得到与垂直清晰度相同的水平清晰度，水平方向的像素要达到垂直清晰度的 4/3 倍。对于 DVD 来讲，NTSC 制是 720 像素×480 像素，PAL 制是 720 像素×576 像素。NTSC 和 PAL 制的水平清晰度都是 720×3/4 线=540 线。在 NTSC 制的 DVD 上，水平清晰度高于垂直清晰度（540 线＞480 线）；在 PAL 制的 DVD 上，水平清晰度略低于垂直清晰度（540 线＞576 线）。

图像清晰度=信号源的图像质量×处理电路的处理水平×显示方式的显像质量。这三个因素都同等重要地决定最终的图像质量，一个都不能少。任何一个环节差都将导致最后图像的水平清晰度下降。即使有的产品提高了处理电路性能或显像性能，但是如果没有相应的信号源配合，也不能显著提高图像质量。如果是模拟信号，要在数字显示设备上显示出来，我们首先要进行模拟→数字的转换；而如果是数字信号，要在模拟显示设备上显示出来，我们首先要进行数字→模拟的转换。在模拟信号领域里，我们用带宽来表示信号的质量。在数字信号领域里，我们用组成图像的像素数来表示图像的质量。PAL 制信号的视频带宽是 6 MHz。经过标准的数字采样后，得到 720×576 的图像，这两种说法都表示同样质量的图像。VGA（640×480，4：3屏幕）：480 电视线；SVGA（800×600，4：3 屏幕）：600 电视线；XGA（1024×768，4：3 屏幕）：768 电视线；720P（1280×720，16：9 屏幕）：720 电视线；1080I（1920×1080，16：9 屏幕）：1080 电视线。

清晰度 $H=2×T÷A×F$。其中 T 为水平扫描正程时间，对某一电视图像格式，它是固定的；A 为显像管的宽高比（4：3 或 16：9），F 为电视机的信延带宽，T 和 A 为常数。以 PAL 制来讲，这种信号的最大带宽为 6 MHz，行频为 15 625 Hz/s。如果图像信号是最高频率 6 MHz 单频，那么每行能显示 6 000 000/15 625=384 周。如果正半周为白，负半周为黑，每个行周期能显示 768 条黑白线。每一个行周期又分为正程和逆程，只有正程对分解力有贡献。PAL 制的水平逆程为 18%，所以每行正程最多能显示的黑白线总数不会超过 768×0.82=629.76。也就是说，PAL 制的水平分解力的极限是 630 条黑白线，换算成电视线的说法就是 470 电视线左右。当然不必每次都这么复杂地计算，可以用一个经验算法来计算：1 MHz 带宽=81 电视线。这样不难求出——VHS 录像机：3 MHz 带宽，240 线左右；NTSC 制电视：4 MHz 带宽，320 线左右；PAL 制电视：6 MHz 带宽，480 线左右；DVD：6.75 MHz，540 线左右。

1.4 显示器件画面质量的评价

1. 亮度
亮度通常用于评价发光型显示器件的发光强度。它是指在垂直于光束传播方向上，单位面积上的发光强度，单位为 cd/m^2，或是 fL。这些单位考虑到人们视觉标准的分光感觉。对于视感度大的绿色和黄色光的显示器件，其亮度一般比较高，通常黄橙色光的 ELD 器件的亮度约为 $100 \ cd/m^2$，绿色光的 VFD 亮度约为 $400 \ cd/m^2$。

对于普通消费者而言，正常观看电视时的全屏平均亮度大约是 $50\sim70 \ cd/m^2$，电影院银幕的平均亮度为 $30\sim45 \ cd/m^2$，室外观看电视图像时要求的平均亮度达到 $300 \ cd/m^2$，一般要求显示器的有用平均亮度应大于 $100 \ cd/m^2$。目前，大多数桌上型 LCD 显示器的亮度处于 $150\sim300 \ cd/m^2$，再高的可达到 $350 \ cd/m^2$ 或者 $500 \ cd/m^2$。

2. 对比度

对比度也称为显示反差。它是指显示部分的亮度（L_{ON}）和非显示部分的亮度（L_{OFF}，在一定环境照度下）之比。

$$C = \frac{L_{ON}}{L_{OFF}} \tag{1-50}$$

因此，发光显示器件的对比度是表示发光亮度的大小程度，而受光型显示器件的对比度是表示光调制的大小程度。概括地讲，受光型的对比度在 $1:0\sim30:1$，而发光型的对比度高，在 $30:1$ 以上。因此，发光型显示器件附加彩色滤色片时也能有良好的显示效果。

如一台 LCD 显示器的基本最大亮度为 $250 \ cd/m^2$，最小亮度为 $0.5 \ cd/m^2$，则通过对比度计算公式，可得出该 LCD 显示器的对比度为 $500:1$。对比度越高，重显图像的层次越多，图像质量越高。

一般用在暗室的亮度比来表示对比度，但在实用环境下，最小亮度往往因周围光而升高，所以实际对比度降低。如 L_A 表示环境光在屏幕上的亮度，则对比度的计算式应为

$$C = \frac{L_{ON} + L_A}{L_{OFF} + L_A} \tag{1-51}$$

由式（1-51）可知，环境光在屏幕中的亮度越大，则图像的对比度就越小。

3. 灰度

灰度是指画面上亮度的等级差别。灰度越高，图像层次越分明，图像越柔和。在图像显示和中间色显示方面，灰度同样是一个十分重要的显示性能指标。灰度的大小使用灰度测试卡测定，它是用亮度的 $\sqrt{2}$ 倍的发光强度的变化等级来表示的。

4. 响应时间、余辉时间

响应时间是指从施加电压到出现显示的时间，又称为上升时间。而当切断电源后到显示消失的时间称为下降时间，又称为余辉时间。电视图像显示时需要小于 $1/30 \ s$ 的响应时间，一般受光型显示器件的响应时间为 $10\sim500 \ ms$，而发光型显示器件的响应时间为 $1\sim100 \ \mu s$。它比受光型显示器件的响应时间快得多，这是因为发光型显示器件的显示原理是电子的运动，而受光型显示原理则是离子、分子、晶体的运动。一般人的视觉能识别出图像显示的时间界限为 $50\sim100 \ ms$。因此，一般显示时并不需要比 $50\sim100 \ ms$ 更快的响应时间。

5. 显示色

发光型显示器件发光的颜色和受光型显示器件透射和反射光的颜色称为显示色。不同的显示色是由显示原理和显示材料所决定的，显示色分为黑白、单色、多色三种类型。在黑白显示屏上附加彩色滤色膜后，就能够实现单色或多色显示。对于单色显示的 LCD、ECD、EPID、SPD、DC-PDP、VFD、LED 器件，使用不同的发光材料时，能够实现任意的显示色。

6. 发光效率

发光效率是发光型显示器件释放出单位能量（W）的光通过人的视觉感觉的视感度。它是器件所消耗的光通量与消耗的功率之比，单位为（lm/W）。发光效率高的器件是阴极射线发光的 VFD 器件（1～10 lm/W）。其他的发光型显示器件由于发光原理不同而发光效率比较低（0.1～1.5 m/W）。

7. 存储功能

外加电压去除之后仍然具有保持显示状态的功能叫作存储功能。该功能对减少显示器件的消耗功率有作用，同时还可以有效地简化驱动电路。特别是在多路驱动时，可以发挥很大的威力。器件有无存储功能与显示原理有关。受光型 ECD、EP-ID、PLZD 和发光型 ELD、AC-PDP 等器件均具有存储功能。

8. 寿命

显示器件寿命的长短是根据显示原理、使用材料和化学稳定性（如：EPID、SPD 器件）、耐湿性和耐光性等环境状态（如 LCD）及副反应和杂质的形成（如 ECD）等条件所决定的。发光型的 ELD 器件的寿命已达到实用化水平。受光型的 ECD、EPID、SPD 等器件由于寿命问题在实用化方面受到了限制。

1.5　视频接口

作为图像显示的一部分，图像传输的接口也在其中起重要的作用。其实视频接口的发展是实现高清图像的前提，目前各种各样平板电视的背面接口非常多，从原始的 TV 输入如今最尖端的 HDMI 数字高清接口。

在各种电视机、各种播放器上，视频会议产品和监控产品的编解码器的视频输入/输出接口上看到很多视频接口，这些视频接口哪些是模拟接口、哪些是数字接口、哪些接口可以传输高清图像等，下面就分别进行详细的介绍。

1.5.1　复合视频接口

复合视频接口也称为 AV 接口或者 Video 接口，是目前最普遍的一种视频接口，几乎所有的电视机、影碟机类产品都有这个接口。

它是音频、视频分离的视频接口，一般由三个独立的 RCA 插头（又称为梅花接口、RCA 接口）组成，如图 1-29 所示。其中的 V 接口连接混合视频信号，为黄色插口；L 接口连接左声道声音信号，为白色插口；R 接口连接右声道声音信号，为红色插口。

图1-29　复合视频接口

它是一种混合视频信号，没有经过RF射频信号调制、放大、检波、解调等过程，信号保真度相对较好。图像品质受使用的线材影响大，分辨率一般可达350～450线，不过由于它是模拟接口，用于数字显示设备时，需要一个模拟信号转数字信号的过程，会损失不少信噪比，所以一般数字显示设备不建议使用。

1.5.2　S-Video接口

S-Video接口又称为S端子，也是非常常见的接口，其全称是Separate Video，也称为Super Video。S-Video连接规格是由日本人开发的一种规格，S指的是"Separate（分离）"，它将亮度和色度分离输出，避免了混合视频信号输出时亮度和色度的相互干扰。S接口实际上是一种五芯接口，由两路视频亮度信号、两路视频色度信号和一路公共屏蔽地线共五条芯线组成。其定义如图1-30所示。

针脚名称定义说明

针脚	名称	定义说明
1	GND	Y亮度信号地
2	GND	C色信号地
3	Y	亮度信号
4	C	色信号

4针S-Video母头　　4针S-Video公头

图1-30　S-Video视频接口定义

同AV接口相比，由于它不再进行Y/C混合传输，因此也就无须再进行亮色分离和解码工作，而且使用各自独立的传输通道在很大程度上避免了视频设备内信号串扰而产生的图像失真，极大地提高了图像的清晰度。但S-Video仍要将两路色差信号（Cr Cb）混合为一路色度信号C，进行传输，然后再在显示设备内解码为Cb和Cr进行处理，这样多少仍会带来一定信号的损失而产生失真（这种失真很小，但在严格的广播级视频设备下进行测试时仍能发现）。而且由于Cr Cb的混合导致色度信号的带宽也有一定的限制，所以S-Video虽然已经比较优秀，但离完美还相去甚远。

S-Video 虽不是最好的，但考虑到目前的市场状况和综合成本等其他因素，它还是应用最普遍的视频接口之一。

1.5.3 YPbPr /YCbCr 色差接口

色差接口是在 S 接口的基础上，把色度（C）信号里的蓝色差(b)、红色差(r) 分开发送，其分辨率可达到 600 线以上。它通常采用 YPbPr 和 YCbCr 两种标识，前者表示逐行扫描色差输出，后者表示隔行扫描色差输出，如图 1-31 所示。现在很多电视类产品都是靠色差输入来提高输入信号品质，而且透过色差接口，可以输入多种等级信号，从最基本的 480i 到倍频扫描的 480p，甚至 720p、1 080i 等等，都是要通过色差输入才有办法将信号传送到电视当中。

图 1-31　色差接口

由电视信号关系可知，我们只需知道 Y、Cr、Cb 的值就能够得到 G（绿色）的值，所以在视频输出和颜色处理过程中就统一忽略绿色差 Cg 而只保留 Y Cr Cb，这便是色差输出的基本定义。作为 S-Video 的进阶产品，色差输出将 S-Video 传输的色度信号 C 分解为色差 Cr 和 Cb，这样就避免了两路色差混合译码并再次分离的过程，也保持了色度信道的最大带宽，只需要经过反矩阵译码电路就可以还原为 RGB 三原色信号而成像，这就最大限度地缩短了视频源到显示器成像之间的视频信号信道，避免了因烦琐的传输过程所带来的影像失真，所以色差输出的接口方式是目前最好的模拟视频输出接口之一。

1.5.4 VGA 接口

VGA 接口也称为 D-Sub 接口。VGA 接口是一种 D 型接口，上面共有 15 针，分成三排，每排五个。VGA 接口是显卡上应用最为广泛的接口类型，绝大多数的显卡都带有此种接口。迷你音响或者家庭影院拥有 VGA 接口就可以方便地和计算机的显示器连接，用计算机的显示器显示图像，如图1-32 所示。

VGA 接口的管脚定义见表 1-8 所列。VGA 接口传输的仍然是模拟信号，对于以数字方式生成的显示图像信息，通

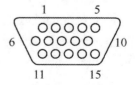
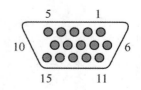

图1-32　VGA接口及其定义

过数字/模拟转换器转变为R、G、B三原色信号和行、场同步信号，信号通过电缆传输到显示设备中。对于模拟显示设备，如模拟CRT显示器，信号被直接送到相应的处理电路，驱动控制显像管生成图像。而对于LCD、DLP等数字显示设备，显示设备中需配置相应的A/D（模拟/数字）转换器，将模拟信号转变为数字信号。在经过D/A和A/D二次转换后，不可避免地造成了一些图像细节的损失。VGA接口应用于CRT显示器无可厚非，但用于数字电视之类的显示设备，则转换过程的图像损失会使显示效果略微下降。

表1-8　VGA接口管脚定义

管脚	定义	管脚	定义
1	红基色Red	9	保留（各家定义不同）
2	绿基色Green	10	数字地
3	蓝基色Blue	11	地址码
4	地址码ID Bit	12	地址码
5	自测试（各家定义不同）	13	行同步
6	红地	14	场同步
7	绿地	15	地址码（各家定义不同）
8	蓝地		

1.5.5　DVI接口

目前的DVI接口分为两种：一个是DVI-D接口，只能接收数字信号，接口上只有3排8列共24个针脚，其中右上角的一个针脚为空，不兼容模拟信号。其定义如图1-33所示。

另外一种则是DVI-I接口，可同时兼容模拟和数字信号。兼容模拟信号并不意味着模拟信号的D-Sub接口可以连接在DVI-I接口上，而是必须通过一个转换接头才能使用，一般采用这种接口的显卡都会带有相关的转换接头。

DVI全称为Digital Visual Interface，它是1999年由Silicon Image、Intel（英特尔）、Compaq（康柏）、IBM、HP（惠普）、NEC、Fujitsu（富士通）等公司共同组成DDWG（Digital Display Working Group，数字显示工作组）推出的接口标准。它是以Silicon Image公司的PanalLink接口技术为基础，基于TMDS（Transition Minimized Differential Signaling，最小化传输差分信号）电子协议作为基本电气连接。TMDS是一种微分信号机制，可以将像素数据编码，并通过串行连接传递。显卡产生的数字信号由发送器按照TMDS协议编码后通过TMDS通道发送给接收器，经过解码送给数字显示设备。一个DVI显示系统包括一个传送器和一个接收器。传送器是信号的来源，可以内建在显卡芯片中，也可以以附加芯片的形式出现在显卡PCB上；而接收器则是显示器上的一块电路，它可以接受数字信号，将其解码并传递到数字显示电路中，通过这两者，显卡发出的信号成为显示器上的图像。

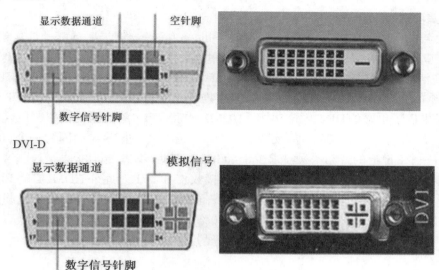

图1-33　DVI接口

显示设备采用DVI接口具有主要有以下两大优点。

1. 速度快

DVI传输的是数字信号，数字图像信息不需经过任何转换，就会直接被传送到显示设备上，因此减少了数字→模拟→数字烦琐的转换过程，大大节省了时间，因此它的速度更快，有效消除拖影现象，而且使用DVI进行数据传输，信号没有衰减，色彩更纯净、更逼真。

2. 画面清晰

计算机内部传输的是二进制的数字信号，如果使用VGA接口连接液晶显示器就需要先把信号通过显卡中的D/A（数字/模拟）转换器转变为R、G、B三原色信号和行、场同步信号，这些信号通过模拟信号线传输到液晶内部还需要相应的A/D（模拟/数字）转换器，将模拟信号再一次转变成数字信号才能在液晶上显示出图像来。在上述的D/A、A/D转换和信号传输过程中不可避免会出现信号的损失和受到干扰，导致图像出现失真甚至显示错误，而DVI接口无须进行这些转换，避免了信号的损失，使图像的清晰度和细节表现力都得到了大大提高。

1.5.6　HDMI接口

HDMI的英文全称是"High Definition Multimedia"，中文的意思是高清晰度多媒体接口，其接口如图1-34所示。HDMI接口可以提供高达5 Gbps的数据传输带宽，可以传送无压缩的音频信号及高分辨率视频信号。同时无须在信号传送前进行数/模或者模/数转换，可以保证最高质量的影音信号传送。应用HDMI的好处是：只需要一条HDMI线，便可以同时传送影音信号，而不像现在需要多条线材来连接；同时，由于无线进行数/模或者模/数转换，能取得更高的音频和视频传输质量。对消费者而言，HDMI技术不仅能提供清晰的画质，而且由于音频/视频采用同一电缆，大大简化了家庭影院系统的安装。

2002年的4月，日立、松下、飞利浦、Silicon Image、索尼、汤姆逊、东芝共7家公司成立了HDMI组织，开始制定新的专用于数字视频/音频的传输标准。2002年岁末，高清晰数字多媒体接口（High-definition Digital Multimedia Interface）HDMI 1.0标准颁布。与DVI相比，HDMI可以传输数字音频信号，并增加了对HDCP的支持，同时提供了更好的DDC可选功能。HDMI支持5 Gbps的数据传输率，最远可传输15米，足以应付一个1080 p的视频和一个8声道的音频信号。而因为一个1080 p的视频和一个8声道的音频信号需求少于4 GB/s，因此HDMI还有很大余量。这允许它可以用一个电缆分别连接DVD播放器、接收器和PRR。此外HDMI支持EDID、DDC2B，因此HDMI的设备具有"即插即用"的特点，信号源和显示设备之间会自动进行"协商"，自动选择最合适的视频/音频格式。HDMI在针脚上和DVI兼容，只是采用了不同的封装，并且加入了对音频信号的支持。

图1-34 HDMI接口

1.5.7 BNC接口

BNC接口是指同轴电缆接口，BNC接口用于75欧同轴电缆连接用，提供收（RX）、发（TX）两个通道，它用于非平衡信号的连接。

BNC（同轴电缆卡环形接口）接口主要用于连接高端家庭影院产品以及专业视频设备。BNC电缆有5个连接头，分别接收红、绿、蓝、水平同步和垂直同步信号，如图1-35所示。BNC接头可以让视频信号之间的干扰减少，达到最佳信号响应效果。此外，由于BNC接口的特殊设计，连接非常紧，不必担心接口松动而产生接触不良。

图1-35 BNC接头

1.5.8 DP接口

DP接口（Display Port，显示器接口）标准为开放式标准，功能强大，兼容性好，免费使用。DP传输接口标准主要有以下特点：①抗干扰能力较强。DP接口采用交流耦合的差分信号传输方式，对共模干涉信号有较高的共模干扰抑制比，同时传输信号时的控制信息在每帧的垂直消隐期间都会发送一次。当2条或4条线同时传输时，每条线上的控制信息在时间上是错开的，其中的 M 值每次传送4次，可以通过检查M值来判断信息是否遭到破坏，再通过舍弃被破坏的信息来提高信号传输的准确性。②数据传输路径较长，符合DP1.0标准的器件可传输15 m长的距离。③支持较高分辨率，由于它是一种比较灵活的协议，只要不超过信号通道带宽，就可以传输更高的分辨率。在4条线传输时，数据带宽可达10.8 GHz。④支持双向数据传输。DP的数据通道由主通道和辅助通道组成，主通道是高速单向的数据总线，辅助通道是高速双向传输线。⑤支持热插拔。⑥应用范围广泛，可以应用于外部连接和内部连接的各种场合，例如电视机顶盒与显示器的连接、计算机与监视器的连接、电视机顶盒内部连接和笔记本电脑主板与面板连接等。

DP接口有两种接口插座。第一种外部接口接头的引脚数为20位，标准型外形类似于USB、HDMI接口；低矮型主要针对连接面积有限的场合应用，例如超薄笔记本电脑。第二种内部用接口接头引脚数为26个，仅有26.3 mm宽、1.1 mm高，体积小，传输速率高。

DP接口由主通道、辅助通道及热插拔检测（HPD，Hot Plug Detect）组成，主通道是单向、高带宽和低延迟通道，用于传输同步流，如非压缩音、视频数据流；辅助通道是半双工、双向通道，用于连接管理和设备控制。热插拔检测线接收来自接收设备的中断请求。另外，用于盒与盒之间的DP外部连接头有一个电源管脚，可供DP中断设备或DP到传统接口的转换器使用。

1.5.9　数字音视频交互接口 DiiVA

DiiVA（Digital Interactive Interface for Video & Audio，数字音视频交互接口）是由中国数字家庭产业联盟推广的标准，主要推广者有海信、TCL、创维、长虹、康佳、海尔、上海广电电子股份有限公司（上广电）、熊猫、凌旭等9家企业。

（1）DiiVA 采用菊花链的连接方式，Any to Any 数据传输方式，简而言之，就是任何一个在 DiiVA 网络中的设备都可以互相访问，包括非压缩的视频数据流、以太网数据包、USB 数据包。

（2）DiiVA 采用了高级的电源管理技术 POD（Power on DiiVA），由 DiiVA 的线缆提供5V/1A 的 Standby 电源，通过 POD 的技术可以远程打开或关闭连接在 DiiVA 网络中的任何一个设备，即使级联网络中的某一个设备关闭了，也不影响下一级的设备与整个网络的互联，功耗不大的设备如摄像头、游戏遥控设备就完全不需要电源。

（3）在 DiiVA 链路中除了 Video Link 进行视频传输外，还有专门用于数据/音频/命令传输的 Hybrid Link（混合链路或称为 Data channel），对数据内容没有限制，只要按照协议进行封包、解包即可。

（4）DiiVA 支持高色域、高刷新率和高分辨率，采用了4对6类双绞线，其中3对6类双绞线用来传输非压缩视频，每线对可以支持高达4.5 Gb/s 的带宽速率，单向总计13.5 Gb/s 带宽速率。同时将剩余的一对双绞线定义为一条2 Gb/s 带宽的混合信道用于双向数据传输和音频传输。DiiVA 的 Any to Any 的传输方式，总的网络连接成本大大降低。

（5）DiiVA 采用8 B/10 B 的编码技术。DiiVA 是具有中国自主知识产权的数字电视高清互动接口，它的出现将大大增强中国彩电企业的话语权。

1.5.10　总结

本节所描述的视频接口，将其总结见表1-9所列。

表1-9　常见视频接口

名称	中文名	接头	含义	特点
Com-posite	AV 复合视频	黄/白/红	复合的含义就是在同一信道中传输亮度和色度信号的模拟信号,黄线为视频线,白/红为左/右声道音频线	一根线上传输视频,亮度和色度混合,有 PAL / NTSC / SECAM 三种制式
S-Video	S端子	四芯线,两个接地,两个分别传输亮度和色度（Y 和 C）	Separated Video	只能输入/输出视频。亮度和色度传输分离,效果好于 Composite

续表

名称	中文名	接头	含义	特点
Compo-nent（YUV）	色差分量	绿/蓝/红	绿为亮度信号，Y蓝和红（Pb和Pr）为颜色差别信号	将色度信号 C 分解为色差 Cr 和 Cb，YPbPr：逐行扫描色差输出，YCbCr：隔行扫描色差输出。色差分量接口是模拟接口，支持传送 480i/480p/576p/720p/1080i/1080p 等格式的视频信号，本身不传输音频信号。效果好于 S-Video
RGB	三原色	RCA 或 SCART（欧洲）	三原色输出	RGB信号优于色差信号接头为 RCA 插头，或欧洲为 SCART 来传输 RGB 信号
DVI	数字可视接口	方口，24针	Digital Visual Interface	传输的是数字信号，不用再经过数模转换，所以画面质量非常高

1.6 平板显示器件的驱动电路原理

1.6.1 平板显示器件的基本结构

平板显示器件的结构很简单，是由空间交叉的电极夹持住发光物质（例如荧光粉、液晶和气体）。当X电极和Y电极加上不同的工作电压，就使一些交叉点处的发光物质受到激发而发光，从而构成图像。

如图 1-36 所示画出了最简单的矩阵显示板结构，两组等距平行排列的电极分别称为行电极（X_i）和列电极（或称为信号电极 Y_j），行与列电极相互垂直，在交叉点形成一个个长方形发光单元，这些按矩阵排列的发光单元组成了平板显示器。

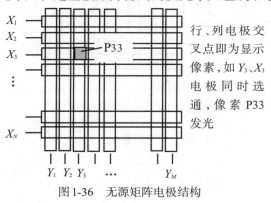

行、列电极交叉点即为显示像素，如 Y_3、X_3 电极同时选通，像素 P33 发光

图1-36 无源矩阵电极结构

平板显示系统中，借助X_i行和Y_j列寻址第X_i行、第Y_j坐标轴交点上的单元点并给以亮度信号后，在（X_i、Y_j）点得到包含灰度层次的亮度，在采用扫描寻址的显像管中，电子束顺序扫描，等效于对（X_1，Y_1），（X_1，Y_2），…，（X_1，Y_m），（X_2，Y_1），

$(X_2、Y_2)$，…，$(X_2，Y_m)$，…，$(X_n，Y_m)$ 进行寻址。平板显示通常采用行顺序扫描，即进行"一次一行"的逐行扫描方式寻址，这种方式是一次对 X_i 行上所有的单元点，即对 $(X_i，Y_1)$、$(X_i，Y_2)$，…，$(X_i、Y_j)$，…，$(X_i，Y_m)$ 同时进行寻址，在 X_i 行上单元点被寻址之后，再移向 X_{i+1} 行寻址，即扫描电极是从头到尾顺序地选取，而信号电极可同时选取一个或多个以显示需要的图像。在点顺序扫描方式或行扫描方式中，也可采用隔行扫描，即第一次依次寻址第 1，3，5，7，…，N–1 行，第二次寻址第 2，4，6，8，…，N 行，完成整幅图像像素的寻址。

如图 1-37 所示是采用逻辑电路的平板显示器的方块图。x 方向和 y 方向分别有一个移位脉冲发生器，依次向 x_1，x_2，x_3，…，x_i 和 y_1，y_2，y_3，…，y_j 各电极发出移位脉冲，触发开关电路。x 方向的开关电路只要有移位脉冲就导通；而 y 方向的开关电路必须在移位脉冲和图像信号的共同作用下才导通。当 x 方向和 y 方向的开关电路使 x_i、y_j 同时导通时，图像信号通过开关电路加到这一对电极 $(x_i，y_j)$ 上，使其交叉点发光。同电子束显示器件一样，平板显示器件每一瞬间只有一个像素发光。如果像素每秒钟发光 50 次以上，就不会感到闪烁。不难看出，x 方向的移位脉冲发生器起着电子束显示器件中垂直偏转板的作用，y 方向的移位脉冲发生器起着水平偏转板的作用，在 y 方向移位脉冲作用下自左至右扫描一行，在 x 方向移位脉冲作用下，可以自上而下地进行扫描。在图像信号的控制下有选择地使某些像素发光，就可以显示出图形或字码。显然，y 方向开关电路还起着电子束显示器件中调制极的作用，它决定了哪些像素发光。

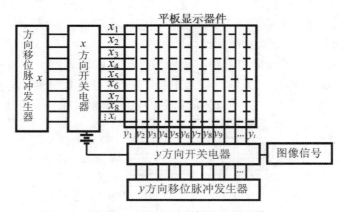

图 1-37　平板显示器件的显示电路

移位脉冲发生器是由半导体集成电路组成的，它有若干个输出端，每个输出端与相应的电极相连接。x 方向的移位脉冲的持续时间（脉宽 τ_x）应该等于 y 方向移位脉冲 τ_y 的 j 倍，既保证在 τ_x 时间内将 y 方向所有电极扫描一遍。即有

$$\tau_x = j \times \tau_y \tag{1-52}$$

式中，j 是 x 方向的像素数目。在 x_1 电极上加电压脉冲的时间 τ_x 内，y_1、y_2、y_3…y_j 上顺次施加脉冲、使 x_1 电极各像素 $(x_1，y_1)$、$(x_1，y_2)$、$(x_1，y_3)$…$(x_1，y_j)$ 发光，也就是扫描了一行，然后扫描第二行，一直到最后一行。然后移位脉冲发生器复位、重新

扫描第一行。显然，x方向的移位脉冲发生器起着帧扫描的作用，y方向的移位脉冲起着行扫描的作用。在上述两种移位脉冲的作用可以产生电视光栅扫描。

为了有选择权使某些像素发光，以显示出图形，可以采用"与非门"电路。只有在移位脉冲和图像信号都存在时，所对应的像素才发光。平板显示器件是利用逻辑电路来选择发光像素的。习惯上把平板显示器件的显示电路称为选址电路，把对像素的扫描过程称为选址。

上述这种选址方式称为逐行扫描选址方式，是在某一时刻选中某一行X_i，在这一时刻所有列上的信号同时从一行存储器中释放给相应列电极显示，而后再换成X_{i+1}进行显示。这就是所谓的"一次一行显示"。当逐行扫描频率足够高时，将在显示器上呈现出整幅光栅。

还有一种为逐点选址显示方式，是先选中某一行X_i，而后在列电极上按照时间顺序分别把信号传递给Y_1列、Y_2列、…、Y_m列。接着换选中另一行X_{i+1}，同样按列顺序把信号加到相应的列电极显示。当扫描频率足够高时，显示器上将出现整幅光栅。电视图像的扫描方式就是逐点扫描。

这两种扫描电路各有特点。逐点扫描电路简单易行；逐行扫描电路虽然复杂，但其占空比大，有利于发光显示，提高显示亮度。

1.6.2　平板显示器件专用控制、驱动集成电路

显示器件的驱动控制电路如图1-38所示。

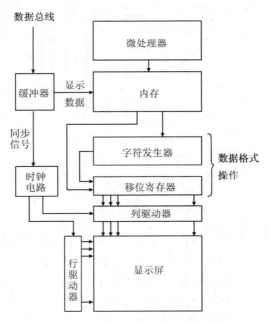

图1-38　平板显示器件驱动控制电路

在部分显示器件中，电路的成本高于显示屏的成本。微处理器是电路的核心，通过软件编程控制数据总线、缓冲器和内存。时钟电路的功能是产生一个基本时钟

提供给其他显示电路，并保持行驱动器的同步。内存用来保存待显示的字符数据或位图图像。移位寄存器将内存中的串行数据转换为并行数据，以正确的时序提供给列驱动器。缓冲器是内存和数据总线的接口，分离出各种时钟信号。最后，行驱和列驱为显示屏上的行、列电极提供电压。

这就是逐行寻址技术，适用于像素以矩阵式排布的平板显示器件。对于一个512×512的显示屏，需要能驱动64路的CMOS驱动芯片16个。对如七段等小显示屏，只需要一个专用的CMOS驱动芯片。

通常，矩阵寻址式显示器有大量的行、列电极，每个电极都需要一个引出端。这样，就需要一个连接端子把显示屏上的众多电极与驱动器的相应输出端相连接。如图1-39所示为显示器件的装配图。

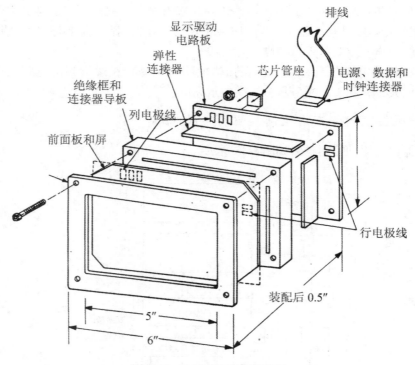

图1-39　显示系统装配示意图

驱动IC与显示屏电极引线的连接，有一种简单的方法是将驱动芯片直接安装在显示屏上，再用封装胶将二者封装起来，但这种方法不易维修。

平板显示器的专用控制、驱动集成电路（IC），在整个平板显示系统中所具有的重要性是由其在总成本中所占的份额所决定的。因为在平板显示系统中，仅次于显示屏（无论是PDP、LCD或EL等）的器件、部件就是系统所专用的控制、驱动集成电路（IC），其器件、部件的性能决定着整个系统的性能，整机系统的性价比很大程度上取决于这一部分的性价比；其次，专用的控制、驱动集成电路（IC）在成本上占整机系统的很大部分。以部分产品（PDP、LCD各十种产品）为例，在实际的电路成本中，控制、驱动电路一般要占到60%甚至更多。业内相关人士有一种简单的两个60%说法：即在平板显示器中，一般说来电路占系统总成本的60%，驱动控制电路占总成本的60%。因此，无论从哪个方面考虑，平板显示专用的驱动控制集成电路（IC）的设计、制造都是要认真考虑的。

平板显示器件的专用控制、驱动IC与一般的IC相比有着非常不同的特殊要求，它要求器件必须在有限的封装中有较高的耐压、较大的驱动能力和较多的驱动输出。目前，世界平板显示市场的专用控制、驱动IC正朝着更多的输出、更快的速度、更高的品质（考虑电磁兼容等方面的设计加入）、更低的功耗等方向快速发展。

平板显示器件驱动电路的信号处理部分大多采用数字集成电路构成，而数字集成电路的工作电压较低，仅仅有5 V左右。除了液晶显示器所需驱动电压只有几伏外，大部分的平板显示器的驱动电压远远高于此值，达几百伏。因此在数字电路与显示像素之间必须有能与信号幅值和阻抗匹配的功率放大器。根据不同显示器件像元的电学特性，后级匹配功率放大器的参数和构成有所差异。PDP和ELD发展较早，已开发出实用的系列高压集成电路。这种高压集成电路一般采用DMOS工艺，但其集成度受电压的限制，在工作电压为400 V的器件中，仅集成16～64路。为了减少整机体积，高压集成模块必不可少，现在的集成度已有较大的提高，达几百路以上。

参考文献

[1] 伊藤，豊. 画像工学ハンドブック[J].（樋渡涓二 編集）日本：テレビジョン学会誌，1986

[2] 车念曾. 辐射度学和光度学[M]. 北京：北京理工大学出版社，1990

[3] E. 海尔比希. 测光技术基础[M]. 佟兆强译. 北京：轻工业出版社，1987

[4] Kasahara M，Ishikawa M，Morita T，et al. New Drive System for PDPs with Improved Image Quality: Plasma Al[J]. Los Angeles: Sid Symposium Digest of Technical Papers，2012

[5] Wyatt C. Radiometric calibration: Theory and methods[J]. New York: Academic Press，1978

[6] 格鲁姆，贝彻雷. 辐射度学[M]. 缪家鼎译. 北京：机械工业出版社，1987

[7] 汤顺青. 色度学[M]. 北京：北京理工大学出版社，1990

[8] 大石严，白玉林，王毓仁. 显示技术基础[M]. 北京：科学出版社，2003

[9] 应根裕，屠彦，万博泉. 平板显示应用技术手册[M]. 北京：电子工业出版社，2007

10. 郝允祥，陈遐举，张保洲. 光度学[M]. 北京：中国计量出版社，2010

习题 ①

1.1　显示技术分哪几类？

1.2　何谓人眼的明视觉和暗视觉效应？人眼对什么波长的光最敏感，此时光谱的光视效率值是多少？

1.3　余弦辐射体的含义是什么？请解释光源的亮度和发光强度、光通量的定义，及其计算公式。

1.4　光源的颜色如何判断？如何计算光源的CIE1931色度坐标？

1.5　空间调制传递函数的物理意义是什么？如何用其评判显示系统的空间频率响应？

1.6　在常见的视频接口中，哪种接口可以同时传递视频信号和音频信号？

第二章 等离子体显示

在各类显示器件中，彩色显像管（CRT）由于具有良好的图像质量、优越的性能价格比以及规格尺寸多样化等优点，无论在电视接收机，还是在计算机终端中，都还占据着主导地位。但是随着屏面尺寸的不断增大，其重量、厚度也随之不断增大，无法满足人们对大屏幕、薄型化日益增长的要求。

因此，近年来平板显示器件受到普遍关注。在目前研究较多的平板显示器件中，等离子体显示器件（Plasma Display Panel，PDP）具备许多独特的优点：（1）易实现大屏幕显示；（2）具有记忆特性，可实现高亮度；（3）视角可达160°；（4）对比度大，已实现500∶1；（5）响应速度快，灰度可超过256级，色域与CRT相近；（6）寿命长，单色PDP已达10^5 h以上，彩色PDP已实现3×10^4 h以上；（7）制作工艺简单，投资小；（8）环境性能优异等。

尤其是近年来，关键技术基本突破，产品性能逐渐提高并已达到实用水平，产业化生产开始确立，使PDP技术又迎来了一个新的发展阶段，使PDP成为大屏幕壁挂电视、高清晰度电视和多媒体显示器的选择器件之一。

2.1 概述

2.1.1 等离子体显示的发展简史

1. DC-PDP和AC-PDP概念

等离子显示器件，是利用惰性气体在一定电压的作用下产生气体放电，形成等离子体，从而直接发射可见光，或者发射真空紫外线（VUV），进而激发光致发光荧光粉而发射可见光的一种主动发光型平板显示器。等离子体（Plasma），是指正负电荷共存，处于电中性的放电气体状态。

PDP按工作方式的不同主要可分为电极与气体直接接触的直流型（DC-PDP）和电极用覆盖介质层与气体相隔离的交流型（AC-PDP）两大类。而AC-PDP又根据电极结构的不同，可分为对向放电型和表面放电型两种。它们的基本结构如图2-1所示。

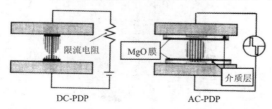

图2-1　DC-PDP和AC-PDP的对比

2. PDP 的发展简史

（1）实验室起步阶段（1960—1990年）

等离子放电用于信息显示始于20世纪50年代，美国Burroughs公司开发了一款显示数码管，原理是利用靠近阴极区域的负辉区发光形成。PDP显示板是美国伊利诺斯（Illinois）大学Coordinated Science实验室的Bitzer和Slottow教授于1964年发明，主要用于教学目的。当时制作的屏为1"×1"，只有一个放电单元，如图2-2所示。

图2-2　世界上第一块一个显示单元的PDP屏（1964）

Bitzer和Slottow最初的设想是使用交叉行列电极形成像素矩阵，而使选中像素处的气体放电而发光。气体放电既是一个很好的电气开关，也是一个高效率光源。为了发展此设想，Bitzer和Slottow认识到在每一放电处串接绝缘电阻的必要性。他们考虑过使用电阻，然后是薄片阻抗，最后是容性阻抗取代电阻阻抗。在每个像素上串接电阻导致了DC-PDP的发展；在显示屏直接制作电容（在电极上制作介质层）是使用柔性阻抗的优点。串接容性阻抗的PDP屏显然不能用直流电压驱动，而只能使用交流电压驱动，从而导致了AC-PDP概念的产生。Bitzer和Slottow随后才认识到使用电容耦合还可以使AC-PDP具有另一非常重要的性能——存储性。

最初的PDP为单色显示。使用Penning Ne-Ar混合气体（典型为Ne中混有0.1%的Ar），发橙红光是由氖气体放电产生。1968年，Owens- Illinois研究小组研制成功世界上第一块4"×4"、128×128分辨率的AC-PDP，如图2-3所示。这也是第一块具有实用结构的AC-PDP，采用6 mm厚玻璃基板、金电极及印刷玻璃介质层。Owens-Illinois研究小组于20世纪70年代初实现了10英寸512×512线单色PDP的批量生产，1980年代中期，美国的Photonisc公司研制了60英寸级显示容量为2048×2048线单色PDP。

图2-3　世界上第一块4"×4"、128×128分辨率的AC-PDP（1968）

彩色PDP的研究始于20世纪70年代中期，但直到20世纪90年代才突破彩色化、亮度和寿命等关键技术，进入彩色实用化阶段。利用Xe-Ne或Xe-Ne-He的混合气体放电产生紫外线，从而激发三原色荧光粉经混色后实现彩色。在过去的30多年中，提出了多种彩色PDP方案，但成效不大。主要原因是由于对向放电产生的离子轰击荧光粉导致其老化，寿命缩短。到1990年代末有三种主流PDP结构：对向放电型（ACM）、表面放电型（ACC）和脉冲存储式直流驱动型。其中，ACM与ACC属于AC-PDP，其电极结构如图2-4所示。

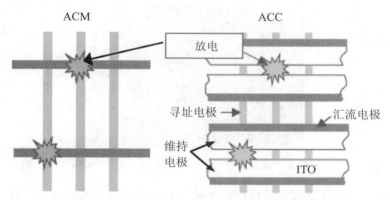

图2-4 对向放电型和表面放电型AC-PDP的电极结构对比

对于对向放电型结构，放电是发生在被介质层覆盖的行、列电极的交叉点处，这也是Bitzer和Slottow的最初设想。表面放电型结构是在20世纪80年代初发展起来的，维持放电是发生在同一基板的两个平行电极间，而寻址电极位于另一基板且与维持电极空间正交。这种三电极表面放电结构的PDP最初设计是透射型的，即气体放电发生在上基板的维持电极间，而可见光从下基板上涂覆的荧光粉层透射出来，如图2-5（a）所示。由于荧光粉层对光的吸收，导致亮度大大衰减。为了解决上述问题，于1989年发展了反射型表面放电结构的PDP，如图2-5（b）所示。气体放电仍发生在前基板的维持电极间，而可见光从前基板出射。反射型表面放电结构的AC-PDP现在已被大多数公司所采用。

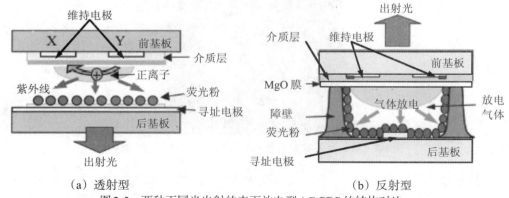

（a）透射型　　　　　　　　　　　（b）反射型
图2-5 两种不同光出射的表面放电型AC-PDP的结构对比

（2）商品化发展阶段（1990—2004年）

脉冲存储式的DC-PDP直到20世纪90年代才给予很大的关注，使得直流PDP技术也取得了突破。1995年，NHK公司展示了40" DC-PDP显示屏，如图2-6所示。DC-PDP技术证明可行，然而DC-PDP的寿命和发光效率比AC-PDP差，而且结构也要复杂得多。因此，目前DC-PDP的研究和发展处于边缘化地位。基于以上原因，DC-PDP将不在本书中详细讨论。但DC-PDP的一些重要研究成果和概念值得关注（例如，关于DC-PDP中的正柱区放电和汤生放电研究）。

图2-6　NHK公司的40"DC-PDP显示屏（1995）

在20世纪90年代以前是单色PDP的时代，此后才突破彩色化、亮度和寿命等关键技术，进入彩色实用化阶段。1990年，日本富士通公司开发出寻址与显示分离的驱动技术（ADS），能实现256级灰度，是PDP彩色化关键技术上的重大突破。如图2-7所示为当时采用ADS技术制作的第一块显示屏。该屏具有目前AC-PDP的一切特征：三电极结构、荧光粉涂敷在后基板上、ADS驱动方法，以及Ne-Xe混合气体。1992年，又开发出条状障壁结构表面放电型AC-PDP，并采用此结构生产出世界上第一台21英寸彩色PDP，彩色PDP显示器从此正式商品化。它具有亮度和光效高、制作工艺简单的优点，因此后来又被世界上的其他PDP主要制造公司，如NEC、先锋、Plasmaco等所采纳，成为制造AC-PDP的主流结构。

图2-7　第一台采用ADS技术的31"显示屏（富士通，1990）

接着日本的三菱、松下、NEC、先锋和WHK等公司先后推出了各自研制的彩色PDP，其分辨率达到实用化阶段。此后，等离子体显示器着重在提高亮度、发光效率和技术上，如 NEC 在彩色 AC-PDP 结构中采用了彩色滤光膜（CCF），1995 年 8 月公司推出了 42 英寸 PDP。1996 年 11 月，富士通推出了 42 英寸首部家用的等离子体显示屏，首次使真正的 16：9 宽屏壁挂电视进入实用化。至 1997 年年底，日本 NEC、先锋、松下、三菱等公司也相继实现了 107 cm 彩色 PDP 的批量生产。富士通开发出 Delta 结构，Delta 放电单元结构与"弯曲电极"组合使垂直分辨率荧光粉的涂敷面积扩大了 20%，总发光率提高 20%。富士通公司开发的 55 英寸彩色 PDP 的分辨率达到了 1920 像素×1080 像素，完全适合高清晰度电视的显示要求。近年来，韩国的 LG、三星、现代，我国台湾省的明基、中华映管等公司都已走出了研制开发阶段，建立了 40 英寸级的中试生产线，美国的 Plasmaco 公司、荷兰的飞利浦公司和法国的汤姆逊公司等都开发了各自的 PDP 产品。

显示质量由于驱动技术的改进也有了很大的提高。新型驱动方法主要包括：寻址并显示（AWD），发光占空比高达 90%，显示屏的结构特点是，寻址电极分成上、下两部分，两部分同时扫描；表面交替发光（ALIS），适用于高清晰度电视（HDTV）显示，该方法的优点是经济性好、寿命长、电磁辐射减少；CLEAR 方法，即高对比度、低电力消耗的寻址驱动，降低动态伪轮廓的驱动方法。Super-CLEAR 方法在 CLEAR 的基础上，借鉴 AWD 思想，可进一步提高灰度等级。

（3）市场瓶颈阶段（2004 年后）

1）市场发展遇挫

加入 21 世纪以来，PDP 得到了极大发展。发展 PDP 面板的业者以日本及韩国为主，其中日本以富士通与日立各出资 50% 成立的 FHP 为主要厂商，先锋、松下及 NEC 和 JVC，韩国的三星与 LG，最后还有欧洲的飞利浦在 PDP 行业一直为独特的旗帜（后期同 LG 合并显示器事业部门），至于 PDP TV 品牌则以背后拥有 PDP 面板支持的品牌为主，包括日本日立、富士通、先锋、松下、索尼、东芝、三洋及韩国的三星与 LG、欧洲的飞利浦。

但是进入 2004 年，等离子电视遭遇了寒流。此前等离子电视依然是平板电视的主打产品，液晶产品受制于生产工艺，被牢固地束缚在 40 英寸以下。当时，人们均认为等离子产品将成为未来的"朝阳产业"。不过，等离子产业的朝阳光彩并没有维持多久。随着液晶电视一系列 6 代线、7 代线、8 代线、9 代线的建设，液晶电视产品已经能够涵盖从几英寸到 103 英寸的广大范围。同时液晶电视在分辨率、亮度、市场支持情况等方面对比等离子产品又具有着巨大的优势。这使得等离子产业似乎提前面临衰退的局面。

据全球知名市场调查机构 DisplaySearch 提供的最新数据，2007 年全球等离子电视机市场占有率为：松下 34%，三星电子 20%，LG 电子 16%，日立 8%，先锋 7%，飞利浦 6%，其他 9%。2007 年，全球等离子电视出货量为 1130 万台，出货金额为 48 亿美元，分别较 2006 年增长 22% 及 3%。而液晶电视的出货量达到 7933 万台，较 2006 年大幅增长 73%；出货金额则达到 679 亿美元，较 2006 年增长 40%。如果按出货金额计算，等离子电视的份额只有液晶电视的 7%，按出货数量计算，也只有 14%。

在对未来的预期上，大多数企业也不看好等离子的前景。2006 年不具有面板资源的索尼和东芝率先放弃等离子产品，专攻液晶电视领域，并取得巨大成就。2007年3月，飞利浦在香港举行的新闻发布会上表示"中国消费者更喜欢液晶电视"，公司决定逐步撤出等离子电视机市场，将重点放在液晶电视机上面。目前，国内已经看不到飞利浦等离子产品的销售。

叛逃等离子阵营的企业还包括许多。2007年年底，具有等离子面板资源的日本富士通集团表示，因为等离子产品已经无利可图，将停止生产等离子电视机。富士通集团曾经是世界上第一个将等离子技术推向商业市场的公司。2007年12月初，日本中央硝子宣布解散在韩国的PDP等离子玻璃合资公司DGA。2008年年初，日立宣布大幅下调2010年等离子电视销售目标，由原计划400万台下调至160万台，降幅高达60%。

2009年2月，拥有全球最高端等离子技术和最好产品的日本先锋电子决定：将在一年左右的时间内退出等离子产品的研发、生产和销售领域。虽然先锋的退出和雷曼兄弟、贝尔斯登等大金融投行的破产无法相提并论，虽然忍受着金融风暴的人们并没有产生过分激烈的反应，但先锋退出这件事对等离子行业产生的震动，并不亚于其他任何一家大企业的倒闭。

先锋早在1997年就已经开始着手等离子产品的研发和生产。为了实现大等离子战略的梦想，2004年借NEC与日月光电半导体业务重组的机会，以40亿美元的价格收购了NEC等离子事业部，开始大规模进入等离子产业。自从收购NEC等离子事业后，先锋等离子产业进入了持续的低迷。自2004年开始，由于等离子项目的拖累，先锋家电事业部已经连续近4个财年亏损，2008年3月等离子电视业务营业赤字约1.7亿美元。先锋放弃等离子面板项目的主要原因除了连年的巨额亏损，还有对未来产业的发展并不看好。在这种预期下放弃已经投入了巨额资金的项目，虽然短时间造成很大的损失，但是长远来看是一项"止损"举动——这就像一个人把没用的废品随手丢掉一样，能够被人们理解。据悉，在先锋放弃等离子面板项目消息传出后，先锋股票价格上涨了11.2%。

如果从全球等离子电视的市场占有率来看，仅仅占据6%左右的先锋似乎不应该对这个产业产生如此之大的震动。但是从另一个层面上看，先锋和另一家日系企业松下，共同构筑了等离子的力量基础和精神灵魂。松下的等离子产品占据了整个行业30%~40%的份额，有着业界最大的生产规模，在无形中已经树立了等离子产业领军者的位置；而先锋则拥有最尖端的产品和领先同业1~2代的技术，也是等离子产业的未来缩照。因此可以说，先锋彻底放弃等离子事业，不仅是自身的一次溃败，也是对整个产业的一次重创。

在韩系厂商方面，排位全球第二的三星和全球第三的LG，作为传统等离子产品元老企业，也显现出逐渐萎缩业务的意向和举措，双方均于2008年底宣布将不再投资等离子事业。

当人们选购的电视尺寸超过40/42英寸时，分辨率是否满足1920×1080的全高清标准就成了最受关注的指标。这使得主攻42英寸以上级别的等离子电视不易被接受，但不是等离子电视达不到全高清标准，而是目前处于主流的42英寸全高清的等离子电视在价格、功耗两方面均不占优势。

2）松下、长虹期待反攻

尽管在平板电视领域，液晶阵营拥有无可比拟的优势，但以松下与长虹为首的等离子军团并没有缴械的打算。松下大力发展NeoPDP以及长虹大举扩充产能，等离子阵营正精心酝酿一场反攻。

2007年，松下斥资23.5亿美元在日本尼崎兴建了第六座等离子面板厂，这也许是PDP的救星。此厂生产的玻璃基板尺寸达到2280 mm×3920 mm，可切割16块42英寸面板。这意味着生产效率的大幅提高，成本也将得到很好的控制。2008年5月该工厂投入生产，成为松下最大的面板制造厂，月产100万块用于制造42英寸电视机的大尺寸专用玻璃板，产能超过了松下目前四座工厂的产能总和。

2008年1月，松下在美国CES 2008展会上展示了全球最大的150英寸等离子电视，分辨率为4096×2160，达到Full HD标准的4倍清晰度，采用Neo PDP驱动技术，如图2-8所示。

图2-8　松下150英寸等离子电视（2008）

Neo PDP技术是采用新开发的荧光体注入全新设计的面板单元格内，通过新的驱动方式使面板发光效率大幅度提升，是原来面板的2倍以上，也就是说，屏幕亮度达到和原有面板一样水平的时候电视功耗仅为旧机型的一半，更加节能环保。

除在等离子上游产业扩大控制力外，松下也曾试图联合行业协会改变消费者对等离子电视的误解。松下营销副总裁Bob Greenberg表示，等离子技术受到了液晶技术追捧者的刻意扭曲，人们不能客观地了解等离子技术与液晶技术之间的优劣。高清电视要求其垂直分辨率必须超过720 p，几乎所有液晶电视都号称能够达到此标准，但在实际使用中，远远不如等离子电视清晰。在视角方面，等离子电视要大大优于液晶电视。相对液晶电视而言，等离子电视最大的优势在于可以满足市场上对大屏幕电视的需求，因为液晶屏幕过大会面临背光问题，屏幕亮度不均匀的缺点也会因为屏幕过大而更加明显。等离子电视在技术上丝毫不逊色于液晶电视，其较低的成本投入更容易实现产业推进。

而在国内，2007年5月，长虹宣布投资60亿元投资等离子电视。长虹先后与彩虹合资建等离子屏生产厂，并收购了韩国ORION PDP公司获得等离子技术。ORION PDP公司是目前全世界唯——家Multi-PDP生产厂家，拥有等离子屏的67项专利申请、193项发明专利、47项新型实用专利，研发团队和遍及全球的营销网络，而这些都被长虹收入囊中，长虹因此成为第一个能生产等离子屏的中国厂商。2007年6月，长虹在绵阳总部举行新闻发布会，宣布长虹已完成了32～103英寸全线等离子产品的完美布局，意味着中国企业在等离子制造技术上已进入世界先进列。长虹103英寸等离子电视屏幕的面积是50英寸的整整4倍，给人强烈的视觉冲击，如图2-9所示。据长虹技术人员介绍，此款200万像素点的电视相当于传统高清模式的两倍，可连续工作超过60 000小时，是目前国内最"长寿"的电视机，也是中国生产的首台全球最大等离子电视机。2008年4月，长虹首批十余款拥有自主知识产权的欧宝丽系列等离子电视实现量产，完成了市场主流42英寸、50英寸等离子电视的产品布局。

图2-9　四川长虹103英寸等离子电视（2007）

除长虹外，安徽鑫昊成为最新加入等离子阵营的一匹黑马。安徽鑫昊与日立于2009年7月在合肥市签署合作协议。安徽鑫昊不仅引进了日立等离子产品技术、制造技术及生产线设备等，同时获得专利许可，将在开发区建设按42英寸换算产量达到150万片/年的PDP生产线。所生产的产品中，包括42英寸、50英寸、60英寸、85英寸等支持大屏幕化的产品。安徽鑫昊在接手日立30年来积累的技术的同时，还将获得日立拥有的专利使用权。

等离子自身需要进一步提高技术实力，屏幕过大、价格过高、耗能偏多都是导致消费者更加青睐液晶电视的原因。在大尺寸领域，等离子技术也不一定能独霸天下，包括投影技术、新兴显示技术，例如LED、OLED、SED等都是潜在的竞争对手。

为挽救等离子的销售预势，松下适当开放了其技术专利，借机降低等离子电视的价格，这有助于等离子屏产业规模的扩大，形成规模化优势。此外，等离子技术还需要企业、市场、消费者的广泛支持。"做电视机行当的人都有个梦想，一个是希望电视机挂在墙上，一个是看到立体画面，松下等离子就是在实现这样的梦想。松下认为等离子是一个很好的产品，正是这个意志，让松下在等离子方面继续投资，使它能更好地做下去。"就由上海松下等离子公司总经理刑部昭彦的这段话来预祝等离子电视的未来。

（4）退出市场（2014年）

从等离子电视出现到现在，松下一直都是等离子电视销售的大头。作为最先掌握等离子电视技术的企业，松下在等离子电视这个领域上握有绝对的主动权。虽然当时的三星、LG、先锋等企业都会生产等离子面板，但技术上是远不及松下的。松下做出了一个错误的决定，它并没有与同行进行技术上的交流，并且出售给其他企业的等离子面板的价格占到了整个电视的80%，这就导致许多电视企业退而求其次，纷纷选择液晶电视。

相关的卖场数据统计显示，等离子电视在卖场的上架率已经被压缩到只有2%左右的份额，2012年全球等离子电视出货量只有1 300万台，液晶电视高达2亿台；在统计数据中也能看到，全球电视出货较往年同期下滑3%，但其中液晶电视较往年同期增长4%、等离子电视则下滑19%。

拥有技术、成本和先发优势的等离子电视为何彻底败给液晶电视？业内人士认为，实际上从产品本身来讲，等离子的表现甚至好于液晶，至于在市场上最后落后于液晶，很重要的原因就是等离子过去的心态过于保守。十几年前这两大技术刚刚开始兴起的时候，还看不出哪种技术能代表未来平板电视发展方向。以松下为主的等离子的阵营在发展过程当中采取了相对比较保守的战略，比如不愿意跟别人分享它的技术，不愿意跟别人分享面板资源，导致加入这个阵营的企业越来越少。而液晶产业相对是一个比较开放的心态，技术可以共享，这样就导致加入液晶阵营的企业越来越多。而且，液晶面板可以在智能手机、电脑和平板电脑上使用，这不仅扩大了其规模优势，也给它们的库存和过期技术找到了消化的途径，同时也有效摊薄了成本。

松下在2013年度末完全停止等离子电视面板的生产，并寻求出售生产基地尼崎第3工厂，这意味着作为全球最大的坚守者，松下将全面退出等离子电视业务。至此，最早推动等离子电视的日本公司将全部退出这一市场。四川长虹是在2007年斥资40亿投资等离子产业的，现在看来它在技术上站错了队，2014年宣布退出市场。

自此繁华落尽，等离子体电视退出显示市场。

2.1.2　等离子体显示的特点

（1）易于实现薄型大屏幕

PDP电视整机厚度大大低于传统的CRT彩电。40英寸的PDP电视的机身厚度仅为7～8 cm，可把PDP挂在墙上或摆在桌上，大大节省了空间。

PDP显示面积可以做得很大，不存在原理上的限制，而主要受限于制作设备和工艺技术。PDP电视画面可达到150英寸，目前PDP屏的尺寸主要集中在对角线40～70英寸的范围。

（2）高速响应

PDP显示器以气体放电为其基本物理过程，主动发光，其"开""关"速度极高，在微秒量级，大大优于液晶。这对于显示速度很快的运动图像是非常关键的。

（3）全彩色显示

色彩还原性好，灰度丰富，能提供格外亮丽、均匀平滑的画面。能获得与CRT同样宽的色域，具有良好的彩色再现性。

（4）视角宽，可达160°

由于PDP为主动型发光器件，因此其视角与CRT传统彩电具有相同的水平。而宽视角是大屏幕壁挂电视和高清晰度电视所必须具备的。

（5）对比度高

由于气体放电的伏安特性具有很强的非线性，因此PDP工作时，非显示像素几乎不发光，因而对比度可以达到很高。PDP的对比度可以很容易地做到400：1。

（6）存储功能

AC-PDP屏本身具有存储特性，而DC-PDP采用脉冲驱动方式也具有存储功能，因此它们都可以工作在存储方式，容易实现大屏幕和高亮度。

（7）无图像畸变，不受磁场干扰

PDP不会受磁场的影响，具有更好的环境适应能力。PDP屏幕不存在聚焦的问题，不会产生类似显像管的色彩漂移现象。

（8）全数字化模式

由于采用数字技术驱动控制PDP，提高了彩色图像的稳定性，满足数字化电视、高清晰度电视、多媒体终端的需要。

（9）长寿命

通过使用耐离子溅射的电极材料、介质保护膜材料和长寿命的荧光粉，使PDP具有长寿命。目前，单色和彩色PDP的寿命分别可达10万小时和3万小时。

（10）驱动电压高、功耗大

与LCD比较，PDP的驱动电压高，为100～200 V，功耗大。

2.2 物质的第四态——等离子体

2.2.1 雷电、极光等自然现象

夏夜的电闪雷鸣是一种常见的自然现象——雷电。远古，人们并不知道雷电的起因，以为是雷公电母施的法术。

人类为了弄清雷电的本质经历了漫长的历史。公元前6世纪，希腊学者就发现了摩擦起电现象。我国古籍中也有"琥珀拾芥"的记载。到了18世纪，人们发现有两种电荷：正电荷和负电荷，并对这两种电荷的性质做了研究，人们已经观察到，用力摩擦空心玻璃球的外壁，可使球内的稀薄气体发光。1746年，科学家建成世界上第一批莱顿瓶，采用这种仪器研究火花放电和充放电现象。

通过对空气火花放电的研究，许多学者注意到这种现象同雷电有共同之处。富兰克林和罗蒙诺索夫两人几乎同时用实验证明雷电是大气中正负电荷强烈放电的现象。他们把风筝送上高空，那里的空间电荷沿着潮湿的棉线进入室内，棉线同莱顿瓶相连。当雷电来临之前，就发现莱顿瓶产生火花放电，从而证明雷电是一种空间

放电现象。这个实验是十分危险的。1753年，罗蒙诺索夫的朋友在作这个实验时手碰到了莱顿瓶的一个电极，遭到雷击，为科学献出了自己的生命。现代科学已查明，闪电时可以形成几十千米长、几千米宽的火花放电通道，其中通过几万安培的电流，可以产生上万度的高温。因此，地面的建筑物一旦遭受雷击就引起火灾，同时造成人畜死亡。闪电时放出的能量可达几十万千瓦，科学家们想把它贮存起来供人们使用。然而，要达到这个目的，需要解决许多复杂的技术问题，因此至今没有实现。有人在实验室内进行人工闪电实验，发现人工闪电处理过的豌豆提前分枝，提早开花结果，同样，人工闪电处理过的白菜可以增产15%~20%。证明闪电对农作物的生长有一定好处。原来，在闪电火花放电通道内形成上万度的高温，可以使氧和氮形成二氧化氮，溶在雨水中成为硝酸，淋到土壤中形成硝酸盐。另外，在闪电火花通道中氮气同雨水中的氢在高温下合成氨。这些都是农作物的肥料。因此，雷电也给人类带来一些好处。

极光也是一种空间放电现象。罗蒙诺索夫从少年时代就开始研究极光，1753年他在一篇论文中曾指出，极光是由电的作用而产生的。现代科学理论认为极光同太阳活动、地球磁场及高空空气密度有关。我们知道，太阳不断地进行核反应，有大量的带电粒子进入宇宙空间，这些粒子以400~700千米/秒的速度向地球飞来。在地球磁力的作用下这些粒子集中在南北极附近，使稀薄的大气层电离，辐射出明亮的辉光，这就是极光。

中世纪时航海业已经比较发达。当船进入地中海时，有时可以看到在桅杆顶上有火光，水手们称为爱尔摩圣火。船长命令水手去把火拿下来。水手爬上桅杆，手刚一接触火光，火就消失了。后来，人们在雷电研究中受到启发，初步查明这是尖端处的空间放电产生的。

雷电的研究使人类对气体放电的认识产生一个飞跃，而气体放电的奥妙吸引了许多学者。在这方面做出重大贡献的科学家法拉第和克鲁克斯等。

1906年，美国物理学家密立根在芝加哥大学进行了著名的油滴实验，证明，电子带负电荷，其电量为$1.6×10^{-19}$C，是电量的最小单元，质量为$9.1×10^{-31}$kg。电子的发现阐明了气体放电的本质，即在阴极K和阳极A_1之间电离的气体分离出了电子，说明气体放电的基本过程是中性分子或原子分离成分别带正负电荷的两部分——带负电的电子和带正电的离子。电子的发现是现代科学技术的起点，而电子是在气体放电中发现的，因此，气体放电在现代科学技术发展史上起了极重要的作用。

电子的发现使人类对气体放电的认识进一步深化，有可能使大量的实验室的感性认识上升到理性阶段。1900年，汤生提出了气体放电的第一个理论——繁流放电理论。根据这个理论，可导出辉光放电的电流密度和放电着火条件，从而可从理论上导出帕邪定律的表达式。

21世纪初，在进行理论研究的同时，还不断开展了气体放电的应用研究。例如，1908年，研制出水银整流管，至今还作为大功率整流器件。以后又研制成功热阴极离子管、闸流管和辉光放电稳压管，在电子技术中得到广泛的应用。

2.2.2 "等离子体"名称的发明

1928年，朗谬尔（1932年诺贝尔化学奖得主）提出等离子体的概念。1967年，朗谬尔的合作者汤克斯曾经回忆过当时的情景：1928年的一天，朗谬尔来到通用电气公司实验室，问汤克斯用什么词来描述气体放电时与壁贴近的区域。汤克斯无言对答。朗谬尔建议用等离子体（Plasma，当时医学界用Plasma指代血浆）来描述。事实上，等离子体就是物质的第四态。1879年，克鲁克斯曾经指出：物质可能以第四态形式存在。朗谬尔提出等离子体振荡理论，这种理论强调集体现象，而汤生繁流放电理论强调粒子间的碰撞现象。

朗谬尔的研究开创了物理学的一个新的分支——等离子体物理。1937年，阿耳文指出，等离子体与磁场的相互作用，在空间和天体物理学中都有重要的意义。后来，帕邢建立了磁流体力学（MHD），用来说明太阳作为等离子体表现出的许多现象（如黑子、日珥和耀斑等）。另外，朗道和伏拉索夫对等离子体物理也做出了杰出的贡献。第二次世界大战以后，在氢弹实验成功的启发下，许多国家开展了受控热核聚变实验，以解决人类面临的能源危机。研究表明，采用同位素氘和氚作燃料，当温度达到1亿度左右，粒子密度和约束时间的乘积达到$10^{14}cm^{-3}\cdot s$时，才可能实现得失相当的聚变反应。在这样高的温度下，所有物体都已成为完全电离的等离子体。因此，等离子体物理学家们为了实现受控热核反应，30多年来一直研究等离子体的约束和加热等问题，从而促使等离子体物理这门学科蓬勃地向前发展。

业已查明，宇宙中的物质有99%以上是以等离子状态存在，太阳也处于等离子体态，并在其中不断进行热核反应。因此，研究天体的演化和太阳的活动规律也是等离子体物理研究的内容之一。

另一方面，等离子体的应用还在不断扩大，特别是低温等离子体的应用更为广阔。20世纪40年代开始，磁流体发电装置和等离子体焊接技术的研究，50年代开展的新型气体放电光源制造，60年代发明的气体激光器，以及70年代开展的等离子体镀膜技术，都是低温等离子体的应用实例。

从有人类生存的那一天起，人类就同自然界中的气体放电现象（如雷电和极光等）打交道。据说，人类最早的火源就是遭受雷击而燃烧的树木的火焰，而火又在生物进化中起关键的作用。19世纪以前，人们只是解释自然界中的气体放电现象。这是对气体放电认识的史前时期。19世纪初到20世纪初，人们对气体放电进行了大量的实验研究，并提出了理论，对气体放电逐渐有了更深刻的认识。20世纪30年代以后，人们认识到过去在放电管中的电离气体同1亿度下物质所处的状态都属于等离子体，只是电离度和温度的差别。人们过去在放电管中研究的电离气体，因其温度低，称为低温等离子体。在热核反应中形成的电离气体，温度很高，称为高温等离子体。目前，等离子体在理论研究和应用两方面同时并进。

2.2.3 等离子体的基本概念

任何一种物质，随着温度的升高，由固态变成液态，然后变成气态。这就是人们常见的物质的三种状态。如果气体的温度继续升高，将变成什么状态?其实，在温度升高的时候，物质受热能的激发而电离，电离度与温度 T 的 3/2 次方成正比。如果温度足够高，就可以使物质全部电离。电离后形成的电子之总电荷量同所有的正离子的总电荷量在数值上相等，而在宏观上保持电中性。这就是等离子体的基本含意。由上可知，等离子体是物质温度升到足够高时的必然产物，是物质存在的一种形态。

冰升温至 0 ℃会变成水，如果继续使温度上升至 100 ℃，那么水就会沸腾成为水蒸气。我们知道，随着温度的上升，物质的存在状态一般会呈现出固态→液态→气态三种物态的转化过程，我们把这三种基本形态称为物质的三态。那么对于气态物质，温度升至几千度时，将会有什么新变化呢?由于物质分子热运动加剧，相互间的碰撞就会使气体分子产生电离，这样物质就变成由自由运动并相互作用的正离子和电子组成的混合物（蜡烛的火焰就处于这种状态）。我们把物质的这种存在状态称为物质的第四态，即等离子体。因为电离过程中正离子和电子总是成对出现，所以等离子体中正离子和电子的总数大致相等，总体来看为准电中性。反过来，我们可以把等离子体定义为：正离子和电子的密度大致相等的电离气体。

从刚才提到的微弱的蜡烛火焰，我们可以看到等离子体的存在，而夜空中的满天星斗又都是高温的完全电离等离子体。据印度天体物理学家沙哈（M. Saha，1893—1956）的计算，宇宙中 99.9% 的物质处于等离子体状态。而我们居住的地球倒是例外的温度较低的星球。此外，对于自然界中的等离子体，我们还可以列举太阳、电离层、极光、雷电等。在人工生成等离子体的方法中，气体放电法比加热的办法更加简便、高效，诸如荧光灯、霓虹灯、电弧焊等等。如图 2-10 所示给出了主要类型的等离子体的密度和温度的数值。从密度为 10^6（单位：个/m³）的稀薄星际等

离子体到密度为 10^{25} 的电弧放电等离子体，跨越近 20 个数量级。其温度分布范围则从 100 K 的低温到超高温核聚变等离子体的 $10^8 \sim 10^9$ K（1亿～10亿度）。图 2-10 中右侧温度轴的单位 eV 是等离子体领域中常用的温度单位，1 eV=11 600 K。

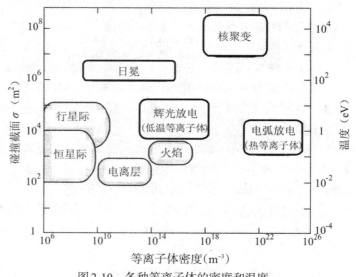

图 2-10　各种等离子体的密度和温度

通常，等离子体中存在电子、正离子和中性粒子（包括不带电荷的粒子，如原子或分子

以及后述的原子团）等三种粒子。设它们的密度分别为 n_e、n_i、n_n，由于 $n_e \approx n_i$（准电中性），所以电离前气体分子密度为（$n_e + n_n$），于是，我们定义电离度 $\beta = n_e / (n_e + n_n)$，以此来衡量等离子体的电离程度。日冕、核聚变中的高温等离子体的电离度都是 100%，像这样 $\beta = 1$ 的等离子体称为完全电离等离子体。电离度大于 1%（$\beta \geqslant 10^{-2}$）的称为强电离等离子体，像火焰中的等离子体大部分是中性粒子（$\beta < 10^{-3}$），称之为弱电离等离子体。

若放电是在接近于大气压的高气压条件下进行，那么电子、离子、中性粒子会通过激烈碰撞而充分交换动能，从而使等离子体达到热平衡状态。若电子、离子、中性粒子的温度分别为 T_e、T_i、T_n。，我们把这三种粒子的温度近似相等（$T_e \approx T_i \approx T_n$）的热平衡等离子体称为热等离子体（Thermal Plasma），在实际的热等离子体发生装置中，阴极和阳极间的电弧放电作用使得流入的工作气体发生电离，输出的等离子体呈喷射状，可用作等离子体射流（Plasma Jet）、等离子体喷焰（Plasma Torch）等。

另一方面，数百帕以下的低气压等离子体常常处于非热平衡状态。此时，电子在与离子或中性粒子的碰撞过程中几乎不损失能量，所以有 $T_e \gg T_i$，$T_e \gg T_n$，我们把这样的等离子体称为低温等离子体（Cold Plasma）。当然，即使是在高气压下，低温等离子体还可以通过不产生热效应的短脉冲放电模式来生成。低温等离子体在工业中是应用得最广泛的一种等离子体。另外，图 2-10 中的"温度"，严格地讲是指电子温度 T_e，但在除低温等离子体外的一般情况下，T_e 与 T_i 近似相等。

2.3　气体放电的物理基础

2.3.1　低压气体放电

气体本来是不导电的绝缘性介质。把它密封在圆柱形玻璃容器中，如图 2-11 所示，闭合开关 S，在阴极和阳极间加直流电压 V_0。逐渐增大这个电压至某一个电压值 V_s 时，回路中就会突然有电流出现，容器被明亮发光的等离子体所充满。我们把这种电极间气体的绝缘性被破坏的现象称为绝缘击穿（放电），击穿瞬间的电压 V_s，称为着火电压（绝缘击穿电压）。举例来说，压强 $p \approx 100$ Pa、电极间距 $l \approx 10$ cm 时，着火电压根据气体种类和阴极材料的不同会有所变化，但大致的范围是 $V_s = 400 \sim 600$ V。在发生绝缘击穿前，与真空的平行板电容相同，电场（$E = V/l$）为定值，电位 V 呈直线变化（如图 2-11 中所示的点画线）。绝缘击穿刚刚发生后的短时间内，放电管中会出现密度为 $10^{15} \sim 10^{17}$ m^{-3} 的等离子体，在保护电阻 R（≈ 1 kΩ）限制下，管中电流 $I = 10 \sim 200$ mA。这样的等离子体称为直流辉光等离子体。放电后阳极电压 V_a（$= V_0 - RI$）下降至 300 V 左右，此时管内电位分布的一个例子如图 2-11 下部的实线所示。由该曲线可见，等离子体区域像金属一样大致为等电位（$\approx V_a$），电位在阴极前面的薄薄的鞘层（厚度 d）内急剧下降。由于这个强场区域不发光，所以称之为阴极暗区。

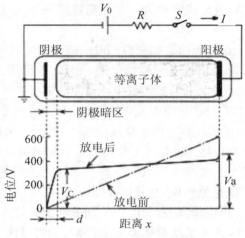

图 2-11　低气压直流辉光放电

那么，上述绝缘击穿以及向等离子体状态的转化是如何发生的呢？揭示这种现象的机制，从而在气体放电历史上留下了先驱性工作业绩的是英国的汤生（J. S. Townsend，1868—1957）。他在卓越的实验和深刻的洞察力的基础上解释了这一气体放电现象，我们将对此加以详细介绍。

一切电流通过气体的现象称为气体放电或气体导电。气体放电可按维持放电是否必须有外界电离源而分为非自持放电和自持放电。如图 2-12 所示给出了放电管的伏安特性测试线路和一个典型的两平板电极充气元件的伏安特性曲线。

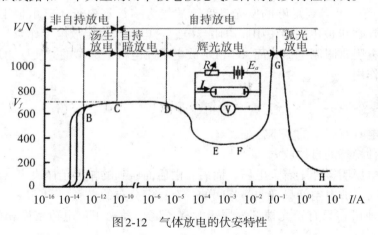

图 2-12　气体放电的伏安特性

当电源电压 E_a 从零开始增加，起始阶段测得的放电电流极微弱，其电流是由空间存在的自然辐射照射阴极所引起的电子发射和体积电离所产生的带电粒子的漂移运动而形成的。在 OA 段，极间电压 V_a 很低，空间带电粒子的浓度保持不变，电流正比于粒子的迁移速度，因而正比于场强和电压。随着极间电压的增加，极间产生的所有带电粒子，在复合前都能被电极收集到，因为产生电子和离子的速率保持常数，所以进入了饱和电流区域，如 AB 段。如果在实验中有外加紫外线辐射放电管，则在相同的电压下，饱和电流值将增大。起始阶段的三条实线，表示不同强度的紫外源的照射结果。

当电流增加到曲线上的 B 点时，如果极间电压进一步增加，则由于电子从电场中获得了足够的能量，便开始出现电子碰撞电离，因此电流随着电压的增加而增大，如 BC 段。该段的放电状态称为非自持暗放电或汤生放电。

当极间电压增大到 C 点时，放电电流迅速增大，有很微弱的光辐射，放电由非自持转变为自持放电，C 点的电压称为击穿电压或着火电压 V_f，CD 段称为自持暗放电。

若回路里限流电阻 R 不大，则电压上升到 V_f 后，放电可迅速过渡到 EF 段，同时观察到放电电流急剧增大，极间电压急剧下降，并伴有较强的辉光辐射，该段称为正常辉光放电区域。DE 段是很不稳定的过渡区域。

在辉光放电以后，若继续增加极间电压，则电流继续增大，此时可观察到辉光布满整个阴极表面，放电进入了反常辉光放电区域，如 FG 段。在反常辉光放电区，电流密度远大于正常辉光放电状态时的数值，而且随着电压的增高而增大，阴极还会出现显著的溅射现象。

当电流增大到 C 点时，如果将限流电阻减小，则放电电流急速增大，而极间电压迅速下降，放电进入了弧光放电阶段（H 点以后），这时可观察到耀眼的光辐射，阴极发射集中为点状，通常称为弧点，GH 段称为反常辉光放电与弧光放电之间的过渡区。

由上面可以看出，气体发生稳定放电的区域有三个：正常辉光放电区、反常辉光放电区和弧光放电区。由于弧光放电产生的大电流容易烧毁显示器，而且在其辐射光谱中，常常含有阴极材料蒸气的光谱，只有辉光放电区的电流较小、功耗小、放电稳定，而且可得到足够的发光亮度，故绝大多数等离子体显示板工作在该区。为此，必须在 PDP 放电回路中串联电阻、电感、电容来确定放电工作点，DC-PDP 通常串联薄膜电阻来限制电流，而 AC-PDP 放电单元电极上涂覆的介质层也起到了限制电流的阻抗作用。

2.3.2 辉光放电

辉光放电具有以下的基本特征。

①是一种稳态的自持放电。

②放电电压明显低于着火电压，而后者由后面谈到的帕邢定律决定。

③放电时，放电空间呈现明暗相间的、有一定分布的光区。

④严格地讲，只有正光柱部分属于等离子区；其中正负电荷密度相等，整体呈电中性。

⑤放电主要依靠二次电子的繁流来维持。

一个典型的冷阴极放电管在正常辉光放电时，光区和电参量分布如图 2-13 所示。

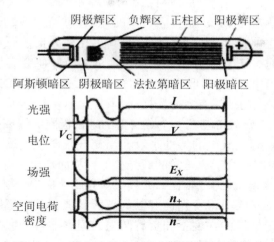

图2-13 正常辉光放电光区和其他参量的分布

辉光放电沿阴极到阳极方向可以划分为几个区域。

①阿斯顿暗区：电子从阴极出来立刻进入场强很大的区域而被电场加速，但是在阴极辉光放电附近电子速度很小。由于电子能量小于最低激发电位，还不能产生激发，因此该区域是暗的。

②阴极光层：在这一区域电子能量达到激发电位，产生一层很薄、很弱的发光层。

③阴极暗区：从阴极光层起离开阴极更远处的电子具有更大的能量，甚至超过激发概率最大值，因此激发减少，发光强度变弱，而且它被明亮的负辉区反衬，显得很暗。在阴极暗区中，电子能量已超过电离电位，产生大量的碰撞电离，雪崩放电集中在这个区域发生。

光强以上三个区总称阴极位降区或阴极区。

④负辉区：进入负辉区的多数电子，是在阴极暗区中产生的或发生过多次非弹性碰撞的。由于它们的能量虽然比电离能小，但是大于或接近激发能，这些电子在负辉区产生许多激发碰撞，因产生明亮的辉光。

⑤法拉第暗区：大部分电子在负辉区中经历多次碰撞损失了能量，不足以引起电离和激发，因此不发光。

⑥正柱区：在正柱区，在任何位置电子的密度和正离子的密度相等，放电电流主要是电子流。在不同的条件下，它可表现为均匀的光柱或明暗相间的层状光柱。

⑦阳极区：在该区有时可以看见阳极暗区，在阳极暗区之后是紧贴在阳极上的阳极辉光。

以上七个区域，在辉光放电管中并非一定全部出现，这与气体种类、压强、放电管尺寸、电极材料及形状大小、极间距离等因素有关。只有阴极位降区是维持正常辉光放电必不可少的区域。

与普通辉光放电不同，PDP所涉及的气体放电具有下述特点。

①发光效率低，放电间距只有几十到几百纳米，虽其放电机理与日光灯相同，

但日光灯的光效率达80 lm/W，而目前PDP的光效率只有1～2 lm/W。造成光效差别如此之大的原因，主要是因为日光灯放电时其正光柱区长，而PDP发光的主要贡献者是负辉区，放电时，正光柱区非常短甚至消失。有些研究者根据日光灯和PDP工作原理相同，而PDP的光效远低于日光灯的事实，就认为PDP光效提高的裕度很大，目前看来这种观点尚缺乏有力的证据。

②表面放电型AC型PDP存在一个分辨率的理论极限。提高分辨率就意味着缩小放电电极间距。而从辉光放电的特性来看，当充气气压一定、电极间距缩小到一定数值时，在两个电极间不会形成正常的辉光放电，从而产生击穿（即打火）现象。

③极限分辨率与充气压力成正比，充气气压越高，极限分辨率也越高。

辉光放电的各发光区中，发光强度以负辉区最强，正柱区居中，阴极光层和阳极辉光最弱。虽然正柱区的强度不如负辉区强，但它的发光区域最大，因此对光通量的贡献也最大。如日光灯就是利用正柱区发光，光效高达80 1m/W。而PDP由于其放电单元的空间通常很小（电极间隙约100 pm），放电时只出现阴极位降区和负辉区，所以通常利用的是负辉区的发光，这是其发光效率不高的主要原因之一，目前批量生产的PDP的光效只有1～2 lm/W。因此，为了提高PDP的亮度和发光效率，改进放电单元结构，采用正柱区放电是今后提高PDP性能的一个技术发展方向。

2.3.3　汤生放电理论

在图2-11中，如果管中没有一个电子、全部都是中性粒子，那么无论在电极间加多高的电压，都不可能发生电离或放电。因此，种子电子（初始电子）的存在是放电起始的必要条件。自然界中经常有高能宇宙射线、放射线、紫外线等，它们入射到放电管中会引起电离从而产生电子。这种偶然电子成为启动放电的种子，在电场作用下开始加速、碰撞电离等连锁反应。换句话说，实际中的放电起始过程总是伴有统计上的不确切性。为了避开这种不确定性来进行易于控制的基础研究，汤生利用了阴极受紫外线照射时放出的光电子。他通过改变紫外线的照射量来控制从阴极流出的初始电子流I_0，并且详细考察了放电开始前黑暗状态下流入阳极的微弱电流（暗电流），发现了以下两个关系。第一，电流I随电极间的距离x呈指数函数增大：

$$I = I_0 e^{\alpha x} \tag{2-1}$$

即$\ln(I/I_0) = \alpha x$（α称为汤生第一电离系数）。第二，系数α依赖于压强p和电场$E (= V/x)$，并有以下关系式成立（其中A、B为常数）：

$$\frac{\alpha}{P} = A \exp\left(-\frac{B}{E/P}\right) \tag{2-2}$$

作为参考，图2-14（a）和（b）分别表示了空气中的关系式（2-1）和式（2-2）的具体数据实例。

汤生对以上两个实验关系式做出了如下解释。式（2-1）描述了从电子碰撞电离到电子数目像雪崩一样不断增加的过程。例如，如图2-15所示，从阴极出发的一个电子（黑球）被电场加速，获得电离所必需的能量eV_1（V_1为电离电压）后与气体分子（白球）相碰撞，这时就会引起电离而新生成一个电子。由于这个电子同样也会被加速而发生电离，设每前进距离δ就发生一次电离，所以前进$n\delta$距离时电子的数目就会增至2^n个。一般来说，假设一个电子前进单位长度距离会发生α次电离，则n个电子前进dx距离，电子数目的增量$dn = \alpha n dx$，即$dn/dx = \alpha n$。假定$x = 0$处$n = n_0$，对该式进行积分可得$n = n_0 e^{\alpha x}$。由于电流$i = en$，所以最后有$i = i_0 e^{\alpha x}$，它与式（2-1）相符合。这种由电子产生的电离倍增作用称为α作用。

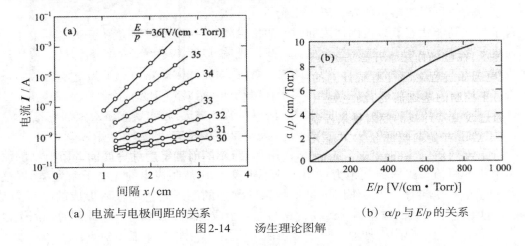

（a）电流与电极间距的关系　　　　　　（b）α/p与E/p的关系

图 2-14　　汤生理论图解

如前面所说，电子每前进距离δ就会获得eV_1的能量而发生碰撞电离。这也意味着电场为E、距离为δ时电位下降值（$E\delta$）等于V_1，即

$$\delta = V_1/E \tag{2-3}$$

一般来说，电子在连续两次碰撞间行进的距离（自由程）是服从某种统计分布的。自由程大于δ的电子数n相对于总电子数N为

$$\frac{n}{N} = \exp(-\frac{\delta}{\lambda}) \tag{2-4}$$

由此可见，一个电子行进单位长度发生电离的次数α为

$$\alpha = \frac{n}{N}\frac{1}{\lambda} = \frac{1}{\lambda}\exp(-\frac{\delta}{\lambda}) \tag{2-5}$$

将该式中指数函数的肩头部分变形为$\delta/\lambda = (E\delta)/(\lambda E) = V_1/(\lambda E)$，再把式（2-5）两边同除以压强$p$，就可得到

$$\frac{\alpha}{p} = \frac{1}{p\lambda}\exp[-\frac{V_1/(p\lambda)}{E/p}] \tag{2-6}$$

这里，如果令$1/p\lambda = A$、$V_1/(p\lambda) = B$，则可得实验式（2-2）。

如上所述，汤生揭示了由电子产生的电离倍增作用（α作用）后，又开始考虑放电是如何开始的问题。除了α作用，他还引入了β作用和γ作用。β作用为离子与气体分子碰撞所产生的电离，而实际上离子的能量通常达不到发生电离的程度，所以可以忽略。此外，离子或光子（一次粒子）在高能状态下轰击固体表面时，表面会发射电子（二次电子），二次电子发射。我们把阴极发射的二次电子数与入射到阴极的离子数定义为二次电子发射系数。汤生注意到离子在电场加速作用下轰击阴极二次电子的出射效应（如图2-15所示），并把它命名为γ作用。

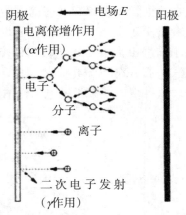

图2-15 α作用和γ作用的示意图

下面效仿汤生的做法，在考虑α作用和γ作用的前提下，计算如图2-15所示的流过电极的电流。设电极间距为1，由紫外线照射作用从阴极出的光电子流为I_0。以这些初始电子为种子，在α作用下呈指数函数增加的电子到达阳极后形成的电流为$I_0 e^{\alpha l}$。这时电子电流的增量为$I_0 e^{\alpha l} - I_0$，这与电离生成的离子数相等。与此同时，离子也在电场的作用下向阴极加速，离子轰击阴极时由γ作用每秒中能出射$\gamma(I_0 e^{\alpha l} - I_0)$个二次电子。这些二次电子又成为第二代电离倍增作用的种子，与初始电子相同，在α作用下到达阳极的电子电流增至$\eta I_0 e^{\alpha l}$，其中$\eta = \gamma(e^{\alpha l} - 1)$。与此同时，增加的离子也会再次由γ作用产生第三代电离倍增的种子。依次类推，可以认为第四代、第五代……的电子倍增作用会无限进行下去。最后把所有阳极的电子电流相加，得到无限等比级数：

$$I = I_0 e^{\alpha l} + \eta I_0 e^{\alpha l} + \eta^2 I_0 e^{\alpha l} + \cdots = \frac{I_0 e^{\alpha l}}{1 - \eta} \tag{2-7}$$

这里假设$\eta = \gamma(e^{\alpha l} - 1) < 1$。

如果停止紫外线照射，不再补充初始电子，即$I_0 = 0$，那么由式（2-7）可知此时$I = 0$，电流不会持续。但是，$\eta = 1$时式（2-7）的分母为零，所以尽管$I_0 \to 0$，如果$\eta \to 1$，那么电流I就可以是不为零的有限值。换句话说，即使不借助于紫外线，凭借很少量的偶然电子作为种子，也能在电极间产生持续的电流，维持放电的继续。由此，汤生提出放电的开始条件为$\eta = 1$，即

$$\gamma(e^{\alpha l} - 1) = 1 \tag{2-8}$$

上式被称为汤生火花放电条件式。

式（2-8）的物理意义是：如果最初从阴极逸出一个初始电子（相当于式（2-8）右边的1），则该电子在加速的同时不断进行碰撞电离，到达阳极时电子数目增至$e^{\alpha l}$个。在这个过程中生成的离子数就相当于从这些电子数中减去一个电子，即$(e^{\alpha l} - 1)$。这些正离子最终都将轰击阴极而导致二次电子逸出。如果二次电子数$\gamma(e^{\alpha l} - 1)$（相当于式（2-8）的左边）至少为1的话，那么这些二次电子就可以作为种子，与初始电

子一样产生连续的电流，从而使放电持续进行。换句话说，仅由电子的α作用来产生初始电子的时候，电流在经过一个脉冲后便会终止，但如果同时再加上离子的γ作用，则会不断地从阴极补充种子电子而使放电自然地持续下去。

2.3.4 帕邢定律和放电着火电压

1. 帕邢定律

当阴极和阳极间的电压增加至某一临界值时，电极间的气体就会发生放电，把这个放电开始的瞬间电压V_s称为着火电压，或放电起始电压。著名德国科学家帕邢（Paschen，1865—1947），在学生时代对着火电压进行了实验研究，发现了帕邢定律，并以此取得了学位。

帕邢定律的内容是，"着火电压由气体压强p和电极间距l的乘积（pl）所决定，并有极小值"。图2-16给出了帕邢定律的一个实例，它们是阴极材料为铁的情况下、几种气体的V_s，与pl的关系曲线。例如，由空气的曲线可见，$pl \approx 0.7$ Pa·m时，以最低的电压（≈ 350 V）就可以引发火花放电。因为V_s由p与l的乘积所决定，所以，如果将压强增加为原来的2倍，同时将电极间距变为原来的一半，则着火电压保持不变。

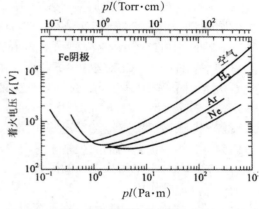

图2-16 帕邢曲线实例

由实验发现的这条定律，可以由汤生的火花放电条件式（2-8）从理论上推出。首先，由式（2-8）求出αl。

$$\alpha l = \ln(1+1/\gamma) \equiv \Phi \tag{2-9}$$

式中，Φ是常数，由阴极材料的γ决定。然后，将式（2-2）两边同时乘以pl后代入式（2-9）可得

$$\Phi = Apl \exp(-\frac{Bpl}{El}) \tag{2-10}$$

式中，电极间电压El就等于着火电压V_s，故由式（2-10）可求得着火电压为

$$V_s = \frac{Bpl}{\ln(Apl/\Phi)} \tag{2-11}$$

由于在该式中A、B、Φ为常数，所以我们就推出了着火电压仅取决于p与l之积的帕邢定律。这里，把式（2-11）作为V_s与pl的函数关系式，通过作图可得类似于图2-16的曲线——帕邢曲线。进一步，令$x = (A/\Phi)pl$，$y = (A/\Phi)(V_s/B)$，则式（2-11）成为$y = x\ln x$。这个函数当$x = \varepsilon$（自然对数的底）时具有极小值$y = \varepsilon$。由于x正比于pl，所以当pl取某特定值时，电压有极小值。这时放电最容易发生，辉光放电以及等离子体显示器的放电均是在着火电压的极小值附近进行的。

为什么着火电压在某一 pl 值处会有极小值呢？其答案的提示有以下三点。

① 电子的平均自由程 λ 与压强 p 成反比（$\lambda \propto 1/p$）。

② 电子行进距离 λ 后从电场 E 得到的能量 $W = eE\lambda$。

③ 要发生电离，W 必须大于电离能 eV_1。

例如，若保持电极间距 l 一定而提高压强，则 λ 和 W 都会变小，所以不提高外加电场以增强电场 $E = V/l$，就不可能发生电离（放电）；相反，如果降低压强，则 λ 会变大，W 也就变大。但是过分降低压强而使管内接近真空状态的话，管中气体分子数量会减少，距离 λ 中发生电离的次数成比例（与 α/p 成比例）减少，这时必须增加电压以提高电离概率。在上述两个极端的高压强和低压强之间存在最容易放电的极小着火电压，此时每 1 V 所对应的电离次数（α/E）最大。

利用上面的提示① 把 p 用 λ 表示，则前面出现的几个重要参数都可以表示为与 λ 有关的物理量。例如，帕邢定律的式（2-11）的参数 $pl \propto l/\lambda$（l 与 λ 之比），汤生实验关系式（2-6）中的参数 $\alpha/p \propto \alpha\lambda$（距离 λ 内的平均电离次数），$E/p \propto E\lambda$（距离 λ 内电子所获得的平均能量）。如果这些参数相同，则着火电压和电流就相同。也就是，如果平均自由程 λ 中的物理量相同，那么所发生的现象也相同。这就是气体放电现象中的相似定律。换句话说，长度不是用 1 m 而是以 λ 为单位来进行测量的，结果相同就意味着观测到同一物理现象。在其他领域也有相似定律的例子，例如，通信天线的特性可由天线长度与波长的倍数关系来决定。

2. 影响气体放电着火电压的因素

（1）pl 值的作用

帕邢定律表明，当其他因素不变时，pl 值的变化对着火电压的变化起了决定性的作用。因此，PDP 中充入气体的压强和电极间隙对 PDP 的着火电压有很大影响。

（2）气体种类和成分的影响

气体种类不同，着火电压 V_f 也就不同。通常当原子的电离能较低时，其 V_f 值偏低。气体的纯度对 V_f 也有很大影响。当在基本气体中混入微量杂质气体时，若两种气体间满足潘宁电离条件；如在 Ne 气中混入少量 Ar 气或 Xe 气，可使气体的着火电压下降。所谓潘宁电离是指：设 A、B 为不同种类的原子，原子 A 的亚稳激发电位大于原子 B 的电离电位，亚稳原子 A* 与基态原子 B 碰撞时，使 B 电离，变为基态正离子 B^+（或激发态正离子 B^{+*}），而亚稳原子 A* 降低到较低能态，或变为基态原子 A，此过程称为潘宁电离，可用符号表示为

$$A^* + B \rightarrow A + B^+（或 B^{+*}）+ e$$

由于亚稳原子具有较长的寿命，其平均寿命是 $10^{-4} \sim 10^{-2}$ s（而一般激发态原子的寿命为 $10^{-8} \sim 10^{-7}$ s），因此潘宁电离的概率较高，使得基本气体的有效电离电位明显降低。另外，着火电压下降的大小还与两种气体的性质和混合比有非常密切的关系。

（3）阴极材料和表面状况的影响

阴极材料与表面状况的变化直接影响到正离子轰击下的二次电子发射系数 γ 值的大小，从而影响到着火电压的大小。在其他条件相同的条件下，γ 系数越高，着火电压越低。

（4）电场分布的影响

电极的结构和极性决定着火前电极间隙的电场分布。电场分布对汤生 α 系数和 γ 系数的数值与分布起决定性作用，影响气体中电子与离子的运动轨迹以及电子雪崩过程。因此，它对着火电压的影响很大。

（5）辅助电离源的影响

使用辅助电离源来加快带电粒子的形成，也可以使着火电压降低。例如：人工加热阴极产生热电子发射，取代 γ 发射过程的作用；用紫外线照射阴极，使阴极产生光电发射；放射性物质靠近放电管，放射性射线引起气体电离；通过预放电提供初始的带电粒子等可以大大降低着火电压。反之，在放电着火之前，带电粒子损耗越多，则使着火电压升高。如果气体放电管工作在交流或重复脉冲状态，每次放电熄灭后，空间带电粒子消失的快慢，将影响放电着火电压的高低。

2.4 交流等离子体显示

如 2.1 节所示，DC-PDP 的特点是电极直接暴露于气体放电空间，在电极上加直流脉冲电压使气体放电为防止电极磨损、提高寿命，要通过电阻限制放电电流，而且封入气体的压力也较高。DC-PDP 由于设有辅助放电胞，可确保放电的"火种"，因此比 AC-PDP 的对比度高，反应速度也快。但是由于采用比较复杂的胞状放电单元，形成胞状障壁（隔断）的难度较大，画面高精细化（提高图像分辨率）比较困难。

AC-PDP 与 DC-PDP 在结构上的最大不同之处，是在电极表面覆盖有一介质层。介质层有两个作用：一是把电极与放电等离子体分隔开，限制了放电电流的无限增长，保护了电极，无须 DC-PDP 那样在每个单元制作限流电阻，因而结构相对简单；二是该介质使气体放电产生的空间电荷存储在介质壁上，这些壁电荷的建立可使 AC-PDP 工作在存储模式，并有利于降低放电的维持电压。这样，AC-PDP 具有易实现大面积高精显示，且发光效率高于 DC-PDP 等优点，因此成为当今 PDP 生产和研究的主流技术。下面重点介绍 AC-PDP。

2.4.1 单色 AC-PDP

1. 单色 AC-PDP 的结构

单色 PDP 是利用 Ne-Ar 混合气体在一定电压作用下产生气体放电，直接发射出 582 nm 橙色光而制作的平板显示器件。单色 AC-PDP 的典型结构如图 2-1 和图 2-4 所示，由上下两块平板玻璃封接而成。基板表面分别用溅射法制作金属薄膜，然后用光刻法制作一组相互平行的金属电极，如 Cr-Cu-Cr 或 Al 等，再用厚膜印刷和真空蒸发方法在电极上覆盖一层透明介质层，如玻璃介质或 SiO_2，然后在其表面在制作一层很薄的 MgO 保护膜。该薄层具有较高的二次发射系数，既可降低器件的工作电压，又可耐离子的攻击，提高器件的工作寿命。将两块基板以电极呈空间正交相对而置，中间填以隔子形成约 100 μm 的均匀间隙，四周用低熔点玻璃封条进行封接。排气后存入一定压强的 Ne-Ar 混合气体，即成显示器件。

2. 单色AC-PDP的工作原理

AC-PDP的放电过程在两组电极之间进行。如图2-17所示为驱动波形和相应的壁电荷的变化情况。在电极间加上维持脉冲时，因其幅度 V_s 低于着火电压 V_f，故此时单元不发生放电。当在维持脉冲间隙加上一个幅度大于 V_f 的书写脉冲 V_w 后，单元开始放电发光。放电形成的正离子和电子在外电场的作用下分别向瞬时阴极和阳极移动，并在电极表面涂覆的介质层（或介质保护膜）上累积形成壁电荷。在电路中壁电荷形成壁电压 V_w，其方向与外加电压方向相反。因此，这时加在单元上的电压是外加电压与壁电压的叠加，当其低于维持电压下限时，放电就会暂时停止。可是当电极外加电压反向后，该电压方向与上次放电中形成的壁电压方向一致，它们叠加后的幅度大于 V_f 时，则又会产生放电发光，然后又重复上述过程。因此单元一旦着火，就由维持脉冲来维持放电，所以AC-PDP单元具有存储性。

如果要使已发光的单元停止放电，可在维持脉冲间隙施加一个擦除脉冲 V_e，其脉冲宽度比维持脉冲窄得多（或其幅度较低）。擦除脉冲使气体产生一次微弱的放电，从而将积累的壁电荷中和，放电过程就会被终止。

因此AC-PDP是断续发光，在维持脉冲的每个周期内产生两次放电发光。通常维持脉冲的频率在10 kHz以上，所以AC-PDP在1 s内至少可以发光20万次，这大大超过人眼可以觉察的极限频率（50 Hz），从根本上消除了图像的闪烁感。

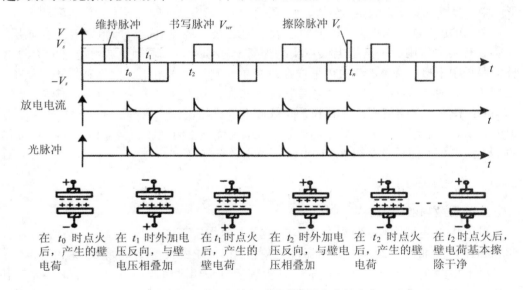

图2-17　AC-PDP的驱动波形和壁电荷的变化

AC-PDP屏本身具有存储特性，利用它可以降低维持脉冲幅度、简化电路制作，并实现高亮度。影响存储特性的因素很多，如放电气体（混合气体的种类、配比和充气压强）、电极结构、介质表面状态、保护膜的材料和驱动波形等。从上节对AC-PDP工作原理的介绍中可知，AC-PDP之所以具有存储能力是因为放电过程中在介质表面形成壁电荷，因此产生了壁电压。可见壁电荷的存在，对于AC-PDP的工作特性非常重要。因此有必要对壁电荷与壁电压做进一步的分析。

AC-PDP单元可以等效为3个电容的串联，如图2-18（a）所示。

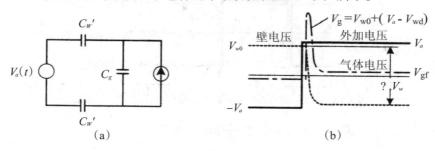

图2-18　AC-PDP单元的等效电路

在未放电时，放电空腔电容C_g接近同尺寸的空气电容器。两个介质电容C_w'，可等效用一个C_w来表示（$C_w = 1/2\, C_w'$）。当一个矩形波电压加到该单元上时，在气体未电离以前，放电空腔上的电压V_g可表示为

$$V_{g0} = V_{w0} + (V_a - V_{wd}) \tag{2-12}$$

式中，V_{wd}——外加电压V_a在等效介质电容C_w上的分压（$\approx 2V$），由于$C_w \gg C_g$，与$V_a \approx 100\,V$相比，可以忽略不计；V_{w0}为上一次放电后遗留下的壁电荷Q_{w0}在C_w上产生的电压，称为起始壁电压。

若$V_{g0} \gg V_f$，气体便产生放电，放电后产生的正离子和电子积累在介质表面上形成壁电荷，因而产生壁电压，壁电压与V_{g0}方向相反，所以气体电压（即放电空腔上电压）V_g可表示成时间的函数：

$$V_g(t) = V_{w0} + V_a - \Delta V_w(t) \tag{2-13}$$

式中，

$$\Delta V_w(t) = \Delta Q_w(t)/C_w \qquad \Delta Q_w(t) = \int_0^t i_g(t)\mathrm{d}t$$

壁电压这个相反的变化造成气体的电压下降，使得放电逐渐熄灭。当放电电流$i_g(t)=0$时，最后的壁电压V_{gf}由式（2-13）得出：

$$V_{gf} = V_{w0} + V_a - \Delta V_{wf} \tag{2-14}$$

由图2-18（b）可知$\Delta V_{wf} = V_{w0} - V_{wf}$，所以上式可简化为

$$V_{wf} = -V_a + V_{gf} \tag{2-15}$$

实验测定V_{gf}很低，只有几伏，而V_a一般约为$100\,V$，所以式（2-15）可近似为

$$V_{wf} = -V_a \tag{2-16}$$

对于一个放电序列，若不计V_{wd}，则式（2-12）更普遍地可表示为

$$V_{g0+1} = V_{ai+1} - V_{wi} \tag{2-17}$$

式中，i、$i+1$——第i次和第$i+1$次放电；

V_{wi}——第i次放电造成的最后壁电压。

当一个矩形波加在一个单元上时，将产生一个放电序列，最后稳定在两个稳态工作点的一个上。如图2-19所示给出了外加阶梯电压时，壁电压和气体电压的波形。

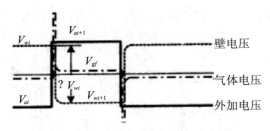

图2-19　外加电压为阶梯波形时壁电压和气体电压的波形

稳态条件是每次放电过程中的最后的壁电压相等，即

$$V_{wi-1} = V_{wi} = V_{wi+1} \tag{2-18}$$

用式（2-18）可以将式（2-17）改写成

$$V_{g0i} = V_{ai} + V_{wi} \tag{2-19}$$

将上式微分得

$$\mathrm{d}V_{g0i} / V_{wi} = 1 \tag{2-20}$$

而在任何一次的单元放电中，壁电压的变化可写成

$$\Delta V_{wi} = V_{wi} + V_{wi+1} \tag{2-21}$$

在稳态时，即将式（2-18）代入上式得

$$\Delta V_{wi} = 2V_{wi} \tag{2-22}$$

式（2-21）更普遍地可以表示为

$$\Delta V_{wi} = f\ (V_{g0i}) \tag{2-23}$$

这个函数表示了外加电压所引起的放电单元内壁电压的增量ΔV_w随气体电压V_g的变化，称为单元的电压转移特性，可用实验测出，如图2-20所示。电压转移特性很重要，一个对向放电型AC-PDP单元的工作特性可用其来描述。

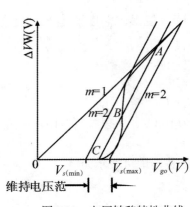

图2-20　电压转移特性曲线

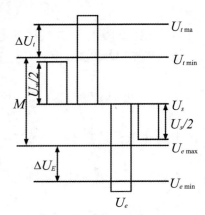

图2-21　动态工作条件

AC-PDP单元中存储特性是由壁电荷所决定的，但确定这个物理量是非常困难的。为了表示实际的存储特性，采用一个存储系数M来描写整个显示板存储模式的

动态工作条件。为了使整个显示板按存储模式工作，必须满足以下四个条件（如图 2-21 所示）。

1）为了全板顺利书写，应有

$$U_s + U_w > U_{f\max} \tag{2-24}$$

2）为了避免书写错误，应有

$$U_s + U_w/2 > U_{f\min} \tag{2-25}$$

3）为了全板顺利擦除，应有

$$U_s - U_e < U_{e\min} \tag{2-26}$$

4）为了避免错误擦除，应有

$$U_s - U_e/2 > U_{e\max} \tag{2-27}$$

以上合并后，可得

$$U_{f\min} - U_{e\max} > \Delta U_f - \Delta U_e \tag{2-28}$$

式中，ΔU 称为着火电压零散，$\Delta U_f = U_{f\max} - U_{f\min}$；$\Delta U_e$ 称为熄火电压零散，$\Delta U_e = U_{e\max} - U_{e\min}$。

令 $\Delta = \Delta U_f - \Delta U_e$，称为零散和，令 $M = U_{f\min} - U_{e\max}$，称为动态存储系数，则式（2-28）可改写成

$$M > \Delta \tag{2-29}$$

上式说明，要使全板按存储模式动态工作时，动态存储系数应大于着火电压零散与熄火电压零散之和。

2.4.2 彩色 AC-PDP

彩色 PDP 的显示方法有两种：一种是根据气体放电产生的紫外线发射，激励控制荧光粉发光能谱；另一种是按照混合气体放电中的平衡及非平衡能量状态使发光色变化。

目前，实用的方法是第一种，根据稀有气体原子的紫外线发射激励荧光粉使之发光来实现彩色显示。其彩色 PDP 的发光显示主要由以下两个基本过程组成。

①气体放电过程，即惰性气体在外加电信号的作用下产生放电，使原子受激而跃迁，发射出真空紫外线（小于 200 nm）的过程；

②荧光粉发光过程，即气体放电产生的紫外线，激发光致荧光粉发射可见光的过程。由于 145 nm 的真空紫外光能量大、发光强度高，所以大多数 PDP 都利用它来激发红、绿、蓝荧光粉发光，实现彩色显示。

1. 彩色 AC-PDP 的结构

目前，达到实用的彩色 PDP 主要有三种类型，即表面放电式、对向放电式以及脉冲存储式。前两种类型的原理结构如图 2-22 所示。

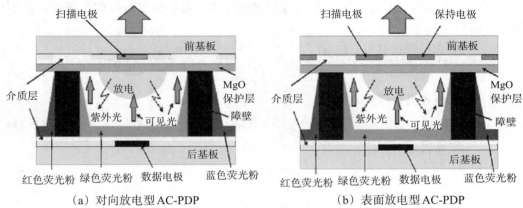

（a）对向放电型 AC-PDP　　　　　　　（b）表面放电型 AC-PDP

图 2-22　AC-PDP 的分类

　　对向放电式 AC-PDP 也称为双基板结构 AC-PDP，其结构和单色 AC-PDP 相同，如图 2-22（a）所示。两个电极分别制作的上下两块基板上呈空间正交，电极上覆盖介质层和 MgO 保护层后，在一块基板上涂覆荧光粉。这种器件的工作方式也和单色 AC-PDP 相似，选址和维持都用同一对电极，电路比较简单。这种结构的主要缺点是荧光粉处在放电的等离子区内，受到正离子的轰击，容易受到损伤，甚至分解而导致发光亮度下降，因此寿命相对较短。解决的方法是：在荧光粉颗粒外面包一层耐离子轰击的薄膜，成为包膜。这层薄膜必须对 VUV 有良好的透射率，以不降低器件的发光效率。但对 147 nm VUV 透射良好的材料种类非常有限，因此人们设法将 147 nm 的波长红移到 200～300 nm，在这个波长范围内透明的材料就比较多了。美国一家公司通过改变气体组分，把波长红移到 200 nm 左右，并给荧光粉颗粒包膜，所制成的对向放电式彩色 AC-PDP 寿命已达到了 10 000 小时，满足了使用要求。

　　表面放电型 AC-PDP 又称为单基板结构的 AC-PDP，其单元的原理结构如图 2-23 所示。

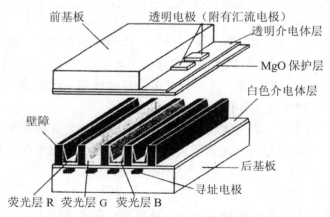

图 2-23　三电极表面放电型彩色 AC-PDP 的结构

　　单元的寻址电极和荧光粉层制作在一块基板上，两个维持电极在另一块基板上。这种结构的器件工作时，寻址的瞬间在上下两块基板之间放电，而在占一帧工作时间大部分的维持工作状态期间，放电仅在制作有两个维持电极的一块基板表面进行。在这种工作模式下，荧光粉层大多数时间不接触气体放电的等离子体区域，因而受到正离子轰击的程度大大减轻，从而从结构上回避了对向放电式器件荧光粉颗粒薄膜材料和工艺上的困难，使器件的寿命大大增加。此外，表面放电式结构的发光效率比对向放电型高，因此器件的亮度也比较高。由于寻址和维持是在不同电极之间进行的，这类器件的驱动电路要复杂一些。现在上市的大多数商品都采用这种结构，是彩色PDP的主流技术。

它的前基板用透明导电层制作一对维持电极。为降低透明电极的电阻，在其上再制作由金属组成的Cr-Ci-Cr组成的汇流电极，电极上覆盖透明介质层和MgO保护层，如同单色AC-PDP一样，后基板先制作与上基板电极呈空间正交的选址电极，其上覆盖一层白色介质层，作隔离和反射之用。白色介质层上再制作与选址电极平行的条状障壁阵列，既作控制两基板间隙的隔子，又作防止光串扰之用。之后在障壁两边和白色介质层上依次涂覆红、绿、蓝荧光粉。板子四周用低熔点玻璃粉封接，排气后充入He-Xe混合气体即成显示器件。这类结构由于采用条状障壁，上下基板的对准要求比矩阵障壁宽松得多，因此成品率较高，易于在生产中推广。

2. 彩色AC-PDP的所用的放电气体和荧光粉

彩色AC-PDP通常利用稀有混合气体放电产生的VUV来激发三基色光致荧光粉发光，这与荧光灯的发光原理相似。稀有混合气体的组成成分、配比、充气压强和荧光粉材料的发光特性对彩色AC-PDP的亮度、发光效率和色纯有很大影响。下面介绍彩色AC-PDP使用的放电气体和三基色光致荧光粉材料。

（1）放电气体

具有不同组成成分放电气体的着火电压、放电电流、辐射的光谱分布和强度不同，造成彩色AC-PDP的工作电压、功耗、亮度、光效和色度等性能存在较大差异。因此，为了使彩色AC-PDP具有优良的显示性能，必须合理选择放电气体的组成成分。

彩色AC-PDP对放电气体的要求是：①着火电压低；②辐射的真空紫外光谱与荧光粉的激励光谱相匹配，而且强度高；③放电本身发出的可见光对荧光粉发光色纯影响小；④放电产生的离子对介质保护膜材料溅射小；⑤化学性能稳定。

因此，彩色AC-PDP可以选用惰性气体He、Ne、Ar、Kr、Xe（激发电位和电离电位见表2-1所列）作为放电气体，它们的谐振辐射波长分别为58.3 nm、73.6 mn、106.7 mn、123.6 nm、147.0 nm。

表2-1　稀有气体原子的激发电位和电离电位

元素	He	Ne	Ar	Kr	Xe
亚稳激发电位 U_m（V）	19.80	16.62	11.55	9.91	8.32
谐振激发电位 U_r（V）	21.21	16.85	11.61	10.02	8.45
电离电位 U_i（V）	24.580	21.559	15.755	13.996	12.127

现在彩色AC-PDP通常使用的荧光粉对$140\ nm < \lambda < 200\ nm$的激发光谱具有较高的量子转化效率，因此一般选用Xe作为产生VUV的气体。这不仅是因为Xe原子可产生很强的147 mn的谐振辐射，而且Xe的二聚激发态粒子Xe_2^*还可产生150 nm和173 nm的辐射。但是纯Xe气的着火电压太高，必须采用混合气体。混合气体可由含Xe的两种或多种气体组成。对于两元气体，从降低着火电压出发用可与Xe发生潘宁电离的气体，即该气体的亚稳态电位高于Xe的电离电位。由表2-1可以看出，只有He和Ne符合要求，因此两元放电气体有He-Xe和Ne-Xe两种。为了使彩色AC-PDP具有更高的亮度和更好的色纯，可在两元气体中另外加入一种或两种稀有气体，构成三元混合气体，如He-Ne-Xe、Ne-Ar-Xe等，或四元混合气体，如He-Ne-Ar-Xe。

放电气体的混合配比对彩色AC-PDP的性能同样有显著影响，特别是混合气体中Xe的含量。一般来说，随着Xe含量的增加，AC-PDP的亮度和光效提高，气体放电发出的可见光得到抑制，彩色AC-PDP的色纯得以改善，但同时会引起单元着火电压的提高，造成驱动困难。因此，对于彩色AC-PDP，必须合理选择气体配比。目前，在量产的彩色AC-PDP中，通常充入的放电气体有Ne-Xe（2%～6%）、He-Ne（20%～30%）、Xe（2%）。

充气压强的高低也是影响彩色AC-PDP性能的一个重要因素。如图2-24所示为He-Xe（7%）放电时VUV辐射光谱随气压的变化。可以看出。随着气压升高，Xe的紫外辐射从147 mn线光谱逐渐过渡到连续谱，使总的辐射强度增强，引起AC-PDP的亮度提高。按照帕邢定律（2.3.4小节），气体放电的着火电压是充气压强p和电极间距l乘积的函数，并存在一个最小着火电压V_{fmin}和对应的pl_{min}。该结论对于对向放电型AC-PDP是适用的，而对于表面放电型AC-PDP则不适用，因为其显示电极间的电场是非均匀分布的。但无论哪种结构的AC-PDP，对于一定的显示电极间隙，都存在一条$V_f \sim p$曲线，它具有与帕邢曲线相类似的形状，也存在一个最小着火电压V_{fmin}和对应的p_{min}。充气压强通常选在$V_f \sim p$曲线的右支，使彩色AC-PDP获得高亮度。

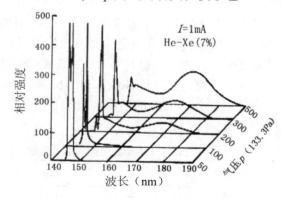

图2-24　VUV辐射光谱随气压的变化

（2）三基色荧光粉

彩色AC-PDP中使用的荧光粉是用真空紫外激发的光致荧光粉，通过它将上述气体放电产生的真空紫外线转换成可见光。见表2-2所示列出了常用的光致荧光粉的发光特性。

表2-2　常用光致荧光粉的发光特性

荧光粉	CIE1931 坐标	相对光效	余辉/(ns)	亮度/(cd/m²)
红　粉				
Y_2O_3:Eu	0.648, 0.347	0.67		
(Y, Gd)BO₃:Eu	0.641, 0.356	1.2		
YBO₃:Eu	0.65, 0.35	1.0	1.3	62
GdO₃:Eu	0.64, 0.36	0.94	4.3	
LuBO₃:Eu	0.63, 0.37	0.74		
ScBO₃:Eu	0.61, 0.39	0.94		
Y_2SiO_5:Eu	0.66, 0.34	0.67		
绿　粉				
Zn_2SiO_4:Mn	0.242, 0.708	1.0		
$BaAl_{12}O_{19}$:Mn	0.182, 0.732	1.1		
$Sr\,Al_{12}O_{19}$:Mn	0.16, 0.75	0.62	11.9	365
$Ca\,Al_{12}O_{19}$:Mn	0.15, 0.75	0.34	7.1	
$BaMg\,Al_{14}O_{23}$:Mn	0.15, 0.73	0.92		
蓝　粉				
$BaMg\,Al_{10}O_{17}$:Eu	0.147, 0.067			
$BaMg\,Al_{14}O_{23}$:Eu	0.142, 0.087	1.6	< 1	
Y_2SiO_5:Ce	0.16, 0.09	1.1	< 1	51
$CaWO_4$:Pb	0.17, 0.17	0.74		

　　为使彩色AC-PDP显示的图像色彩鲜艳、逼真，并使AC-PDP具有长久的寿命，对其使用的荧光粉要求为：①在真空紫外线的激发下，发光效率高；②色彩饱和度高，色彩再现区域大；③余辉适宜；④热稳定性和辐照稳定性好；⑤有良好的真空性能，即具有低的饱和蒸气压并容易去气；⑥涂覆性能良好。

　　根据以上要求，彩色AC-PDP通常选用的荧光粉有红粉：(Y, Gd)BO₃:Eu³⁺；绿粉：$BaAl_{12}O_{19}$:Mn²⁺，Zn_2SiO_4:Mn²⁺；蓝粉：$BaMgAl_{10}O_{17}$:Eu²⁺，$Ba\,Mg\,Al_{14}O_{23}$:Eu²⁺。如在彩色AC-PDP中所使用 (Y, Gd)BO₃:Eu³⁺、$BaAl_{12}O_{19}$:Mn²⁺、$Ba\,Mg\,Al_{14}O_{23}$:Eu²⁺这组荧光粉组合，可达到与彩色显像管（CRT）相近的彩色重现区域。

　　（3）发光机理

　　前面已讲过彩色AC-PDP的发光主要由气体放电和荧光粉发光两个基本过程组成。

　　1）气体放电过程

　　对彩色AC-PDP而言，气体的放电过程尤为重要，它不仅产生紫外线，而且对电压工作特性有很大影响。这里以彩色AC-PDP常用的Ne-Xe混合气体为例来说明气体放电中的电离和辐射过程。如图2-25所示是Ne、Xe原子的能级与发光光谱。

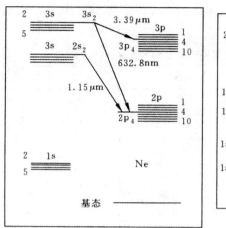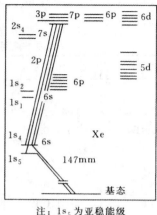

图 2-25　Ne、Xe 原子的能级与发光光谱示意图

Ne-Xe 混合气体放电的主要电离过程包括电子碰撞电离和潘宁电离。电子被电场加速到能量大于 21.6 eV 时，可与基态 Ne 原子发生电离碰撞：

$$e + Ne \rightarrow Ne^+ + 2e$$

电子被电场加速到能量达 16.6 eV 时；与 Ne 原子碰撞，可使基态 Ne 原子激发到亚稳态（Ne_m^*）：

$$e + Ne \rightarrow Ne_m^* + e$$

Ne_m^* 的寿命长达 0.1～10 ms，与其他原子碰撞的概率很高，当与 Xe 原子碰撞时可使其电离，即发生潘宁电离：

$$Ne_m^* + Xe \rightarrow Ne + Xe_m^* + e$$

这种反应产生的概率极高，从而提高了气体的电离截面，加速了 Ne_m^* 的消失和 Xe 原子的电离雪崩。此外，这种反应的工作电压比直接电离反应的要低，因此也降低了显示器件的工作电压。与此同时，被加速后的电子也会与 Xe^+ 发生碰撞。碰撞复合后，激发态 Xe^{**} 原子的外围电子，由较高能级跃迁到较低能级，产生碰撞跃迁：

$$e + Xe^+ \rightarrow Xe^{**}(2p_5 \text{或} 2p_6) + h\upsilon$$

由于 Xe 原子 $2p_5$、$2p_6$ 能级的激发态 Xe^{**} 很不稳定，极易由较高的能级跃迁到较低的能级，产生逐级跃迁：

$$Xe^*(2p_5 \text{或} 2p_6) \rightarrow Xe^*(1s_4 \text{或} 1s_5) + h\upsilon(823 \text{ nm}, 828 \text{ nm})$$

Xe^*（$1s_5$）与周围的分子相互碰撞，发生能量转移，但并不产生辐射，即发生碰撞转移：

$$Xe^*(1s_5) \rightarrow Xe^*(1s_4)$$

式中，$1s_4$ 是 Xe 原子的谐振激发能级。Xe 原子从 $1s_4$ 能级的激发态跃迁至 Xe 的基态时，就发生共振跃迁，产生使 PDP 放电发光的 147 nm 紫外光：

$$Xe^*(1s_4) \rightarrow Xe + h\upsilon(147 \text{ nm})$$

Penning 电离反应与 Xe^{**} 逐级跃迁的示意如图 2-26 所示。

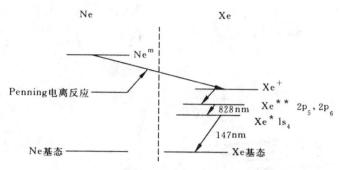

图2-26　Penning电离反应与Xe**逐级跃迁示意图

2）荧光粉发光过程

荧光粉是一种粉末状结晶的物质，它由基质和激活剂组成。基质是一些高纯度的化合物晶体，常用的有锌（Zn）、镁（Mg）、钙（Ca）、钇（Y）等元素的氧化物、硫化物和硅酸盐等。晶体内部的缺陷对发光起着不可缺少的作用，这些缺陷称为发光中心。为了制造出这样的发光中心，就要在晶体中加入某种杂质，如银（Ag）、铜（Cu）、锰（Mn）或稀土族元素铕（Eu）、铈（Ce）等，这些杂质称为激活剂。因此荧光粉材料通常表示为基质：激活剂，如$ZnSiO_4$：Mn。

真空紫外光激发荧光粉的发光过程如图2-27所示。当真空紫外线（如147nm）照射到荧光粉表面时，一部分被反射，一部分被吸收，另一部分则透射出荧光粉层。

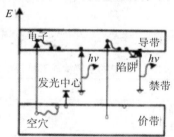

图2-27　荧光粉发光过程示意图

当荧光粉的基质吸收了真空紫外光能量后，基质电子可从原子价带跃迁到导带，同时价带中出现一个空穴。在价带中空穴由于热运动而扩散到价带顶，然后被杂质能级形成的一些发光中心能级俘获。而获得光子能量跃迁到导带的电子，在导带中运动，并很快消耗能量后下降到导带底。然后有两种可能情况出现：一是电子将放出能量直接与发光中心复合而发出一定波长的光，其波长随发光中心能级在禁带中的位置不同而异；二是在导带下缘的电子被电子陷阱能级所俘获，当陷阱较浅时，被俘获的电子通过晶格的热振动返回导带，然后再与发光中心复合，因此发光的时间"晚"了一些，使发光时间变长，即产生了"余辉"。

2.5　PDP制造工艺

目前，绝大多数PDP生产厂家均采用三电极表面放电型结构，本节主要介绍该结构的工艺流程。AC-PDP的制造过程总体上可分为三部分：前基板制造工序、后基板制造工序和总装工序，制造工艺流程如图2-28所示，其中使用的主要部件及材料见表2-3所列。

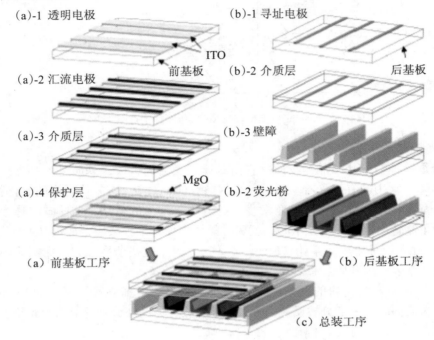

（a）-1 透明电极　　　　　　　　　　　　（b）-1 寻址电极

ITO
前基板　　　　　后基板

（a）-2 汇流电极　　　　　　　　　　　　（b）-2 介质层

（a）-3 介质层　　　　　　　　　　　　　（b）-3 壁障

MgO

（a）-4 保护层　　　　　　　　　　　　　（b）-2 荧光粉

（a）前基板工序　　　　　　　　　　　　（b）后基板工序

（c）总装工序

图2-28　彩色AC-PDP的制造工序流程图

表2-3　PDP的主要构成部件及材料

部件	材料	主要制作工艺
透明电极	ITO SnO₂	溅射和光刻、CVD填平法、感光涂胶法、丝网印刷
汇流电极	Ag Cr/Cu/Cr Cr/A1/Cr	丝网印刷 感光涂胶法 溅射光刻蚀法
黑矩阵	低熔点玻璃(黑) 颜料(黑)	丝网印刷 感光性涂胶法
透明介质层	低熔点玻璃粉末(透明)	丝网印刷、贴膜法
MgO保护膜	MgO	电子束真空蒸镀、溅射、丝网印刷
数据(选址)电极	Ag Cr/Cu/Cr Cr/A1/Cr	丝网印刷、感光性涂胶法 光刻蚀 填平法
白介质	低熔点玻璃(白)	丝网印刷、喷涂法、贴膜法
障壁	低熔点玻璃+陶瓷	丝网印刷、喷砂法、模压法 感光性涂胶法
荧光粉层	红、绿、蓝三基色荧光粉	丝网印刷、感光性涂胶法、贴膜法

2.5.1　前基板制造工艺

前基板的制作工艺流程为：前玻璃基板制作→透明电极制作→汇流电极制作→黑矩阵制作→透明介质层制作→MgO保护膜制作。

1. 前玻璃基板的制作

目前，PDP用玻璃基板，多采用苏打石灰（钠钙）玻璃，也可用高应变点玻璃如PD200，以避免高温烧结后基板产生形变。对PDP基板用玻璃的表面平坦性的要求与窗玻璃为同一水平，故不需要研磨工程，玻璃的厚度以3 mm、0.7 mm为主，与LCD用玻璃相比，可算是相当厚的；最主要的要求是高屈服（塑性形变）温度，如图2-29所示。这是因为PDP基板在制造工程中，需要经受500 ℃以上的高温，因此高屈服温度是必不可少的。

图2-29　玻璃的塑性变形

苏打石灰玻璃和PD200性能的比较见表2-4所列，PD200的屈服温度为570 ℃。其与传统苏打石灰玻璃的511 ℃相比，有大幅度提高。

表2-4　苏打石灰玻璃与PD200玻璃性能对比

性能指标	苏打石灰玻璃	PD200玻璃
屈服温度/℃	511	570
软化温度/℃	735	830
退火温度/℃	554	620
热膨胀系数/(10^{-7}/℃)	85	83

从表中还可以看出，传统苏打石灰玻璃的热膨胀系数为85×10^{-7}/ ℃，而PD200为83×10^{-7}/ ℃，基本上没有变化，其主要理由如下。

在PDP中，除前、后玻璃基板外，障壁（隔断）及透明介电质层、封接层等也都要使用玻璃材料。而在PDP最初开始生产时，玻璃基板采用苏打石灰玻璃，上述其他玻璃材料的热膨胀系数也是按与其相近开发的。若玻璃基板的热膨胀系数改变，其他玻璃材料及其生产工艺、设备等也必须进行新的开发。正是因为如此，高屈服温度玻璃的热膨胀系数也选择与传统苏打石灰玻璃的热膨胀系数基本在同一水平。除此之外，PD200含钠量很低，具有电阻高等优点。

2. 透明电极制作

透明电极仅设置在AC型PDP的前基板上，如图2-28所示，与同一前基板上设置的汇流电极成对构成放电用的电极，即扫描电极。透明电极要求透明度高，与玻璃基板附着力强。

通常采用溅射法、蒸发法在玻璃基板上制备 ITO（Indium Tin Oxide）薄膜或 SnO_2（氧化锡）薄膜，然后刻蚀成形。目前，ITO 仍是制作透明电极的主要材料。透明电极的制作对电极间距、形状和厚度的精度要求相当高，当精度不佳时，会影响放电的均匀性。

ITO 膜采用溅射法制取，膜层具有优良的光透射率及导电性。PDP 用 ITO 膜的方阻从 20～30 Ω/（膜厚 150 nm）到 100Ω/（膜厚 50 nm）。

溅射沉积的原理如图 2-30 所示。首先按一定比例，例如 In_2O_3：SnO_2 为 9：1，制成 ITO 靶。ITO 靶可以比作水，带有一定能量的氩离子可以比作石块，将玻璃基板置于水（ITO 靶）附近，当石块（氩离子）投入水（ITO 靶）中时，会有水滴（ITO 的构成原子）被溅射出，水滴（ITO 的构成原子）飞向玻璃基板，并以 ITO 膜的形式沉积在其表面上。

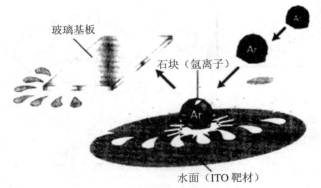

图 2-30　溅射沉积的原理

那么氩离子是怎样产生的？其能量又是怎样获得的？如何才能提高溅射沉积呢？通过对实际溅射沉积过程的分析就可以解决上述问题（如图 2-31 所示）。

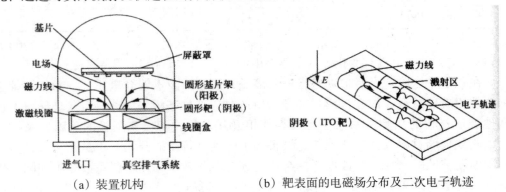

（a）装置机构　　　　　　　（b）靶表面的电磁场分布及二次电子轨迹

图 2-31　平面磁控溅射的原理

①对溅射系统抽真空使其达到较高的真空状态，再通入一定压力（例如数 Pa）的氩气，在 ITO 靶上施加一定的负电压（例如 -800V），使得在靶的表面及其附近形成相互垂直的电磁场［如图 2-31(a)所示］。

②在上述电压（还有磁场）及气压下，系统内发生气体放电，形成等离子体，其中电子碰撞氩原子可使其电离形成氩离子（Ar⁺）。

③氩离子（Ar⁺）在负电压作用下加速碰撞ITO靶，ITO靶原子被溅射出，飞向玻璃基板，并以ITO膜的形式沉积在其表面之上。

④氩离子（Ar⁺）碰撞ITO靶表面，在溅射出ITO靶构成原子的同时，还会产生二次电子（γ电子），该二次电子在靶表面相互垂直的电磁场作用下，会沿靶表面的"跑道"作"螺旋线"运动［如图2-31(b)所示］，大大增加了其与原子碰撞使后者电离的机会，从而入射靶的离子数变多，被溅射出的ITO原子也会变多。

因此，磁控溅射是高速（沉积速率高）、低温（靶和基板的温度都较低）、低损伤（基板表面受高能电子轰击损伤小）的薄膜沉积法。若采用大平面靶，则特别适合于大面积玻璃基板的连续式沉积。

由磁控溅射法在整个玻璃基板表面上形成ITO膜之后，还要利用光刻法形成电极的图形。如图2-32所示为光刻法制作ITO透明电极的制作过程。

①在玻璃整个表面上形成的膜层表面上涂布光刻胶，所谓光刻胶是指紫外线感光性树脂，分紫外线照射硬化的负型和紫外线照射分解的正型两大类。

②中间经过掩模用紫外线照射光刻胶，使其曝光。

③将曝光后的玻璃基板浸入显影液中，去除未硬化的光刻胶（显像）。

④经显像之后，位于残留光刻胶保护膜下面的ITO膜要保留，而没有光刻胶膜保护的ITO膜要用等离子体（干法）或蚀刻液（湿法）去除，即蚀刻。

⑤最后用等离子体或强碱溶液等将ITO膜之上的残留光刻胶去除。

此外，ITO及SnO₂膜也可由印刷法制作，丝网印刷是其中的方法之一。丝网印刷法在仪器表盘、混合电路基板、多层共烧基板、电子封装等方面已有广泛应用。印刷ITO膜的电阻大约为180 Ω。电极可以通过光刻制版印刷，也可以先印刷膜层而后再蚀刻成形。

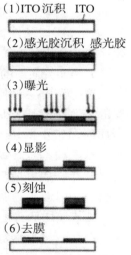

图2-32　光刻法工艺流程

3. 汇流电极的制作

透明电极虽具有较好的导电性，但当电极较长时导电性能就显得不足。解决办法是，在透明电极上制作一条金属汇流电极。汇流电极通常制作在透明电极外侧，为了减少光的阻挡，宽度一般小于100 μm。汇流电极多数用Cr-Cu-Cr或Ag膜来形成。

如图2-33所示为感光涂胶法制作Ag电极的过程。首先，将光敏银浆涂敷到基板上并干燥；然后，用紫外光曝光、显影；最后，干燥烘烤。铝也可用来制作汇流电极，但它的导电率较铜低。要保证相同的电阻，膜度较厚，其另一个缺点是介质烘烤温度接近铝膜的最大允许温度。

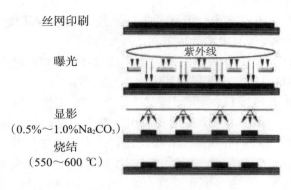

丝网印刷

曝光　紫外线

显影
（0.5%～1.0%Na₂CO₃）
烧结
（550～600 ℃）

图2-33　感光涂胶法

Cr-Cu-Cr电极采用薄膜制作工艺（溅镀法或电子束蒸发法）在附有透明电极层基板上依次镀上三层金属，然后采用湿式刻蚀工艺依次将金属刻蚀以完成所需的图案。

4. 黑矩阵的制作

为了提高亮场对比度，在前基板与列电极之间制作一系列黑条覆盖非发光区域。如果膜太厚，膜的不均匀性将影响介质表面，使得放电性能变差。黑矩阵的制作通常有两种：一种为直接图案印刷法印刷黑色浆料；另一种为印刷感光性浆料后再刻蚀成所需的图案。后者的精密度较高。由于黑条与汇流电极间不需要精确定位，通常采用丝网印刷的方法。

5. 透明介质层的制作

透明介质层的制作一般采用丝网印刷方法。虽然没有图形精度的要求，但对膜厚的一致性以及表面平整度的要求较高。为了保证放电时有较好的绝缘性能，透明介质层通常由两层或更多层组成，这样在每一层可将气泡和针孔等缺陷控制在最少。这些缺陷将导致介质层的耐电压击穿强度下降。每一层也可用具有不同特性的材料制作，如可抑制烘烤时透明电极和汇流电极发生反应的材料、可增加介质强度的材料、可改善透明度和表面光滑度的材料。透明度和表面光滑度，可通过提高烘烤温度或使用低软化点玻璃来改善。

目前，越来越多的厂商采用工艺简单、性能优越的干膜方式制作介质层。此层的要求包括其透明度要达到85%以上、表面平整度要小于2 μm、不可有气泡产生及具有较高的耐电压性等性质。

6. MgO保护层的制作

AC-PDP中介质保护膜的作用是延长显示器的寿命，增加工作电压的稳定性，并且能够显著降低器件的着火电压，减小放电的时间延迟。

用作AC-PDP介质保护膜的材料应满足以下要求：①二次电子发射系数高；②表面电阻率及体电阻率高；③耐离子轰击；④与介质层的膨胀系数相近；⑤放电延迟小。

为寻求合适的保护膜材料，前人曾对数十种可能的材料做过实验研究。结果发现，MgO薄膜不仅具有很强的抗溅射能力，而且有很高的二次电子发射系数，有利于提高AC-PDP的寿命和降低AC-PDP的工作电压，因此，MgO薄膜很适合作为AC-PDP的介质保护膜。

通常采用真空电子束蒸发沉积方法制作MgO保护膜，也可使用湿化学方法，但均匀性不能保证。近来，为降低成本，引入了溅射沉积方法。

2.5.2 后基板制造工艺

后基板的制作工艺流程为：后玻璃基板制作→寻址电极制作→白介质层制作→介质障壁制作→MgO保护膜制作→荧光粉层制作。

1. 后玻璃基板的制作

后玻璃基板的制作采用同前玻璃基板的制作完全相同的工艺。

2. 寻址电极制作的制作

在后基板上形成的电极，对于AC-PDP来说称为数据电极，如图2-23所示。数据电极，又称为选址电极，为写入用电极。而阳极的作用是与前基板上形成的阴极成对引起气体放电，其厚度为5～10 μm。

寻址电极通常以银作为电极材料，一般采用印刷法直接将银印刷至玻璃底板上或采用感光性的银电极材料，用光刻法制作寻址电极。虽然光刻法制作寻址电极的分辨率与良品率都很高，但有50%银材料被浪费掉使得成本过高。因此，如何回收银重复使用以节省成本也是目前研究的一个方向。此外，也有利用无电解电镀的方式将电极制作在玻璃基板上的，但此法必须注意废液处理的问题。

3. 白介质层的制作

制作白介质层的主要目的是要提高可见光的反射以增加亮度，并且提供平坦度高的平面，以降低制作障壁的困难度。目前的量产方式是以印刷法为主，也有厂商研发将白色反射介质层制作成千膜，再利用压合机将反射层压合在基板上。

4. 介质障壁的制作

障壁，其作用是确保微小的放电空间，防止三色荧光粉的混合。

介质障壁的制作一直是PDP制作工艺中最关键、也是业界投入最多的研究项目之一。介质障壁的制作方法主要有丝网印刷法和喷砂法。虽然丝网印刷法在设备费用及废弃材料等方面最有利，但如前所述，精度仍有问题。早期这是制作障壁的唯一方法。由于一次印刷的最大厚度为30 μm，而实际所需障壁高度为100～140 μm，必须经过8～10次印刷才能完成。喷砂法由于采用光刻中的曝光技术，可获得较高的障壁制作精度。喷砂法仅需和寻址电极对准一次，制作大面积器件时失配问题较小。喷砂法效率高，只需数分钟即可完成喷砂刻蚀。用作障壁材料的低熔点玻璃粉和抗喷砂光敏胶现已做成千膜，可以很方便地用热压方法贴在基板上，不仅工艺简单，障壁平整度也有提高。但用喷砂法制造障壁的过程中，超过70%以上的障壁材料都在制作过程中被除去，不但使制造成本提升，同时也形成材料的浪费与环境污染的问题。如图2-34所示为喷砂工艺过程示意图。

1. 封接玻璃
2. 曝光
光敏干膜
3. 显影
4. 喷砂
喷嘴
砂粒
5. 去除干膜、烧结

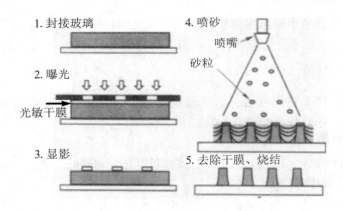

图2-34　喷砂工艺过程示意图

如图2-35所示为各种障壁制作工艺的比较。感光涂胶法也可用来制作障壁。这种方法的工艺过程只需采用曝光和显影，较容易实现。感光性涂胶的主要成分为玻璃粉、丙烯酸树脂，聚合物引发剂（如二氮化合物）。玻璃粉分布在掺有引发剂的丙烯酸树脂上。由于玻璃粉容易将曝光的光线散射，一次形成厚膜较难，要形成厚膜，通常需贴胶和曝光几次。

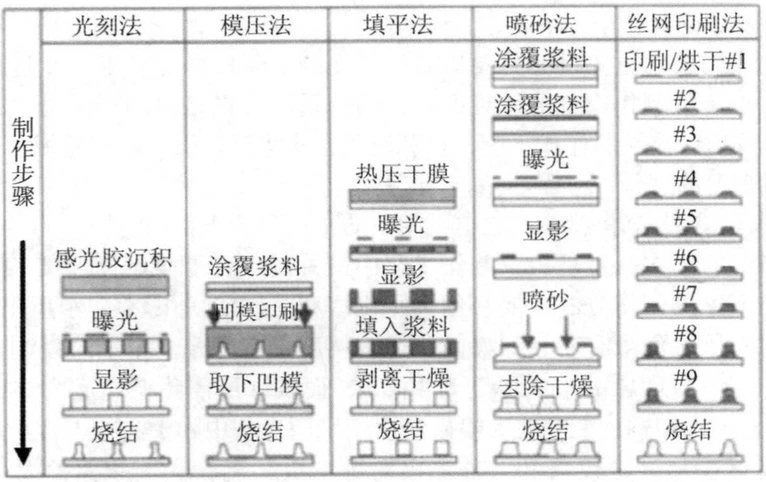

光刻法
模压法
填平法
喷砂法
丝网印刷法
制作步骤
感光胶沉积
曝光
显影
烧结
涂覆浆料
凹模印刷
取下凹模
烧结
热压干膜
曝光
显影
填入浆料
剥离干燥
烧结
涂覆浆料
涂覆浆料
曝光
显影
喷砂
去除干燥
烧结
印刷/烘干#1
#2
#3
#4
#5
#6
#7
#8
#9
烧结

图2-35　各种障壁制作工艺的比较

目前，日本Toray（东丽）公司利用一次曝光成功制作出100～150 μm障壁，此方法已用于量产。填平法材料利用率较高。它先将光刻干膜贴附于玻璃基板上，光刻形成“负”的电极图形，即没有电极的部分保留光刻胶。以此负图形为“模型”，在其槽中注入电极浆料，最后将残留的光刻胶干膜去掉。这种方法的缺点是印刷过程中容易混入气泡，烧结后障壁高度的均匀性不理想（障壁高度变化应小于5%）。模压法已被几家公司采用，但是其制作障壁高度的精确度不满足要求。

5. MgO保护膜的制作

同2.5.2小节。

6. 荧光粉层的制作

荧光粉层涂敷在障壁内侧，相邻两色之间不能有混色的现象。荧光粉层的制作通常采用丝网印刷方法，将不同颜色的荧光粉浆料分别填入各障壁之间，因此需要印刷三次，具体过程如图2-36所示。先通过印刷将荧光粉浆料注入放电单元，然后干燥。三种颜色荧光粉都完成以后再进行高温烧结，温度在500℃左右。与电极和障壁的印刷过程相比，荧光粉层的印刷精度要求相对较低。除了印刷方法也有公司研究用感光性荧光浆料或干膜方式制作荧光粉层，但考虑到成本问题，仍以丝网印刷法为主要方法。

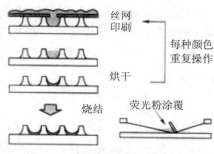

图2-36　荧光粉层的制作流程

2.5.3　总装工艺

前、后基板制作完毕，就要进行总装了。总装工艺过程为：前、后基板封接→屏的排气和充气→屏的老练→测试→模块组装。

1. 前、后基板的封接

在前、后基板制作完成后，将它们准确对位，并在较高温度下（400～500℃）利用低熔点玻璃将前、后基板及排气管封接在一起，如图2-37所示。

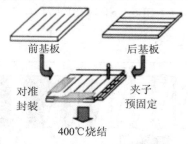

图2-37　前、后基板的封接

2. 屏的排气和充气

封接好的屏通过排气管与充排气系统相连，将屏放在烧结炉中。烘烤温度在350℃左右，排出MgO、荧光粉、障壁及介质层表面吸附的气体。烘烤数小时后，将温度降至室温，充入放电气体至所需气压。最后割离排气管，屏的制作就完成了。

这个过程对决定屏性能起着非常重要的作用。所以，必须严格控制排气时的温度、真空度及气体的纯度等。

3. 屏的老练

在所有的放电单元上施加高于着火电压的脉冲电压，使MgO层激活，直到获得稳定放电。这个过程将使屏的工作电压降低，均匀性提高。

4. 测试

完成老练过程后即可进行电学特性与光学特性的测试，然后再经过电子构装及测试即完成等离子态显示屏的制作。此过程是目前量产时的主要瓶颈所在，各设备与量产厂商都以研发新设备或改良此过程为主要目标。

5. 模块组装

简单而言，PDP的模块组装过程即将面板与驱动IC相连接的过程。通常驱动电路板和屏之间通过柔性印制电路连接。由于要实现高密度线路的连接，通常采用各向异性导电膜材料。采用热压的方法将屏电极和柔性印制电路连接起来。

2.6 彩色AC-PDP的驱动技术

2.6.1 ADS驱动技术

彩色PDP要实现全色显示，灰度控制是关键。由于气体放电的非线性极强，它只能处于着火或熄火一种状态，无法用幅度控制法实现灰度显示。现在用得较多的是寻址期与维持期分离的驱动方法，简称ADS技术（Address Display-period Separa-tion）。前面已提到，PDP发光是由维持电压脉冲交替变化而形成光脉冲的，这些光脉冲由于人眼的暂留效应在人脑中形成一个连续发光的映像，控制单位时间内光脉冲的个数会使观察者感到不同的光强。ADS技术就是基于这一原理建立的，其工作原理如下文所述。

ADS技术是由日本富士通公司开发出来的，将一帧分为八个子场，即SF1～SF8。每个子场由寻址期和维持期组成，各子场的寻址期时间相等，而维持期时间的比例SF1：SF2：SF3：SF4：SF5：SF6：SF5：SF8为1：2：4：8：16：32：64：128，如图2-38所示。

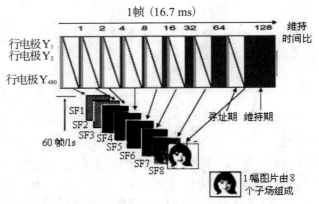

图2-38　256级灰度的ADS驱动技术

这样，通过适当的组合就可以实现 0～255 的灰度显示。亮度的调节是通过改变维持脉冲的个数实现的。ADS 技术避免了寻址电极上的荧光粉受离子轰击，并且降低了寻址电压，实现了低功耗和简化了驱动电路。

8 个子场在维持放电期间组合成 255 级灰度见表 2-5 所列，是在 1 帧的时间完成的（1/60 秒）。

表2-5　8种放电期间的组合

子场	状态1	状态2	状态3	状态4
SF1（1次放电）	OFF	ON	OFF	ON
SF2（2次放电）	OFF	ON	OFF	ON
SF3（2次放电）	OFF	OFF	OFF	ON
SF4（8次放电）	OFF	OFF	ON	ON
SF5（16次放电）	OFF	OFF	OFF	ON
SF6（32次放电）	OFF	OFF	OFF	ON
SF5（64次放电）	OFF	OFF	ON	ON
SF8（128次放电）	OFF	OFF	ON	ON
放电次数	0	3	200	255
灰度	0	3	200	255

如图 2-39 所示为表面放电型 AC-PDP 的驱动电压波形。工作时两组电极加上交变的维持电压脉冲 V_s。对被选显示单元用一书写脉冲 V_w 进行放电着火，并用 V_s 来维持其着火状态。之后要使该单元着火熄灭时，可用一擦除脉冲 V_e 停止该像素放电，并用继续 V_s 维持其熄灭状态。此工作过程充分利用了 AC-PDP 的固有存储特性。

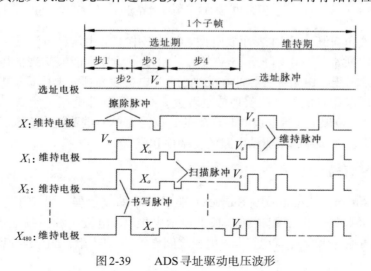

图2-39　ADS寻址驱动电压波形

ADS 子场技术寻址的过程分为 5 步，如图 2-40 所示。①在 X 电极上加擦除脉冲，进行全屏擦除，排出前一显示期间的影响，使所有像素达到同一状态。（初始化）②在Y电极上加写脉冲，进行全屏写操作。由于此时X电极和荧光粉均为零电位，因而在它们的表面将形成壁电荷。（形成壁电荷）③再次在X上电极施加擦除脉冲，进行全屏擦除操作，以清除X电极表面的壁电荷。（消去无用电荷）④写入数据，由于此前荧光粉和Y电极表面预先形成了壁电荷，因而仅需很低的电压即可点燃像素。（仅发光的像素形成壁电荷）⑤维持全屏放电。（在显示期间）

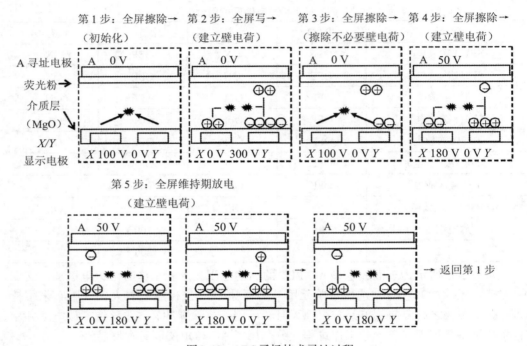

图2-40 ADS子场技术寻址过程

富士通公司在其21英寸表面放电型AC-PDP中，采用这种方法使寻址电压下降了近一半，由通常的100 V降至65 V左右。ADS子场技术能够实现低压寻址的主要原因是：在第二步，由全屏写脉冲在荧光粉和Y电极表面预先形成了壁电荷，从而在寻址阶段可以采用较低的电压实现放电着火。全屏写脉冲电压虽然高达350 V左右，但由于它是由480根Y维持电极同时产生的，仅需简单的电路就可实现，使得寻址电压大幅度下降，因而降低了驱动电路的复杂性和成本。

2.6.2 ALIS驱动技术

ALIS（Alternate Lighting of Surface）驱动技术的显示屏，沿用了三电极表面放电型的显示屏结构，但不配置前基板上显示电极（X电极）和扫描显示电极（Y电极）之间的间隙（黑带），X电极与Y电极之间作等间隔配置（如图2-41所示）。

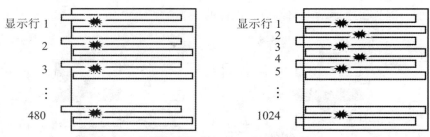

图2-41 传统驱动技术和ALIS驱动技术的对比

ALIS技术实际上还是ADS，不同之处在于采用了隔行扫描。传统的方法是每根显示线包括一对显示/维持电极，而每对显示线之间的空隙却不能用于显示放电，而且必须保持一定间隙，以免相邻像素干扰。ALIS方法的每根显示/维持电极的间隙相同，由于相邻显示线共用一根电极，ALIS方法采用隔行扫描的方式，将电视场分为奇数场和偶数场，每个场再分为许多（ADS）的子场，分时交互显示，最大限度地利用了放电空间。

过去的显示屏，一对X电极和Y电极只扫描1行，而ALIS驱动技术，一对X电极和Y电极之间，扫描2行。如图2-42所示，首先是在扫描X电极和Y电极之间奇数行的同时，同步驱动寻址电极（A电极），此时扫描1、3、5……行。接着扫描偶数行并同步驱动A电极，扫描2、4、6……行。这样，就可用512根扫描线获得1024线高分辨率。其结果，使X和Y电极的数量减少一半。

ALIS驱动技术，是1根Y电极分别使上下2行显示。因此不能同时控制上下2行显示行，奇数行和偶数行进行分场显示，两场重复交替显示全画面。这种奇数行和偶数行的显示面的交替发光，被称为ALIS驱动方式，如图2-42所示。

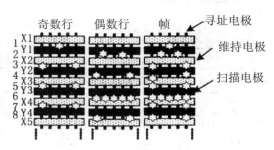

图2-42 ALIS驱动方式（隔行寻址）

用ALIS技术驱动显示屏时，电压波形有两种情况，如显示奇数行一场时，一是外加电压只在奇数行电极间产生电位差；二是偶数行电极间的电位差为0 V，不产生放电，如图2-43所示。传统驱动技术，由驱动兼作寻址电极的Y电极群和作显示电极的X电极群，施加维持放电的脉冲。ALIS技术，将X电极群奇偶分开，分别用驱动电路X1、X2来驱动；同样Y电极群经过扫描驱动IC来分别驱动Y1、Y2。这样构成的驱动电路仅令在显示电极之间产生电压，使非显示电极之间的电压为零。把产生维持放电脉冲的驱动电路分成X电极群和Y电极群两个，但是整体驱动电路的规模并没有增加，因为每个驱动电路都只有以往的一半。

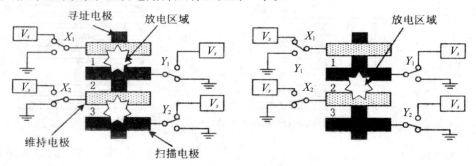

（a）奇数行的寻址   （b）偶数行的寻址

图2-43   ALIS的驱动方法

ALIS技术的驱动波形：首先，从寻址发光像素开始，在显示第1行的情况下，Y_1电极加扫描脉冲，引起Y_1电极与寻址电极A间的放电。然后，在X_1电极加高电压，A电极与Y_1电极间放电结束，而X_1电极与Y_1电极间的放电，在X_1电极和Y_1电极之间形成了维持放电所必要的壁电荷。在不发光像素的第2行，由于X_2电极处于低电压，不会形成壁电荷。此时，偶数行不产生放电，电位差为0。由于X_1电极加上电压为V_s的维持脉冲，而Y_1电极电压为0V，则X_1电极和Y_1电极之间产生维持放电，而X_2电极和Y_1电极同时为0V，两行间的电位差为0，不产生放电。第3行时，由于Y_2电极加上电压V_s，X_2电极为0V，产生维持放电。由此看出，在加交变维持脉冲时，构成非显示行的2根显示电极间的电位，通常为同电位（如图2-44所示）。

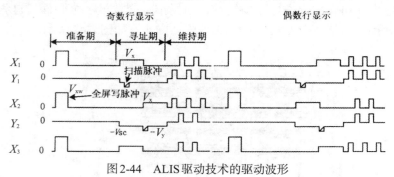

图2-44   ALIS驱动技术的驱动波形

ALIS方式具有许多优点，发光面积也增大了50%。由于显示线增加了一倍，因此非常容易实现高清晰化。采用ALIS方式使用原来的屏生产设备就可生产1 000线高清晰的PDP。并且，由于1 000线不需分割驱动，可使驱动IC减少一半，大大了降低了成本。可以说，ALIS方式是实现高清晰度PDP较为理想的技术。

参考资料

[1] 管井秀郎，张海波，张丹，等.离子体电子工程学.北京：科学出版社社，2002

[2] 应根裕，屠彦，万博泉，等.平板显示应用技术手册.北京：电子工业出版社，2007

[3] J P Boeuf. "Plasma display panels：physics，recent developments and key issues，" *J. Phys. D*：*Appl. Phys.* 2003，36：53-79

[4] Tsutae Shinoda, Kenji Awamoto. "Plasma dispaly technologies for large area screen and cost reduction", *IEEE Transactions on Plasma Science*，2006，34(2)：279-286

[5] 应根裕，胡文波，邱勇，等. 平板显示技术. 北京：人民邮电出版社，2002

[6] 田民波. 电子显示. 北京：清华大学出版社，2001

[7] 高树香，陈宗柱. 气体导电. 南京：南京工学院出版社，1988

[8] 姚宗熙，郑德修，封学民. 物理电子学. 西安：西安交通大学出版社，1991

[9] 刘榴娣. 显示技术. 北京：北京理工大学出版社，1993

[10] TCL 集团 TTE 中国业务中心. TCL 王牌 PDP 平板彩色电视机原理与分析. 北京：人民邮电出版社，2006

[11] 余理富，汤晓安，刘雨. 信息显示技术. 北京：电子工业出版社，2003

[12] 史月艳. 物理电子技术材料与工艺. 北京：国防工业出版社，1995

习题②

2.1　请简述等离子体的基本概念，可由哪些参数来描述等离子体？

2.2　简述低压气体放电的全伏安特性曲线，PDP 一般工作在何区？并解释原因。

2.3　什么是汤生放电？汤生火花放电条件式是什么？

2.4　什么是帕邢定律？影响气体放电着火电压的因素有哪些？

2.5　简述 DC-PDP 和 AC-PDP 的结构和工作原理。

2.6　对于 AC-PDP，简述壁电荷的形成过程及其在工作过程中的作用。

2.7　对向放电 AC-PDP 与表面放电 AC-PDP 在结构上有何不同？为何目前的 AC-PDP 主流均采用表面放电型结构？

2.8　彩色 PDP 的发光显示主要有哪两个基本过程？

2.9　简述 PDP 制造的工艺流程，PDP 的主要构成部件及材料有哪些？

第三章 液晶显示

液晶显示器件（Liquid Crystal display，LCD）是众多平板显示器件中发展最成熟、应用面最广、已经产业化并且仍在迅猛发展着的一种显示器。由于液晶自身一系列无法替代的优点和相关技术的发展，LCD在显示器件市场中将占有越来越大的比例。

3.1 绪论

3.1.1 液晶显示器的发展历史

液晶显示器的早期原型是美国RCA公司Heilmeier等人于1961—1968年发明的，并制造出液晶钟表、驾驶台显示器等应用产品。RCA公司高层曾将这些液晶发明列为企业的重大秘密，但是当时RCA是以硅工艺产品为主，加上初期液晶产品存在着一些缺点，所以未能将这些成果转化为大生产的产品，于是1968年RCA公司向世界公布了这批液晶发明。1969年2月，日本NHK向国内报道了这项消息，立刻引起日本科技、工业界的极大重视。当时日本的半导体集成电路技术已成长起来，公用办公领域已电子化，正向着从家庭电子化到个人电子化的迈进。个人电子化必须是袖珍式的，即要求结构简单、功耗少。而液晶刚好能与CMOS（互补MOS）相匹配；反之，以IC技术为中心的高精度固体电子器件制造技术也促进了液晶器件的大量生产。日本人从液晶手表、液晶计算器等低档产品起步，发展到小尺寸无源矩阵液晶黑白电视机、非晶硅有源矩阵液晶彩色显示器，直到目前多晶硅有源矩阵高分辨率彩色液晶显示器，一直领导着世界液晶工业的发展方向。

液晶显示器的大量生产始于1970年，即发现扭曲效应后不久，当时LCD产品中有99%是应用扭曲效应的。早期LCD是用于手表、计算器、电子游戏机、移动电话显示屏、摄像机、科学和医学中的测量设备、汽车控制板、电子字典、火车、公共汽车、航空港和加油站中的显示屏，当LCD发展到能显示大容量信息阶段时，LCD大生产的增长率迅速提高，其应用市场十分广阔，包括：可携带电脑、文字处理器、小型电视机、视频显示器、桌上电脑、工作站，以及大尺寸直观式电视机和投影电视机等的显示屏。

1985年后，由于超扭曲（STN）液晶用于显示器，使无源液晶显示器进入中档液晶产品，同时非晶硅薄膜晶体管（a-Si TFT）液晶显示技术的发明，使LCD进入大容量显示阶段，如笔记本电脑、电子翻译机等。1996年后，液晶笔记本电脑已普及，并于1998年打入监视器市场，到2002年液晶监视器已成功地占有了监视器市场总额的显著部分。

人们常以生产时所用玻璃基板的大小将液晶生产分代，具体见表3-1。

表3-1　液晶显示器的分代

世代	第1代	第2代	第3代	第4代	第5代
玻璃基板尺寸(mm)	320×400	370×470	550×650	680×880	1100×1300
对应的产品尺寸	9英寸以下的移动及专用产品	9英寸以下的移动及专用产品	9英寸以下的移动及专用产品	9英寸以下的移动及专用产品	8～32英寸移动、笔记本、显示器、电视
世代	第6代	第7代	第8代	第10代	第11代
玻璃基板尺寸(mm)	1500×1850	1950×2250	2200×2500	2880×3130	3000×3320
对应的产品尺寸	18～37英寸显示器、电视	32～42英寸电视	32～60英寸电视	40英寸以上电视	50英寸以上电视

随着大尺寸低温多晶硅薄膜晶体管液晶技术的发展和长期困扰液晶三大难题（视角小、饱和度和亮度不足）的基本解决，从8～15英寸的个人平板液晶电视，25～45英寸的客厅液晶电视到2～20 m²的液晶投影电视已大量进入了人们的生活。液晶电视正朝着画面精细化、多功能化和大屏幕化方向发展。2002年年底LG公司和飞利浦公司已开发出50英寸TFT液晶面板，分辨率为1920×1080，亮度为500 cd/m²，视角为172°，是面向高清晰度电视用的。

2007年，电视大视角技术取得了新成果——像素晶体管的个数终于达到了3个，韩国三星电子和中国台湾中华映管（CPT）宣布，作为改善MVA液晶残像的方法，发表了在此前基于2个晶体管的驱动的基础上在像素内进一步追加1个晶体管的3晶体管构造。

在SID 2008展会上，韩国三星电子展出了一款82英寸高清液晶电视，据称这款产品分辨率达到3840×2160，刷新率为120 Hz；采用的红/绿/蓝LED背光系统大幅提高了色彩饱和度，色域达到NTSC标准的150%。

3.1.2　液晶的发展过程

液晶显示器件的主要构成材料是液晶。而液晶是指在某一温度范围内，同时具有液体的流动性、又具有光学双折射性的晶体。液晶的发现可以追溯到1888年，奥地利植物学家F.Reinitzer发现，把胆甾醇苯酸酯（$C_6H_5CO_2C_{27}H_{45}$，简称CB）晶体加热到145.5 ℃会熔融成为混浊的液体，145.5 ℃就是该物的熔点。继续加热到178.5 ℃，混浊的液体会突然变成清亮的液体。开始他以为这是由于所用晶体含有杂质引起的现象。但是，经过多次的提纯工作，这种现象仍然不变，而且这种由混浊到清亮的过程是可逆的。这种变化表明，液态的胆甾醇苯酸酯可以发生某种相变。这个由混浊液体变成清亮各向同性液体的温度称为物体的清亮点（Clearing Point）。在熔点到清亮点的温度范围内，这些物质的机械性能与各向同性液体相似；但是它们的光学性质却和晶体相似，是各向异性的。这就是说，物质在中介相具有强烈的各向异性物理特征，同时又像普通流体那样具有流动性。因此，这种中介相被称为液晶相。那些可以出现液晶相的物质就被笼统地称为液晶。被称为液晶的物质并不总是处于液晶相。只有在一定的物理条件下，液晶才显示出液晶相的物理特征。

目前已知的液晶大多数是由长形分子结构的有机化合物分子构成的。20世纪70年代后期发现了由盘形有机分子构成的液晶。能否制造出由无机分子构成的液晶尚属有待研究的课题。一般无机分子比有机分子稳定，加上无机分子的其他一些特点，如果能够制成无机分子液晶体，那么液晶工业必将会产生再一次的飞跃。近年来，人们对高强度纺织纤维的需求日益增加。人们早已知道，晶体结构中的缺陷是造成团体强度大幅度降低的主要原因。对于纺织纤维同样如此。纺织纤维是聚合物，如果能使聚合物分子更好地沿同一方向排列，那么纤维的强度将会大大提高。液晶的特点正是分子具有定向排列的倾向。因此，近年来对聚合物液晶的研究也蒸蒸日上。另外，从纯学术的角度来看，液晶的宏观特性还有许多需要进行探索，或者目前还没有被彻底了解。液晶的微观理论，由于是多体问题，更远远没有得到完善的答案。相变正是目前物理学中的重要课题。至于新液晶材料的开发、已知合成方法的改进等等课题，都有许多工作需要进行。因此，不论从纯学术观点还是从应用观点来看，液晶这门学科都有大量的问题有待人们去探索。

液晶的发现虽然已经有一百多年的历史，但是长期以来没有得到实际的应用，到20世纪30年代中期科学家们对液晶的合成以及液晶的重要物理特性才积累到一定的系统知识。直到1968年美国的Heilmeier发表了GH型的LCD显示方式，液晶才有了实际的应用。液晶显示器件与其他显示器件相比，最大的不同之处在于，液晶显示器件本身并不发光，而是借助于周围的入射光来达到显示目的。

3.1.3　液晶显示器的特点

液晶显示器件具有如下的优点。

（1）功耗低，显示板每平方厘米仅数微瓦至数十微瓦的功率耗散，使液晶显示器能用电池长时间供电。

（2）工作电压低，仅10 V左右，能用集成电路直接驱动，驱动电子线路可得到简化，并做成小型化装置。

（3）如不采用背照光源，液晶显示器件不仅体积小，而且是厚度仅数毫米的薄形器件，它的显示面积从数平方毫米到数十厘米可任意制作，很适于便携式电子显示仪器。

（4）液晶显示属于非自发光型显示，因此在明亮场合显示愈加鲜明。同时液晶显示易于彩色化。

（5）液晶投影显示能得到数平方米的高质量大型显示。

液晶显示的低功耗、低工作电压是它最突出的特点，但液晶显示同时也有几个明显的缺点，主要是：

（1）因本身是非自发光型显示，在环境较暗时难以显示。这一点可采用外光源照射来进行改进。

（2）显示视角小，对比度受视角影响较大。

（3）液晶的响应时间很慢并且受环境影响，影响了其广泛的应用。

但是近几年来随着技术的不断发展，液晶显示器件在其相对薄弱的环节都得到了极大的改善，显示视角得到增大，响应时间得到缩小，随着生产规模的扩大，成本进一步降低，液晶显示将逐步全面取代CRT成为主流的显示技术。

3.2 液晶及其分类

在不同的温度和压强条件下物体可以处于气体、液体或固体三种不同的状态，这是人们非常熟悉的现象。这三种状态一般称为气相、液相和固相。在适当外加条件下，处于某一相的物体可以变换到另一种不同的相。水变成冰或冰变成水，水变成水蒸气或水蒸气变成水，冰变成水蒸气或是水蒸气变成冰，就是三种相之间互相转变的最常见的例子。这种转变称为相变。处在不同相的物体具有不同的物理特征。一般，液体只有很强的流动性，不能承受切变力（切胁强），可以形成液滴。强的流动性说明构成液体的分子能够在整个体积中自由地移动，而不是固定在一定的位置。所以液体中某一局部小区域中分子的堆积状态与远处另一局部小区域中分子的堆积状态可以完全不同。我们说，在液相分子的位置不具有长程有序。不过由于分子之间的相互作用，在局域范围内相邻小区域中分子的堆积状态仍然有一定的相似性。这就是说，液相中分子的位置虽然不具有长程有序，但是可以具有短程有序。一般液体的物理性质是各向同性的，没有方向上的差别。

固体则不然，它只有固定的形状。构成固体的分子或原子在固体中具有规则排列的特征，形成所谓晶体点阵。整块晶体可以由晶体点阵沿空间三个不同方向重复堆积而成。因此，组成晶体的分子或原子具有位置长程有序。晶体最显著的一个特点就是各向异性。由于晶体点阵的结构在不同的方向并不相同，因此晶体内不同方向上的物理性质也就不同。这种各向异性是固相与液相之间的一个很大的差别。显然，各向同性液相的对称性要高于各向异性的同相。物体的液相总是处在高于固相的温度范围，只有在物体的熔点温度，固相和液相才能共存。当然，这里所说的物体不包括玻璃、石蜡、沥青之类的非晶态物质。非晶态物质不存在固定的熔点，随着温度的上升逐渐多的物质形成具有流动性的液体。非晶态物质在固体状态下它的分子并不形成点阵，甚至可以具有微弱的流动性。

如果构成物体的分子的几何形状具有明显的各向异性，例如长棒状或扁平的盘状，那么除去分子的位置外，分子相互之间的排列方向也将会影响到物体的物理性质。在低温下，这种几何结构具有明显各向异性的分子构成的固相物质，不但分子要具备位置有序以形成晶体点阵，而且分子的排列取向也必然要有一定的有序性。这是因为固体中分子间的距离比较近，一般只有分子采取相同的排列取向时，在一定的体积内才能容纳更多的分子，从而使系统的势能处于最低值。我们把处于固相的这类物质逐渐加热以增加分子的动能，那么当达到一定的温度时，分子的位置有序或取向有序之一就必然开始被破坏。这里可能出现两种不同的情形：一种是物体先失去位置有序形成液体，但是保留着取向有序，直到更高的温度才进一步破坏取向有序而形成具有各向同性的液体；另一种情形是，物体保持着固态，但是分子的取向有序先遭到破坏，到更高的温度才破坏位置有序而形成各向同性液体。后面这一类物质在固相阶段称为塑性晶体（Plastic Crystal）。前面一类物质在位置有序遭到破坏进入液态时，由于分子的排列取向还存在着规律性，因此它的物理性质仍然是各向异性的。这时物质是各向异性的液体，也就是所谓的液晶。在液晶中一个小的区域范围内，分子都倾向于沿同一方向排列；在较大范围内分子的排列取向可以是不同的。液晶是处于液体状态的物质，因此构成液晶的分子的质量中心可以作长程移动，使物质保留着一般流体的一些特征。液晶中分子的取向有序可以有不同的程度和不同的形式，因此可以存在有不同的液晶相。当温度高到一定的程度使得液晶分子进一步失去取向有序时，物质才成为各向同性液体，我们称之为各向同性液相。这个温度就是物质的清亮点。由于液晶相是处于固相和各向同性液相之间，因此液晶相又称为中介相（Mesophase），而液晶也被称为中介物（Mesogen）。

3.2.1 热致液晶

液晶的分类就形成液晶的方式而言，液晶物质可分为热致性和溶致性两类。热致性液晶（Thermatropic Liquid Crystal）是加热液晶物质时，形成的各向异性熔体，如图3-1所示。图3-1为首次发现的液晶物质，胆甾醇苯甲酯，它就是一种热致性液晶。

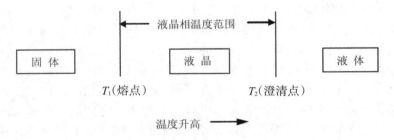

图3-1 热致液晶形成的过程

把某种能形成液晶的固体加热到熔点 T_1，这种物质就转变成为既有双折射性，又有流动性的液晶态，肉眼能看到的是一种黏稠而浑浊的液体，其稠度随不同的化合物而有所不同，从糊状到自由流动的液体都有，即黏度不同。从分子角度来看，温度超过熔点时，物质内部的分子排列还是有序的，仍然具有晶体结构的某些性质。但是，这时的分子又是能够流动的，产生了液体的某些特性，所以说，这种物质此时处于液晶态，由于这种液晶态是靠加热形成的，因而称之为热致性液晶。温度继续升高，直至澄清点 T_2，液晶态又转变成各向同性的液体，从分子角度来看，温度超过澄清点时，物质分子的取向是随机的、杂乱无章的，此时，这种物质仅有和液体一样的流动性，而无任何有序性，所以说，这种物质在加热到澄清点的温度之后，就完成了从液晶态到液态的相变。如果冷却这种液体，逆过程又可以倒转回来，但是，有些液晶物质在冷却时会出现过度冷却的现象，从而形成一种不稳定相。

热致液晶按其结构形态分为向列型（Nematic）、近晶型（Smectic）、胆甾型（Cholesteric）。热致液晶的概念是由法国弗里德（G.Friedel）于1922年提出的，现在已被广泛接受。而这种分类，是在使用了专门的偏光显微镜观察液晶状态的光学图案的基础上进行的，如图3-2所示。

图3-2　液晶的微观织构

向列型一词来源于希腊语，意思是丝状。用偏光显微镜观察向列型液晶，可以看到许多类似丝状的光学图案。而近晶型一词起源于希腊语，意思是润滑脂或黏土。近晶型液晶一般像润滑脂一样黏稠，显示独特的偏光显微镜图案。第三种液晶以胆甾型命名，大多数胆甾型液晶是以由胆甾醇衍生而来的化合物为基础的。

1. 向列型（Nematic）

向列相液晶简写为TN，它的分子呈棒状，分子的长宽比大于4∶1，分子的长轴互相平行，但不排列成层，它能上下、左右、前后滑动，只在分子长轴方向上保持相互平行或近于平行，分子间短程相互作用微弱，向列相液晶分子的排列和运动比较自由，对外力相当敏感，目前是液晶显示器件的主要材料。

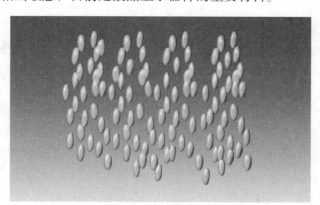

图3-3　向列相液晶分子排列示意图

向列相液晶在偏光显微镜下显示为丝状条纹。所以有些书中把向列相液晶又称为丝状液晶。对于长棒状分子构成的向列相液晶，在同一排列取向区，分子的排列很像丝线中纤维的顺丝排列。如图3-3所示就是丝状相中分子排列示意图。

2. 近晶相〔Sematic〕

近晶相液晶由棒状或条状分子组成，分子排列成层，在层内，分子长轴相互平行，其方向可垂直或倾斜于层面，因为分子排列整齐，其规整性接近晶体，为二维有序（如图3-4所示）。但分子质心位置在层内无序，可以自由平移，从而有流动性，然而黏度很大。分子可以前后、左右滑动，不能在上下层之间移动。因为它的高度有序性，近晶相经常出现在较低温度区域内。已经发现至少有八种近晶相（$S_A \sim S_H$），近来，近晶J和K相也已被证实。

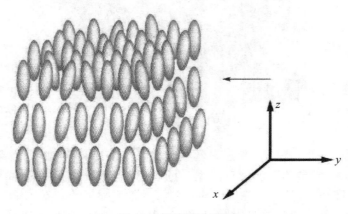

图3-4　近晶相液晶结构

（1）近晶A（S_A）相

S_A相是所有近晶结构中最少有序者；层状排列，分子长轴在层内彼此平行，并垂直于层面，分子可绕长轴自由旋转，层厚与分子长度相当。S_A相光学上是单轴，光轴垂直于层平面，在薄层中呈现假各向同性排列。因而在相互垂直的偏振片下观察时得到暗的织构。

（2）近晶C（S_C）相

S_C相类似S_A相，在结构上的不同之处在于S_C相的分子层与层面成同一角度的倾斜排列（如图3-4所示），光学上是正性双轴。因为倾斜排列，层厚小于分子长轴的长度，通常倾角θ大于40°，并且倾角对温度的依赖较小。

当液晶分子结构含不对称的手性基团时，能形成扭转的螺旋结构，具有胆甾相的光学性质，称为手性近晶C相，以S_C表示。这类液晶分子结构的特征是在同一层中，分子互相平行，各层分子与层法线的倾角保持不变，但分子在层面上的投影呈螺旋状排列。

在S_C相中，对称性允许出现与分子垂直而与层面平行的自发极化矢量P_s，所以是铁电液晶。

（3）近晶B（S_B）、G（S_G）和H（S_H）相

S_B相和S_H相分别不同于S_A和S_C相。它们的分子在层上是有序排列，而不混乱。S_B液晶的X射线衍射照片表明，分子在垂直于长轴平面上呈六角排列，而S_G和S_H相分子在层上是倾斜排列。这种层上有序的排列使得S_B和S_H比S_A和S_C的刚性更强。它

似乎表明 S_B 是在有限范围内的三维有序的软固体，不过它的性质证明这些物质还是液晶。

（4）近晶 $D(S_D)$ 相

只有很少的化合物呈现 S_D 相。S_D 相光学上是各向同性的，而且若干分子组的球形单元似乎是立方排列。S_D 相不是层状结构，因此它是否列为近晶相是有争议的。

（5）近晶 $E(S_E)$ 相

X 射线分析表明在 S_E 相内高度有序，而且不是六角晶格；分子正交于层面，三维有序，呈刚性。

（6）近晶 $F(S_F)$ 相

S_F 类似于 S_C 相，都有倾斜结构，但是在更有序的 S_F 相中，出现准六角堆积排列。近晶相结构及其光学性质见表 3-2 所列，织构是在偏光显微镜下观察到的图像。条纹织构是来自交点的一系列黑线。

表3-2 近晶A～G液晶的结构特征

	分子取向	光学性质	织构
非构造近晶相 近晶A	层状结构，分子轴与层正交，层内混乱排列	单轴正光性	焦锥（扇形或多边形），阶梯形滴状，平行排列，假各向同性
近晶C	层状结构，分子轴倾斜于层，层内混乱排列	双轴正光性	破碎焦锥，条纹，平行排列
近晶D	立方结构	各向同性	各向同性，镶嵌
近晶F	层状结构	单轴正光性	条纹，同轴破碎焦锥
构造近晶相 近晶B	层状结构，分子轴垂直或倾斜于层，层内六角排列	单轴或双轴正光性	镶嵌，滴状，假各向同性平行排列，条纹
近晶E	层状结构，分子轴正交于层，层内有序排列	单轴正光性	镶嵌，假各向同性
近晶G	层状结构，层内有序排列	单轴正光性	镶嵌

3. 胆甾相（Cholesteric）

胆甾相液晶简写为 CH，只在旋光性物质中出现，这类液晶大部分是胆甾醇（胆固醇）的各种衍生物，这种液晶分子呈扁平状且排列成层，层内分子相互平行，分子长轴平行于层平面，不同层的分子长轴方向稍有变化，相邻两层分子，其长轴彼此有一轻微的扭角（约为15'），多层分子的排列方向逐渐扭转成螺旋线，形成一个沿层的法线方向排列的螺旋状结构，如图 3-5 所示。像一卷可以绕松绕紧的钢丝弹簧，当不同层的分子长轴排列沿螺旋方向经历360°的变化后，又回到初始取向，这个周期性的层间距称为胆甾相液晶的螺距 P。胆甾相实际上是向列相的一种畸变状态，因为胆甾相层内的分子长轴彼此也是平行取向，仅仅是从这一层到另一层时的均一择优取向旋转一个固定角度，层层叠起来，就形成螺旋排列的结构，所以在胆甾相中加入消旋向列相液晶，能将胆甾相转变为向列相，或将适当比例的左旋、右旋胆甾相混合，在某一温度区间内，由于左右旋的相互抵消转变为向列相。值得指出的是，一定强度的电场、磁场，亦可使胆甾液晶转变为向列相液晶。因此胆甾相液晶也被称为扭曲向列相（Twisted Nematic）。

图3-5　胆甾相液晶

反之，在向列相液晶中加入旋光性物质，会形成胆甾相，含不对称中心的手性向列相液晶亦呈现胆甾相，这些都说明胆甾相和向列相结构是紧密相关的。胆甾相液晶易受外力的影响，特别对温度敏感，温度能引起螺距改变，有温度效应，即随冷热而改变颜色。

可以这样说，向列相液晶可以说是胆甾相液晶的一个特例，就是沿螺旋轴方向要经过无限远的距离，分子排列取向转动有限角的胆甾相。也就是说，向列相液晶是螺距 P 为无穷大的胆甾相液晶。

3.2.2　溶致液晶

溶致液晶是由于溶液浓度的改变导致液晶态的形成，因此称为"溶致"液晶，溶致液晶是一种特殊的溶液。一般来说，是由双亲（Amphiphilic）化合物与极性溶剂组成的二元或多元体系，双亲化合物包括简单的脂肪酸盐、离子型和非离子型表面活性剂，以及与生物体密切相关的复杂类脂等一大类化合物，所以溶致液晶广泛地存在于自然界中。双亲化合物在食品、化妆品、纺织、石油开采等工业中已获得实际应用，并且在生物体中具有特殊意义。

双亲分子的结构可以看成是由一个亲水（Hydrophilic）或亲其他极性溶剂的头部，和一条疏水（Hydrophobic）或亲非极性溶剂的尾部组成。头部对水（极性溶剂）有高的可溶性，而亲脂（Lipophilic）的尾部对烃（碳氢化合物）或其他非极性溶剂有高的可溶性。最常见的双亲分子是脂肪酸钠（肥皂）。双亲分子的可溶性不但取决于亲水基的亲水程度，同时还取决于疏水基的疏水程度，变化幅度可以很大。只有亲水程度和疏水程度都很强，而且二者能比较相平衡的分子，才具有明显的增溶溶解，形成液晶相的双亲性质。

根据分子的几何形状，双亲分子有两种类型（如图3-6所示）：第一类是以脂肪酸盐为代表（即皂类），例如，硬脂酸钠（$C_{17}H_{35}COONa$），其中亲水部分是羧基，它连接在水的烃链上，在分子中形成一个极性"头"和一个疏水"尾"。为了形象地表示这种分子的结构，习惯用一黑圆点代表亲水的极性"头"，用弯曲线表示疏水的"尾"。第二类是具有特殊生物意义的类酯，例如磷酯，分子中亲水的极性头连接在两条疏水尾上。这两条疏水链通常彼此并排地排列。

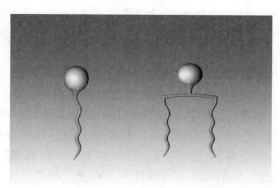

图3-6 溶质液晶分子

溶致液晶中的溶质双亲分子有聚集在一起的倾向，长的碳氢链（可一条或两条）尾部内聚为疏水（或溶剂），部分长链能弯曲，尾部甚至可以摆动，其头部为亲极性溶剂的极性基团为亲水（或溶剂）部分，与之亲和而往外（似蝌蚪），一般典型的溶致浓晶为蝶层相，每一层由两支双亲分子组成，它们的尾部向内，头部向外，溶剂分子就夹在两层中间，每层厚度一般要比两个双亲分子的长度总和稍短，如图3-7所示，随着温度升高或是溶剂量的增加，每层的厚度由于碳氢链的弯曲而变小，这种层状的溶致液晶的结构与热致液晶的近晶相相似。

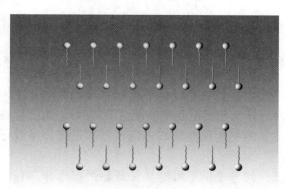

图3-7 叠层相液晶

当溶液浓度减少时，也就是溶剂的浓度增加时，一个双亲分子与溶剂接触的面积增大，则层状结构可转化为球形结构和团核形结构，如图3-8所示，在球形和圆柱形结构中，亲水头互相缔合排列于聚集体外，因球形和圆柱形结构是胶团的两种形式，此时双亲分子的尾部聚在球柱内，头部处于球柱体表面，而构成一个双亲分子群的球柱体，这些球柱体互相平行，排列成六扇形密堆积形式，中间充以极性溶剂，当溶剂再增加时，双亲分子柱体破型，形成小胶囊无规则地漂浮在溶剂内，形成胶囊溶液（微胞溶液），溶液浓度继续增加，至溶液的一个临界浓度ρ_0以上，会形成真正的分子溶液，例如对于皂类，当水含量为5%～20%时，液晶具有层状结构，即层状相，水含量增加到23%～40%时，结构转变为白球状胶团组成的立方相，它具有立方的对称性，光学上呈各向同性的中间相；水含量达到接近80%时，则成为由圆柱形胶团组成的正六边形的六方相，其结构在小角X射线衍射区是有特征的衍射图，水含量继续增加时，体系转变成没有液晶特征的胶团溶在健康的生命体系中，分子的液晶有序性也是广泛存在的，而且其他生命器官和组织例如肌肉的主要组成，也具有类似液晶的有序排列，许多重要的生物分子，如蛋白质、核酸、脂类、肌球蛋白、红血素、血红蛋白、叶绿素和类胡萝卜素等，都符合形成液晶态的基本条件，它们在溶液中多呈棒状或扁平状的构象，分子链上有苯环和氢链等极性基团，还含有不对称碳原子，因此，它们都具有液晶性质，在水中都能呈现出液晶结构。

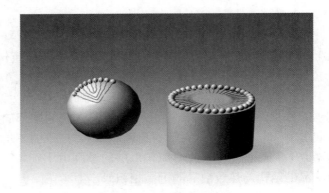

图3-8　团核形结构

3.3　液晶的物理特性

液晶是在三维空间中失去一维以上平移有序长程取向有序体系。液晶和其他凝聚态体系一样，其理论分为分子论和唯象理论（连续体理论），前者是基于分子角度的统计力学来解释体系的结构和性质的理论，后者是把体系看作连续体，描述其体系宏观性质的理论。

液晶和液态一样，其分子论不可能从头开始严密展开，只能基于单一模型的平均场来近似展开分子论。对向列相液晶来说，有三种理论模型，即只考虑分子间各向异性引力的梅尔少普（Maier-Saupe）模型、只考虑分子间斥力的翁萨克（Onsager）模型及包括前两种模型的新模型，用这些理论模型能解释相变现象和有序性能。

液晶的连续体理论有 Frank 完成的"指向矢弹性力学"和基于 Leslie 和 Ericksen 方程式的各向异性流体力学。前者是解释传递转矩流体的液晶缺陷（向错）结构和外场引起指向矢场形变等静态力学行为的。用后者理论描述黏性流体的流动行为，还有用此理论和指向矢弹性力学描述和解释光散射等指向矢行为的动力学这些理论不能描述液晶特性的变量，例如，指向矢不能表示取向程度（取向有序度）。因此，de Gennes 引入液晶取向有序的变量——张量有序度，由此，发展了相变唯象理论和连续体的动力学。本章主要阐述向列液晶的连续体理论。

3.3.1　指向矢（Director）

液晶一般都是由大的、近乎刚性的分子构成的，在某一方向上分子的线度要比其余两个方向上的线度大许多或者小许多。前一种情形呈现长形的分子，后一种情形呈现扁平的分子。对于长形分子，最简单的模型是把它看作刚性长棒，或者更近乎实际一些，看作是长的刚性椭球。由于目前盘形分子构成的液晶还比较少，对它们的研究也还不很深入。因此本书都以长棒状分子作为讨论的对象。在一定的温度范围内，或一定的浓度范围内，这些分子趋向于沿分子长轴方向多少是互相平行地排列着。同时，在保持平行的状态下，分子又可以像在一般流体中那样做平移运动。这种规则排列性究竟完整到什么程度，是液晶分子统计理论的内容。

抛开液晶分子结构的问题，如果在一个宏观尺度的小范围内对液晶进行观察，我们就会发现单轴液晶的光学性质在横向是各向同性的，而它的各向异性轴在样品当中经常是按一定的规律在变化。因此，在宏观上把液晶当作连续体来处理的液晶连续体理论中，经常引用一个平滑的矢量 $\vec{n}$，来描述液晶中分子的排列状态，进而讨论液晶的各种各向异性的物理特征。我们可以把与 $\vec{n}$ 相切的曲线想象为液晶分子的排列图案。更松散一些，就可以把 $\vec{n}$ 看作是描述液晶分子的长轴取向。当然，在唯象的宏观连续体理论中，我们已经不再考虑单个液晶分子的运动，因此这里所想象的液晶分子长轴取向，最多只能说是在一个无限小范围内大量液晶分子的平均长轴取向而已。

习惯上一般把矢量 $\vec{n}$ 的大小取作 1，也就是说满足关系式：

$$\vec{n} \cdot \vec{n} = 1 \tag{3-1}$$

从数学上讲，现在 $\vec{n}$ 是一个没有量纲的单位矢量。把 n 取作单位矢量的优点是计算简单。由于从某种意义上讲，$\vec{n}$ 描述的是液晶分子在空间的排列方向，因此 $\vec{n}$ 被称为指向矢。当然，并没有任何理由必须把 n 取作单位矢量。从另外的观点来看，也许把 $\vec{n}$ 取作变量还可以有更优越的地方。譬如说，我们可以用变量 $\vec{n}$ 来描述分子排列的整齐程度，取 $|\vec{n}|=1$ 表示完全整齐排列，而 $|\vec{n}|=0$ 表示完全无规排列。

液晶的指向矢是可以用外界条件来控制的，这一点也正是为什么液晶可以用于显示器件的主要原因。在显示应用中我们总是把一薄层液晶注入两片玻璃片（称为基片）之间。这样的装置称为液晶盒（Liquid Crystal Cell）。在实际应用当中，总是要求液晶盒中液晶的指向矢作定向排列。有时要求指向矢与基片相平行排列，有时要求与基片相垂直排列。要想达到这样的目的，就需要事先对基片与液晶相接触的那一面进行一定的处理。用布或其他纤维在基片上作定向的打磨，可以使液晶指向矢顺着打磨的方向平行于基片表面排列。如果在基片表面涂一层近乎单分子层的卵磷脂或二甲基聚硅氧烷，就可以使液晶的指向矢垂直于基片排列。基片表面上涂 MgF_2、ZnS 或 Al_2O_3，也同样可以获得垂直排列的效果。在基片表面斜蒸氧化硅，在不同的操作方式下，可以得到指向矢与基片成不同角度排列的效果。如何使液晶盒中液晶的指向矢按照需要的角度（预倾角）排列，是显示器件中的一项重要工艺。另外，对液晶施加静电场或几百高斯的磁场，也都可以使液晶的指向矢作定向排列。

指向矢 $\vec{n}$ 的引用，使我们对液晶的物理特征具有了定量描述的手段，无疑这是非常重要、非常有用的。然而，我们必须指出。指向矢 $\vec{n}$ 本身至今仍然还不是一个非常明确、肯定的物理量。我们说 $\vec{n}$ 的方向可以看作是描述长棒形液晶分子的长轴方向（或者是盘形液晶分子的短轴方向）。这里，我们首先引用了分子长轴或短轴的概念，也就是说液晶分子具有对称轴。然而，液晶分子一般并不是具有轴对称性的分子，甚至也不是完全刚性的分子。这样，分子轴本身就失去了严格的物理定义。那么，由分子轴引出的指向矢当然也就没有明确的物理意义了。我们要注意的是，人们对自然的认识总是由浅入深、由含糊到明确逐步地深入的。液晶这门学科虽然已经有了100多年的历史，但是系统地得到发展，到目前还为时不久。指向矢 $\vec{n}$ 这一物理量在液晶理论中的引用无疑使得液晶学前进了一大步，达到了可以做出某些定量预言的阶段。然而，终究液晶还是一门新兴的学科，仍然存在着大量的问题有待进一步去理解、去研究。指向矢 $\vec{n}$ 的严格、具体的物理意义也正是这样一个有待进一步深入研究的基本问题。

3.3.2 有序参数

如果说指向矢 $\vec{n}$ 定义了液晶分子的取向问题，那么为了定量地衡量在液晶物质中液晶分子的取向程度的好坏，通常采用有序参数来表示。对于向列相液晶，一般都是由近乎刚性棒状分子构成的，液晶分子长轴的排列并非同一方向，如图3-9所示，而是服从一定的统计规律，那么有序参数表示了分子长轴方向与分子长轴的平均方向 $\vec{n}$ 偏离的程度。

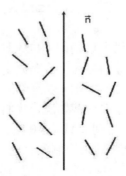

图3-9　液晶分子的排列

其定义为：

在图3-10中表示出一个分子长轴取向与 $\vec{n}$ 的坐标关系，设 $\vec{n}$ 平行于 x_3 轴，习惯上把的大小取作1，并称 $\vec{n}$ 为指向矢，a 为任意液晶分子的方向，用欧拉角 (θ, ϕ, φ)

来描述 a 与 $\vec{n}$ 的坐标关系，用 $f(\theta,\varphi,\phi)$ 表示角度 θ，φ，ϕ 的分子数，由于 a 具有圆柱对称性，所以 f 与 φ、ϕ 无关，鉴于上述考虑，我们把有序参数定义为

$$S = \frac{1}{2}<\left(3\cos^2\theta - 1\right)> = \frac{1}{2}\int f(\theta)\left(3\cos^2\theta - 1\right)\sin\theta\mathrm{d}\theta \Big/ \int f(\theta)\sin\theta\mathrm{d}\theta \qquad (3\text{-}2)$$

式中，$<>$ 表示取统计平均值，从上式可以算出，如果分子是完全有序排列，取 $\theta=0$，则 $S=1$。对完全随机排列的分子，$f(\theta)$ 是一个常数，$<\cos^2\theta>=1/3$，则 $S=0$，在一般情况下，S 的大小是 θ 的函数。

3.3.3　液晶的连续体理论

对于宏观体积的液晶，可以用一个指向矢 $\vec{n}$ 来表示分子的从优取向。指向矢 $\vec{n}$ 满足式（3-1）。一般，液晶中各处的指向矢 $\vec{n}$ 并不相同，即使是在平衡状态下 $\vec{n}$ 也可以有变化。特别是在外场作用下或者是由于边界条件的存在，$\vec{n}$ 可以随着在液晶中的位置而发生改变。对于大的样品，我们甚至可以用磁场或电场使液晶中的指向矢取一定的取向。这种场致排列取向的效应在液晶中是一种强的效应，不像在一般普通液体中只不过是一种弱的效应。在液晶连续体弹性理论中，我们假设除去在液晶中的一些奇异点或奇异线之外，指向矢 $\vec{n}$ 是位置 r 的连续函数。当液晶中各处的指向矢偏离了它们在平衡状态时所指的方向时，我们称液晶发生了形变。发生形变的液晶的内部将产生反抗形变的回复力，或者更确切一些说是回复转矩，就像弹性固体那样。在小的形变条件下，我们可以借助一般的固体弹性理论而得出液晶的连续体弹性形变理论。

液晶中的形变可以分为三种类型：展曲（Splay）、扭曲（Twist）和弯曲（Bend）。它们的几何形象可以如图3-10所示，图中的小线段代表各处的指向矢。这些形变的产生可以用下面的例子来加以说明。我们用两片经过处理的玻璃片做成尖劈形的液晶盒，当中充以向列相液晶。如果沿玻璃片附近液晶指向矢与玻璃片相平行，那么液晶内部就出现了如图3-10所示的展曲变形，如果沿玻璃片附近指向矢与之相垂直，那么液晶内部就出现了如图3-10所示的弯曲变形。如果这两片玻璃片是互相平行放置，而液晶的指向矢在玻璃片附近是与玻璃片相平行排列的，但是沿两片玻璃片处的液晶指向矢之间成一个不等于 π 的夹角，那么液晶内部就产生了如图3-10所示的扭曲变形。

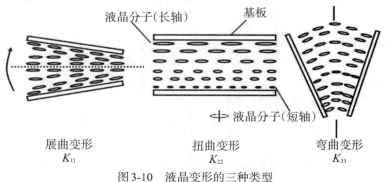

图3-10　液晶变形的三种类型

三种变形的解析形式可以这样来看。我们在液晶中所要考虑的P点上选取一个右手笛卡儿坐标系（x_1，x_2，x_3）。假定P点的指向矢$\vec{n}$与正x_3轴相重合，那么在P点附近的Q点处的指向矢将成为$\vec{n}+\Delta\vec{n}$，$\Delta\vec{n}$是从P点到Q点指向矢的改变量。我们假设形变很小，那么$|\Delta\vec{n}|\leqslant1$。如果$n$的三个分量被称为（$\vec{n}_1$，$\vec{n}_2$，$\vec{n}_3$），那么$\Delta\vec{n}$将与$\vec{n}_{i,j}\equiv\partial\vec{n}_i/\partial x_j$（$i,j=1,2,3$）有关。我们将看到$\vec{n}_{1,1}$和$\vec{n}_{2,2}$与展曲形变相关，$\vec{n}_{1,2}$和$\vec{n}_{2,1}$与扭曲形变相关；而$\vec{n}_{1,3}$和$\vec{n}_{2,3}$与弯曲形变相关。

从图3-11（a）可以看出$\vec{n}_{1,1}$（假设为正）的存在表示在x_3轴上越远离P点指向矢越倒向x_1轴。在x_2轴上$n_{2,2}$（假设为正）的存在表示越远离P点指向矢越倒向x_2轴。

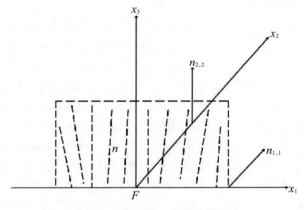

图3-11　（a）$n_{1,1}$和$n_{2,2}$给出曲型展变

因此，在一个平面内，指向矢将向外逐渐扩展开去，因而这种形变称为展曲，图中画出了在x_1x_3平面内指向矢的组态。$\vec{n}_{1,1}$或$\vec{n}_{2,2}$的存在说明指向矢存在散度，因此展曲的特点是$\Delta\cdot\vec{n}\neq0$。

从图3-11（b）可以看出，$\vec{n}_{2,1}$（假设为正）的存在表示在正x_1轴上越远离P点指向矢将越在正向倒向平面x_2x_3。同样，$\vec{n}_{1,2}$的存在（假设为正）表示在正轴x_2上越远离P点指向矢越在正向倒向x_1x_2平面。图中画出了在不同x_1位置的x_2x_3平面上指向矢取向改变的情形。可以看出，各个平面上的指向矢发生了方向的转动，就像平面发生了扭转一样，因此这种形变称为扭曲。$\vec{n}_{1,2}$和$\vec{n}_{2,1}$与$\vec{n}$的旋度$\Delta\times\vec{n}$在x_3轴方向的分量相关。原点处$\vec{n}$的方向也是在x_3轴方向，因此扭曲的特点是$\Delta\times\vec{n}$与$\vec{n}$相平行。

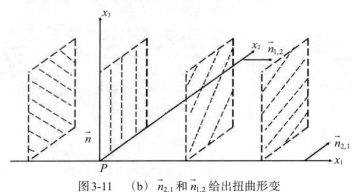

图3-11　（b）$\vec{n}_{2,1}$和$\vec{n}_{1,2}$给出扭曲形变

从图3-11（c）可以看出，$\vec{n}_{1,3}$（假设为正）的存在表示在正x_3轴上越远离P点指向矢越倒向正x_1轴。同样，$\vec{n}_{2,3}$（假设为正）的存在表示在正x_3轴上越远离P点指向矢越倒向正x_2轴。图中画出了在正$x_1 x_3$平面上指向矢的方向改变情形。这里竖直的指向矢形成了逐渐弯曲的状态，因此相当于弯曲形变。$\vec{n}_{1,3}$和$\vec{n}_{2,2}$是与指向矢n的旋度$\Delta \times \vec{n}$的x_1轴和x_3轴方向的分量相关的。原点处的指向矢n却是与x_3轴方向相合，因此弯曲的特点是$\Delta \times \vec{n}$与$\vec{n}$相垂直。

展曲、扭曲和弯曲是三种基本的形变形式。液晶中实际产生的形变可能相当复杂，但是无论如何都只能是这三种基本形变的某种组合。对于单轴液晶来讲，指向矢$\vec{n}$是位置坐标r的函数，即

$$\vec{n} = \vec{n}(r) \tag{3-3}$$

$\vec{n}(r)$给出了在r处液晶分子的从优取向。按照式（3-1），我们取$\vec{n}$为单位矢量，它的方向可以说就代表液晶分子的方向。不过对于大多数的液晶来讲，$\vec{n}$的符号并没有多大的物理意义。这就是说，对于液晶的宏观性质来讲，分子的头和尾并没有多大的区别，在实验上$\vec{n}$和$-\vec{n}$给出相同的结果。当然，从单个分子来看，它是有首尾之分的，因为分子的化学结构并不对称。这里可以说，在用指向矢$\vec{n}(r)$来描述液晶的连续体理论中，我们已经不是在考虑单个分子的性能，而是考虑一种大量分子的统计平均性能。指向矢$\vec{n}$只不过表示在液晶中某一点附近大量分子的平均取向而已。$\vec{n}$和$-\vec{n}$的一致性这一点，可以看作是正向排列的分子与反向排列的分子，其数目基本上是相同的。当然，像具有永久性偶极矩之类的分子，$\vec{n}$的符号也许在一定条件之下会成为重要的问题。在本书的讨论中我们将认为$\vec{n}$和$-\vec{n}$没有区别。

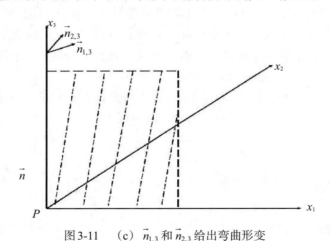

图3-11　（c）$\vec{n}_{1,3}$和$\vec{n}_{2,3}$给出弯曲形变

在液晶连续体弹性形变理论中，我们假定指向矢$\vec{n}(r)$是r的缓慢变化的连续函数，并且$\vec{n}(r)$与$-\vec{n}(r)$是相当的。在液晶中某一点处，我们引用一个局域右手笛卡儿坐标系(x_1, x_2, x_3)，使正x_3轴与$\vec{n}(r_0)$的方向重合。对于单轴液晶来讲，x_1和x_2的选择是任意的。我们要讨论的是在r_0点附近指向矢$\vec{n}(r)$的变化情形。像前面那样，我们令液晶中各点的指向矢$\vec{n}(r)$在(x_1, x_2, x_3)坐标系中的分量为$[\vec{n}_1(r), \vec{n}_2(r), \vec{n}_3(r)]$，

而用 $\vec{n}_{i,j} \equiv \partial \vec{n}_i / \partial x_j (i,j=1,2,3)$ 来描述该点的形变。我们要讨论的是，在 r_0 点附近指向矢 $\vec{n}(r)$ 的变化，因此所讨论的 x_1, x_2, x_3 本身都是微量。当我们把 $\vec{n}(r)$ 围绕 $\vec{n}$ 点用泰勒级数展开时，可以有

$$\vec{n}_1(r) = \vec{n}_{1,1}x_1 + \vec{n}_{1,2}x_2 + \vec{n}_{1,3}x_3 + 高阶项$$
$$\vec{n}_2(r) = \vec{n}_{2,1}x_1 + \vec{n}_{2,2}x_2 + \vec{n}_{2,3}x_3 + 高阶项 \qquad (3-4)$$
$$\vec{n}_3(r) = 1 + 高阶项$$

这里 $\vec{n}$ 为单位矢量。高阶项在计算过程中是可以忽略不计的。

连续体弹性形变理论讨论的是，在受到外力作用之下液晶发生了小形变时，力与形变的关系问题。这是一个静态问题，也就是说，讨论的是在受力前液晶的状态与受力后又达到平衡状态时，两种状态之间的关系问题。从经典力学的角度来看，物体处于平衡状态时应该是能量处于最低的状态。所以，从能量角度出发来进行讨论是最适宜的办法。我们取一个体积为 V_0 的液晶样品来讨论它的自由能 G。单位体积液晶的自由能，也就是自由能密度为 g 习惯上称为 Frank 自由能密度，在没有外场作用之下，g 当然与指向矢的变化有关。借助于固体弹性理论的胡克定律，在小形变条件下，我们可以设想自由能密度 g 是指向矢 $\vec{n}(r)$ 的变化量 $\vec{n}(r)$ 的一阶和二阶函数，而忽略高阶项。关于自由能密度 g 的具体形式，我们可以从不同的角度，用不同的方法加以推导。

3.3.4 液晶的光学性质

液晶的主要特征之一，是象光学单轴性晶体那样，由于折射率各向异性而显示出双折射性（Birefringence）。单轴晶体有 $\vec{n}_o$ 和 $\vec{n}_e$ 两个不同的主折射率，$\vec{n}_o$ 和 $\vec{n}_e$ 分别是光电矢量的振动方向与晶体光轴相垂直的寻常光（Ordinary Light）及与晶体光轴平行的非常光（Extraordinary Light）的折射率。

在向列型液晶和近晶型液晶中，因为单轴晶体的光轴相当于分子长轴方向的指向矢 $\vec{n}$ 的方向。

$$\vec{n}_o = \vec{n}_\perp$$
$$\vec{n}_e = \vec{n}_{//} \qquad (3-5)$$

因而其双折射性，即折射率各向异性 $\Delta\vec{n}$ 可由下式求得

$$\Delta\vec{n} = \vec{n}_e - \vec{n}_o = \vec{n}_{//} - \vec{n}_\perp \qquad (3-6)$$

向列型和近晶型液晶在各个空间方向上的折射率的大小如图 3-12 所示。对于寻常光表现为球面，对于非寻常光则发现为旋转的椭球体。而且，前者的折射率 $\vec{n}_o$ 常常要比后者的折射率 $\vec{n}_e$ 小，只有在指向矢 $\vec{n}$ 的方向上二者才是相一致的。所以，通常是 $\vec{n}_e > \vec{n}_o$，$\Delta\vec{n}$ 为正值。因此，向列型液晶和近晶型液晶具有正的光学性质。

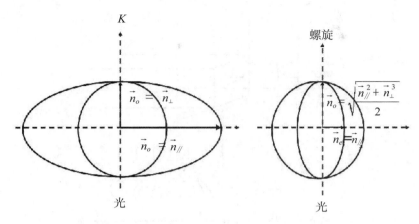

（a）向列型和近晶型液晶　　　　　　　（b）胆甾型液晶

图3-12　向列型和近晶型液晶在各个空间方向上的折射率大小

在胆甾型液晶中，与指向矢 $\vec{n}$ 垂直的螺旋轴相当于光轴。因而，当光的波长比螺距大很多时，液晶的主折射率可用下式表示：

$$\vec{n}_o = \left[\frac{1}{2} \left(\vec{n}_{/\!/}^2 + \vec{n}_{\perp}^2 \right) \right]^{1/2} \tag{3-7}$$

因为即使在胆甾型液晶中 $\vec{n}_e = \vec{n}_{\perp}$ 的关系也是成立的，所以 $\Delta \vec{n} = \vec{n}_e - \vec{n}_o$ 小于0为负。由此，称胆甾型液晶具有负的光学性质，它对寻常光的折射率和对非常光的折射率的大小以及在空间的分布如图3-12（b）所示。

基于液晶具有下述那样的折射率各向异性，因而呈现出很有用的光学性质：

（1）能使入射光的前进方向偏于分子长轴（指向矢 $\vec{n}$ ）的方向。

（2）能够改变入射光的偏振光状态（线偏振光、椭圆偏振光、圆偏振光）或偏振光的方向。

（3）能使入射偏振光相应于左旋光或右旋光进行反射或者透射。

这些光学性质，作为在液晶显示元件等液晶应用上是十分重要的工作原理。液晶作为显示器件，以上的光学性质是其各种工作模式的基础。

照到液晶的入射光之所以偏于指向矢的方向前进，是由于液晶的 $\vec{n}_e > \vec{n}_o$ 。因为光速 v 与折射率 $\vec{n}$ 成反比，因此平行于 $\vec{n}$ 方向的光速 v_0 比垂直于 $\vec{n}$ 方向的 $v_{\perp}$ 慢。

现在用图3-13来说明入射偏振光的偏振状态发生的变化。对于液晶排列与 x 轴方向一致的指向矢 $\vec{n}$ ，我们认为是电矢量的振动方向与 x 轴成 θ 角，而沿 z 轴方向入射的电场矢量 E_0 为线偏振光。

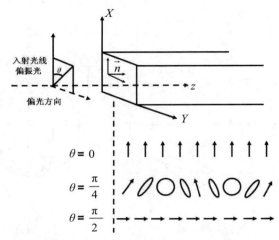

图 3-13　入射偏振光的偏振状态的变化

设 $z=z$ 时的电矢量在 x、y 方向上的分量为 E_x、E_y，则进行到 $z=z$ 时的入射线偏振光的状态，可用下式表示：

$$\left(\frac{E_x}{\cos\theta}\right)^2 + \left(\frac{E_y}{\sin\theta}\right)^2 - 2\frac{E_x E_y}{\cos\theta\sin\theta}\cos\theta = E_0^2\sin^2\theta \qquad (3-8)$$

式中，$\delta = (\vec{n}_{/\!/} - \vec{n}_{\perp})\dfrac{w}{cz}$，$c$ 为光速，w 为光的角频率。

由式（3-8）知，当 $\theta=0$ 和 $\theta=\pi/2$ 时，则 $E_y=0$ 和 $E_x=0$，即入射的线偏振光的偏振方向不发生变化。与之相反，当 $\theta=\pi/4$ 时式（3-8）则变成

$$E_x^2 + E_y^2 - 2E_x E_y\cos\theta = \frac{E_0^2}{2}\sin^2\theta \qquad (3-9)$$

由此可知，入射光沿着 z 方向前进，则其偏振光状态按照直线、椭圆、圆、椭圆、直线偏振光的顺序变化。线偏振光的偏光方向也发生变化，如图 3-13 所示。

下面叙述线偏振光入射到指向矢 $\vec{n}$ 有扭曲的液晶时的情况。首先，当液晶分子排列扭曲的螺距 P 比入射光的波长 λ 大得多时，如图 3-14 所示，平行于入射口的 $\vec{n}$ 的偏量方向的入射光将沿着 M 的扭曲方向发生旋转，并以平行于射出口的 n 的偏振方向射出。而垂直于 $\vec{n}$ 的偏振方向入射的光，则以垂直于射出口 $\vec{n}$ 的方向射出。以除此之外偏振方向入射的光，则对比于从液晶的入射口到射出口之间的相位差为 $\delta = (\vec{n}_{/\!/} - \vec{n}_{\perp})$ wd/c，以椭圆偏振光、圆偏振光或直线偏振光中的某种偏振状态射出。

像一般的胆甾型液晶那样，其螺距 P 与光的波长 λ 大小相当时，则入射光中与液晶的旋光方向（例如，右旋光）相同的偏振光（右旋光）被反射，只有相反方向的偏振光（左旋光）才能透射。

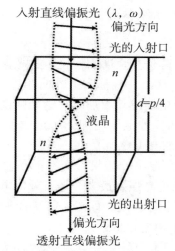

图 3-14 线偏振光入射到指向矢 $\vec{n}$ 有扭曲的液晶时的情况

3.4 液晶显示器的基本结构及其制备

3.4.1 液晶显示器件基本结构

典型液晶显示器件的基本结构如图 3-15 所示。当然，不同类型的液晶显示器件的部分部件可能会有不同，如有的不要偏振片。但是两块导电玻璃夹持一个液晶层，封接成一个扁平盒是基本结构。如需要偏振片，则将偏振片贴在导电玻璃的外表面。

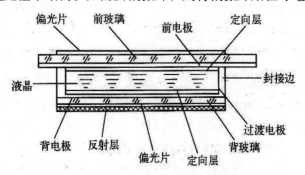

图 3-15 典型液晶显示器件的基本结构

现在以典型的扭曲向列液晶显示器件（TN）为例进行介绍。将两片已光刻好透明导电电极图案的平板玻璃相对放置在一起，使其间距为 6~7 μm。四周用环氧树脂密封，但是一个侧面封接边上留一个开口，通过抽真空，将液晶注入，然后将此口用胶封死。再在前后导电玻璃外侧，正交地贴上偏振片，即构成一个完整的液晶显示器件。

对于 TN 液晶显示器件，在液晶内表面还应制作上一层定向层，使液晶分子沿前、后玻璃基片表面都沿面排列，而前、后玻璃基片表面液晶分子长轴平均方向又呈正交排列。

3.4.2 液晶显示器的主要性能参量

1. 电光特性

液晶在电场作用下将引起透光强度的变化，透光强度与外加电压的关系可用如图 3-16 所示的曲线来描写，这个曲线称为电光曲线。当外加电压小于一定数值时，透光强度不发生变化；当外电压继续增加时，透光强度开始缓慢变化，并随外加电压的增加透光强度迅速增加。外电压增加到一定数值以后，透光强度就达到最大值，以后透光强度就不随外加电压变化了。

在有 TN 效应的液晶显示器中，如果选择在液晶盒两面放置互相正交的偏振片时，在不加外电压时，它的透光强度最大，随着外加电压的增加，它的透光强度减弱。这种特性曲线与上述的正好相反，如图 3-16（b）所示，为正型电光曲线，如图 3-16（a）所示的曲线则为负型电光曲线。

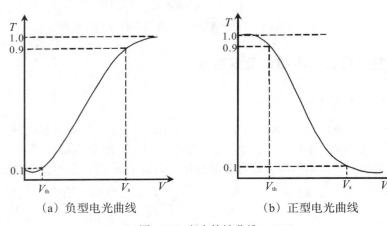

（a）负型电光曲线　　　　　　（b）正型电光曲线

图 3-16　电光特性曲线

①阈值电压 V_{th}：它是引起最大透光强度的 10%（负型）或 90%（正型）的外电压值（对交流而言，则是外电压的均方根值）。它标志了液晶电子效应有可观察反应的起始电压值，它的值越小，则显示器件的工作电压越低。各种液晶显示器的 V_{th} 相差很大，TN 型为 1～3V，动态散射型 DS 为 5～10 V。

②饱和电压 V_s：它对应于最大透光度（90%）处的外加电压。V_s 的大小标志了显示器件得到最大对比度的外电压值。V_s 小，则易获得良好的显示效果，并且降低功耗。

③对比度定义：

$$对比度 = \frac{T_{max}}{T_{min}} \tag{3-10}$$

式中，T_{max} 为透过的最大强度；T_{min} 为透过的最小强度。

对上述两种曲线均可应用这个定义。

液晶显示器件是被动发光型，因此不能用亮度去标定显示效果，只能用对比度去标定。由于液晶分子排列有序参量不可能达到 1，而偏振片的平行透光率与垂直折光率也不可能达到 100%，所以使液晶显示在视觉感受上不可能实现白纸黑字的效果，只能实现灰纸黑字的显示效果。一般液晶显示器件使用白色光或日光照射下，对此度只有5：1～20：1。

④陡度β和Δ定义：

$$\beta = \frac{V_S}{V_{th}} \tag{3-11}$$

和

$$\Delta = \frac{V_{th}}{V_S - V_{th}} = \frac{1}{\beta-1} \tag{3-12}$$

式中，β表示饱和电压和阈值电压之比，由于$V_S > V_{th}$，所以$\beta > 1$。由图3-16可知，V_S离V_{th}越近，则电光曲线越陡，此时β趋于1。V_S离V_{th}越远，β越大。一般有TN效应液晶的$\beta = 1.4～1.6$。为了更明确地反映电光曲线的阈值电压和陡度，引入另一个参量Δ，称为比陡度。显然$V_S - V_{th} = \Delta V$越小，Δ越大，即电光曲线的比陡度越大。

在无源点阵液晶显示中，β值决定了器件的驱动路数。如TN型由于Δ大，最好的器件也只能实现8～16路驱动。

⑤电光响应曲线：曲线如图3-17所示。定义上升时间τ_r为透光强度由90%降到10%所需的时间；下降时间τ_d为透光强度由10%升到90%所需的时间。上述定义是对正型电光曲线规定的。不同的液晶其τ_r和τ_d是不同的，除了与材料有关以外，还与电光效应、黏滞系数η、弹性系数k以及液晶膜厚度有关。

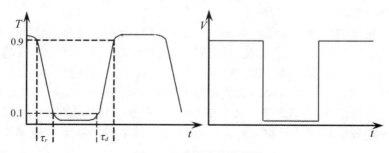

图3-17　电光响应曲线

2. 温度特性

液晶显示器件的使用温度范围较窄，温度效应也较为严重，这是液晶器件的主要缺点。当温度较高，即高于清亮点T_C时液晶态消失，不能显示；当温度过低时，响应速度会明显变慢，直至结晶，使器件损坏。

目前商品化液晶显示器件的使用温度分为普通型和宽温型两种。普通型静态驱动型的工作温度为0～40 ℃；普通型动态驱动型工作温度为5～40 ℃。对于宽温型的器件，可使工作温度在高低端各扩展10～20 ℃。

工作温度对阈值电压、响应时间和伏安特性均有较大影响。如TN液晶显示器，在10 ℃时阈值电压为3 V；当温度升至40 ℃时，阈值电压降为2 V。

3. 伏安特性

除了 DS 型液晶器件，实用的液晶显示器件都是电场效应器件，以 TN 型为例，其内阻很高，电阻率为 10^{10} Ω/cm^2 以上，而电容只有几个 pF/cm^2。所以工作电流不到 1 $\mu A/cm^2$，是典型的微功耗器件。TN 器件基本上是容抗性的。因此交流驱动时，驱动频率对驱动电流的影响很大。如驱动频率由 32 Hz 提高到 200 Hz 时，驱动电流会增加 5～10 倍。所以一般驱动频率都控制在不发生闪烁的最低临界值上。

3.4.3 液晶显示器的主要材料

1. 液晶显示用平板玻璃

液晶显示对平板玻璃的要求如下。

① 含钠成分很低。因玻璃板中含钠成分高会引起液晶显示性能的退化。

② 要求有精确的尺寸，并且玻璃板经受 600 ℃高温时变化极小。

③ 要求玻璃板表面光滑平整，两板之间的间隙均匀，同时要求在加工过程中经受一定温度时，仍然保持其间隙均匀。

④ 玻璃板表面没有缺陷，或缺陷在 10 nm 级以下，并且没有气泡。

⑤ 玻璃板在加热过程中不产生应力。

⑥ 有一定的抗蚀能力。

目前，只有基本上符合上述要求的玻璃，但是用普通工艺，即使加上抛光工艺，也不能达到上述要求。

2. 透明导电玻璃

透明导电玻璃是指在普通玻璃的一个表面镀有透明导电膜的玻璃。最早的透明导电膜的商品名为 NESA 膜，它是为制造防止飞机舱窗结冻和制造监视加热液体内部反应情况的透明反应管而研制的，它的成分是 SnO_2，但 SnO_2 透明导膜不易刻蚀。现在采用的 ITO（Indium Tin Oxide 氧化铟锡）的成分是 In_2O_3 和 SnO_2，ITO 膜是在 In_2O_3 的晶核中掺入高价 Sn 的阳离子，掺杂的量以 Sn 的含量为 10%重量比最佳。ITO 是一种半导体透明导电材料，禁带宽度为 3 eV 以上，具有两个施主能级，为 n 型施主能级，离导带很近，自由电子密度 $n = 10^{20}～10^{21}$ 个 $/cm^3$，迁移率为 10～30$cm^2/V\cdot s$，所以电阻率很低，可低至 10^{-4} $\Omega\cdot cm$ 量级。用 Sn^{+4} 离子占据晶格中 In^{+3} 离子的位置，会形成一个正 1 价电荷中心和 1 个多余的价电子，这个价电子挣脱了束缚便成为导电电子。

一般的玻璃材料为钠钙玻璃，这种玻璃衬底与 ITO 层之间要求有一层 SnO_2 阻挡层，以阻挡玻璃中的钠离子渗透。因 ITO 膜在生产过程中，玻璃衬底处于 150～300 ℃温度下，如果玻璃中的钠离子扩散进入 ITO 膜中，形成受主能级，对施主起补偿作用，引起导电性能下降。如果玻璃衬底为无钠硼硅玻璃，则可不用 SnO_2 阻挡层。对于某些高档产品的制造，有时需在 ITO 外层加一层 SnO_2 层，这是为了增加横向的绝缘性。

在玻璃衬底上制备透明导电薄膜的方法有喷雾法、涂覆法、浸渍法、CVD 法、真空蒸发法、溅射法等多种。目前，大生产中主要用直流磁控溅射法，其工艺稳定、膜质量好，但靶材利用率只有 25%～30%。现在已开发出使用交流电源驱动磁场移动的方法，可使靶材料利用率增至40%左右。

溅射靶材过去用高纯铟锡合金，其比例为 Sn/(In+ Sn)= 8%～13%，合金熔点为 173 ℃。现在直接采用氧化铟锡靶镀膜工艺，但ITO靶比铟锡合金靶贵得多，目前还是靠进口的。用于液晶显示器的导电玻璃必须符合一定要求，具体的指标为：

① 透光率好。一方面一般要求大于85%；另一方面要求光干涉颜色均匀，其不均匀性小于10%；

② 方块电阻小。薄膜的电阻率常用方块电阻来表示，方块电阻用 R_s 表示。设膜的长、宽、厚各为 L_1、L_2、d，电阻率为 ρ，则该长方块电阻为

$$R_s = \rho \cdot \frac{L_1}{L_2} d \tag{3-13}$$

③ 平整度好。平整度是指玻璃表面在一定长度 L 范围内的起伏程度，用 h/L 表示，其中，h 为长度 L 范围内表面最高与最低点的差值。

由于液晶层厚只有 10 μm 左右，基片不平整直接影响液晶层厚的不均匀，所以对液晶显示器的质量有直接的影响。ITO玻璃基片的平整度包括玻璃表面粗糙度、表面波纹度、基板翘曲度、基板平行度和ITO膜表面粗糙度、膜厚均匀度。

液晶盒使用的玻璃一般厚度为 0.3～1.1 mm 的浮法玻璃，用于 TN-LCD 时，对于 1.1 mm 厚的要求平整度小于 0.15 μm/20 mm；对于 0.7 mm 厚的要求平整度小于 0.2 μm/20 mm，电阻不均匀性小于±15%，允许有极少量的缺陷。用于中高档STN-LCD时，玻璃要经过抛光，要求平整度小于 0.075～0.05 μm/mm，电阻不均匀性小于±10%，不允许有任何缺陷。

3. 偏光片

在液晶显示器中大量使用偏光片（偏振片），它的特殊性质是只允许某一个方向振动的光波通过，这个方向称为透射轴，而其他方向振动的光将被全部或部分地阻挡，这样自然光通过偏光片以后，就成了偏振光。同样，当偏振光透过偏光片时，如果偏振光的振动方向与偏光片的透射方向平行一致时，就几乎不受到阻挡，这时偏光片是透明的；如果偏振光的振动方向与偏光片的透射方向相垂直，则几乎完全不能通过，偏光片就成了不透明的了。因此，偏光片可以起检测偏振光的作用。

偏光片的主要光学技术指标有：

①颜色。普通偏光片为灰色，细分为中灰色和蓝灰色两种，但目前已开发出多种彩色偏光片，如红色、洋红色、蓝色、黄色、紫色、紫蓝色等。

②偏光度。偏光片的偏光度也称为偏光片的偏振效率，其定义为

$$P = \frac{I_{//} - I_{\perp}}{I_{//} + I_{\perp}} \tag{3-14}$$

式中，$I_{//}$、$I_{\perp}$ 分别是自然光经偏光片后，振动方向沿偏光片的偏光轴和垂直于偏光轴方向的透射光光强。

③透光率和透射光谱。设入射的自然光强度为 I_{in}，经偏光片透射出来的光强为 I_{out}，理想情况下，透光率 $T=I_{out} / I_{in}= 50\%$，实际偏光片的透光率都略低于50%，只有

在整个可见光范围内的透光率是均匀的，才能实现理想的黑白显示；否则出射光会带有颜色，影响效果。

4. 液晶显示器其他常用材料

（1）取向材料

液晶盒内直接与液晶接触的一薄层物质称为取向层。取向工艺虽然有多种，但实际上广泛使用的工艺是：光在玻璃表面涂覆一层有机高分子薄膜，再用绒布类材料高速摩擦来实现取向。这种有机高分子薄膜最常用的材料是聚酰亚胺，简称PI。

聚酰亚胺的单体是聚酰亚胺酸（PA），具有良好的可溶性，浓度和黏度调节容易，是一种透明的黄褐色液体。将PA先涂敷在液晶基片内表面，在250～300 ℃下，约1 h左右，即脱水固化形成PI膜。PI膜具有优良的化学稳定性、优良的机械性能和优良的电介质特性。以摩擦方式使PI膜表面磨出沟槽，使液晶分子定向排列，以达到显示要求。

液晶分子在取向层上排列时有一个预倾角，即表面分子长轴方向与取向层表面所形成的夹角。该角主要取决于PI材料的特性，另外与取向处理工艺也有关。通常TN型LCD器件要求PI层造成的预倾角为1°～2°，对于高档的STN型LCD显示器，则要求预倾角大于3°。

（2）环氧树脂

环氧树脂是是一种具有良好黏接性、优异的电气以及机械性能的高分子化合物。在液晶显示器中作为胶黏剂将两片玻璃黏接起来，同时保持一定的间隙，称为封框胶。用于将上下玻璃电极导通时，称其为银点胶。常用封框胶固化温度在150 ℃左右，固化时间为1 h，所以环氧树脂是一种热固化胶，应用比较广泛。但是在制作高精度的液晶显示屏时，则采用紫外光固化胶，固化时间小于15 s。

（3）紫外光固化胶

紫外光固化胶是指在一定波长紫外光照射下能发生聚合固化的高分子化合物。现在使用的紫外光固化胶是变性丙烯酸酯类化合物，外观为微黄色黏稠液体。紫外光固化胶用作封口胶，即将已灌好液晶后的注入口封死。这时不宜用热固化胶。先将封口处玻璃表面液晶擦干净，将有一定黏度的封口腔点在封口处，紫外光照射数秒钟左右即可。

（4）衬垫料

液晶显示器上下玻璃间的间隙决定了液晶的厚度，一般为几个微米。为保证间隙的均匀性，必须在封框料中加入一些衬垫料，同时在显示区内也均匀散布一些衬垫料，衬垫料为：

①玻璃纤维。这是一种直径均匀的玻璃纤维，可根据液晶层间隙不同选择不同的玻璃纤维的直径，常用的尺寸是5.3 μm、5.5 μm、6.3 μm、6.5 μm.、7.0 μm、8.0 μm等。它们以一定比例掺加到封框胶中，使两片玻璃在重合时支撑边框。

②树脂粉。这是一种直径均匀的球状树脂粉，均匀地散布在液晶的显示区中，与封框胶中的玻璃纤维共同保证液晶盒间隙的一致性。树脂粉的直径要比边框中玻璃纤维的直径小0.1～0.3 μm，其直径的不均匀性为±0.03 μm。

3.4.4 液晶显示器的主要工艺

图3-18为液晶显示器制作工艺的流程图，其主要包括以下几个部分：

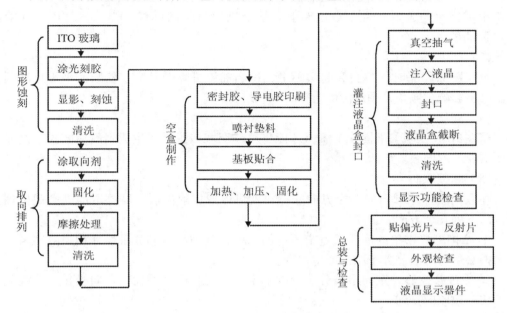

图3-18 液晶显示器制作工艺流程图

1. 光刻工艺

详见第二章图2-32以及相关内容。

2. 取向排列工艺

在TN和STN液晶显示器件的制造工艺中，取向排列工艺是一个关键工艺。TN型要求两玻璃片内表面处液晶分子的排列方向互成90°，STN型要求两玻璃片内表面处液晶分子的排列方向互成180°～240°。取向排列的主要方法是倾斜蒸镀法和摩擦法，前者不适合于大生产，只能是一种实验室技术，所以在工业生产中全部使用摩擦法。

直接用棉布等材料摩擦玻璃基片表面，有定向效果，但效果不佳。一般采用在玻璃基片上先涂覆一层无机物膜（如SiO_2、MgO或MgF_2等）或有机膜（如表面活性剂、硅烷耦合剂、聚酰亚胺树脂等），再进行摩擦可以获得良好的取向效果。由于聚酰亚胺树脂的突出优点，目前在液晶显示器制造中广泛被选用为取向材料。

取向排列工艺有下列几个步骤。

（1）清洗

光刻工序处理后的ITO玻璃表面虽然已清洗干净，但在本工序中还必须用高纯水、超声波和高效有机溶剂作进一步彻底清洗，以除去微尘和保证玻璃表面有很小的接触角。

（2）涂膜

常用的涂膜方法有旋涂法、浸泡法和凸版印刷法三种。由于凸版印刷法是一种选择性涂覆，可以把指向膜印在指定范围内，而不印在边框处和银点处，所以被广泛使用。凸版印刷法先将取向材料溶液加到转印版上，然后用刮刀刮平，开动印刷滚筒，将转印板上的溶液黏附在印刷用的凸板上。当滚筒开到工作台上时，凸版上的溶液进而转印到 ITO 玻璃上。整个过程与印刷过程一样，只是用取向溶液代替油墨。

（3）预烘

膜层刚涂印完时，膜面会起伏不平，适当加温可降低黏度，使膜面平坦化。预烘温度会影响预倾角，预烘温度为 80～90 ℃。

（4）固化

需在 300～350 ℃下固化 1～2 h 才能将聚酰亚胺酸脱水，生成聚酰亚胺膜，这才是所需要的取向膜。

（5）摩擦取向

在取向膜上用绒布向一个方向摩擦，就可以形成取向层。摩擦取向的微观机理可以从下列几个方面来理解。

① 摩擦形成密集的深浅、宽窄不一的沟槽，其中与液晶分子尺寸相当的纳米量级沟槽必然会对液晶分子取向产生作用。

② 经过摩擦后，定向层高分子会发生定向排列和电介质发生定向极化，使液晶分子按一致取向排列。

由此可知，摩擦强度的大小对定向质量影响巨大，极细的淘槽在取向中起了关键作用，所以摩擦强度太大，则造成较多的宽沟槽，对取向效果无益；如果摩擦强度太小，则又将造成细微沟槽密度的下降。

3. 空盒制作

制盒即上下两玻璃基片贴合，在贴合前要用丝网印刷技术把公共电极转印点和密封胶印刷到显示面玻璃基板上。

① 丝网印刷制液晶盘工艺

丝网印刷是将丝织物或金属丝网绷在网框上，利用感光材料通过照相制版的方法制作丝网印版，即使丝网印版上图文部分的丝网孔为通孔，而非图文部分的丝网孔被堵住。印刷时通过刮板的挤压，使印刷胶体通过图文部分的网孔转移到承印物上，形成与原稿一样的图文。承印物是玻璃基片，玻璃被分为两组，一组印封框腔，则丝网印版上的图文便是要涂覆上封框胶的地方，即有一定边宽的方框，印刷胶体便是混有玻璃纤维的环氧树脂；另一组印导电胶，则丝网印版上的图文便是公共电极的转印点，印刷胶体便是导电胶。但这组玻璃在印好导电胶后要经过喷粉工序，使该玻璃上均匀散布一定粒径的玻璃或塑料微粒，然后两片玻璃在对位压合机上对位成盒，再经热压一定时间，环氧树脂便固化，液晶空盒便制作好了。

② 喷衬垫料

为了保证黏合后的空盒间隙均匀，要在丝网印刷过封框胶或导电胶的 ITO 玻璃上，均匀喷撒一层玻璃纤维或玻璃微粒。

喷衬垫料分湿喷与干喷两种。对于塑料衬垫料，干喷时易和静电结团，故多采用湿喷法，即把衬垫料分散在高挥发性有机溶剂中，由喷头喷出，洒落在ITO玻璃上，等溶剂挥发后，衬垫料便附在基板玻璃上。在生产中，边框部分用玻璃纤维，取向层部分用塑料衬垫，且塑料小球尺寸比盒厚小约0.2 μm。

③基板贴合

上、下基板贴合就是利用预先设置好的对位标记将它们间的位置对好。早期直接靠人眼观察，对位标记也做得较大。后来采用摄像机通过在电视屏上观察对位。现在借光学系统和计算机已实现了自动对位，对位精度可达±5 μm。

④热压固化

上、下基板对好位后，适度加压，同时加热或照射紫外线，使密封胶固化，形成液晶空盒。压力过大会压碎衬垫，从而破坏取向层。温度过高，会影响液晶盒性能；温度过低，则固化时间长，且导电胶的导电性能也较差。

4. 灌注液晶及封口工艺

（1）灌注液晶

在向空盒注入液晶之前，需将空盒真空除气，以将吸附在盒内表面的水气及有害气体释放掉。抽气孔便是液晶注入孔，由于孔径小，抽气要花费一定时间。若对空盒加温，可以大大提高抽气效果。

注入液晶是利用毛细管现象，使液晶空盒的注入孔与吸满液晶材料的海绵条接触，在一定真空条件下，利用液晶盒的毛细管现象平静地将液晶注入液晶盒内。但这只能灌满液晶盒的大半部分，因此需要将干燥氮气充入液晶灌注室内进行加压，直到充满为止，如图3-19所示。

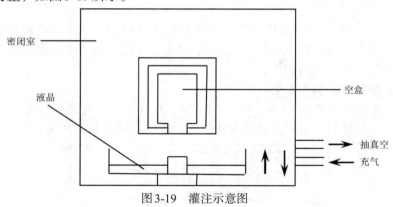

图3-19　灌注示意图

（2）封口

封口工艺有下列几种。

①在注入孔边缘预先蒸发或电镀上镍、铜等金属，注完液晶后，用锡焊料密封。

②在注入孔中插入由铟、锡、铅等组成的伍德合金，擦去注入孔外侧的液晶，然后用密封胶密封。

③先用封口胶堵住注入孔，在-10 ℃下冷冻液晶盒，液晶收缩，吸入少量封口胶，固化后即可密封。注意进胶量不能太少，否则封不好。但太多了会影响外观。此法操作简单、成本低，但盒均匀性差。

④让液晶盒内的液晶受热膨胀从盒内溢出一少部分的液晶，然后点封口胶，让胶收缩再将胶固化。这种方法需要设备较复杂，但盒的均匀性好，STN产品生产多采用这种方法。

封口腔固化的方法有加热与紫外光照射两种。现在多倾向于用丙烯酸类紫外硬化树脂作为封口胶，然后用紫外光照射使之硬化。但在照射时注意不要使紫外光照射到封口处以外的地方，以防液晶和取向膜劣化。

液晶盒灌注液晶之后，通常液晶的排列取向达不到要求，需要进行再排向工艺处理。方法是：将液晶盘置于加温箱内，于80 ℃下保温30 min。

（3）再取向处理

灌注液晶后，盒内液晶的取向排列一般达不到要求，可在80 ℃下保温30 min，使液晶分子之间相互作用，调整指向矢的排列状态，最后达到液晶盒内液晶分子规则定向排列。

（4）切割

在LCD生产制作中，为了提高生产效率，往往是在一张大玻璃基板上制作多个LCD，等制成多个液晶空盒后，切割分开，再分别灌注液晶，如第五代薄膜晶体管液晶显示器（TFT-LCD）生产线中使用1000 mm×1200 mm玻璃板，一张板上可同时制作两张30英寸，4张25英寸或12张15英寸面板。各单元间有切割标志，将玻璃板固定在切割机上，刀轮在一定压力下沿切割标记划动，在玻璃上划出一定深度的切口，在背面施压，即可将各单元分开。裂断是在裂片机上完成的。

3.4.5 彩色滤色膜

彩色滤色膜在彩色LCD模块中起到举足轻重的作用，它的生产成本直接影响到彩色LCD产品的售价和竞争力。本节介绍对彩色滤色膜的要求，重点介绍彩色滤色膜的制造工艺和黑矩阵的制作工艺。

1. 彩色滤色膜的制造工艺

彩色液晶盒由上玻璃基板、下玻璃基板、ITO电极、薄膜晶体管（TFT）阵列、彩色滤色膜、保护膜、偏光片和密封垫组成，盒中充满液晶，如图3-20所示。

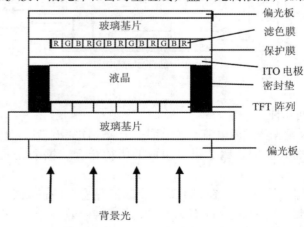

图3-20　彩色TFT液晶显示器的基本结构

彩色滤色膜的R、G、B三基色按一定图案排列，并与TFT阵列一一对应。背光源发出的白光，经滤色膜后变成R、G、B色光。通过TFT阵列可以调节加在液晶上的电压，从而改变各颜色比例，实现彩色显示。

彩色滤色片的结构如图3-21所示，它由透明基板、黑矩阵、彩色滤色器层（R、G、B三基色）、外保护层和ITO组成。黑矩阵沉积在三基色图案之间的不透光部分，起防止混色的作用，并为TFT矩阵中的多晶硅材料作遮光板用。含有R、G、B三基色的滤色层制成后再沉积上保护层，起平整滤色片作用，在后工序中对滤色层起保护作用。最后，在200 ℃左右沉积ITO膜。

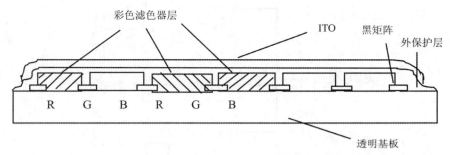

图3-21 彩色滤色片的基本结构

彩色滤色片的制造工艺有颜料分散法、染色法、印刷法和电沉积法。

2. 黑矩阵的制作工艺

使用黑矩阵可以防止光线照射TFT，以及防止光从非显示区域泄漏（一旦泄漏会引起显示器件对比度的降低），所以黑矩阵的主要作用是防止背景光泄漏、提高显示对比度、防止混色和增加颜色的纯度。

常规的制造方法是在基片玻璃上溅射铬，然后光刻出所需要的图案。但是这种黑矩阵存在着反射率高、成本高和污染严重等缺点。

最新方法是利用含有黑色颜料的光刻胶，用光刻法制备黑矩阵，优点如下。

（1）制作成本可降低50%～60%。

（2）不必使用昂贵的溅射设备，可使彩色滤色膜生产线的设备投资减少20%。

（3）彻底解决了原本极难解决的生产废水中铬离子对环境污染的问题。

（4）有机树脂的光反射率只有0.5%，大大低于铬层的反射率（50%），有利于提高显示对比度。

3. 对彩色滤色膜的要求

对彩色滤色膜的要求如下。

（1）R、G、B三基色有高饱和度和高透明度，白平衡好。各颜色光谱尖锐，滤掉不需要的波长的光，保留下必要的光。

（2）对于高色纯度和高清晰度的画面而言，必须要有高对比度。高对比度必定要求彩色滤色膜具有低反射率，因此对黑底提出了严格要求。

（3）平整度好，起伏要求小于0.1 μm；空间精度好，对于200～300 μm的彩色像素（含R、G、B），精度≤±10 μm，必须与TFT完全匹配。

（4）须具有高热学稳定性、光学稳定性和化学稳定性。

3.5 液晶显示器的显示模式及其工作原理

液晶的各向异性和低弹性常数等特异性能使液晶具有丰富多彩的电光效应。具有实用价值的电光效应如图3-22所示。

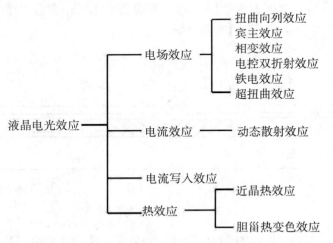

图3-22 具有实用价值的电光效应

所谓电光效应实际上就是指液晶在电场的作用下，液晶分子的初始排列改变为其他的排列形式，从而使液晶盒的光学性质发生变化。也就是说，以"电"通过液晶对"光"进行了调制。其中最广泛应用的是电场效应中的扭曲向列效应，也就是TN（Twist Nematic）效应。

3.5.1 扭曲向列相液晶显示器件TN-LCD

扭曲向列型液晶显示器（Twisted Nematic Liquid Crystal Display），简称"TN型液晶显示器"。这种显示器的液晶组件构造如图3-23所示。

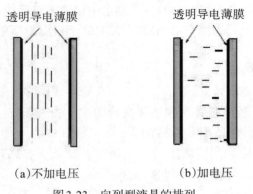

（a）不加电压　　　　　（b）加电压

图3-23 向列型液晶的排列

向列型液晶夹在两块导电玻璃基片之间。这种玻璃的表面上先镀有一层透明而导电的薄膜以作电极之用。这种薄膜通常是一种铟（Indium）和锡（Tin）的氧化物（Oxide），简称ITO。然后再在有ITO的玻璃上镀表面取向剂，以使液晶顺着一个特定且平行于玻璃表面的方向排列。图3-23中左边的玻璃使液晶排成上下的方向，右边的玻璃则使液晶排成垂直于图面的方向。图3-24清楚地说明了TN模式中上下两个基板间液晶分子在基板的取向作用下的排列情况。

此组件中液晶的自然状态具有从上到下的扭曲，这也是为什么被称为扭曲型液晶显示器的原因。利用电场可使液晶旋转的原理，在两电极上加上电压则会使得液晶偏振化方向转向与电场方向平行。

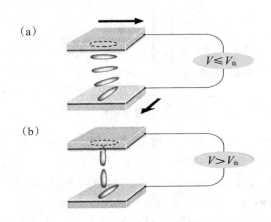

图3-24　TN型液晶显示器

因为液晶的折射率随液晶的方向而改变，其结果是光经过TN型液晶盒以后其偏振性会发生变化。我们可以选择适当的厚度使光的偏振化方向刚好改变。

我们可利用两个平行偏振片使得光完全不能通过。若外加足够大的电压V使得液晶方向转成与电场方向平行，光的偏振性就不会改变。因此光可顺利通过第二个偏光器。于是，我们可利用电的开关达到控制光的明暗的目的。这样会形成透光时为白、不透光时为黑，字符就可以显示在屏幕上了。如图3-25所示为TN模式下液晶分子在电场的作用下，配合偏振片实现明暗显示的情况。

入射光通过偏振方向与上电极面液晶分子排列方向相同的上偏振片（起偏器）形成偏振光，此光通过液晶层时扭转了90°。到达下偏振片时，偏振方向不变，偏振光通过下偏振片，并被下偏振片后方的反射板反射回来。盒呈透亮，因而我们可以看到反射板。

当上下电极之间加上一定电压后，电极部位的液晶分子在电场作用下转变成与上下玻璃面垂直排列，这时的液晶层失去旋光性。偏振光通过液晶层没有改变方向，与下偏振片偏振方向相差90°，光被吸收，没有光反射回来，也就看不到反射板，在电极部位出现黑色。由此可知，根据需要制作成不同的电极，就可以实现不同内容的显示。

平时液晶显示器呈透亮背景，电极部位加电压后，显示黑色字、符或图形，这种显示称为正显示；如将图3-25中下偏振片转成与上偏振片的偏振方向一致，则正好相反，平时背景呈黑色，加电压后显示字符部分呈透亮，这种显示称为负显示。后者适用于带背光源的彩色显示器件。

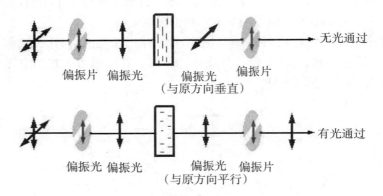

图3-25　TN型液晶显示器的工作原理

可见，液晶显示器一个最突出的特点就是其本身不发光，用电来控制对环境照明的光在显示部位的反射（或透射）方法而实现显示。因此在所有的显示器件中，它的功耗最小，每平方厘米在一微瓦以下，与低功耗的CMOS电路匹配，最适于各种便携的袖珍型仪器仪表、微型计算机等作为终端显示用。

TN模式的液晶的出射面的出射光是线偏振光，因此TN模式的液晶本身是不带颜色的，因此很容易通过彩色滤色膜实现彩色显示，而其他的显示模式因为本身的原理限制，会带有颜色，因此TN模式的液晶是现在最广泛用于液晶显示器件的液晶显示模式。

在TN模式中一般使用正性液晶，并且要求使用介电各相异性大的液晶，这样可以降低其工作的阈值电压。TN模式的液晶显示器件阈值电压 V_{th} 可用 N_p 液晶的介电异向性 $\Delta\varepsilon$ 和弹性常数 k_{11}，k_{22}，k_{33} 表示为

$$V_{th} = \pi \sqrt{\frac{k_{11} + \dfrac{k_{33} - 2k_{22}}{4}}{\varepsilon_0 \Delta\varepsilon}} \tag{3-15}$$

一般 V_{th} 在 $1\sim3$ V。

3.5.2　超扭曲相列相液晶显示器件STN-LCD

直接驱动（或多路驱动）矩阵LCD（液晶显示器）要获得大容量和高的画面质量，需使用阈值电压特性陡峭的液晶盒。于是发现用于传统TN模式的扭曲取向的液晶盒结构，增大扭曲角可大大地改善上述特性，运用此种效应的新显示模式相继开发出的以下三种模式：STN模式、SBE模式、OMI模式。其配置见表3-3所列。

表3-3　STN、SBE、OMI模式的配置与参数

显示模式	扭曲角φ	延迟($\Delta n \cdot d$)	预倾角(θ_0)	偏振片的方位角(β, γ)
SBE模式	270°	*	≈2.0°	黄模式$\beta=30°,\gamma=60°$ 蓝模式$\beta=30°,\gamma=-30°$
STN模式	180°	0.9 μm	≈1°	$\beta=45°,\gamma=45°$
OMI模式	180°	0.5 μm	≈1°	$\beta=0°,\gamma=-90°$

　　SBE和OMI模式的液晶盒，与传统的TN液晶盒一样，是在两片偏振片之间夹着一个扭曲取向液晶盒的结构形式。各种显示模式在主要结构上的差异是，液晶分子扭曲角，延迟Δngd（液晶的折射率各向异性和液晶盒间隙之积）、预倾角不同，如图3-26所示为偏振片的方位角的值因模式不同而不同。这些参数的典型值见表3-3所列。

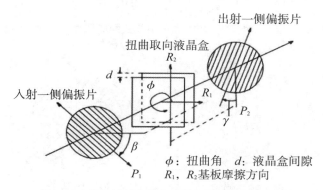

图3-26　偏振片的方位角的值因模式不同而不同

　　为使光电效应的阈值特性陡峭，需要施加电压使分子取向突变。如图3-27所示为以液晶层的扭曲角β为参数，模拟作用电压V/V_0（V：施加电压，V_0：弗雷德里克变形的阈值电压）和液晶层中央分子的倾角θ_m关系的结果。随着扭曲角β的增大，倾角随电压的变化陡峭。但是，在SBE模式和STN模式中（见表3-3所列），壁面的分子取向和偏振片的偏振光方向不一致，所以入射的偏振光被分解成具有与分子取向平行和垂直偏振面的光（分别为异常光和正常光）。由于在液晶中的传输速度不同，这些光在通过上侧偏振片时互相发生干涉。此干涉条件即使分子取向发生细微变化也发生较大的变化，这使得阈值特性更加陡峭。

　　STN模式产品的结构基本上和TN模式是一样的，只不过盒中液晶分子的排列不是沿面90°扭曲排列，而是180°～360°扭曲排列。如果从电光效应上考虑，STN模式产品的工作原理都属于双折射光学干涉效应。因此，除OMI由于进行了特殊的偏振匹配而近似黑/白显示外，基本上都属于有色模式。如图3-28所示为不同颜色模式的角度关系。

　　STN之所以是有色模式，是由于它是靠分子转动改变入射双折射光的光程差，从而产生光干涉而实现显示的，因此必然是着色的。消除这种干涉色，通常采用一

种所谓补偿方式，即沿旋光干涉产生的反方向进行光学补偿，即所谓的 D-STN 模式，另一种是改变偏振片的的方向，减少波长相依性及所谓的 OMI 模式。

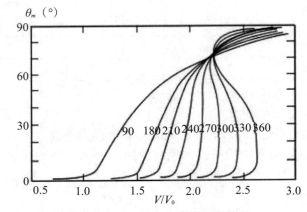

图 3-27　SBE 和 OMI 模式的液晶盒

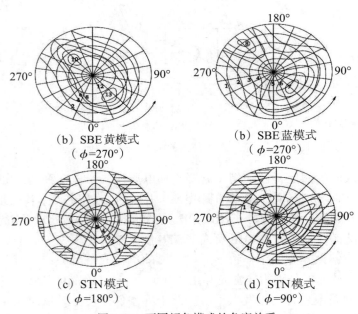

图 3-28　不同颜色模式的角度关系

　　OMI 模式的基本液晶盒的结构和 STN 液晶盒相同。和 STN 模式的差异在于，在减少液晶盒延迟的同时，优选偏振片的方位角，做成近似圆偏振光的椭圆偏振光模式。借此，减少波长相依性，使非选择状态几乎呈无色彩。因此，大体完成黑白显示，显示的相依性得到相当大的改善，并获得实现多色的可能性。OMI 模式的另一个优点是液晶盒间隙的控制精度不那么严格固定。然而，问题是和 STN 液晶盒比较，阈值特性的锐度较低、透射率低。现在正试图通过扩大扭曲角 β 以及添加双色染料修正透射等方法来解决上述问题，以改善视角特性。

D-STN模式是在STN模式的液晶盒（显示液晶盒）上，添加一个消色用的液晶盒（补偿液晶盒）作为光学补偿板，消去着色的一种模式。假定两个LCD没有电压作用，通过入射一侧偏振片而产生的直线偏振光在穿过显示液晶盒时，因液晶的双折射效应，变成随波长而异的椭圆偏振光。在STN模式中，此椭圆偏振光依旧通过出射另一侧的偏振片，因此，由波长产生了透射光程差，显示面得到着色。另一方面，在D-STN模式上，上述的椭圆偏振光继续通过补偿液晶盒，又恢复成原来的直线偏振光。所以，在如图3-29所示的正交偏振片时光被遮断，得到黑色的显示。

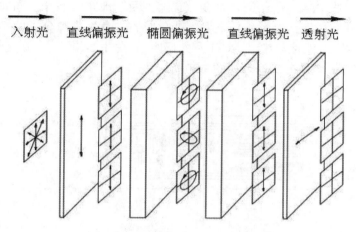

$$\text{入射光} \quad \text{直线偏振光} \quad \text{椭圆偏振光} \quad \text{直线偏振光} \quad \text{透射光}$$

图 3-29　DC-PDP 和 AC-PDP 的对比

经起偏振后的线偏振光入射STN变成椭圆偏光，经反旋光方向的STN 2又恢复为线偏振光，经检偏振后到达人眼。其中消色的关键是STN 2，STN 2具有与STN1大小相等、方向相反的扭曲角和相同的液晶及 $\Delta n \cdot d$，并且相邻两液晶盒间一侧的液晶分子排列应该是正交的。这种双层盒方式，对STN2的要求高，成本高，不方便。因此又产生了1FSTN、2FSTN、TFSTIIT等方式，其原理也是通过光学补偿的方法进行消色，其中以TFSTN的前途最好。另一种方式，则纯粹以滤色方式将着色的色彩滤去。显然，它会影响原有的光透过而使底色变暗。

D-STN模式的特点是，基于可获得出较明亮、对比度比大的黑白显示以及阈值电压附近的透射率对波长的相依性比较小这两点，可进行中间色调显示和全色显示。

实现超扭曲角的工艺方法是在向列液晶配方中掺入适量的手征型液晶，使液晶预先扭曲一定角度，通过定向和控制盒厚即可保证液晶分子在盒内扭曲一定角度。

STN是液晶显示器件的新一代技术的产品。由于是光干涉型的器件，其材料选用，生产工艺均十分严格，例如，盒厚要准确地控制在设计的厚度范围内。误差在整个显示面积内应小于±0.5 μm，因此，STN的成本比TN的成本要高得多。由于其大容量显示的大量外引线，使其安装工艺、方法等也都与一般的液晶显示器件不同。目前STN液晶显示器件都是以表面装配（SMD）工艺或TCP，TAB工艺将IC、阻容外围元件与液晶显示器件装在一起的模块形式出现在用户面前的。

HAN型采用混合排列向列（HAN）液晶盒，即液晶分子的取向在一个基板面是垂直，而在另一基板面是平行，且在两基板间分子排列连续变化的方式，称为HAN型，可使用N_p型、N_n型两种液晶。HAN型彩色显示方式和前述的平行型DAP型比较，具有低电压工作、显示颜色随电压缓慢变化、色的控制性好以及分色好等特点，作为彩色显示方式性能最佳。

3.5.3 宾主效应液晶显示器件（GH-LCD）

将沿长轴方向和短轴方向对可见光的吸收不同的二色性染料作为客体，溶于定向排列的液晶主体中。二色性染料将会"客随主便"地与液晶分子同向排列。当作为主体的液晶分子排列在电场作用下发生变化时，二色性染料分子的排列方向也将随之而变化，即二色性染料对入射光的吸收也发生变化，这就是所谓的宾主（Guest-Host，GH）效应。其原理如图3-30所示。

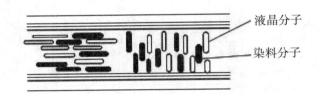

图3-30 宾主效应

这种GH液晶显示是一种彩色显示，不用偏振片或只用一个偏振片就可以获得足够对比度的显示效果。其视角范围远比TN型的大得多。

如果染料分子的形状和大小与液晶分子差不多，当把少量二色染料溶于液晶中时，二色性染料分子将倾向于与液晶分子平行。但是染料分子在液晶分子的包围中，取向并不完全一致，它们对于其平均方向做剧烈的热运动。它们相对于液晶光轴的有序性或平行的程度，也可用有序参数S来表示：

$$S = \frac{3 < \cos^2 \alpha > -1}{2} \tag{3-16}$$

式中，α是染料分子与液晶分子平均方向的瞬时夹角；$<\cos^2\alpha>$是$\cos\alpha$的平方的平均值。

双色染料通常如图3-31（a）所示，有几乎与分子轴平行的吸收轴即转动力矩，极力吸收与分子轴平行的偏振光分量L_0，几乎不吸收与之垂直的偏振光分量L_1。这样的染料称为正的双色染料或p型染料。液晶中的染料吸收分别与指向平行或垂直的偏振光的吸光度定义为J_A和J_L的话，则p型染料的这些值表述为

$$A_\perp = A(\beta = 0, \psi = \pi / 2) = K_M cd(1-S) / 3$$
$$A_{//} = A(\beta = 0, \psi = 0) = K_M cd(1+2S) / 3 \tag{3-17}$$

但是，要假定转动力矩的方向完全与分子轴平行。

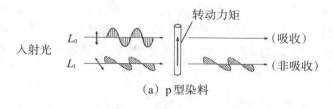

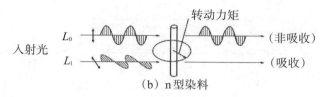

图 3-31　双色染料

另一方面，极可能吸收与分子轴垂直的偏振光分量、而几乎不吸收平行的偏振光分量的染料称为负的双色染料为或 n 型染料。此染料的转动力矩几乎与分子轴垂直，在向列液晶中，如图 3-31（b）所示那样，是旋转的，这是因为向列状态具有以分子轴为中心的旋转自由度。在此情况下的 $A_{//}$ 和 $A_{\perp}$ 由（3-18）式表示为：

$$A_{//} = A\left(\beta = \pi/2, \psi = 0\right) = K_M cd\left(1+S\right)/3$$
$$A_{\perp} = A\left(\beta = \pi/2, \psi = \pi/2\right) = K_M cd\left(2+S\right)/6 \qquad (3-18)$$

但是，此处要假定转动力矩的方向完全与分子轴垂直。给这些染料和液晶的混合物施加电压，分子的取向方向改变，光吸收特性随之发生变化，结果使彩色开关成为可能。

对宾主显示模式，根据使用的液晶材料的不同，以及液晶排列的方式不同，所采用燃料的介电性质不同，会有不同的显色方式。

GH 液晶显示器件也可以再附加偏振片以提高对比度。它不仅能进行彩色显示，而且其视角也远比 TN 液晶示器件大得多，这是还未开发尽善的一类液晶显示器件。

3.5.4　相变液晶显示器件（PC-LCD）

手性向列液晶或胆甾相液晶的液晶盒若受到磁场或电场的作用，在液晶中发生形变。此种变化是一种光学变化，可直接用肉眼或用两片偏振片观察到。这主要是螺旋结构变化所致。例如，在与反磁性磁化率或介电各向异性为正的手性向列液晶的螺旋轴垂直的方向作用磁场或电场时，随着磁场或电场强度的增大，液晶分子渐渐向磁场或电场方向排列，因而螺旋结构的螺距增长。且其强度达到临界值时，螺距无限大，液晶分子的取向和向列液晶的垂直取向呈现相同的状态。这种现象称为因磁场或电场作用发生的胆甾相与向列相交现象，利用基于此种现象的光电效应的器件的工作模式称为相变模式。其结构如图 3-32 所示。

液晶材料既可用 N_p，也可用 N_n。使用 N_p 时需掺入适量 Ch_p，而使用 N_n 时则应掺人Ch$_n$。掺入Ch液晶后应使其具有适当的螺距，以便在液晶盒内形成焦锥结构。所谓焦锥结构是指在液晶层内，液晶分子形成一串串小螺丝串一样的排列结构。这种小螺旋的螺距P_0如果较小，当$d/P_0 \geqslant 2$时，制成的PC液晶显示器即常说的不用偏振片具有存储功能的液晶显示器。

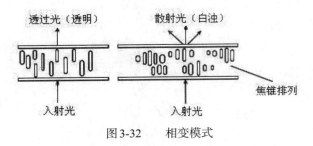

透过光（透明）　　　　散射光（白浊）

焦锥排列

入射光　　　　　入射光

图3-32　　相变模式

该器件在初始条件下，螺旋轴垂直于玻璃平面呈透明的旋光状态。如果施加一个3 V左右的电压，由于液晶分子受电场作用，使螺旋轴平行于玻璃平面。但由于螺旋轴在沿玻璃平面上的方向不可能一致，所以一个个的焦锥结构在一平面内杂散分布，形成白浊态的光散射。此时，若将施加电压提高到某一更高的临界值，如十几伏以上，由于电场强度足以战胜液晶分子间产生自发偶极矩的作用，螺旋状的焦锥结构被解体，使所有分子呈垂面排列，器件又呈透明态。如果我们逐渐撤销外电压，则液晶分子也渐次恢复为螺旋轴沿面的焦锥结构，呈白浊态。但是，如果我们是快速撤销施加电压，则会发现液晶盒的透明态经过一段延迟而稳定于白浊态的焦锥结构，如图3-33所示。不难看出，不同的驱动方式可以取得两种稳定的显示状态，这就是PC液晶显示器件的所谓存储功能。d/P_0的比值如果减小，例如$d/P_0 \approx 1$时，也具有双稳特性，但它需要偏振片，是靠旋光和双折射原理进行工作的。

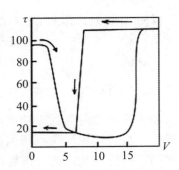

图3-33　PC液晶显示器件的驱动原理及响应曲线

从前述可知，一方面利用PC液晶显示的双稳特性进行多路驱动，可以是逐行扫描方式驱动；另一方面它又要求有足够的写入、擦除时间，因此对于实现视频活动画面的显示还是无能为力，但是它可以不用偏振片提高显示亮度。此外，它的温度效应比较严重，也给驱动造成麻烦。它只有透过和白浊两种状态，这对实现灰度显示是比较困难的。

3.5.5 电控双折射液晶显示器件（ECB-LCD）

给液晶盒施加电压，因液晶的介电各向异性，液晶分子的排列发生变化，结果是液晶盒中的双折射率发生变化。若将液晶盒置于两片偏振片之间，此双折射率的变化就表现为光透射率的变化，这就称为 ECB 效应，如图 3-34 所示。利用此种效应进行显示的 LCD 称为 ECB 模式。

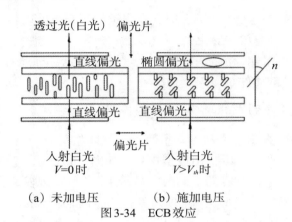

图 3-34 ECB 效应

ECB 液晶显示器件一般有负介电各向异性、向列液晶垂直于液晶盒表面排列的 DAP 型液晶显示器与由正介电各向异性的向列液晶一侧垂直液晶盒表面、另一侧平行液晶盒表面排列的 HAN 型液晶显示器两类。在通电时，液晶分子长轴与电场方向之间的夹角 θ 因电压大小的不同而变化，故使液晶盒的双折射率发生变化。当入射的白色直线偏振光入射该液晶盒后，在不同的双折射率下会形成不同的椭圆偏振光，它将被检波片选择吸收，从而形成不同的颜色。

采用液晶指向矢与基板平行的垂直取向液晶盒的称为 DAP 型，使用介电各向异性为负的 N_n 液晶。在 DAP 型液晶盒中，液晶分子排列相对于作用电压的变化以及此时发生的延迟变化。

图 3-35 示出了 DAP 液晶盒在施加电压后产生的形变。为了提高对比度，是在电场作用时使分子的倾斜朝向另一个方向，为此，初始取向大都使液晶指向矢与基板稍稍倾斜。

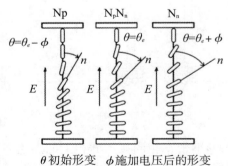

θ 初始形变 ϕ 施加电压后的形变

图 3-35 HAN 型液晶显示器件工作原理示意图

3.6 液晶显示器件的驱动技术

LCD驱动有如下特点。

（1）为防止施加直流电压使液晶材料发生电化学反应从而造成性能不可逆的劣化，缩短使用寿命，必须用交流驱动、同时应减小交流驱动波形不对称产生的直流成分。

（2）驱动电源频率低于数千赫兹时，在很宽的频率范围内LCD的透光率只与驱动电压有效值有关而与电压波形无关。

（3）从LCD结构可知，液晶单元像一只平板电容器，因此对驱动源而言，它是容性负载，是无极性的元件。

3.6.1 液晶显示器件的电极排列

LCD的电极主要有笔段形和点阵型两种，点阵型又分为无源点阵和有源点阵。段形方式分7段、10段、14段、16段型排列，如图3-36所示。这种方式主要用在时钟、电子秤、仪器仪表、计算器等的数字显示上。7段排列仅适合显示0～9十个数码，14、16段显示的数码字形比7段排列美观，而且能显示26个英文字母和一些特定的符号，它大量用在各种学习用计算机等对字形要求较高的场合。

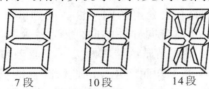

图3-36 笔段式字符

如果要实现视频显示，笔段形电极显示是无法胜任的，这时必须采用点阵型电极显示，如图3-37所示。大小相等的发光点在纵、横方向作等距排列成按列按行的矩阵。发光点有两种排列方式：行、列数相等的方阵形排列[如图3-37（a）所示]和横向发光单元数比纵向（行）大得多的卷轴式排列方式[如图3-37（b）所示]。

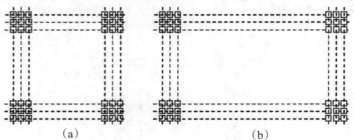

（a） （b）

图3-37 矩阵形排列示意图

显然，组成矩阵的点越细密，相同显示面积上的点越多，能显示的字符笔画、字形就越光顺、美观，图像质量也越高，屏面内容纳的信息量也越大。

目前，点矩阵排列是用途最广的方式，它用在显示图形、文字、图像要求较高的场合，如计算机终端显示、平板电视图形显示等方面。

3.6.2　静态驱动技术

对于显示器的驱动技术来说，静态驱动是最基本的技术。显示图像的每个像素都引出一根电极和对应的驱动器输出端相连，每个放大器只负责激励一个像素。

根据定义，每个像素从电气角度来说都是绝缘的。显示材料也不需要具有非线性特性。静态驱动技术适合小显示屏的寻址，而不适用于大信息量的显示。静态驱动如图3-38所示。

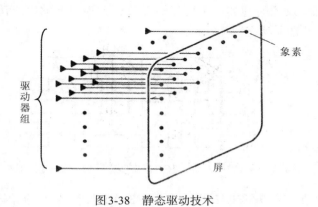

图3-38　静态驱动技术

由于放大器个数与像素数相等，当驱动单元多时，驱动器数目也多到可观的数字。$M \times N$点阵的显示屏，如采用静态驱动，就需要$M \times N + 1$个驱动器，这就使系统电路复杂，成本大大增加。因此，静态驱动常常只在显示单元少（如10位以下的7段数码显示）时采用。

笔段式LCD静态驱动的基本思想如图3-39所示。

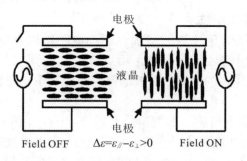

图3-39　静态驱动器的写入方式

在相对应的一对电极间施加电场还是不加电场，在两种状态中选择一种。其基本驱动电路如图3-40所示。

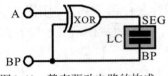

图 3-40　静态驱动电路的构成

　　如图 3-40 所示的电路的驱动波形表示在图 3-41 中。在如图 3-40 所示的异或门的一个输入端外加脉冲占空比为 1/2 的方波，接到液晶的公共电极 BP，异或门的另一输入端 A 施加导通 ON、断开 OFF 控制信号。根据此电信号，异或门的输出即笔段波形 SEG，不是与共用波形 BP 同相就是反相。同相时液晶单元电压 BP-SEG 上无电场，处于非选通状态；反相时施加一个交流矩形波，如矩形波的电压比液晶的阈值电压高很多时，就处于选通状态。

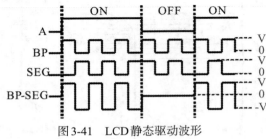

图 3-41　LCD 静态驱动波形

　　此矩形波的频率希望在 30 Hz 以上，如在 30 Hz 以下驱动，则闪烁就很明显。

　　静态驱动和动态驱动相比较有对比度好、响应速度快、耗电少、驱动电压低等优点。由于这些优点，静态驱动常用于数字钟表、测量仪器等位数少的笔段显示上。对于静态驱动，需要有和笔段数相同的驱动电路（异或门组），因此笔段数增加，相应的驱动电路数、连接端子数也要增加，这个缺点使其用途受到限制。

3.6.3　液晶显示器件的动态驱动技术

1. 无源矩阵的动态驱动技术

　　对于静态驱动，随着笔段数的增加，驱动电路数以及电极端的接线数也要增加。因此像个人电脑用的显示器那样，用点阵形式需要大量像素数，事实上是不能使用的。通常，这样多的像素数的液晶显示器要使用动态驱动法，也称为时间分割驱动法。

　　动态驱动的思路如下所述。如图 3-42 所示，X 电极群和 Y 电极群构成矩阵排列。按顺序给各个 X 电极施加选通波形，给 Y 电极施加与 X 电极选通波形同步的选通波形或非选通波形。通过此操作，由 X 电极和 Y 电极交点形成的像素全部可以是任意的显示状态，一般 X 电极称为行（扫描）电极，Y 电极称为列（信号）电极。

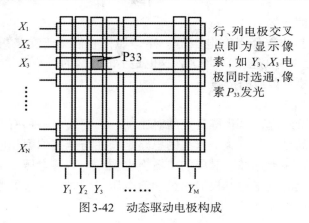

行、列电极交叉
点即为显示像
素，如 Y_3、X_3 电
极同时选通，像
素 P_{33} 发光

图3-42　动态驱动电极构成

　　动态驱动时按顺序给各扫描电极施加选通波形，一旦所有扫描电极都施加波形电压后，再重复同样操作。这样操作进行一次所要的时间叫作帧周期，其频率叫作帧频，另外各行电极的选通时间（对行电极施加选通波形所需要的时间）和帧周期之比叫作占空比，占空比对时间分割驱动的显示特性有很大影响。

　　动态驱动，不仅仅对显示像素，对非显示像素也施加电场，为此液晶显示器的光电特性必须具有阈值特性，而且希望阈值上升很陡。另外，这种时间分割驱动只在由占空比决定的恒定时间内施加对控制显示状态有作用的波形，剩下大部分时间施加对控制显示状态无关的波形。液晶响应于非通通时间的施加波形，所以要努力使非选通时间的外加波形的有效电压保持恒定。

　　2. 无源矩阵LCD的交叉效应

　　液晶像素可看作电容器，具有双向导通性，因此交叉串扰对于液晶显示器件的影响尤其严重。等效电路中的正、反向像素均可看作一个电阻和一个电容并联，如图3-43所示。

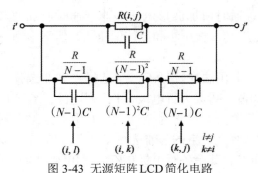

图3-43　无源矩阵LCD简化电路

　　表3-4列出 $N=8$ 和 $N=\infty$ 时的全选点、半选点和非选点上的电压，可看到半选点电压接近全选点电压的一半。绝大多数中、高档液晶显示器件都是矩阵式的多路驱动，其中无源矩阵都具有交叉，并且随着行、列数的增加，交叉效应所造成的不良后果也越严重，主要表现在两方面：

　　①选择点与半选择点电压接近，当外加电压超过 V_{th} 后，半选择点也会逐渐呈显

示状态，使对比度下降。

②半选择点与非选择点上电压不一样，如果它们由于交叉效应而变明（或变暗）状态不一样，则造成图面不均匀，这也是不能允许的。

3. 抑制 LCD 交叉效应的措施

（1）平均电压法

为了减少交叉效应，以获得良好的对比度，人们提出一种所谓优幅选择寻址方法来驱动矩阵液晶显示屏。这个方法的思路是：在与全选像素相应的行和列上加一个全电压的同时，在半选像素对应的电极上也加一个偏置电压。适当选择这些电压值，让全选像素上的电压均方根值超过阈值电压，同时让半选像素上的均方根电压等于或略低于阈值电压。

表 3-4 电压分布

	(i,j)	$(i,l),(k,j)$	(l,k)
电压	V_0	$\dfrac{N-1}{2N-1}V_0$	$\dfrac{1}{2N-1}V_0$
$N=8$	V_0	$(7/15)V_0$	$(1/15)V_0$
$N=\infty$	V_0	$(1/2)V_0$	0

由表 3-4 可知，半选择点电压与非选择点电压相差较大，如果在非选择列上施加适当电压，达到提高非选择点的电压，降低半选择点电压，则结果是拉开了选择点与半选择点间的电压差，而同时又缩小了半选择点与非选择点间的电压差。无疑，最佳效果应是使半选择点电压与非选择点电压相同。这就是在多路驱动技术中普遍采用的平均电压法的实质。

这是为了使选通像素之间或非选通像素之间显示状态均一化，这样研制的驱动方式叫作平均电压法。现在已实用化的时间分割驱动的液晶显示器全部采用这种方式，平均电压法根据选通时所加波形电压和非选通时所加波形电压的比（偏压比）的不同可分为 1/2 偏压法、1/3 偏压法和最佳偏压法，但不论哪一种方法，本质上是同一种驱动法。

下面求解利用平均电压法在选择点、半选择点和非选择点上应施加多少电压。取如图 3-44 所示 4×4 矩阵，设 X 为行电极，Y 为列电极；X_2 和 Y_1 为选通电极，（2，1）为选通点。全部被黑色覆盖的像素为全选点，右上–左下间隔条代表行选择点，左上–右下间隔条代表列选择点，空的为非选择点。

X_2 行电极施加电压 V_1，其余各行电极 0 V；Y_1 列电极施加电压 $-V_2$，其余各行电极 V_1/a。

全选点：（2，1）V_1+V_2。

行半选点：（2，2），（2，3），（2，4）V_1-V_1/a；列半选点：（1，1），（3，1），（4，1）V_2。

非选点：均为 $-V_1/a$。

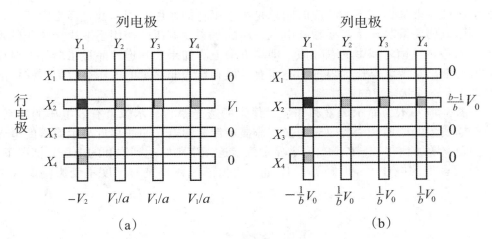

图3-44 平均电压法

设加在全选点的总电压 $V_0 = V_1 + V_2$；同时令非选择点电压与列半选择点电压绝对值相等，即 $V_2 = V_1/a$，则可以求得

$$V_1 = \frac{a}{a+1}V_0 , \quad V_2 = \frac{1}{a+1}V_0 \tag{3-19}$$

令 $a+1 = b$（$b > 1$），则上两式变为

$$V_1 = \frac{b-1}{b}V_0 , \quad V_2 = \frac{1}{b}V_0 \tag{3-20}$$

此时各点电压为：全选点 $(2,1)$ 电压：V_0；行半选择点 $(2,2)$、$(2,3)$、$(2,4)$ 电压：$(b-2)V_0/b$；列半选择点 $(1,1)$、$(3,1)$、$(4,1)$ 电压：V_0/b；非选择点电压：$-V_0/b$。

可见，非选择点电压和列半选择点电压只有选择点电压的 $1/b$，称 b 为偏压比。称此种方法为 $1/b$ 偏压平均电压法。

见表3-5所列为不同 b 值时平均电压法各点上的电压值，平均电压法是动态驱动的最基本驱动方法。无论是笔段式多路液晶显示器件，还是点阵式液晶显示器件，在进行动态驱动时均要使用平均电压法以减轻交叉效应的影响。

表3-5 不同 b 值各点电压

偏压比	选择点	半选点		非选点
		行	列	
b	V_0	$\frac{b-2}{b}V_0$	$\frac{1}{b}V_0$	$-\frac{1}{b}V_0$
2	V_0	0	$1/2\ V_0$	$-1/2\ V_0$
3	V_0	$1/3\ V_0$	$1/3\ V_0$	$-1/3\ V_0$
4	V_0	$1/2\ V_0$	$1/4\ V_0$	$-1/4\ V_0$
5	V_0	$3/5\ V_0$	$1/5\ V_0$	$-1/5\ V_0$
13	V_0	$11/13\ V_0$	$1/13\ V_0$	$-1/13\ V_0$

（2）最佳偏压法

这是一种在扫描线数已确定的情况下，如何选择最佳偏置电压的技术。由于液晶显示器件在电场作用下的响应时间总是大于每行的作用时间，并且经常大于一帧时间，所以要使液晶显示需要数帧电压作用的积累，电压的作用不取决于电压的瞬时值，而是在数帧时间中的有效值，即均方根值。如果要知道液晶显示器件的对比度，就要求出某像素点作为显示的电压有效值和作为非显示的电压有效值，它们的比是正比于选通状态下的透过率。

如图3-45所示为显示像素和非显示像素的透光率与显示像素有效电压的关系。伴随扫描线数的增加，串扰效应增强，非显示像素的电光曲线移近显示像素的电光曲线。当 N 增加到在 $V_{ON}=V_{sat}$（V_{sat} 为令显示像素透光率刚好达到饱和的电压）情况下，非显示像素上的电压 V_{OFF} 正好等于 V_{th} 时，此扫描线数将是对比度不受影响的极限值 N_{max}。

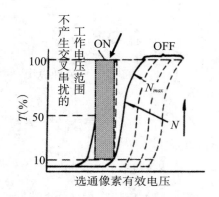

图3-45　透过率与V的关系

作为显示像素，在一帧时间内，只有一行为扫描时间，施加电压绝对值为 V_0，其余 $N-1$ 行时间为非扫描时间，施加的电压绝对值为 V_0/b，设显示像素的均方根电压为 V_s；作为非显像素，总有一行时间处于行半选择点，施加的电压绝对值为 $(b-2)V_0/b$，其余 $N-1$ 行时间内施加的电压绝对值为 V_0/b，设非显像素的均方根电压为 V_{ns}，则

$$V_s^2 = \frac{1}{N}V_0^2 + \frac{N-1}{N}\left(\frac{1}{b}V_0\right)^2 \tag{3-21}$$

$$V_{ns}^2 = \frac{1}{N}\left(\frac{b-2}{b}V_0\right)^2 + \frac{N-1}{N}\left(\frac{1}{b}V_0\right)^2 \tag{3-22}$$

由于液晶对比度是透过率之比，透过率之比又正比于均方根电压值，定义一个表示工作电压范围的裕度 α：

$$\alpha = \frac{V_s}{V_{ns}} = \sqrt{\frac{b^2+(N-1)}{(b-2)^2+(N-1)}} \tag{3-23}$$

裕度系数 α 当然是越大越好，当扫描行数 N 一定时，当偏压值 b 满足

$$\frac{\partial a}{\partial b} = 0 \tag{3-24}$$

此时，有

$$b = \sqrt{N} + 1 \tag{3-25}$$

裕度 α 有最大值 $\alpha_{\max}$。

$$\alpha_{\max} = \sqrt{\frac{\sqrt{N}+1}{\sqrt{N}-1}} \qquad (3\text{-}26)$$

所以，对于每一个给定的扫描行数，都有一个最佳偏压比，使 V_s/V_{ns} 值最大。公式（3-25）称为"交流驱动铁的定律"。将式（3-26）示于图 3-46，随着扫描行数 N 的增加，最佳偏压比将急骤趋近于 1，即显示对比度将趋于 0，显示器件无法正常显示。因此，只有提高液晶显示器件电光特性曲线的陡度，因为只有在液晶显示器件电光响应曲线很陡的情况下，当 V_s/V_{ns} 之比趋于 1 时，其电光效应的通/断透过率才能拉得很开，呈现好的对比度。

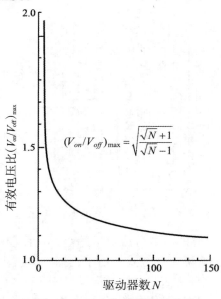

图 3-46　$\alpha_{\max}$ 与扫描行数的关系

为此引入阈值陡度 P：

$$P=V_{\mathrm{sat}}/V_{\mathrm{th}} \qquad (3\text{-}27)$$

式中，V_{sat} 和 V_{th} 分别为液晶的饱和电压和阈值电压。

此时，最大驱动路数 $N_{\max}$ 与陡度 P 的关系为

$$N_{\max} = \left(\frac{P^2+1}{P^2-1}\right)^2 \qquad (3\text{-}28)$$

但是在液晶产品说明书中更经常给出的是透过率变化 10% 和 90% 时的驱动电压 V_{90} 和 V_{10}，所以 P 也可以表示为 V_{90}/V_{10}。

由式（3-26）和式（3-28）可知，$P<\alpha$。液晶屏扫描电极数目 N 由下式限制：

$$N < \left(\frac{\alpha_{\max}^2+1}{\alpha_{\max}^2-1}\right)^2 \qquad (3\text{-}29)$$

TN 型器件的 P 为 1.2～1.5，故驱动 3～8 路没有问题。最新的 TN 型器件的 P 可小于 1.2，所以可驱动的路数增大到 16～24 路；STN 型器件的 P 可小于 1.05，最大可驱

动的路数为256，能满足典型的VGA显示。如采用双屏显示，清晰度还可更高，所以STN器件广泛用于中低档的笔记本电脑中。由上述可知，当$N>100$时，为了获得良好的图像，必须将液晶单元特性的分散性、驱动电路特性的不一致以及电源引起的偏差总和控制在5%以内。故对STN型显示器件的制造工艺和配套电路都有严格的要求。

（3）提高大容量液晶显示器件图像质量的方法

1）分割矩阵方式

当矩阵液晶显示器的扫描行数大于200行时，即使是STN型液晶显示器件，也会使图像质量下降。为此，人们设计了一种分割矩阵方式的器件，并配以分割矩阵的驱动方式。如图3-47所示为这种方法矩阵器件的电极排布示意图。

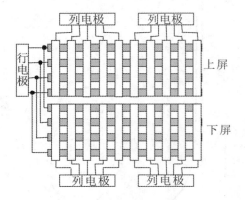

图3-47　分割矩阵电极排布

从图中可以看出，将全屏的行数分成上下两组，从而使原来$2N$数量的行电极可用$1/N$占空比驱动，也称为双屏驱动方式。由于扫描行数减小了一半，图像质量、对比度会提高不少。不过，这种方式虽然可以使占空比增加一倍，但它也会使列电极数目也增加一倍，此外，采用这种方式在行驱动电路还需引入帧存储电路。由于这种方式可以方便地提高显示质量，所以在400线以上的点矩阵图形显示模块中被广泛应用。

2）多重矩阵方式

如果说前一种分割矩阵方式是从外电路构想出的方案（当然器件内部电极也要分割），那么多重矩阵方式则主要是从器件内部电极排布上构想出来的方案。如图3-48所示为典型的二重矩阵液晶显示屏的电极排布。

由于它的每一个行电极涵盖了两行列像素，所以它同样用$1/N$占空比可以驱动$2N$行数量的画面。同前一种方式一样，它的列电极数也增加了一倍，不过从图中可见它的控制、写

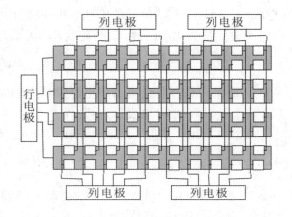

图3-48　双重矩阵液晶显示屏的电极排布

入方式与分割矩阵方式不会相同。同样原理，还可以设计成三重、甚至四重矩阵。这种方式在器件制造上要求有更高的微细加工水平，因此没有分割矩阵方式使用得普遍。

不过，以上两种方式都是源于液晶显示在高路数驱动中由于电光响应陡度不够而采用的一种不得已的驱动技巧。随着液晶和液晶器件水平的提高，只要其电光响应曲线的陡度足够高，能够保证在高路数扫描时其图像的对比度和质量不降低，就没必要采用这种技术。

3.7 有源矩阵液晶显示器件

无源矩阵驱动中，扫描行数受限制的一个重要原因是液晶像素的电学特性的双向性（对称性）。高分辨率图像要求高的扫描行数N，存在下面两个重要问题：

（1）存在交叉串扰，驱动路数的宽容度α随N的增加而迅速下降，从而使对比度降低。

（2）当N上升时，像素工作的占空比$1/N$也下降，这一方面需提高驱动电压，同时要求更亮的背光源。

如果在信号线和像素电极之间串接一个（或多个）非线性元件，赋予像素以非线性特性，就可消除这种电学特性的双向性，并可排除多余信号干扰，从而获得高分时性。在信号线与像素电极之间设置非线性元件的矩阵驱动方式称为有源矩阵方式。根据非线性元件的种类，可把有源矩阵（Active Matrix，AM）方式分为二端子（二极管）型和三端子（晶体管）型，细分见表3-6所列。

表3-6　有源液晶显示器件的分类

```
                              ┌ 单晶硅  MOSFF
                 ┌ 三端有源 ┤          ┌ CdSe
                 │          │          │ Te
                 │          └ TFT ─────┤
                 │                     │ a-si
        有源矩阵 ┤                     └ p-si
                 │          ┌ MIN
                 │          │ MSM
                 └ 二端有源 ┤ 二极管环
                            │ 背对背二极管
                            └ ZnO 变阻器
```

有源矩阵的驱动与前文所述的直接驱动方式不同。由于在有源矩阵液晶显示器件的每个像素点上都制作了一套有源器件，所以对这种器件的驱动是对每个像素点上有源器件的驱动，它的驱动原理与直接驱动法是不同的。

3.7.1 二端有源器件

非存储型的普通矩阵液晶显示屏的扫描行数的提高，从原理上讲会受到限制。有一个简单方法可以克服这一限制，就是在扫描电极和信号电极的交叉处装一个或多个非线性元件与液晶像素串联，这样会使像素的阈值特性变得陡得多。

1. 二极管寻址矩阵液晶显示

幅选寻址的矩阵液晶显示屏的扫描行数存在极限的原因之一在于液晶像素具有对称的，即双向的通导特性。如果在像素上串联一个稳流二极管，使像素电路具有非线性特性，就可以突破上述极限。

液晶盒与二极管串联电路的电光特性如图3-49所示。组合电路的电光特性同时结合了二极管的伏安特性和液晶盒的电光特性。组合电路的透光率的陡度γ可以表示为

$$\gamma = \frac{V_b + V_{90}}{V_b + V_{10}} \tag{3-30}$$

即

$$\gamma = 1 + \frac{\Delta V}{V_b + V_{10}} \tag{3-31}$$

式中，V_b是二极管的正向压降，V_{10}和V_{90}分别代表液晶盒的透光率为10%和90%时相应的外加电压，ΔV是和V_{90}和V_{10}的电压差。如果二极管伏安特性呈理想矩形，而V_b又非常大，γ的值可以非常趋近于1。可见，采用这个电路可以突破矩阵液晶屏的扫描极限。

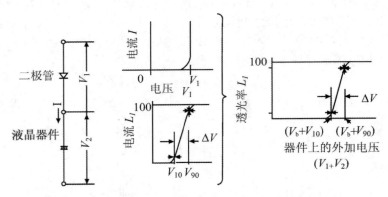

图3-49　二极管管寻址的液晶器件的等效电路和典型特性

如图3-49所示的是二极管管寻址矩阵液晶显示屏的驱动电路，图中每个像素上部串联了一个二极管等效电路，D_{NM}和P_{NM}分别代表二极管和液晶像素，下标M=1，2，3，…，M（M为信号电极数），N=1，2，3，…，N（N为扫描电极数）。所有二极管都因作用在扫描电极上的反偏电压而截止（不导通），只有那些像素的扫描和信号电压极性相反时除外。该矩阵屏的扫描过程与普通的矩阵液晶屏几乎完全一样，只是像素的开启电压与二极管的正向压降有关。扫描和信号电压满足下述不等式时，则像素处于选取态：

$$V_Y > V_b + V_{90} \tag{3-32}$$

$$V_{XF} + V_Y < V_b \tag{3-33}$$

作用在显示LCD像素上的电压为$V_Y - V_b$。如果二极管的正向电阻很低，信号电压源的阻抗也很小，当像素被选取时，像素电压V_{LC}将迅速达到$V_Y - V_b$。当扫描电压

移走后，像素电压V_{LC}将逐渐衰减，如果二极管的反向电阻比像素电阻大很多，则衰减时间常数为液晶材料的介电弛豫常数τ_{lc}。所以，即使作用在选取像素上的电压脉冲的时间比τ_{lc}短，显示的图像也没行闪烁现象。但是，图像的透光率并不高，因为当选取电压从像素上转移后，该像素的透光率立刻开始下降。即在像素再次被选取之前，它存储的电荷已经泄放光了。

2. 双阈值元件寻址矩阵液晶显示

另外一种双阈值元件寻址的液晶显示屏采用了一种二端元件，它能对像素执行置位（充电）和复位（放电）的功能。图3-50（a）表示了这种具有正、反向阈值的双阈值元件的伏安特性，曲线呈点对称的L形双向伏安特性。图3-50（b）是液晶屏的示意图，其中在每个像素上插入了双阈值元件。

在工作时，将扫描电压脉冲nV_b正向作用在二极管堆D_{11A}上。nV_b刚刚接近二极管堆的阈值电压，这个电压同时还反向偏置二极管堆D_{11B}。信号电压脉冲（$-V_{90}$）将加大该扫描电压脉冲而使二极管堆D_{11A}导通，并对像素P_{11}充电，使其电压等于信号电压脉冲的幅度，这就是置位操作。因为扫描电压的幅度略小于或等于双阈值元件的阈值，因此，当扫描和信号电压正在寻址像素P_{11}时，其他非选取像素上的双阈值元件都不导通。当寻址电压移走后，刚被选取的像素支路上的电压就低于双阈值元件的阈值电压。

在扫描电压脉冲作用在一像素上之前，先用复位脉冲使该像素上的电压变为零，该复位脉冲比扫描电压（置位）脉冲超前一个脉宽。复位脉冲使二极管堆D_{11B}的正向偏置又增加了nV_b，因而使得D_{11B}二极管堆导通，于是像素电容开始放电，直到其电压降到零为止。复位脉冲结束后，新的置位操作又开始了。在这个显示方式中，作用在像素上的寻址电压维持一帧周期，使透光率基本不变。

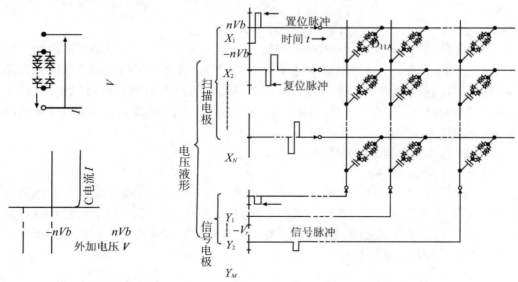

（a）双阈值器件的伏安特性　　　　（b）矩阵液晶屏的等效电路和屏上的电压波形

图3-50　双阈值元件寻址的液晶器件的等效电路和驱动电压波形

必须满足下面的电压不等式，才能正确寻址：

$$nV_b + V_Y > V_{90} \tag{3-34}$$

$$nV_b < V_{10} \tag{3-35}$$

3.7.2　三端有源器件

上面介绍了二端有源方式。与无源矩阵方式相比，二端子 AM 方式大大提高了液晶显示的显示容量、对比度和响应速度。但由于二端子元件的阈值电压是像素电压的一部分，它的均匀性和稳定性将直接影响显示特性，同时，所有像素上的非线性元件的寄生电容 C_{NL} 必须满足 $C_{NL}/C_{LC} < 0.1$。这在工艺上是相当苛刻的条件。因此，二端子 AM 方式的像质的进一步提高受到限制。

提高像质的最好方法是采用三端子 AM 方式，即 FET（Field Effect Transistor）方式，这是因为采用三端子元件后，可把开关元件的控制电压和液晶像素的驱动电压分开设置，可各自选择在最佳工作状态，以达到高像质要求。

在三端有源方式中 TFT 为主流，而在 TFT 中又以 a-Si 和 p-Si 为主流。a-Si，即以非晶硅方式制作。其特点是用低温 CVD 方式即可成膜，容易大面积制作。而 p-Si，即以多晶硅方式制作，其内部迁移率高，可以内装驱动控制电路。而二端有源方式中，以 MIM，即金属-绝缘体-金属二极管方式最为实用。

TFT 是薄膜晶体管（Thin Film Transistor）英文首字母的简写形式。它具有晶体管的"有源性（开关、放大）"和"薄膜"的"薄"的双重特性，与平板显示屏（例如 LCD、OLED）组合，构成当今的平板电视（TFT-LCD、TFT-OLED），TFT 是其中关键核心部件之一。

通常 TFT 有源材料是硅薄膜，根据硅薄膜结构不同，晶体管分为非晶硅 TFT（a-Si TFT）、多晶硅（p-Si TFT）和单晶硅 MOSFET（c-Si MOSFET）。此外采用有机材料制备的 TFT，称为有机 TFT（或者 OTFT）。

薄膜晶体管自 20 世纪 60 年代发明开始，已经得到了非常广泛的推广和应用，发展速度之快超乎想象。从非晶硅 TFT 到多晶硅 TFT，从高温多晶硅 TFT 到低温多晶硅 TFT，技术越来越成熟，应用的对象也从只是驱动 LCD 发展到既可以驱动 LCD、也可以驱动 OLED、甚至电子纸。随着半导体工艺水平的不断提高，像素尺寸不断减小，显示屏的分辨率也越来越高。

1. TFT 基本原理与工作原理

（1）TFT 的基本结构

在 TFT-LCD 中，TFT 的功能就是电气开关。如图 3-51 所示为 TFT 的平面图和截面图。这是三端器件，一般在玻璃基板上设有半导体层，在其两端有与之相连接的源极和漏极，并通过栅极绝缘膜，与半导体层相对置，设有栅极。利用施加于栅极的电压 V_g 来控制源、漏电极间的电流。

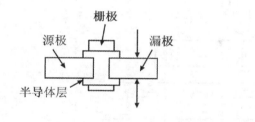

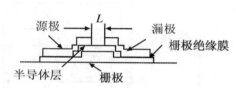

图 3-51　TFT 的基本结构

（2）TFT-LCD 工作原理

TFT-LCD 使液晶显示器件进入高画质、真彩色显示的新阶段，所有高档的液晶显示器件中都毫无例外地使用 TFF 有源矩阵。作为三端有源矩阵，在发展历史中曾出现过见表 3-6 所列的多样品种，但现在真正被应用的是 a-Si TFT 与 p-Si TFT 两种，都是基于场效应管工作原理。

同一般液晶显示器件类似，a-Si TFT 液晶显示器件也是在两块玻璃之间封入液晶，并且是普通 TN 型工作方式。但是玻璃基板则与普通液晶显示器不一样，在下基板上要光刻出行扫描线和列寻址线，构成一个矩阵，在其交点上制作出 TFT 有源器件和像素电极，液晶显示屏的结构如图 3-52 所示。

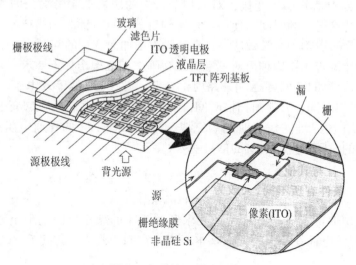

图 3-52　液晶显示屏的构造
（数百万个 TFT 控制着各个像素的色彩显示）

其等效电路如图 3-53 所示。同一行中与各像素串联的 TFT 的栅极是连在一起的，故行电极 X 也称为栅极母线。而信号电极 Y 将同一列中各 TFT 的源极连在一起，故列电极也称为漏极母线。而 TFT 的漏极则与液晶的像素电极相连。为了增加液晶像素的弛豫时间，还对液晶像素并联上一个合适电容。

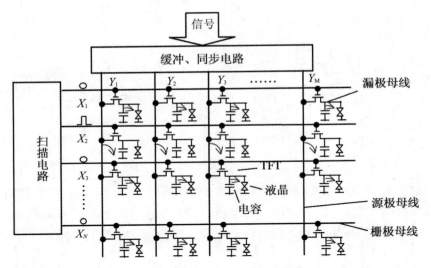

图 3-53　TFT-LCD 等效电路

当扫描到某一行时，扫描脉冲使该行上的全部 TFT 导通。同时各列将信号电压施加到液晶像素上，即对并联的电容器充电。这一行扫描过后，各 TFT 处于开路状态，不管以后列上信号如何变化，对未扫描行上的像素都无影响，即信号电压可在液晶像素上保持接近一帧时间，使占空比达到百分之百，而与扫描行数 N 无关。这样就彻底解决了普通矩阵中交叉效应与占空比随 N 增加而变小的问题。

由上述 TFT 矩阵工作原理可对三端有源矩阵中 TFT 提出如下要求：

设 R_{ON} 与 R_{OFF} 为 TFT 的导通和开路时的电阻，C_{LC} 为液晶等效电容（包括补偿电容），T_1 为行回扫时间，T_2 为帧扫描时间。为了使每个行存储电容的充电过程在相应的信号取样 TFT 被寻址的短暂时间内完成，信号取样 TFT 的导通电阻必须非常小，则在 TFT 导通的时间 T_1 应将 99% 的信号输入 C_{LC} 上。

$$V[1 - \exp(-\frac{T_1}{R_{ON}C})] > 0.99V \tag{3-36}$$

$$T_1 > 4.6R_{ON}C_{LC} \tag{3-37}$$

为了使放电时间大于场周期，还要求开关 TFT 的截止反向电阻足够大，以保持像素电容 C_{LC} 上的电荷在一帧时间内基本不变，在 TFT 截止的时间 T_2，C_{LC} 上的信号损失小于 5%。

$$V \exp(-\frac{T_2}{R_{OFF}C}) > 0.95V \tag{3-38}$$

$$T_2 < 0.051R_{OFF}C_{LC} \tag{3-39}$$

对 NTSC 制，$T_1 = 64 \times 0.16$ μs，$T_2 = 16.7$ ms，若设 $C_{LC} = 1$ pF，则 $R_{ON} < 2.2 \times 10^6$ Ω，$R_{OFF} > 3.3 \times 10^{11}$ Ω。

因此，TFT 的通断比一般应在 5 个数量级以上。考虑到温度增加时 R_{OFF} 会下降，这个比值应扩大到 7 个数量级以上。

在以行顺序驱动方式依次扫描 X_1，X_2，…，X_N 行电极过程中，当某行一旦被选通，则该行上所有 TFT 同时被行脉冲闭合，变成低阻（R_{ON}）导通状态。与行扫同步，各列信号电荷分别通过列电极 Y_1，Y_2，…，Y_M 从保持电路送入与导通 TFT 相连的各相应像素电容，信号电压被记录在像素电容和储存电容上。当行选一结束，TFT 即断开（处于高阻 R_{OFF} 状态），被记录的信号电压将被保持并持续驱动像素液晶，直到下帧扫描到来之前。称此驱动为准静态驱动。由此工作过程可看出，扫描电压只作三端子元件开关电压之用，而驱动液晶的电压是信号电压通过导通 TFT 对像素电容充电后在像素电极和公共电极之间形成的电位差 V_{LC}。V_{LC} 的大小决定于信号电压 V·s。可见，采用 TFT 作有源矩阵驱动，可实现开关电压和驱动电压分开，从而可达到开关元件的开关特性和液晶像素的电光特性的最佳组合，可获得高像质显示。具体来说，三端子 AM 方式具有下列优点。

（1）每个像素在自身选择时间以外，一直处在电气切断的孤立状态，不受其他行选择信号的影响。从而解决了行间串扰问题，实现了高清晰度显示。

（2）基于上述原因，被记录在像素电容和储存电容上的电荷不能逃逸，因而具有电压保持的准静态驱动功能，可实现高亮度显示。

（3）由于是准静态驱动，对液晶响应速度的要求就放宽了，同时，由于电压保持特性提高了液晶驱动电压的有效值，因而也提高了液晶的响应速度。

（4）由于记录在某像素上的电压不影响同列其他像素，同列上各像素就可以独立设定信号电压，因而容易实现采用电调方式的灰度显示。

2. 非晶硅 TFT

无源驱动显示 LCD 或 OLED 通常只能同时显示 200 行以下，因此要显示更多的行数以达到高清晰度，就要采用有源驱动显示方式。

非晶硅薄膜晶体管技术是 20 世纪 70 年代提出的。经过各国科学家近 30 年的不懈努力，如今第七代以上液晶显示器（LCD）生产线已全部实现自动化，工业生产技术相当成熟，已经发展成为当今世界液晶显示器的主流产品，未来发展的目标是更大的屏幕尺寸和更低的生产成本。非晶硅 TFT 技术，其优点是制备工艺成熟，相对简单，成品率高，适合于大面积生产。其缺点是 TFT 只有 N 型器件，迁移率只有 $0.5\sim1.0\ cm^2/V_s$。因此，采用非晶硅 TFT 工艺，很难制备高性能、全集成的超薄型结构紧凑的显示器模块。非晶硅 TFT 技术不能用于高分辨率的有源驱动 OLED 显示屏。

3. 多晶硅 TFT

a-Si TFT 的主要缺点是迁移率低，原因是薄膜中硅粒很小，并且晶粒结构是随机的。如果使 a-Si 薄膜中的硅粒在高温下再结晶，使晶粒长大到微米以上量级，允许电子更加自由地流动，称为多晶硅 p-Si，它的迁移率为 a-Si 的 100 倍。

以处理时基片承受的温度不同，可将 p-Si 分为高温多晶硅（HTPS）和低温多晶硅（LTPS）。

（1）高温多晶硅（HTPS）

HTPS 要求特殊的基片材料，以防止在约 1000 ℃处理温度下熔化，通常采用昂贵的石英晶体，所以目前 HTPS 只应用于小于 3 英寸以下，如照相记录仪中的取景器、数字静物照相机和数据投影仪等少数显示设备中。

HTPS 在发展过程中曾出现过多种方案，下面分别进行介绍。

①激光退光。首先在石英衬底上用低压 CVD 方法，在衬底温度为 620 ℃左右生长一层数百纳米厚的小晶粒 p-Si。然后，将 p-Si 层光刻成小方块，每块面积略大于实际 TFT 的沟道面积。由于 Si 的热膨胀系数是 3.6×10^{-6} ℃，而石英为 0.4×10^{-6} ℃，两者相差很大，为了在 Si 再结晶后不出现裂缝，因此这个工艺是必要的。最后在 p-Si 上面热生长一层 SiO_2，温度约为 1000 ℃。

将连续谱 Ar 离子激光束聚焦在 p-Si 层上扫描，同时保持衬底温度为 350～500 ℃，小方块上沿宽度方向所有的 p-Si 同时熔化了，随着激光束向前扫描，熔化区的前沿逐步延伸，这就是激光退火。经过激光退火，Si 晶粒的平均尺寸可以达到几个微米，电子迁移率可以高达 $300 \ cm^2 \cdot V^{-1} \cdot s^{-1}$，且使每个 p-Si 孤岛在激光束扫描离开的边缘会有堆积物生成。为了解决这个问题，将各 p-Si 孤岛沿扫描方向两侧光刻成菱形，并且互相连接上，即可避免上述缺陷的出现。

激光退火后，用离子注入工艺在 Si 的小方岛上形成 p 型或 n 型沟道，但多数情况下采用 n 沟道，因为电子迁移率大于空穴迁移率，然后再用离子注入在 Si 岛上形成 n^+ 型源极和漏极引线区。可见激光退火后的后续工艺与标准的 p-Si 栅 n 沟道 TFI' 的工艺步骤一样。

②熔区再结晶法。将小晶粒 p-Si 淀积在石英上，再将石英衬底放在石墨基座上，用射频加热产生一条窄的高温区（1450 ℃，1～2 mm 宽），并且缓慢移动石墨舟。p-Si 层首先在高温区熔化，再在低温区冷却固化形成重结晶层。熔化与再结晶都是在氮气保护下进行的，再结晶后，Si 的晶粒达到数十微米到数百微米，这时 p-Si TFF 的平均电子迁移率为 $860 \ cm^2 \cdot V^{-1} \cdot s^{-1}$。

将各硅岛相互串联起来，则再结晶后的 Si 层晶向不是电子迁移率较小的（111）面，而是（100）面，并且可使漏极的 I_{off} 从 $2 \times 10^{-11} \ A/\mu m$ 降到 $1 \times 10^{-3} \ A/\mu m$。

以上两种方法都有温度达 1 000 ℃的工艺过程，所以必须采用昂贵的熔融石英做基片，因此未能获得广泛的应用。

（2）低温多晶硅（LTPS）

东芝公司花了 10 年时间开发 LTPS-TFT-LCD，其制作过程是以普通玻璃作为基片。首先在玻璃基片上形成 1 层 a-Si，然后采用激光热处理工艺将 a-Si 层转变为多晶硅 p-Si 层，生成较大和较不均匀的晶粒结构。由于激光热处理在生产环境中很难控制，特别是对于 4 英寸或更大尺寸的高清晰度显示器，必须精确控制激光功率、波形和发射的持续时间，所以目前只有少数厂家能够掌握这项技术。目前，日本已能生产 10 英寸以上的 LTPS-TFT-LCD。

LTPS 的优点是多方面的。

①由于采用了普通玻璃做基片，所以有可能做出 20 英寸以上的廉价高质量显示器。

②由于 LTPS 的电子迁移率很大，可达 $100 \ cm^2 \cdot V^{-1} \cdot s^{-1}$ 以上，因此可以在形成有源 FET 矩阵的同时，直接在玻璃基片上制作行－列驱动电路，使液晶片与外电路的连接线大大减少。由于排除了外面的行－列驱动芯片，可以将典型的 XGA 显示器中行－列显示连接件的数目从 4000 多个减少到 200 个。

③在 a-Si TFT-LCD 笔记本电脑中，故障通常是由于落物或其他意外产生的机械

应力引起驱动器IC芯片连接中断所致。LTPS排除了这种麻烦，因为驱动电路是直接装在玻璃上，不存在连接中断，所以LTPS屏的可靠性大大提高。

④LTPS的电磁辐射比a-Si显示器减少5 dB，在系统设计中控制电磁辐射是较容易的。

⑤LTPS显示器比a-Si屏更薄、更轻。

⑥LTPS显示器中全部驱动扫描线都只从显示器一边引出，所以可以采用狭窄的仪表前盖和三边自由的设计方案。

LTPS的这些优点，使设计工程师可以集中更多精力来增强系统的功能和改进美工设计，而不是只注意显示器的耐用性、辐射、尺寸和减轻重量等问题。

LTPS可以将行一列驱动电路直接集成在玻璃基片上，但要满足以下三个基本要求。

①与液晶像素单元串联的TFF的$I_{on}/I_{off} > 10^6$，$I_{off} < 5$ pA/cm。

②水平驱动电路要能工作于10 kHz频率下。

③列驱动电路的工作频率为十几兆赫兹。

对于上述①、②两项要求，一般的p-Si TFT能够满足要求，而第③点要求，则需要进一步增加沟道的电子迁移率。下面介绍早期的在低于600 ℃下制造的p-Si TFT LCD中周边集成电路的CMOS工艺（以示于图3-54的n沟道p-Si TFT为例）。

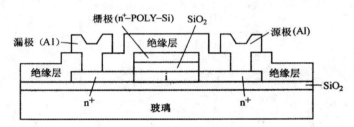

图3-54　一个n沟p-Si TFT的横截面（对于p沟，则将n$^+$区用p$^+$区代替）

①在550 ℃下，用低压化学气相沉积（LPVCD）法沉积一层150 nm的a-Si层，然后在600 ℃氮气下热处理20～24h，使a-Si层转变为p-Si，这时Si成为0.5 μm大小的柱状颗粒，这就是有源层。

②在500 ℃下，用大气压化学气相沉积一层100 nm的SiO$_2$层，这就是栅极的绝缘层。

③对于n沟TFT离子注入磷，以形成n$^+$的源与漏区。注入电压30 keV，掺杂浓度为5×10^{15} cm^{-2}，对于p沟，则注入硼，注入电压20 keV，掺杂浓度仍为5×10^{15} cm^{-2}。

④先沉积一层磷硅玻璃PSG（SiO$_2$+PH$_3$，600 nm），这是钝化层，然后在氮气下600 ℃加热退火20 h，以激活注入离子。

⑤为增加迁移率、减少阈值电压V_T和漏电流I_{off}，将p-Si TFT在氢等离子中钝化。实验发现，氢能穿过600 nm的PSG和100 nm的SiO$_2$，但是当n$^+$的p-Si厚度大于200 nm时，则穿不过，从而不能使p-Si有源层氢化，因此n+ p-Si栅的厚度必须小于100 nm。

一个CMOS反相器的截面图及其特性曲线如图3-55所示。反相器由p沟TFT和n沟TFT串联而成。它们的栅极接在一起，如输入高电平，上面p沟TFT不导通，下面n沟TFT导通，输出低电平；如输入低电平，上面导通，下面截止，输出高电平，完成反相器功能。与由两个n沟TFT构成的反相器相比，具有下列优点。

①CMOS反相器的输出电压高。

②CMOS反相器的小信号增益高。

有了反相器，再与n沟TFT、p沟TFT组合便可构成各种门电路。在TFTLCD周边电路中，主要使用移位寄存器和缓冲存储器。后者实际上就是反相器在输出端加一个储能电容，一个寄存器单元的原理图和驱动信号如图3-55所示。

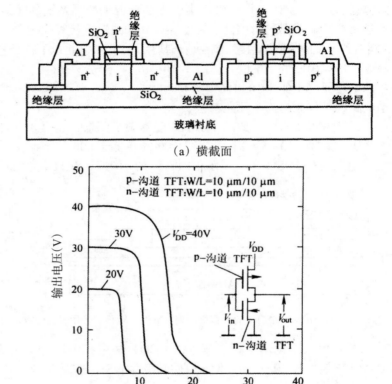

图3-55　CMOS反相器的横截面及其特性曲线

由图3-55可知，移位寄存器的输入端为两个并联的n沟TFT和p沟TFT，只要V_{cp1}和V_{cp2}不是零电平，不管输入信号正、负都可通过，经过一个倒相器，到达第二个门，它与输入门结构一样，只是由V_{cp2}和$\bar{V}_{cp2}$控制，再经一个倒相器输出，所以输入信号与输出信号是同相的。由时序图可知，输入信号的高电平由CP1的第二个脉冲触发才能通过第一个门，再由CP2的第三个脉冲触发才到达输出端，使输出信号比输入信号延迟了一个周期，多个移位寄存器单元串接便是多位移位寄存器。下面比较CMOS移位寄存器与NMOS移位寄存器的性能。

①工作频率主要受限于输入门的电容C_G（对于CMOS，每级为0.07 pF；对于NMOS移位寄存器，每级为0.17 pF）而不是负载电容C_L，因为C_L只有0.02 pF，所以

CMOS的工作频率可达1.25 MHz，已能满足数据驱动电路的要求，而NMOS的工作频率只有25 kHz。

②在小于46.8 kHz工作频率的情况下，CMOS的移位寄存器的总功耗只有10 pW，而NMOS的功耗是8 mW，前者小了3个数量级。在时钟为0.9 MHz、V_{DD}=20 V情况下，CMOS的功耗也只有160 μW。由上面讨论可知，为了集成周边电路于LCD基片上，必须采用p-Si，并且要采用CMOS结构才行。

在前述制造工艺中，使a-Si转化为p-Si在大生产中已用激光热处理代替。激光退火工艺不但快速、局部加热温度高，还可有选择性地进行，只是这是一项十分精细的技术。

对于有源矩阵本身，a-Si:HTFT的性能已经可以了，但对周边电路必须采用p-Si，为此有下列考虑。

①将整个基片用激光退火，使全部a-Si转变为p-Si，这种做法一方面没有必要，另一方面也会使生产率大大降低，影响产品成本。因此只要将周边电路的a-Si:H转变为p-Si即可，但对载流子迁移率大小起作用的只是紧靠绝缘层那部分有源层，所以只要将这个薄层a-Si多晶化就够了。

②在a-Si:H多晶化前应降低氢的浓度，否则在退火过程中会影响多晶化的进行。

③利用氩离子激光辐照a-Si:H可除氢。因它是多模，波长为488 mn和514.5 nm；利用XeCl激光可使a-Si转变为p-Si，因为它的波长短（308 nm），硅对其吸收系数大，可以在使a-Si多晶化过程中不影响玻璃基片。

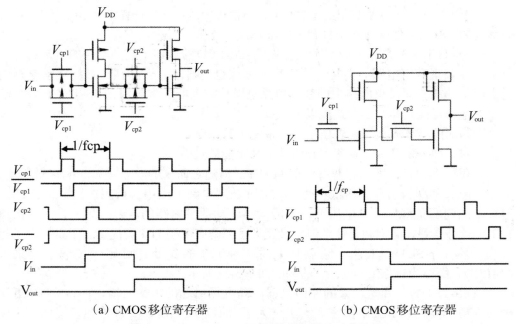

（a）CMOS移位寄存器　　　　　　　（b）CMOS移位寄存器

图3-56　CMOS和NMOS移位寄存器及时序脉冲

基于以上各点，设计了如图3-57所示的器件，称为逆向叠加p-Si和a-Si:H双结构TFT，只要在普通a-Si:TFT工艺中增加两次激光辐照工艺就能实现：

①在康宁7059玻璃衬底上，在150℃温度下溅射110nm厚度的Cr层，作为栅极。

②在衬底温度300℃下，用等离子CVD技术依次沉积350nm厚Si_3N_4作为栅极绝缘层，20nm厚a-Si:H薄层。

③用氩离子激光和XeCl激光对周边驱动器中TFT位置进行激光退火，前者用于减少a-Si:H中的氢浓度，后者用于使a-Si转变为p-Si，衬底玻璃置于x、y方向可移动机构，进行有选择性激光退火。

④用等离子CVD技术依次沉积200nm厚a-Si:H层（衬底温度为300℃）和35nm重掺杂a-Si层（衬底温度为240℃）。

⑤最后沉积Cr和Al膜，并光刻出电极。

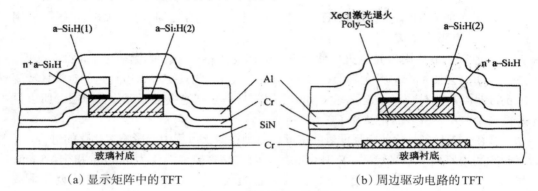

（a）显示矩阵中的TFT　　　　　　（b）周边驱动电路的TFT

图3-57　逆向叠加TFT结构

以上工艺过程中，最高温度是300℃，新器件中的场效应迁移率为$10\ cm^2 \cdot V^{-1} \cdot s^{-1}$，而常规的a-Si:H器件中迁移率只有$0.5\ cm^2 \cdot V^{-1} \cdot s^{-1}$。

LTPS-TFT工艺是在玻璃上实现全集成AM-LCD的最佳工艺，至今的全部努力还只集中在实现数字电路。但是为了实现灰度或全色显示，还必须在数据驱动电路中引入模拟功能，而模拟电路中的基本单元是运算放大器。常规的LTPS-TFT有两个缺点，即饱和特性差和I_{on}小，造成以下缺点。

①制成的运算放大器在电压增益和带宽上都不够。

②对于高分辨显示，在速率和驱动上都不能满足需要。

要获得大的I_{on}，可用超薄有源层的TFT，但随之而来的缺点是源、漏接触不良、串联电阻大和漏极击穿电压低；为了在高速数字电路上应用，可用短沟道p-Si TFF，但带来的问题是漏极击穿电压低，不能满足驱动数字电路的需要。另一方面厚沟道TFT工艺可得到好的饱和特性，但是又丧失了超薄有源层TFT的优点。于是提出了超薄高架沟道p-Si TFT工艺，它兼有上述两种TFT的长处，可用于玻璃上全集成AMLCD，简称为UT-ECTFT，它的剖面如图3-58所示。

LTPS-TFT的饱和特性差的原因是漏区高电场引起的雪崩倍增，而p-SiTFT近漏极处沟道中晶粒界面处陷阱密度大更增大了雪崩效应。所以要改善饱和特性，必须降低近漏极处场强和减少近漏极处沟道中晶粒界面的陷阱密度。

如图3-58（a）所示的结构是为了解决上述问题而设计的。器件具有超薄（30nm）的沟道区、厚的漏源区（300nm），而这两区通过轻掺杂n型区连接起来。实验证明，厚度大于20 nm的LTPS薄膜的晶粒界面陷阱密度近似为恒定，而陷阱密度的定义是沟道中总陷阱数与沟道面积之比，这意味着在厚度大于20 nm的LTPS膜中陷阱密度正比于膜厚，于是超薄LTPS膜20～30 nm将具有低的陷阱密度。

另一方面，在UT-ECTFT结构中，未掺杂的超薄沟道区是通过轻掺杂n型区与重掺杂厚的漏／源区连接的，这就形成了掺杂浓度渐变形式，使漏极结深大大增加，改善了击穿特性，而厚的漏／源区可获得良好的漏／源接触和减少串联电阻。

为了便于比较，在图3-58中画出了常规TFT和高架TFT的剖面图。

三种TFT的伏安特性曲线表明：

①UT-ECTFT的VDS-IDS特性曲线的饱和特性与常规厚沟道TFT的一样。对于p沟道，V_{DS}到30 V，对于n沟道，V_{DS}加到−20 V都不发生击穿现象。只是前者的I_{on}是后者的2～4倍；超薄沟道TFT的I_{on}与UT-EC TFT的一样，但是前者分别在V_{DS}=15 V(n沟) 和V_{DS}=−10V(p沟) 时就开始有击穿现象。

②n沟道UT-ECTFT的输出电压V0分别是常规厚沟道TFT和超薄沟道TFT的4倍和20倍；对于p沟道则为3.7倍和22倍。

③根据$A_v=r_0g_m=2r_0I/(V_{gs}-V_T)$，可求得n沟道UT-EC TFT的电压增益$A_v$分别是常规厚沟道TFT和超薄TFT的8倍和18倍，对于p沟道，则分别是15倍和20倍，式中g_m是跨导；V_T是阈值电压。

还有一些参数比较，列于表3-7中。

由表3-7可知，UT-EC TFT具有较高的μ_{FE}、较高的I_{on}/I_{off}和较低的阈值电压V_T。这主要是由于沟道中晶粒边界陷阱密度低，而高μ_{FE}、阈值电压V_T必然导致I_{on}大；UT-EC TFT的I_{off}低。因I_{off}的来源是由于晶粒边界陷阱中载流子的场发射，这类陷阱密度低了，必然会使I_{off}降低。

将驱动电路集成在液晶玻璃基片周

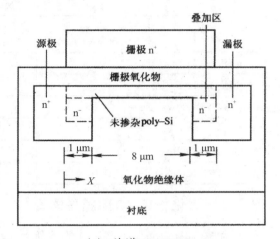

（a）n沟道UT-ECTFT

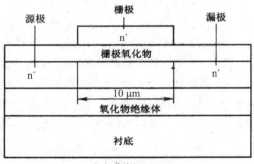

（b）常规TFT

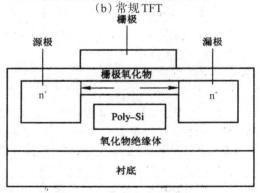

（c）高架TFT

图3-58　n沟道UT-ECTFT剖面图及常规结构TFT和高架TFT的剖面图

边的工艺已达到大生产水平，但是为了实现多层次、全彩色和高分辨图像的液晶显示，现有的p-Si TFT的工艺水平还是不够的，需要进一步提高，因此不断有新的工艺发明出来。期望将来能把更多的系统功能直接集成在液晶基片上，例如将触摸屏、照相机或语音识别技术直接集成在玻璃基片上，从而把整个系统放在一块玻璃上，这就需要微电子学和液晶显示两个领域的技术人员更进一步地密切配合。

表3-7 三种TFT的特性参数比较

器件名称	V_{th}(V) (100 nA×W/L)	μ_{FE} (cm²/V·s)	I_{OFF} (pA/μm)	I_{ON}/I_{OFF} (×10⁶)
n-UT-ECTFT	2.5	36	10.1	1.2
p-UT-ECTFT	−8	11	5.01	0.55
n-conv TFT(300Å)	2.5	36	10.1	0.78
p-conv TFT(300Å)	−8	11	8.95	0.31
n-conv TFT(1200Å)	3.2	23	32.8	0.26
p-conv TFT(1200Å)	−10.5	7	22.3	0.12

3.8 金属氧化物IGZO薄膜晶体管

近年来随着液晶显示器尺寸的不断增大、驱动电路频率的不断提高，现有的非晶硅薄膜晶体管的迁移率很难满足需求，非晶硅薄膜晶体管的迁移率一般在0.5 cm²·V⁻¹·s⁻¹左右，液晶显示器尺寸超过80英寸，驱动频率为120 Hz时，需要1 cm²·V⁻¹·s⁻¹以上的迁移率，现在非晶硅的迁移率显然很难满足。高迁移率的薄膜晶体管有多晶硅薄膜晶体管和金属氧化物薄膜晶体管，其性能的比较见表3-8所列。尽管对多晶硅薄膜晶体管的研究比较早，但是多晶硅薄膜晶体管的均一性差，制作工艺复杂；金属氧化物IGZO-TFT迁移率高、均一性好、透明、制作工艺简单，可以更好地满足大尺寸液晶显示器和有源有机电致发光的需求，备受人们的关注，成为最近几年的研究热点。

表3-8 非晶硅、多晶硅及非晶IGZO性能对比

薄膜晶体管	非晶硅	多晶硅	非晶IGZO
制作工艺温度(℃)	150～350	250～550	RT～350
迁移率(cm²/V·s)	<1	50～200	1～50
均一性	好	差	好
阈值电压漂移 I_{DS}=3 μA,0 khr	>30 V	<0.5 V	<1 V
可靠性	差	好	好
集成电路	不可以	可以	可以
显示模式	LCD/OLED	LCD/OLED	LCD/OLED/E-Paper
成本/产量	低/高	高/低	低/高

IGZO（Indium Gallium Zinc Oxide）为铟镓锌氧化物的缩写。非晶IGZO材料是到目前为止新一代氧化物薄膜晶体管（OTFT）中应用最广泛、也是最主流的沟道层

材料。其最早由日本东京工业大学的细野秀雄教授提出在TFT行业中应用，研究结果于2004年发表在《自然》杂志。在OTFT中，IGZO又比其他单体氧化物材料具有更好的迁移性能、更强的可调性和重塑性、更理想的一致性和表面光滑度，同时即使是低温工艺制作的IGZO也比其他单体氧化物材料在空气中更加稳定。本节将从晶格结构、材料性质、器件结构、制作工艺以及应用前景等方面介绍目前IGZO的研究进展。

3.8.1　晶格结构

单晶IGZO带隙宽度为3.5 eV，属于N型宽带隙半导体。如图3-59所示为InGaZnO$_4$晶体的晶格结构。它具有菱形六面体结构，属于R-3m空间群，晶格常数a=b=0.329 5 nm，c=2.607 nm，$\alpha=\beta=90°$，$\gamma=120°$。InO$_2^-$和GaO(ZnO)$^+$层沿〈0001〉轴方向交替堆积形成层状结构。在InO$_2^-$层，In^{3+}位于八面体位与6个氧原子配位；在GaO(ZnO)$^+$层，Ga^{3+}和Zn^{2+}位于三角双锥位，分别与5个氧原子配位。a-IGZO的短程有序结构和晶体InGaZnO$_4$类似。离子配位结构基本上也和结晶相类似，但是与InGaZnO$_4$相比，a-IGZO的平均配位数要少，所以a-IGZO的密度要小些。

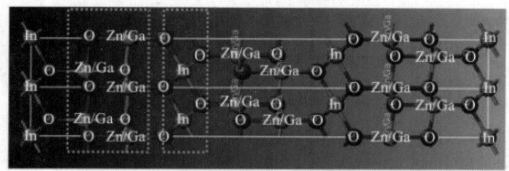

图3-59　InGaZnO$_4$晶体的晶格结构

3.8.2　材料性质

非金属氧化物IGZO中的In离子有利于提高材料的迁移率和器件开态电流；Ga离子可以抑制O空位的产生，减少材料缺陷，并会降低沟道电流，与In形成互补；Zn离子的稳定四面体结构使得IGZO形成稳定的非晶结构，提升器件的稳定性。

1. 材料的组成比例

前面提到IGZO中各元素离子的不同性质，不可否认的是，每种离子都对材料甚至器件的特性起着显著的作用。因此，有必要研究一个理想的材料组成比例。In离子对于迁移率和沟道电流有着显著的提升作用，但大量的In同样使得关态电流显著增大，造成器件的开关比降低；Ga离子可以有效抑制In的负面效应，但Ga本身是抑制沟道电流的，因此大量的Ga会造成器件的驱动能力下降；Zn离子不仅提升材料的稳定性，同时也使器件在线性区的性能更好，并能降低亚阈值摆幅，但过多的Zn会使材料晶化，晶化后的IGZO的性能将明显减弱。研究表明，最理想的比例是In∶Ga∶

Zn=37：13：50，实验中的比通常是2：1：2或4：1：2。

2. 稳定性

IGZO在可见光照射下具有很好的稳定性，并且其对光强并不敏感，但在低于420 nm的紫外光的照射下，其I-V曲线会产生大幅度漂移。最粗浅的解释认为IGZO的禁带宽度较小，高能紫外光的能量高于禁带宽度导致器件性能不稳定。但目前看来高能光影响器件稳定性的细节和机理都不十分清楚，科学家提出了许多解释模型，如高能光产生的空穴载流子的陷阱，高能光产生了电离的氧空位，氧分子的光解吸。此外，光稳定性受到了很多因素的影响，如器件结构、半导体和绝缘材料的成分、钝化处理的结果。因此，对IGZO光稳定性的研究还有待进一步的实施，同时这也是一个复杂的重要的系统研究。毕竟，作为透明器件，在实际应用中是很难避开光的影响的。

IGZO材料在空气中不稳定，对氧气和水蒸气很敏感。三星技术研究所在2010年透明金属氧化会议上公布了使用非晶金属氧化物IGZO作薄膜晶体管的研究成果，非晶金属氧化物IGZO-TFT制作的显示面板分别在干燥空气、潮湿空气和氮气中进行试验，发现在干燥空气环境中非晶金属氧化物IGZO面板的性能有所下降，在潮湿空气环境中非晶金属氧化物IGZO面板的显示质量严重恶化，在氮气环境中非晶金属氧化物IGZO面板的显示质量几乎没有改变。

在干燥空气和潮湿空气环境中，非晶金属氧化物IGZO面板显示质量下降的原因是氧气和水蒸气透过非晶金属氧化物IGZO上面的保护层，使非晶金属氧化物IGZO性能恶化，因此非晶金属氧化物IGZO-TFT需要高质量的非晶金属氧化物IGZO保护膜。

3. 弯曲性能

非晶金属氧化物IGZO-TFT具有很好的弯曲性能，可以用来制作柔性显示，同时还具有良好的电学性能和稳定性，在未来的柔性显示市场具有广阔的应用前景。

2010年台湾交通大学在SID发表了最新的弯曲性能研究成果，成果表明，曲率半径在40 mm以下时，非晶金属氧化物GZO的电学特性如I_{on}、I_{off}以及I_{GS}几乎不发生改变，展现出良好的弯曲性能，可以用来制作柔性显示。

3.8.3　器件结构

目前，金属氧化物IGZO-TFT最常见的结构主要有刻蚀阻挡型（Etch Stop Type）、背沟道刻蚀型（Back Channel Etch Type）类型，其结构特点如图3-60所示。

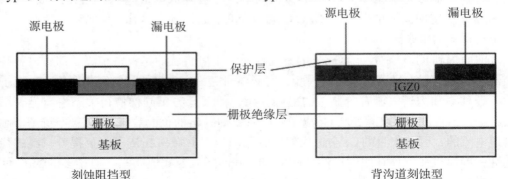

图3-60　IGZO-TFT结构

　　刻蚀阻挡型金属氧化物IGZO-TFT的制作工艺简单，金属氧化物IGZO上的刻蚀阻挡层，可以在形成源漏金属电极时保护金属氧化物IGZO层不被破坏，从而提高金属氧化物IGZO-TFT的性能，但是需要一次额外的光刻工艺形成刻蚀阻挡层，增加了金属氧化物IGZO-TFT的制作工艺流程。制作刻蚀阻挡层的材料一般是SiN_x，或者SiO_x。2010年索尼公司公布了一款采用刻蚀阻挡型制作的11.7英寸高清晰有源发光二极管显示器，表现出良好的显示性能。

　　背沟道刻蚀型薄膜晶体管是目前液晶显示器中采用的主流结构，制作背沟道刻蚀型金属氧化物IGZO-TFT的工艺流程比较简单，比刻蚀阻挡型少一次光刻，可以减少设备的投资，提高生产效率，与现在制作非晶硅薄膜晶体管的设备匹配性好，易转型，可减少设备投资。由于金属氧化物IGZO层没有保护层，在形成源漏金属电极时很容易对金属氧化物IGZO层造成破坏，从而损害了金属氧化物IGZO-TFT的性能，因此一般生产厂商不直接采用此种结构，但可以通过改变源漏金属电极沉积和刻蚀工艺来改善上述缺陷。2009年，Semiconductor Energy Laboratory公司在SID公布了一款4英寸使用背沟道刻蚀型制作金属氧化物IGZO-TFT的有源发光二极管显示器，展现出良好的显示性能。

1. 基板（衬底）

　　传统的半导体器件的衬底是硅，但由于IGZO可低温制备，同时又是柔性器件，玻璃甚至是纸都可成为衬底。当前的研究绝大多数是利用硅衬底进行的，也有部分利用玻璃的，有关纸衬底的相关报道还不多。不同的衬底性质也有差异，如纸本身相对硅晶片是一个成分复杂的物质，2011年发表的一篇关于纸上氧化物半导体技术的论文明确地指出了他们所用的防水纸含有2%的各种金属阳离子。

2. 绝缘层

　　绝缘层对于器件的稳定性和整体性能都至关重要。二氧化硅已经不再适合做IGZO-TFT的绝缘层，因为PECVD沉积二氧化硅的工艺温度要达到400 ℃，这个温度已经让IGZO的优势荡然无存。新的绝缘层不仅要求工艺温度低，还要有较短的成膜时间。绝缘层的主要性质是具有高的介电常数，以此来弥补器件中高密度的器件陷阱，降低亚阈值摆幅和操作电压。同时，许多高介电常数的材料禁带宽度较小，易造成器件夹断电压降低及漏极电流增加。目前较为流行的做法是将高介电常数的材料和宽禁带材料相结合。但混合的绝缘层中多有二氧化硅，在200 ℃以下的制备温度使二氧化硅的性能很差，原因可能是高能溅射使电子集中于有源层和绝缘层之间的界面导致电子轻易在漏源间运动。所以目前的研究多数仍然直接用二氧化硅作为绝缘层，同时满足性能和工艺要求的绝缘层还有待进一步的研究。

3. 钝化层

　　在半导体技术中，半导体和绝缘层的界面附近的电荷陷阱造成的阈值电压的漂移是器件主要的不稳定因素之一。实验证明，通过长时间的低温过热退火或制作钝化层可以有效降低电荷陷阱的影响，提高器件性能。同时，上文中提到IGZO对于氧气和水敏感，氧气易被IGZO表面的俘获导带电子所吸附，从而造成半导体中载流子浓度的变化。这一反应并不会直接影响到材料本身，但当与外界作用如潮湿、紫外线相结合时会对器件的性能造成严重损伤。另外，工艺过程中的溅射和一些其他步骤造成的污染同样会伤害到器件表面，影响器件性能。在Lee. etc的文章中专门介绍了工艺过程中的污染对器件的影响。文中提到器件表面主要的污染有衬底上的化学杂质、表面吸附、周围环境的化学吸附微小物质、空气和超纯水中的有机物质。上述问题都需要钝化层来解决。目前，主要的钝化层材料是二氧化硅（有的器件结构只有绝缘层，起到了绝缘层和钝化层的双重作用），但正如上文所述的二氧化硅的种种缺陷，加上二氧化硅还需真空环境，成本较高。最近有一种新材料Su-8被用作钝化层，其工艺采用低温（200 ℃）非真空技术，同时效果也要明显好于二氧化硅。

4. 电极

电极的材料主要集中在几种贵金属如Au、Ag等。目前电极所面临的问题主要有两个，一个是寻找理想的透明电极材料以及突破制造超薄透明金属电极的制作技术，二是寻找一种合适的氧化物电极材料，以进一步推进全氧化物器件的研究。

3.8.4 IGZO有源层的制备方法

1. 脉冲激光沉积

1960年世界上第一台激光器面世，这是20世纪科技发展史上的里程碑之一。在其众多应用中，人们想到利用激光的高能量将物质瞬间蒸发并沉积到衬底上。由此想法演变得到的技术即为脉冲激光沉积（Pulsed Laser Deposition，PLD）。

脉冲激光沉积技术从20世纪60年代出现，直到80年代随着准分子激光器研制成功后才真正得以发展。其原理是：一束激光通过透镜聚焦后打到靶材上，靶材原子迅速等离子化，被照射区域的物质会趋向于沿着靶材法线方向传输，最后沉积到前方的衬底上形成薄膜。通常为了优化薄膜生成条件、改善器件性能，往往在沉积氧化物时在真空腔内充入一定气压的氧气。

PLD的优点在于：①采用高能量、相干度好的紫外脉冲激光作为能源，污染小且易控制；②蒸发的靶材原子能量高，能精确控制其化学计量，从而靶材和薄膜的成分基本一致，因此特别适合制备高熔点、成分复杂的薄膜；③可控制沉积过程的气体组分，通过其对薄膜的反应控制薄膜生长、控制薄膜组分等。其缺点在于：对沉积薄膜的条件要求高，难以平滑地生长多层膜。

2. 溶液法

溶液法包括有机金属分解法和（Mental Organic Deposition，MOD）和溶胶凝胶法（Sol-Gel）。这两种方法的主要差别在于其起始原料和溶液调配方式不同。

有机金属分解法主要采用金属羧酸盐作为起始原料，即金属离子直接和碳链接，而非通过氧原子再与碳键合。

溶胶凝胶法最初由Ebelmen于1846年使用，于1971年开始蓬勃发展。溶胶凝胶法包括溶胶和凝胶两个步骤。

溶胶指溶胶值粒径为1～100 nm的粒子均匀散布在溶剂中时，在不考虑重力的情况下，在范德华力和分子表面电荷的作用下，粒子作布朗运动，均匀地分布在溶剂中。凝胶指分子单体经过凝胶化反应后，形成两个或两个以上的化学键，经缩合聚合形成半流动性的固体。通过溶液中前驱物进行水解、聚缩反应形成微小粒子，变成溶胶，微小粒子继续反应连接在一起，使溶胶凝固成凝胶。

溶胶凝胶法的优点是：原料纯度高、均匀、成分控制精确、镀膜速率快，可应用于大面积基板、常温沉积、设备不需要真空系统。

3.磁控溅射法及其原理

从IGZO用脉冲激光沉积得到后，由于其局限性，越来越多的研究者将目光投到磁控溅射工艺中来。磁控溅射的优点在于：沉积速度快，基片能保持较低的温度，对膜层的损伤小，工作气压低。缺点是溅射得到的靶材不均匀，而且无法正常溅射带铁磁性的样品。

磁控溅射的原理如图3-61所示，磁控溅射是建立在气体直流辉光放电的基础上的。例如在玻璃管中，板状平面电极之间的气体电离，管内形成一系列的亮区和暗区。其中两极板中的电压主要集中在靠近阴极的区域。磁控溅射过程中，在腔内充入惰性气体氩气，在极板间施加电压，就能使气体电离。在靠近阴极处的阴极放电区中，有大量电子碰撞气体原子，产生辉光放电。在电场作用下，腔内电子加速后与氩原子碰撞，电离出氩离子。氩离子在电场作用下与靶材中的原子发生碰撞，把靶材原子打到基片上，于是基片上形成该原子的薄膜。靶材原子不同，薄膜沉积速率差别很大。

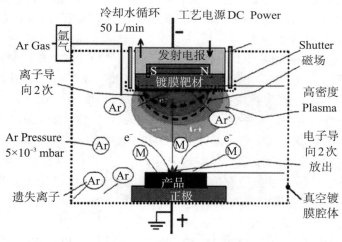

图 3-61 磁控溅射原理图

溅射采用磁控的原因：在电场作用下的电子，到达靶材所经过的路程很短，导致其与氩离子碰撞较少，打到基片上时速度较快致使基片有较高的温度。在磁场作用下，电子受洛伦兹力影响，在靶材周围作圆周运动。电子运动路程增加后，电离出来的氩离子数量也会增加，能提高溅射效率。而且电子在此期间不断与氩原子碰撞产生的氩离子并轰击靶材，最后能量不断下降，摆脱洛伦兹力的影响，离开靶材并落到基片上，这些能量接近耗尽的电子落在靶材上时，对基片温度的影响不大。

磁控溅射的应用范围非常广泛，包括金属、非金属、金属化合物、非金属化合物。

3.8.5　应用前景

目前，IGZO-TFT 材料及技术专利主要由日本厂商拥有，据估计夏普公司的 IG-ZO-TFT 技术领先同行业 1—2 年，并最先实现量产。夏普首款使用 IGZO 屏幕的 32 英寸显示器 PN-K321 在 2012 年 CES 上亮相，这款显示器采用 4K 分辨率。根据市场需求和技术发展现状分析，IGZO-TFT 有望在三年内成为主流产品，同时这一技术也是目前最适合发展 AMOLED 基板的技术。从这一趋势看，IGZO-TFT 技术在平板显示中的应用将会迅速推进。

现在全球面板巨头都在加速布局 Oxied 技术，三星、LGD、友达等液晶面板制造厂商都积极介入氧化物 TFT 技术的研发，专利申请量大幅增长。三星电子采用 IGZO-TFT 技术开发了 70 英寸液晶显示屏，驱动频率达到 240 Hz，解析度可以达到 4K×2K 水平，并支持专用眼镜的 3D 显示。从 2012 年开始，友达光电和奇美电子都将生产线改造为氧化物 TFT，并投入 IGZO 金属氧化物的研发，其中友达表现得更加积极，实现了在 2013 年陆续导入 10.1 英寸和 65 英寸 IGZO 高解析度平板电脑面板与电视面板生产，借此提高产品的附加价值。友达已经发布 65 英寸 4K×2K IGZO 超高解析液晶电视屏，其 6 代线和 8 代线都已经具备生产 IGZO 的能力，再加上大尺寸 IGZO 面板技术已臻成熟，未来友达将积极开发各类型 IGZO 面板。

在 2013 年 CES 展上，大量采用 IGZO-TFT 技术的显示产品也被推出。其中包括三星 85 英寸 4K×2K 超大液晶电视、夏普 85 英寸 8K 分辨率液晶电视、友达光电 65 英寸 4K×2K 电视。

在中国大陆地区，IGZO-TFT 技术也被广泛关注。2012 年 3 月，京东方研发成功了首块 a-IGZO-TFT 液晶屏，这是一块达到高清（HD）分辨率的 18.5 英寸液晶显示屏。同年 10 月，该公司成功研发出基于 IGZO 技术的 17 英寸 AMOLED 彩色显示屏，在第十四届高交会上，他们又展出了大陆第一款 65 英寸 4K×2K IGZO-TFT 液晶显示屏。2013 年，京东方将在重庆建设基于 IGZO-TFT 技术的 8.5 代面板生产线，目前该公司在氧化物半导体、AMOLED 领域的相关专利已超过 2 000 余项，居全球前列。与此同时，南京熊猫液晶显示科技有限公司、华星光电、彩虹（佛山）平板显示有限公司、广州新视界光电科技有限公司以及天马微电子等企业都在开发 IGZO-TFT 技术，为新显示产品的开发进行技术准备。

虽然 IGZO-TFT 技术因其固有的优点在大尺寸液晶显示和 OLED 面板显示产品中有巨大的应用前景，但要达到大规模产业化还存在一些技术改进，主要包含以下方面：改善 IGZO-TFT 的结构、优化薄膜质量、改善绝缘层与 IGZO 的界面以及退火条件、持续提升 IGZO-TFT 的性能，以及开发避免 IGZO-TFT 对空气中氧气和水汽敏感的保护层。

在平板显示产业的发展进程中，基于真空管技术的 CRT 显示技术已经完全被基于半导体技术的 TFT-LCD 显示技术所取代，技术的革新是应用要求不断升级推动的结果。基于硅材料的 TFT-LCD 由于本身技术局限性也无法完全满足日新月异的应用要求，跟踪技术发展趋势、选择具有更大成长空间的显示关键技术是产业持续发展的重要基础。

IGZO-TFT技术在目前作为主流的TFT-LCD显示技术和被誉下一代显示技术的OLED技术中都有巨大的应用价值，尤其是在大尺寸、超高清（UHD）、高像素密度和低功耗等领域都特别有优势，因此需要我们对IGZO-TFT技术给予更加深入的研究和关注，以缩短中国大陆与其他产业中心的差距。

3.9　液晶显示器的新进展

LCD具有很多优点，但它也具有视角各项异性和范围较小的弱点，对于灰度和彩色显示，视角大时还会发生灰度和彩色反转的现象。另外，LCD在用于电视机或多媒体时容易产生明显的拖尾现象。LTPS技术在液晶显示技术发展中的作用是巨大的，在3.7.2小节已介绍。本章从广视角技术、提供响应速度两方面来介绍LCD的新动向。

3.9.1　TFT-LCD的广视角技术

将CRT显示器与普通的液晶显示屏比较，会发现普通的液晶屏有两个较大的缺点。

（1）当从某个角度观看普通的液晶显示屏时，将发现它的亮度急速地损失（变暗）及变色。较旧型的液晶显示器通常只有90°的视角，也就是左/右两边各45°。但只要只有一位观看者的话，这个问题就不存在。而只要超过一位以上的观看者，如想要展示某个画面给客人看或是多人一起玩游戏机，大概只能一直听他们抱怨显示器的质量有多糟糕。

（2）影片及游戏中，快速地移动画面经常出现，但这样的需求却是响应时间慢的液晶显示器所无法提供的。太慢的响应时间会导致画面失真及次序错乱。最明显的例子就是股票市场中的交易显示器及游戏中飞机飞过村庄的画面，会出现图像拖沓及重影的现象。

当背光源的入射光通过偏极片、液晶及所谓的配向膜后，输出光便具备了特定的方向特性，也就是说，大多数从屏幕射出的光具备了垂直方向。假如从一个非常斜的角度观看一个全白的画面，我们可能会看到黑色或是色彩失真。这个效应在某些场合有用，但在大部分的应用上是我们不想要的。

液晶显示器产生视角的原因是什么呢？这得归咎于液晶分子的光学特性和排列方式。

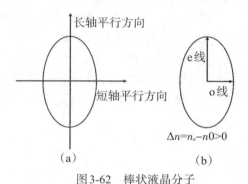

图3-62　棒状液晶分子

如图 3-62 所示，液晶分子的形状类似于一个被拉长了的橄榄球，所以又称为棒状液晶或者线状液晶，它跟大多数晶体一样都具有双折射率的特性，即光线进入液晶分子内部以后会被分成两条折射线。我们把遵守 Snell 定律的光线称为寻常光线（o光），不遵守 Snell 定律的光线称为非常光线（e光），在棒状液晶分子上的 o 光速度要比 e 光的快。因为折射率跟光速成反比，所以长轴方向的折射率要大于短轴方向的折射率，即双折射率 $\Delta n=n_e-n_o>0$，光学上把它称为正型液晶。

当入射光与液晶分子长轴方向成一定角度进入液晶时，液晶中光速的合成方向与液晶分子长轴的夹角将变小，即光线进入液晶分子之后，其方向将向液晶分子的长轴方向靠拢。

如图 3-63 所示，当被偏振片"过滤"后的直线偏振光进入液晶分子时，它的状态将按直线、椭圆、圆、椭圆、直线偏振光的顺序变化，偏光方向也发生变化。通过特殊的工艺把两块玻璃基板制成方向互相垂直的沟槽，灌入液晶后，液晶分子按照扭曲的方式排列，当扭曲螺距大于入射光波长时，入射光将被液晶分子"扭转"。最常见的 TN 模式液晶显示器就是利用液晶分子的上述光学特性，通过调制光线来达到显示图像的目的的。

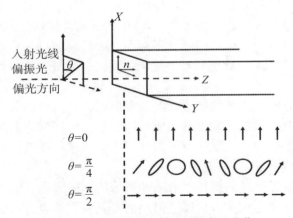

图 3-63　入射偏振光的偏振状态的变化

如图 3-64 所示，在平行于玻璃基板并按照扭曲向列排列的液晶分子两端加上偏振方向互相垂直的偏振片，在玻璃电极板未通电时，光线受到扭曲排列的液晶分子的"扭转"，顺利地通过两片偏振片。通电后，玻璃电极板之间的液晶分子的长轴将按照电场方向排列，即全部垂直于玻璃基板，这样光线将无法受到任何的"扭转"，偏振方向不会改变，所以不能通过第二块偏振片，也就无法到达用户的眼睛。通过控制玻璃电极板之间的电压来控制液晶分子长轴方向的改变幅度，从而调制光线通过的量，这样就可以显示不同灰阶的图像，配合彩色滤光片就可以还原彩色的画面了。

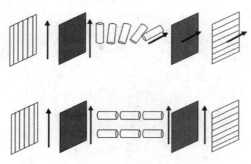

图3-64　TN模式液晶的原理

TN模式液晶利用液晶分子的光学特性来显示图像，但这种特性也正是导致TN模式液晶显示器可视角度狭窄的根本原因。我们看到，在显示不同灰阶的时候，液晶分子的长轴跟玻璃基板的角度是不一样的，用户从不同角度观看屏幕时，有时看到的是液晶分子的长轴，有时则是短轴。由于液晶分子在光学上表现为各向异性，我们在不同角度所看到的亮度就会不一样，这就是TN模式液晶显示器的视角依存性。

另外，理论上，在玻璃电极板通电时，光线透过垂直于基板的液晶分子后是无法穿透第二块偏振片的，但实际上此时若在某些特定角度范围内会看到液晶分子的长轴，即该角度上的透光率反而增加了，这样低灰阶的画面看上去可能比高灰阶的亮度还高，这就是TN模式液晶显示器所固有的灰阶逆转现象。

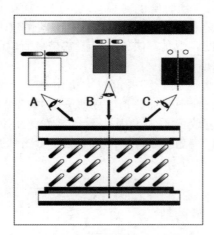

图3-65　液晶视角产生的原因

如图3-65所示，在B处正视屏幕看到的是正常的中灰阶画面，而在A或者C处看到的却是高灰阶和低灰阶，这样所看到的画面其灰阶也随观看角度不同而渐变。

从视角特性图我们可以看出，TN模式液晶的视角特性很不均匀，其垂直方向的视角远比水平视角要差，而且在屏幕下方较大的角度范围内都会看到灰阶逆转，如图3-66所示。

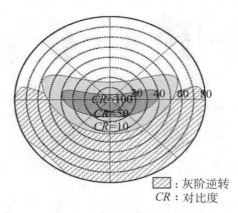

□：灰阶逆转
CR：对比度

图3-66 TN模式液晶的视角特性

目前全球只有10来家厂商有能力进行液晶面板的规模生产，这些厂商主要集中在我国台湾省、韩国和日本三地。不过大多数厂商仅仅是液晶面板代工制造商，他们大部分的技术来自于其他厂商的授权，其中比较知名的有富士通Fujitsu的MVA技术、日立Hitachi的IPS技术等。这么多新技术中，大部分是以改善视角为主要对象，而色泽的表现、对比度的提高等也都包含在这些技术之中。

1. TN+Film（TN+视角扩大膜）

有了在上层表面的一层膜就可以增加视角。从技术的观点来看，TN+Film是广视角技术中容易实现的方法。液晶显示器的制造商使用较成熟的标准TFT-Twisted Nematic（扭转向列式）液晶。一层特殊的薄膜（转向膜）加在面板的上表面就可以将水平视角从90°改善到140°。但是，低对比及响应速度慢这两大问题依旧无法改善。TN+Film法也许不是最佳的广视角解决方案，但它是最简单的方法，并且良品率极高（几乎与标准TFT-TN一样）。

TN+Film（TN+视角扩展膜）广视角技术仍然基于传统的TN模式液晶（如图3-67所示），只是在制造过程中增加一道贴膜工艺，可以沿用现有的生产线，对TN模式液晶Panel的生产工艺改变不大，因此不会导致良品率下降，成本得到有效控制。由此可见，TN+Film广视角技术最大的特点就是价格低廉、技术准入门槛低、应用广泛。

补偿薄膜

TN盒

补偿薄膜

图3-67 TN+Film的光学原理

由于 TN 模式液晶显示器在加电后呈暗态，未加电时呈亮态，因此它属于 NW（Normal White 常亮）模式液晶。当由于各种因素造成某些像素上的 TFT（薄膜晶体管）损坏时，电压就无法加到该像素上，这样该像素上的液晶分子无法得到扭转的动力，在任何情况下光线都将穿透液晶盒两端的偏振片使该像素永远处于亮态，这就是我们常说的"亮点"。TN+Film 模式的广视角技术没有对此进行任何改进，所以仍然存在亮点较多的问题。TN+Film 广视角技术被广泛应用于主流液晶显示器。应用 TN+Film 广视角技术的液晶显示器除了在视角上比普通 TN 液晶显示器有所进步之外，TN 模式液晶的其他缺点如响应时间长、开口率低、最大色彩数少等等也毫无遗漏地继承了下来。虽然通过精密的扩展膜可以有效提高可视角度，但由于扩展膜毕竟是固定的，不能对任意灰阶、任意角度进行补偿，所以总体来说，TN+Film 还是不够理想，TN 模式的液晶显示器所固有的灰阶逆转现象依旧存在。充其量它只是一种过渡性质的广视角模式。

虽然 TN+Film 广视角技术效果有限，但并不代表视角补偿膜就是一种落后技术，相反，视角补偿膜在各种模式的液晶显示器下均有关键性作用。事实上，不同模式的液晶显示器都会因为液晶分子的状态不同而衍生出不同的光学畸变，要实现完美的视角特性，光学补偿膜必不可少。为了达到更好的补偿效果，一种利用液晶聚合物（LCP）取向性来设计的光学补偿膜已经开始实用化。要实现良好的可视角度，跟合理的液晶模式设计和精密的视角补偿膜是分不开的。

TN+Film 广视角技术是基于 TN 液晶显示器的改进技术，液晶分子的排列还是 TN 模式，运动状态仍然是在加电后由面板的平行方向向垂直方向扭转。它是采用双折射率 $\Delta n < 0$ 的透明薄膜来补偿由于 TN 液晶盒（$\Delta n > 0$）造成的相位延迟以实现广视角的目的，所以这个 Film 又称为相差膜或者补偿膜（也有视角拓宽膜之称）。相差膜是将透明薄膜经过拉伸等处理后做成预定形变的构件。

如图 3-67 所示是补偿膜的补偿原理图。补偿膜并不只贴在液晶面板表面侧，而是液晶盒的两侧，当光线从下方穿过补偿薄膜后便有了负的相位延迟（因为补偿薄膜 $\Delta n < 0$），进入液晶盒之后由于液晶分子的作用，在到液晶盒中间的时候，负相位延迟与正延迟抵消为 0。当光线继续向上进行又因为受到上部分液晶分子的作用而在穿出液晶盒的时候有了正的相位延迟，当光线穿过上层补偿薄膜后，相位延迟刚好又被抵消为 0。这样用精确的补偿薄膜配合 TN 模式液晶可以取得很好的改善视角效果。

2. IPS （In-Plane Switching or Super-TFT）平面控制模式广视角技术

IPS 起初是由 Hitachi 所发展，但现在 NEC 及 Nokia 也采用这项技术。IPS 与使用 TN+Film（扭转向列液晶+视角扩大膜组合）技术不同的地方是液晶分子的对准方向平行于玻璃基版。使用 IPS 或 Super TFT 技术可以使视角扩大到 170°，其结构如图 3-68 所示，就如同 CRT 监视器的视角一样好。但是这项技术也有缺点，因为液晶的对准方向，使得它的电极只能置于两片玻璃板中的其中一边，而不像 TN 模式一样。这些电极必须制作成像梳子状地排列在下层的表面。但是这样做会导致对比度降低，因此必须加强背光源的亮度。IPS 模式的对比度及响应时间与传统的 TFT-TN 比较起来并无改善。

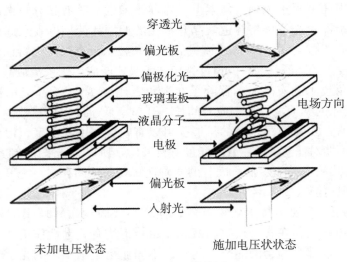

In-Plane-Switching Mode LCD
Norrnally Black Mode

穿透光

偏光板

偏极化光

玻璃基板

液晶分子

电极

电场方向

偏光板

入射光

未加电压状态   施加电压状状态

图 3-68　IPS 结构图

跟 MVA 广视角技术一样，IPS（In Plane Switching）模式的广视角技术也是在液晶分子长轴取向上做文章，不同的是应用 IPS 广视角技术的液晶显示让观察者任何时候都只能看到液晶分子的短轴，因此在各个角度上观看的画面都不会有太大差别，这样就比较完美地改善了液晶显示器的视角。

第一代 IPS 技术针对 TN 模式的弊病提出了全新的液晶排列方式，实现较好的可视角度。第二代 IPS 技术（S-IPS 即 Super-IPS）采用人字形电极，引入双畴模式，改善 IPS 模式在某些特定角度的灰阶逆转现象。第三代 IPS 技术（AS-IPS 即 Advanced Super-IPS）减小液晶分子间距离，提高开口率，获得更高亮度。

目前而言，IPS 在各个方位都有着最好的可视角度，而不像其他模式那样只是在上下左右四个角度上视角特别突出。应用 IPS 技术的液晶显示器在左上和右下角 45°会出现灰阶逆转现象，这种可以通过光学补偿膜改善 IPS 广视角技术也属于 NB 常黑模式液晶。在未加电时其表现为暗态，所以应用 IPS 广视角技术的液晶显示器相对来说出现"亮点"的可能性也较低。跟 MVA 模式一样，IPS 广视角的暗态透过率也非常低，所以它的黑色表现是非常好的，不会有什么漏光。

IPS 一个最大特点就是它的电极都在同一面上，而不像其他液晶模式的电极是在上下两面，因为只有这样才能营造一个平面电场以驱使液晶分子横向运动。这种电极对显示效果有负面影响：当把电压加到电极上后，近电极的液晶分子会获得较大的动力，迅速扭转 90°是没问题的。但是远离电极的上层液晶分子就无法获得一样的动力，运动较慢。只有增加驱动电压才可能让离电极较远的液晶分子也获得不小的动力。所以 IPS 的驱动电压会较高，一般需要 15 V。由于电极在同一平面会使开口率降低，减少透光率，所以 IPS 应用在 LCD TV 上会需要更多的背光灯。如图 3-68 所示，细条型的正负电极间隔排列在基板上，有些类似于早期的VA模式液晶。把电压加到电极上，原来平行于电极的液晶分子会旋转到与电极垂直的方向，但液晶分子的长轴仍然平行于基板，控制该电压的大小就把液晶分子旋转到需要的角度，配合偏振片就可以调制极化光线的透过率，以显示不同的色阶。IPS的工作原理有些类似于TN模式液晶，不同的是IPS模式的液晶分子排列不是扭曲向列，而且其长轴方向始终平行于基板。

3. MVA（Multi-Domain Vertical Alignment，多畴垂直取向）

富士通公司发明的MVA技术解决方案，可以获得160°的视角，而且，也可提供高对比度及快速响应的优秀表现。

顾名思义，MVA模式的液晶显示器，其液晶分子长轴在未加电时不像TN模式那样平行于屏幕，而是垂直于屏幕，并且每个像素都是由多个这种垂直取向的液晶分子畴组成。如图3-69所示，当电压加到液晶上时，液晶分子便倒向不同的方向。这样从不同的角度观察屏幕都可以获得相应方向的补偿，也就改善了可视角度。在未进行光学补偿的前提下，MVA模式对视角的改善仅限上下左右四个方向，而其他方位角视角仍然不理想。如果采用双轴性光学薄膜补偿，将会得到比较理想的视角。

尽管在某个特殊方位以很大的角度观察屏幕还可能会看到灰阶逆转的现象，但总的来说，MVA广视角模式已经很大程度解决了TN模式的这一痼疾。由于这种模式的液晶显示器在未受电时，屏幕显示是黑色，所以又叫作NB（Normal Black，常黑）模式液晶显示器，这种方式有一个最大的好处就是当TFT损坏时，该像素则永远呈暗态，也就是我们常说的"暗点"。虽然它也属于"坏点"，不过相对TN模式上常见的"亮点"来说，"暗点"要更难发现，也就是说对画面影响更小，用户也较容易接受。

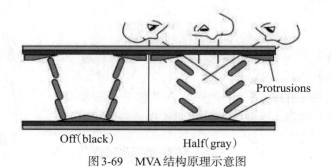

Protrusions

Off（black）　　Half（gray）

图3-69　MVA结构原理示意图

MVA模式由于液晶分子的运动幅度没有TN模式那么大，相对来说加电后液晶分子要转动到预定的位置会更快一些，而且在近电极斜面的液晶分子在受电时会迅速转动，带动离电极更远的液晶分子运动。因此，改变液晶分子的排列后的MVA广视角技术有利于提高液晶的响应速度。

液晶分子垂直取向意味着Panel两端的液晶分子无须平行于Panel排列，也就是说MVA在制造上不再需要摩擦处理，提高了生产效率。配合光学补偿膜后的MVA模式液晶显示器正面的对比度可以做得非常好，即使要达到1000∶1也并不难。遗憾的是MVA液晶会随视角的增加而出现颜色变淡的现象，如果以色差变化来定义可视角度的话，MVA模式会比较吃亏，但总的来说它对于传统的TN模式还是改进比较大。

MVA模式并不是完美的广视角技术。它特殊的电极排列让电场强度并不均匀，如果电场强度不够的话，会造成灰阶显示不正确。因此需要把驱动电压增加到13.5 V，以便精确控制液晶分子的转动。另外由于它的液晶分子排列完全不同于传统的TN模式，在灌入液晶时如果采用传统工艺，所需要的时间会大大增加，因此现在普遍应用一种称为ODF的高速灌入工艺，因此综合来看，相对于传统的TN模式液晶，MVA的成本有所提高。

MVA广视角技术原理分析：TN模式液晶显示器视角狭窄的主要原因是液晶分子在运动时长轴指向变化太大，让观察者看到的分子长轴在屏幕的"投影"长短有明显差距，在某些角度看到的是液晶长轴，在另一些角度则看到的是短轴。VA模式则可改善这种液晶工作时长轴变化的幅度，VA即Vertical Alignment（垂直取向）。

如图3-70所示，依然叫作Protrusion的屋脊状凸起物来使液晶本身产生一个预倾角（Pre-tilt Angle）。这个凸起物顶角的角度越大，则分子长轴的倾斜度就越小。早期的VA模式液晶凸起物只在一侧，后期的MVA凸起物则在上下两端。

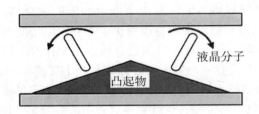

图3-70　垂直取向原理

如图3-71所示是一种双畴VA模式液晶。未加电时，液晶分子长轴垂直于屏幕，只有在近凸起物电极的液晶分子略有倾斜，光线此时无法穿过上下两片偏光板。当加电后，凸起物附近的液晶分子迅速带动其他液晶转动到垂直于凸起物表面状态，即分子长轴倾斜于屏幕，透射率上升从而实现调制光线。

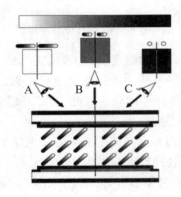

图3-71　通断电时液晶分子的排列情况

在这种双畴模式中相邻的畴分子状态正好对称，长轴指向不同的方向，VA模式就是利用这种不同的分子长轴指向来实现光学补偿。如图 3-71 所示，在 B 处看到的是中灰阶，在 A 和 C 处能同时看到的高灰阶和低灰阶，混色后正好是中灰阶。

当把双畴模式液晶中的直条三角棱状凸起物改成 90° 来回曲折的三角棱状凸起物后，液晶分子就可巧妙分成四个畴，也即多畴模式。四畴模式液晶在受电后，A、B、C、D 各畴的液晶分子分朝四个方向转动，这就对液晶显示器的上下左右视角都同时补偿，因此 MVA 模式的液晶显示器在这四个方向都有不错的视角。基于这样的补偿原理，可以更改凸起物的形状，用更多不同方向的液晶畴来补偿任意视角可以取得很好效果。

要改善液晶显示器的视角依存性，必须采用相应的技术手段降低或者消除这些由于液晶分子固有的光学特性对显示效果的负面影响。一些简单的处理方法对改善视角也是颇有成效的。比如说，在背光模块之后采用一纵一横的两块棱镜玻璃板来聚光，把面光源转成线光源再聚成点光源直射入液晶盒，这种准直背光源对提高对比度和可视角度皆有帮助。

3.9.2 提高响应速度

随着显示信息档次的提高，如何适应视频动态图像显示是 LCD 面临的大问题。

TN-LCD 的响应时间可表示为

$$\tau_r = 4\pi\eta d^2(\varepsilon_0\Delta\varepsilon V^2 - 4\pi^3 K)$$
$$\tau_d = \eta d^2 / K\pi^2 \tag{3-40}$$

式中，η、d、K 分别是扭曲黏滞系数、液晶盒厚度和扭曲弹性常数。为了降低 τ_r 和 τ_d，降低液晶材料的扭曲黏度和减薄液晶盒厚度是很有效的。在 TN 型 AM-LCD 中，已将 d 缩小至 2 μm，可以获得几毫秒的高速响应，但是在灰度级之间的转变要比黑白间的转变慢得多。例如，无源 TN-LCD 中黑白间的转换时间不足 100 ms。减小 d 可达几十毫秒，而灰度级间的转换时间远大于 100 ms，这是 TN 液晶中背流效应造成的。

（1）TN 液晶中的背流效应

设 TN 液晶盒上、下基板内表面施加了反平行摩擦处理，初态为加有电压的透明状态，如图 3-72（a）左所示。当外电压改变时，光透射率的变化是相当慢的。如图 3-72（a）中间所示，随着外电压的去掉，液晶中将产生背流。背流的方向①和液晶分子在外电场去掉后，旋转到自然态的方向是相反的，即背流的存在阻碍了液晶分子的再排列，造成了响应速度很慢。

（2）弯曲向列液晶

弯曲向列液晶的分子排列如图 3-72（b）所示，左边的图表示在外电场作用下，处于透明状态。撤去外电场后，液晶分子重新排列，也产生背流，但背流的方向与液晶分子旋转的方向是一致的，如图 3-72（b）中间所示。因此响应速度变快，即使是灰度级之间的转换也可实现 10 ms 以下的高速响应。

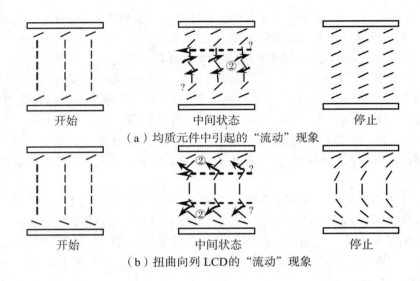

（a）均质元件中引起的"流动"现象

（b）扭曲向列 LCD 的"流动"现象

图 3-72　TN-LCD 与展曲向列液晶中的背流效应

（3）液晶取向状态的自由能

弯曲排列的向列液晶在液晶厚度方向上的上半部与下半部对称地取向，在光学上是"自补偿"的，在电光响应特性上，由于背流效应的协助，分子重新排列的速度快。所以兼有宽视角和高响应速度两大优点。

为实现液晶盒中液晶分子的弯曲排列，两基板被作平行摩擦处理，并且在上、下基板内表面上液晶分子的预倾角相等，但方向相反。预倾角太小，则即使加上足够的外电压，取向状态也不会改变，液晶分子整体作展曲排列。只有当预倾角较大时，液晶分子才会随外电压从弯曲排列转变到沿电场排列。

从液晶斜键自由能计算可知，从电压为 0 V 到某个转变电压，展曲取向比弯曲取向的自由能小，在该范围内，展曲取向是稳定的；而超过转变电压后，弯曲取向比展曲取向的自由能小，在该范围内，弯曲取向是稳定的。这两种取向在拓扑学上是不同状态，不能依靠连续的变形来实现，互相转变时需越过一定势垒，因此，从展曲取向向弯曲取向转变时需要一定的时间（为几十秒到数分钟）。因此，当使用弯曲向列液晶的显示器时，需要启动时间，现在已有一系列措施（如在液晶层加高分子网络、降低弯曲取向自由能等）解决此问题。

要实现高速工作，可以从降低液晶材料的黏度系数和液晶盒的厚度着手，但是改变液晶取向模式，即采用弯曲取向代替扭曲取向的 OCB 模式可以从本质上改善响应特性。当然，具有高速响应特性的铁电液晶从理论上讲是最适合用于高速工作的 LCD，但是其工艺的困难，使产品的开发速度远远落后于采用向列液晶的显示器。有一种场序彩色 LCD 发展很快，不需用滤光片，由一个 OCB 液晶盒和 R、G、B 三个背光源组成，具有高透过率和高分辨力的特点，但要求液晶的响应时间短到 2～3 ms。

总的来说，提高 LCD 的响应速度要从液晶的材料、工艺和驱动三方面联合着手：减小液晶材料的黏滞系数；减小液晶单元盒的间隙距离；增加驱动电压；提高介电常数。但是，黏滞度与色彩是矛盾的，若液晶黏稠，色彩就鲜艳，但响应速度降低；而液晶稀薄，响应速度就快，但色彩会变淡。

一般常用LCD的液晶单元盒厚d=2～10 μm。减少d，在同样驱动电压下，电极间电场强度变强，响应速度变快。但是d受到工艺条件的严格限制，不能过小。介电常数的增大，会起着等效增大极间电场的作用，但是改变液晶材料的介电常数是很困难的。所以增加驱动电压是最常用的方法，但增加驱动电压会缩短LCD的寿命。可以采用过驱动技术来解决这个矛盾，即在寻址电极打开时的瞬间，使电压迅速提高，以实现液晶分子的快速启闭，这种措施对提高中间色调的响应时间最有效。

3.9.3　倍频插帧技术

运动图像拖尾现象是液晶电视的先天痼疾，难以彻底、有效地消除。尽管一直以来国内外各大平板电视生产厂家都在积极探索有效解决途径，先后采取了各种各样的技术措施，譬如2004—2005年致力于缩短黑白响应时间；2005—2006年转向灰阶响应时间"超频"，用过驱动技术将灰阶响应时间降至4 ms、2 ms，甚至1 ms；2007年随之兴起100 Hz /120 Hz技术+MEMC技术，有效地改善了实际动态清晰度，但是依然不能根除液晶电视的拖尾现象。

所谓100 Hz /120 Hz技术，其实就是对电视图像信号进行倍频插帧的一项技术，即将原50～60 Hz场频改变为120 Hz。具体措施可以是"插场"技术方式，也可以以"插频"的技术方式实现。前者是在原图像的画面中插入无图像的黑场或灰场，以增加场频，而后者是依据画面场景内容以及前后图像的相关性，选取关联点进行动态点对点像素预估，重新产生一幅亮度、对比度和连续性更为精确的智能画面，插进前后图像之间，使场频提高一倍。

100 Hz/120 Hz技术分别对应PAL/NTSC制式场频。场频（Vertical Scanning Frequency）又称为"垂直扫描频率"，是指每秒钟屏幕刷新的次数，单位是Hz。目前，全球范围内的电视制式主要有PAL、NTSC和SECAM这三大类，其中PAL制式是我国和欧洲的广播电视标准制式，标准的电视信号格式是每秒25帧画面，每帧画面由电视机按照奇数行和偶数行分2场扫描，因此电视机要在1秒钟内扫描50场图像，即50 Hz。在NTSC制式中，电视信号则包含了每秒30帧的画面，电视机按照每秒60场，即60 Hz的频率进行图像还原。

要实现真正的100 Hz /120 Hz技术，需要从软、硬两个指标上入手。在100 Hz /120 Hz技术发展过程中，曾先后出现过简单倍场、插黑场、插灰场、动态GAMMA等技术。严格来说，这些技术都不能很好地改善运动模糊，更未能解决运动的抖动问题。现在国内外不少厂家应用的100 Hz /120 Hz技术，同时配载了120 Hz液晶屏、MEMC芯片电路，通过一系列精确运算，智能生成过渡帧，将液晶电视的50 Hz刷新率提升至100 Hz，或将60 Hz的刷新率提升至120 Hz，从而有效地改善了运动画面播放时的残影、拖尾，基本上能达到清晰流畅的播放效果。

参考资料

[1] 应根裕，胡文波，邱勇，等.平板显示技术.北京：人民邮电出版社，2002

[2] 毛学军.液晶显示技术.北京：电子工业出版社，2008

[3] 应根裕，屠彦，万博泉，等.北京：平板显示应用技术手册，2007

[4] 高鸿锦，董友梅.液晶与平板显示技术.北京.北京邮电大学出版社，2007

[5] 堀 浩雄，铃木幸治.彩色液晶显示.北京.科学出版社，2003

习题③

3.1　简述液晶的分类以及各自的特点。

3.2　请描述液晶的三种形变及其特点。

3.3　液晶具有双折射性的特点，对于正性液晶其 n_e 和 n_o 的关系是怎样的？

3.4　构成液晶显示器件不同模式的因素主要有哪些？

3.5　试比较TN模式和STN模式的特点。

3.6　试分析液晶的主要模式中，哪些模式本身会有颜色，哪些没有。

3.7　试简述液晶的无源矩阵驱动中产生交叉效应的原因以及交叉效应对显示的影响。

3.8　非晶硅TFT和多晶硅TFT的主要区别是什么？

3.9　液晶产生视角的原因是什么？

3.10　广视角技术主要有哪些？简述各自的原理。

3.11　提高响应速度有哪些措施？

3.12　什么是倍频技术？

第四章 发光二极管（LED）

4.1 概述

4.1.1 发光二极管

发光二极管（Light Emitting Diode，LED）是一种由半导体制作的二极管，也是一种电-光转换型固体显示器件。它是由 P 型半导体和 N 型半导体相连接而构成的 P-N 结结构。在 P-N 结上施加正向电压时（P 型接正，N 型接负），就会产生少数载流子的注入，少数载流子在传输过程中不断扩散、不断复合而发光。利用 P-N 结少数载流子的注入、复合发光现象所制得的半导体器件称为注入型发光二极管。使用不同的半导体材料，我们可以得到不同波长的光。在发光二极管中，辐射可见光的称为可见光发光二极管。可见光发光二极管主要应用于显示技术领域。而辐射红外光的称为红外发光二极管，它主要应用于光通信等情报传输和情报处理系统。

可见光 LED，作为平板显示器件是一种主动发光的小型固体发光器件。与其他的平板显示器件如 LCD、PDP、ELD、VFD 以及 CRT 等显示器件相比，它具有独特的优点；亮度高，GaAlAs 红色 LED，液相外延双异质结结构的发光二极管，外部量子效率高，发光强度可高达 $3000 \sim 10\ 000\ \mathrm{cd/m^2}$，GaP 绿色的 LED 可达 $400 \sim 8000\ \mathrm{cd/m^2}$，GaAsP 黄色、橙色的 LED 达 $3000\ \mathrm{cd/m^2}$，可靠性高，驱动电压低（约 2 V），寿命长，响应速度快，工作温度范围放宽，便于分时多路驱动。

LED 的缺点是电流和功耗大，平均每一个小发光组件的功耗在数毫瓦至数十毫瓦之间。但是，与先前的真空管球形显示器件相比，其功率已得到了很大的改善。另外，它的发光光谱窄（久视易疲劳），又受单晶尺寸的限制，因此大面积显示需要采用拼接的方法。

LED 具有可靠性高的优点，使得它显示出更大的优越性。为此，在平板显示器件中占有了重要的一席之地。LED 从 1968 年问世以来，先是用作指示器、指示灯，继而发展到小尺寸或低分辨率的矩阵显示，用作停车灯和闪光灯信号、汽车刹车信号灯（高亮度 LED）、室内外信息牌、广告牌以及交通用信号警灯等。发光二极管还可用作功能配件，如办公自动化设备、遥控仪器和摄像机中自动聚焦装置上的灯源等。

LED 的产品形式有：单管式笔画型、矩阵型、矩阵模块等。按发光色又可分为单色、红色、绿色显示。采用拼接方式可制作大面积显示墙，现已得到广泛应用。

4.1.2 发光二极管的开发经历及今后展望

LED的注入型发光现象是1907年H. J. Round在碳化硅晶体中发现的。1923年O. W. Lossew在SiC的点接触部位观测到发光，从而使注入型发光现象得到进一步确认。1952年J. R. Haynes等在锗、硅的P-N结，以及1955年G. A. Wolff在GaP中相继观测到发光现象。一般认为，至此为LED的萌芽期。

20世纪60年代可以说是基础技术的确立时期。从1962年Pankove观察到GaAs中P-N结的发光开始，相继发表关于GaAs、GaP、GaAsP、ZnSe等单晶生成技术、注入发光观象的大量论文，1968年GaAsP红色LED灯投入市场，1969年R. H. Saul等人发表GaP红色LED的外部发光效率达7.2%，从此实用化的研究开发加速展开。

此后，在20世纪七八十年代，由于基板单晶生长技术、P-N结形成技术、元件制造、组装自动化等技术的迅速进步，从红色到绿色LED的发光辉度也达到较高的水平，从而使高质量的各种显示灯、数字显示元件、符号显示元件等以平稳的价格不断提供市场。近年来，采用高辉度红色、绿色LED的平面显示元件已广泛用于各种信息显示板。对于最难实现的蓝色LED，采用了SiC，数年前也达到了实用化，已有显示灯产品供应市场。最近，利用GaN系已实现预期的高辉度蓝色发光，LED显示技术也迎来新的飞跃发展的时代。另外，利用ZnSe等Ⅱ-Ⅵ族化合物半导体材料也制成P型单晶，在研究阶段就试制成与GaN发光亮度不相上下的高辉度蓝色LFD。

下面将分别针对LED的工作原理、制作工艺、应用等加以介绍。

4.2 发光二极管的工作原理、特性

如图4-1所示的发光二极管是作为指示灯外形、结构示意图。它主要应用于各种音频放大器、家用电器、车站自动售票机等，在日常生活中到处都可以看到它的应用。尽管LED的外形有各种各样，但是作为半导体器件的核心部分却只是由一个仅

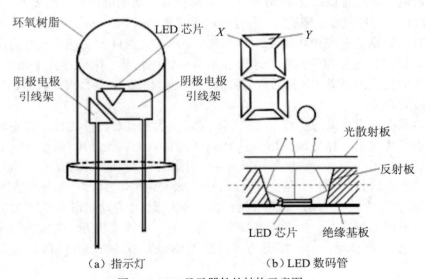

（a）指示灯   （b）LED数码管

图4-1　LED显示器件的结构示意图

有 0.3 mm² 的半导体芯片所构成。这个芯片是一种 P-N 结结构，它具有电注入复合发光的功能。如图 4-1（a）所示为指示灯用的发光二极管的外形结构。它是将 0.3 mm² 的半导体芯片隐埋在透镜状的透明树脂之中制作的 LED 显示器件。如图 4-1（b）所示为数字显示 LED，使用反射板有效地把光反射出来而显示。若从一个显示段 X-Y 剖面团上看，则处于光反射中央的仍然是一个 0.3 mm² 的半导体芯片。根据不同情况，还可以有多个芯片配置。这个方形的小晶体是由 P 型半导体和 N 型半导体构成的 P-N 结结构的发光二极管。显示用 LED 所发出的光必须是可见光。

4.2.1 发光机理

半导体中的电子可以吸收一定能量的光子而被激发。同样，处于激发态的电子也可以向较低的能级跃迁，以光辐射的形式释放出能量。也就是说，电子从高能级向低能级跃迁，伴随着发射光子。这就是半导体的发光现象。

产生光子发射的主要条件是系统必须处于非平衡状态，即在半导体内需要有某种激发过程存在，通过非平衡载流子的复合，才能形成发光。根据不同的激发方式，可以有各种发光过程，如电致发光、光致发光和阴极发光等。本节只讨论半导体的电致发光，也称为场致发光。这种发光是由电流（电场）激发载流子，是电能直接转变为光能的过程。

1. 辐射跃迁

半导体材料受到某种激发时，电子产生由低能级向高能级的跃迁，形成非平衡载流子。这种处于激发态的电子在半导体中运动一段时间后，又回复到较低的能量状态，并发生电子-空穴对的复合。复合过程中，电子以不同的形式释放出多余的能量。从高能量状态到较低的能量状态的电子跃迁过程，主要有以下几种，如图 4-2 所示。

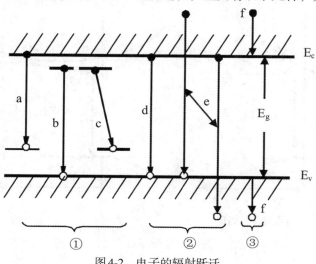

图 4-2　电子的辐射跃迁

①有杂质或缺陷参与的跃迁：导带电子跃迁到未电离的受主能级，与受主能级上的空穴复合，如过程 a；中性施主能级上的电子跃迁到价带，与价带中空穴复合，

如过程b；中性施主能级上的电子跃迁到中性受主能级，与受主能级上的空穴复合，如过程c。

②带与带之间的跃迁：导带底的电子直接跃迁到价带顶部，与空穴复合，如过程d；导带热电子跃迁到价带顶与空穴复合，或导带底的电子跃迁到价带与热空穴复合，如过程e。

③热载流子在带内跃迁，如过程f。

上面提到，电子从高能级向较低能级跃迁时，必然释放一定的能量。如跃迁过程伴随着放出光子，这种跃迁称为辐射跃迁。必须指出，以上列举的各种跃迁过程并非都能在同一材料和在相同条件下同时发生；更不是每一种跃迁过程都辐射光子（不发射光子的所谓无辐射跃迁，将在下面讨论）。但作为半导体发光材料，必须是辐射跃迁占优势。

（1）本征跃迁

导带的电子跃迁到价带，与价带空穴相复合，伴随着发射光子，称为本征跃迁。显然，这种带与带之间的电子跃迁所引起的发光过程，是本征吸收的逆过程。对于直接带隙半导体，导带与价带极值都在k空间原点，本征跃迁为直接跃迁，如图4-3（a）所示。由于直接跃迁的发光过程只涉及一个电子-空穴对和一个光子，其辐射效率较高。直接带隙半导体，包括Ⅱ-Ⅵ族和部分Ⅲ-Ⅴ族（如GaAs等）化合物，都是常用的发光材料。

间接带隙半导体，如图4-3（b）所示，导带和价带极值对应于不同的波矢k。这时发生的带与带之间的跃迁是间接跃迁。在间接跃迁过程中，除了发射光子外，还有声子参与。因此，这种跃迁比直接跃迁的概率小得多。Ge、Si和部分Ⅲ-Ⅴ族半导体都是间接带隙半导体，它们的发光比较微弱。

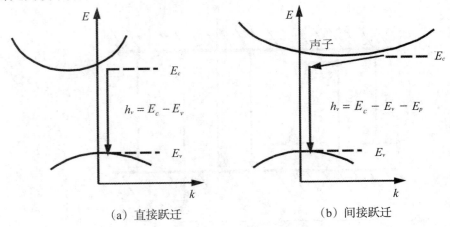

（a）直接跃迁　　　　　　　（b）间接跃迁

图4-3　本征辐射跃迁

显然，带与带之间的跃迁所发射的光子能量与E_g直接有关。对直接跃迁，发射光子的能量至少应满足：

$$h_v = E_c - E_v = E_g \tag{4-1}$$

对间接跃迁，在发射光子的同时，还发射一个声子，光子能量应满足：

$$h_v = E_c - E_v - E_p \tag{4-2}$$

式中，E_p是声子能量。

（2）非本征跃迁

电子从导带跃迁到杂质能级，或杂质能级上的电子跃迁入价带，或电子在杂质能级之间的跃迁，都可以引起发光。这种跃迁称为非本征跃迁。对间接带隙半导体，本征跃迁是间接跃迁，概率很小。这时，非本征跃迁起主要作用。

下面着重讨论施主与受主之间的跃迁，如图4-4所示。这种跃迁效率高，多数发光二极管属于这种跃迁机理。当半导体材料中同时存在施主和受主杂质时，两者之间的库仑作用力使受激态能量增大，其增量ΔE与施主和受主杂质之间距离r成反比。当电子从施主向受主跃迁时，如没有声子参与，发射光子能量为

$$h_v = E_g - (E_D + E_A) + \frac{q^2}{4\pi\varepsilon_r\varepsilon_0 r} \tag{4-3}$$

式中，E_D和E_A分别代表施主和受主的束缚能，ε_r是母晶体的相对介电常数。

由于施主和受主一般以替位原子出现于晶格中，因此r只能取以整数倍增加的不连续数值。实验中也确实观测到一系列不连续的发射谱线与不同的r值相对应（例如，GaP中Si和Te杂质间的跃迁发射光谱）。从式（4-3）可知r较小时，相当于比较邻近的杂质原子间的电子跃迁，得到分列的谱线；随着r的增大，发射谱线越来越靠近，最后出现一发射带。当r相当大时，电子从施主向受主完成辐射跃迁所需穿过的距离也较大，因此发射随着杂质间距离的增大而减少。一般感兴趣的是比较邻近的杂质对之间的辐射跃迁过程。现以GaP为例作定性分析。

GaP是一种Ⅲ-Ⅴ族间接带隙半导体，室温时禁带宽度E_g=2.24 eV，其本征辐射跃迁效率很低，它的发光主要是通过杂质对的跃迁。实验证明，掺Zn（或Cd）和O的P型GaP材料，在1.8 eV附近有很强的红光发射带，其发光机理大致如下。

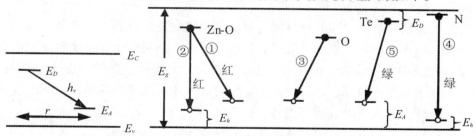

图4-4　施主与受主间的跃迁　　　　　　图4-5　GaP的辐射复合

掺O和Zn的GaP材料，经过适当热处理后，O和Zn分别取代相邻近的P和Ga原子，O形成一个深施主能级（导带下0.896 eV处），Zn形成一个浅受主能级（价带以上0.064 eV处）。当这两个杂质原子在P型GaP中处于相邻格点时，形成一个电中性的Zn-O络合物，起等电子陷阱作用，束缚能为0.3 eV。GaP中掺入N后，N取代P也

起等电子陷阱作用，其能级位置在导带下 0.008 eV 处。如图 4-5 所示为 GaP 中几种可能的辐射复合过程。

①Zn-O 络合物俘获一个电子，邻近的 Zn 中心俘获一个空穴形成一种激子状态。激子的"消灭"（即杂质俘获的电子与空穴相复合），约发射 660 nm 的红光。这一辐射复合过程的效率较高。

② Zn-O 络合物俘获一个电子后，再俘获一个空穴形成另一种类型的束缚激子，其空穴束缚能级 E_b 在价带上 0.037 eV 处。这种激子复合也发射红光。

③孤立的 O 中心俘获的电子与 Zn 中心俘获的空穴相复合，发射红外光。

④N 等电子陷阱俘获电子后再俘获空穴形成束缚激子，其空穴束缚能级 E_b 在价带之上 0.011 eV 处。这种激子复合后发绿光。

⑤如 GaP 材料还掺有 Te 等浅施主杂质，Te 中心俘获的电子与 Zn 中心俘获的空穴，发射 550 nm 附近的绿色光。可见，不含 O 的 P 型 GaP 可以发绿色光，而含 O 的 GaP 主要发红色光。因此，要提高绿光发射效率，必须避免 O 的掺入。

GaP 是间接带隙半导体，其发光也是由间接跃迁产生的。但如果将 GaP 和 GaAs 混合制成 $GaAs_{1-x}P_x$ 晶体（磷-砷化镓晶体），则可调节 x 值以改变混晶体的能带结构。如 $x=0.38 \sim 0.40$ 时，$GaAs_{1-x}P_x$ 为直接带隙半导体，室温时 E_g 为 1.84～1.94 eV。这时主要发生直接跃迁，导带电子可以跃迁到价带与空穴复合；导带电子也可以跃迁到 Zn 受主能级，与受主能级上的空穴相复合，发射 620～680 nm 的红色光。目前，GaP 以及 $GaAs_{1-x}P_x$ 发光二极管已被广泛应用。

2. 发光效率

电子跃迁过程中，除了发射光子的辐射跃迁外，还存在无辐射跃迁。在无辐射复合过程中，能量的释放机理比较复杂。一般认为，电子从高能级向较低能级跃迁时，可以将多余的能量传给第三个载流子，使其受激跃迁到更高的能级，这是所谓的俄歇过程。此外，电子和空穴复合时，也可以将能量转变为晶格振动能量，这就是伴随着发射声子的无辐射复合过程。

实际上，发光过程中同时存在辐射复合和无辐射复合过程。两者复合概率的不同使材料具有不同的发光效率。显然，发射光子的效率决定于非平衡载流子辐射复合寿命 τ_r 和无辐射复合寿命 τ_{nr} 的相对大小。通常用"内部量子效率" $\eta_{内}$ 和"外部量子效率" $\eta_{外}$ 来表示发光效率。单位时间内辐射复合产生的光子数与单位时间内注入的电子-空穴对数之比称为内部量子效率，即

$$\eta_{内} = \frac{单位时间内产生的光子数}{单位时间内注入的电子-空穴对数}$$

因平衡时，电子-空穴对的激发率等于非平衡载流子的复合率（包括辐射复合和无辐射复合）；而复合率又分别决定于寿命 τ_r 和 τ_{nr}，辐射复合率正比于 $1/\tau_r$，无辐射复合率正比于 $1/\tau_{nr}$，因此，$\eta_{内}$ 可写成

$$\eta_{内} = \frac{\dfrac{1}{\tau_r}}{\dfrac{1}{\tau_{nr}} + \dfrac{1}{\tau_r}} = \frac{1}{1 + \dfrac{\tau_r}{\tau_{nr}}} \tag{4-4}$$

可见，只有当 $\tau_{nr} \gg \tau_r$ 时，才能获得有效的光子发射。

对间接复合为主的半导体材料，一般既存在发光中心，又存在其他复合中心。通过前者产生辐射复合，而通过后者则产生无辐射复合。因此，要使辐射复合占压倒优势，即 $\tau_{nr} \gg \tau_r$，必须使发光中心的浓度 N_L 远大于其他杂质的浓度 N_t。

必须指出，辐射复合所产生的光子并不是全部都能离开晶体向外发射。这是因为，从发光区产生的光子通过半导体时有部分可以被再吸收；另外由于半导体的高折射率（3～4），光子在界面处很容易发生全反射而返回到晶体内部。即使是垂直射到界面的光子，由于高折射率而产生高反射率，有相当大的部分（30%左右）被反射回晶体内部。因此，有必要引入"外部量子效率" $\eta_{外}$ 来描写半导体材料的总有效发光效率。单位时间内发射到晶体外部的光子数与单位时间内注入的电子–空穴对数之比，称为外部量子效率，即

$$\eta_{外} = \frac{单位时间内发射到外部的光子数}{单位时间内注入的电子–空穴对数}$$

对于像 GaAs 这一类直接带隙半导体，直接复合起主导作用，因此，内部量子效率比较高，可以接近 100%。但从晶体内实际能逸出的光子却非常少。为了使半导体材料具有实用发光价值，不但要选择内部量子效率高的材料，并且要采取适当措施，以提高其外部量子效率。如将晶体表面做成球面，并使发光区域处于球心位置，这样可以避免表面的全反射。据报道，发红光的 GaP（Zn-O）发光二极管，室温下 $\eta_{外}$ 最高可达 15%；发绿光的 GaP（N），$\eta_{外}$ 可达 0.7%。因为晶体的吸收随着温度的增高而增大，因此，发光效率将随温度的增高而下降。

3. 发光波长

当可见光 LED 的发光波长 λ 小于 0.7 μm 时，半导体材料禁带宽度应当在 1.77 eV 以上。如果要制作蓝色的 LED（$\lambda < 0.49$ μm），那么就需要使用禁带宽度 ΔE 大于 2.53 eV 的半导体材料。

红色 LED 中一般使用直接迁移型材料，如 GaAs、GaAlAs、InGaAsP 等。但也有用掺杂 Si 的 GaAs 制作的 LED，通过在比价带高的能量位置形成的所谓受主能级与导带的电子发生复合的机制，其发光波长为 940 nm，比 GaAs 禁带宽度对应的发光波长 880 nm 更长些。

在橙色、黄色 LED 中，使用的是以 N 为等电子捕集器的 GaAsP；在绿色 LED 中，使用的是掺杂有高浓度 N 的间接迁移型 GaP。而且，在纯绿色 LED 中，正在使用不掺入杂质的 GaP。由于上述材料都属于间接迁移型。难以得到红色那样的高发光效率。对于 $In_{0.5}(Ga_{1-x}Al_x)_{0.5}P$ 来说，通过改变 Ga、Al 的组成比，可在直接迁移区域得到从橙色到绿色发光的 LED。最近，在这一波长区域，已制成高辉度 LED。

蓝色LED需要采用禁带宽度大的材料，已经在研究开发的有SiC、GaN、ZnSe、ZnS等。SiC是容易形成P-N结的材料，属于间接跃迁型，依靠掺入杂质Al和N能级间的跃迁产生发光。GaN、ZnSe、ZnS为直接跃迁型，可获得高辉度发光。这些材料的研究开发近年来获得重大突破，高辉度蓝色LED正在达到实用化。

4.2.2 电流注入和发光

半导体P-N结在热平衡状态下（如图4-6所示），在P型区和N型区半导体交界面处，由于存在着载流子浓度差而导致载流子的扩散运动，空穴从P区向N区扩散，电子从N区向P区扩散，对于P区的空穴，离开后留下不可移动的带负电性的电离受主。对于N区的电子，离开后留下不可移动的带正电性的电离施主，这样P-N结交界面附近就出现了一个P侧为负、N侧为正的空间电荷层，由于热平衡状态下空间电荷层内载流子浓度很低，所以空间电荷层又称为"耗尽层"。在这个空间电荷层上产生自建电场，电场方向从N区指向P区。

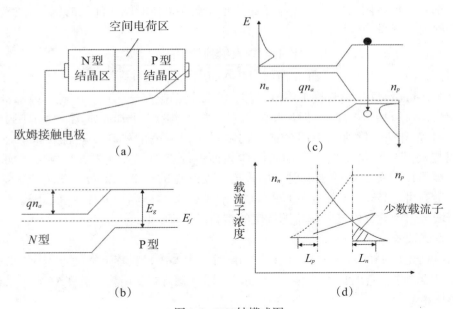

图4-6　P-N结模式图

（a）P-N结二极管的剖面结构　（b）外加电压U=0时，P-N结的能带结构
（c）外加电压U_a状态下，P-N结的能带结构　（d）电注入下，少数载流子的空间分布
E_f—费米能极，E—电子能量，E_g—禁带宽度，U_i—P-N结接触电势差，N_n—电子浓度，n_p—空穴浓度，L_p—空穴扩散长度，L_n—电子扩散长度，qU_a—P-N结上空间电荷层的电势能

处于热平衡状态下（无外加电压时）的P-N结，也可用能带图分析［如图4-6（b）所示］。从图中可知，平衡P-N结能带图的特点是具有统一的费米能级。为此，P区的能带相对于N区的能带上移，使费米能级E_F处于同一水平线上，结果使空间电荷层内能带发生弯曲，直接反映了空间电荷层电子势能的变化。电子从N区进入P区

（或空穴从P区进入N区）必须越过一个能量"高坡"，这个能量高坡称为"势垒"，在势垒区中产生的电场——自建电场，将阻止电子（或空穴）的扩散运动。这样由于浓度差形成了少数载流子的扩散运动，扩散的结果在P-N结交界面附近形成空间电荷层，由于自建电场的建立反过来将阻止少数载流子的扩散运动，在P-N结交界面上形成稳定的空间电荷层，P-N结处于动态平衡状态。

当在P-N结上施加正向电压［如图4-6（c）所示］时，由于外加电场方向与势垒区的自建电场方向相反，因此势垒高度降低，势垒区宽度变窄，破坏了P-N结的动态平衡，产生少数载流子的电注入。空穴从P区注入N区，同样电子从N区注入P区。注入的少数载流子将同该区的多数载流子复合，在载流子扩散长度L_p、L_n范围内不断地将多余的能量以光的形式辐射出去［如图4-6（d）所示］。电注入少数载流子的扩散长度L_p、L_n与载流子的复合速度和扩散系数有关。当扩散长度为1～2 μm，少数载流子的寿命为10^{-9} s时，在LED上流过的电流密度为10A/cm^2，则注入的少数载流子浓度大约为10^{15} cm^{-3}，它比平衡状态下少数载流子浓度将高出很多。这就是P-N结注入式发光的基本原理。

在P-N结上，施加正向电压时产生的二极管正向电流I可用下式表示：

$$I = I_S \left(\exp \frac{qV}{\beta KT} - 1 \right) \qquad (4\text{-}5)$$

式中，V为施加在P-N结上的正向电压；I_s为反向饱和电流，其大小与PN结的材料、制作工艺、温度有关；β系数，对于扩散电流时β值为1，对于空间电荷层内的复合电流时β取值2。因此，外加电压低压时，空间电荷层内以复合电流为主，β为2。高压时，以扩散电流为主，则β取值为1。应当指出，P-N结表面缺陷发光亮度与扩散电流成正比例。发光亮度L与正向电流I的关系为小注入时，$L \propto I^2$；大注入时$L \propto I$。另外在大注入时，由于热的影响使发光亮度上升迟缓。

LED电流–电压特性，如图4-7所示。施加正向电压时，加在P-N结上的电压接近P-N结的自建电场的电位降U时，电流将急剧增大。因此，驱动LED时需要一定的输入功率。为此，通常根据LED上串联电阻的额定电流大小来驱动LED。

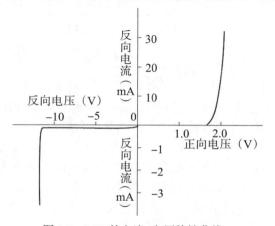

图4-7　LED的电流–电压特性曲线

4.2.3 发光效率

LED 的发光效率可分为量子效率和功率效率。量子效率是单位时间内释放出的光子数和单位时间内注入的电子–空穴对数之比。而功率效率则是输出光的功率与输入功率之比。分别表达如下：

$$量子效率\ \eta_g = \frac{单位时间释放出的光子个数}{单位时间注入的电子空穴对数} = \frac{\int n(E)\mathrm{d}E}{E} \tag{4-6}$$

$$功率效率\ \eta_p = \frac{输出光功率}{输入} \int n(E)\frac{E\mathrm{d}E}{UI} \tag{4-7}$$

式中，$n(E)$ 为具有能量 E 的单位时间内释放出的光子数。

由于辐射光的能量的大小近似等于外加电压的大小，所以，上述二式中可看出量子效率 η_g 和功率效率 η_p 之间没有多大差异。

在实际发光过程中，同时存在辐射复合和非辐射复合过程，两者的复合概率不同导致发光材料具有不同的发光效率，也就是发射光子效率取决于非平衡载流子辐射复合寿命 τ_r 和非辐射复合寿命 τ_{nr} 的相对大小。所以量子效率又可区分为"外量子效率"和"内量子效率"来表示发光效率。一般可以认为"外量子效率"描写半导体材料的总有效发光效率，即 LED 的量子效率 η_g。这是因为，辐射复合所产生的光子并不是全部都能离开晶体向外发射。从发光区产生的光子通过半导体时有一部分可以被再吸收；由于一般半导体材料的折射率较高（为 3～4），故光子在界面处容易发生全反射而返回到晶体内部。即使垂直射到界面上的光子，由于折射率较高将产生高反射率，有相当大的部分（30% 左右）被反射回晶体内部，为此有必要引入"外量子效率" η_{ext}，它可以用内量子效率 η_{int} 和光的取出效率 η_x 的乘积来表示：

$$\eta_{ext} = \eta_x \eta_{int} \tag{4-8}$$

假设 LED 的发光区域处于注入的少数载流子的扩散区，那么 η_{int} 则可用向发光区域注入的少数载流子的注入效率 γ 和在发光区域内的内部量子效率 η_{int} 的乘积来表示。空穴向 N 区注入效率 γ_p 和电子向 P 区注入效率 γ_n 可用下式表示：

$$\gamma_p = \frac{\mu_p L_n N_A}{\mu_p L_n N_A + \mu_n L_p N_D} \tag{4-9}$$

$$\gamma_n = \frac{\mu_n L_p N_D}{\mu_n L_n N_A + \mu_n L_p N_D} \tag{4-10}$$

式中，μ_p、μ_n 分别为空穴和电子的迁移率，L_n、L_P 分别为 P 区的电子和 N 区的空穴扩散长度，N_A、N_D 为 P 区内受主杂质浓度和 N 区内施主杂质浓度。

一般说来，外部量子效率要低于内部量子效率。市售 LED 产品的外部量子效率，红色的大约为 15%，从黄色到绿色的则在 0.3%～1%，蓝色的大约为 3%。为获得较高的发光效率，一般要采取各种措施，例如在结构上采取让光通过吸收率较小的 N 型半导体。为防止由于晶体表面反射造成的损失，在晶体表面涂覆高折射率的薄膜等等。

综上所述，提高半导体材料的实用发光性能，即提高外量子效率的主要途径为：①提高发光区的少数载流子的注入效率。②注入的少数载流子应具有良好的转换成光的特性。③LED的结构应能使晶体内部产生的光很好地发射到晶体外部。

（1）内部量子效率η_{int}：内部量子效率η_{int}是单位时间内辐射复合产生的光子数与单位时间内注入的电子–空穴对数之比。

因平衡状态时，电子–空穴对的激发率等于非平衡载流子的复合率（包括辐射复合和非辐射复合），而复合率的大小又分别取决于载流子的寿命（辐射复合寿命τ_r和非辐射复合寿命τ_{nr}），辐射复合率正比于$1/\tau_r$，非辐射复合正比于$1/\tau_{nr}$。因此η_{int}可改写为

$$\eta_{int} = \frac{1/\tau_r}{1/\tau_{nr} + 1/\tau_r} = \left(1 + \tau_r/\tau_{nr}\right)^{-1} \tag{4-11}$$

从式（4-11）中可知，当$\tau_{nr} \gg \tau_r$时，才能得到有效的光子发射。

对于像GaAs这一类直接带隙半导体，直接复合起主导作用，因此，内量子效率比较高，可以接近100%，是一种理想的LED材料。但是从晶体内实际发射出的光子数却非常少，故实际的发光价值却不大。

GaP材料制作的LED，其发光机制与GaAs不同，它不是带间直接复合，而是通过杂质能级之间的间接跃迁复合。利用适当的发光中心，获得较高的间接复合效率来制作高亮度的发光二极管。在GaP晶体中掺入氮（N）原子，构成GaP:N材料，氮（N）原子置换磷（P）原子的晶格位置，置换了磷原子的氮原子呈电中性，并且它与磷原子相比较使GaP:N具有更大的负电性，这种母体晶体和同族元素所形成的发光中心，称为等电位陷阱。如图4-5所示，在电子分布状态很宽的波矢范围内，在P点附近存在着电子状态。通过发光中心俘获电子，俘获了电子的N原子带负电性，必然俘获空穴。电子-空穴对形成一个激子。这个激子的复合跃迁过程具有直接跃迁复合成分，通常它比通过杂质中心复合具有更大的复合概率。由氮原子所制作的电子能级对于电子、空穴来说都是非常浅的能级（~10 meV）。所以，它的发光反映了GaP晶体禁带宽度2.26 eV的绿色（565 nm）发光。这就是GaP:N绿色LED的发光机理。利用发光中心而制作的LED已经实用化。

（2）光抽取效率η_x：光的抽取效率η_x，即光从晶体内发射出来的效率。一般半导体材料的折射率比较高，例如GaAs、GaP的折射率约为3.5。光从晶体内部能够发射到外部的临界角仅仅只有16°，这个角度非常小。同时，半导体晶体对于自身产生的光具有一定吸收作用。为此，在晶体内部产生的光几乎不能发射到晶体之外，且经过多次反复反射而衰减耗尽。特别是对于直接跃迁复合型晶体材料（如GaAs），由于是带间复合，对发光的吸收系数也很大，光取出效率η_x只有4%左右。在这一点上间接跃迁复合型晶体的吸收系数较小，可以弥补如前所述的内量子效率低的缺点。间接跃迁复合型的典型示例GaP:N材料，它的光取出效率约为25%。

光抽取效率高时，LED的发光亮度也会高。因此，为了提高光抽取效率，应采用高折射率的透明树脂或玻璃封装的LED。LED从晶体内部到外部的光发射角要小于临界角，在临界角范围之内，晶体表面制成球面形状等。

4.2.4　光输出和亮度

各种不同材料制作的LED，发光光谱如图4-8所示。禁带宽度小的GaAs（$E_g=$ 1.43 eV）LED的发光光谱在900 nm处出现发光峰值，这是人们眼睛看不见的红外光。这种红外光LED与光检测器相组合，用于光通信、光情报处理技术系统。另外，对于禁带宽度宽的材料如GaP（$E_g=2.26$ eV）材料是发绿色光和红光LED的材料。

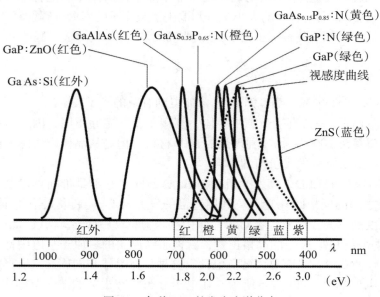

图4-8　各种LED的发光光谱分布

发光二极管所发出的可见光或红外光，一般使用不同的测光单位来度量。但是，不管是红外光，还是可见光，它们共同使用的功率单位是瓦（W）。单位立体角上辐射通量使用辐射强度（W/sr）来表示，而单位面积上的辐射强度则使用辐射亮度[W/（sr·m²）]来表示。可见光测光的特点是用人的眼睛作为光检测器，人的眼睛具有分光感度特性，这个分光感度的标准是用相对视感度系数来表示。显示用可见光LED作为指示灯使用时，使用光度学单位，而作为文字显示的面发光屏时，可认为是一个均匀的扩散面，则使用尼特（cd/m²）为亮度单位。

举例如下：作为近似线状谱分布的LED在空间上辐射功率P由下式表示：

$$P = \frac{I}{e}\eta E = \eta_{ext} IE \text{(W)} \tag{4-12}$$

式中，I是流过LED的电流（A）；e是单位电荷量；η_{ext}是LED的外量子效率；E是发光能量。

根据相对视感度曲线，可以把功率瓦特转换成流明，这样就能求出由LED向整个空间辐射出的光通量（lm），然后再根据空间强度分布能够求出发光强度（cd）。这样量子效率也就是被测出的LED的发光强度，它能够通过发光的能量E、通电电流I和所测定的发光的空间分布来计算出发光强度（cd）。

实际上LED的发光光谱是一种近似线状谱的分布，具有一定波长范围。因此上述的计算方法应该在整个波长范围内积分求得。

4.2.5 调制特性

发光二极管可以利用改变注入电流的大小来调制LED的发光强度。因此，它是一种光调制器件。这种光调制称为直接调制，它对LED器件在实用上很重要。LED调制频率的上限与注入少数载流子寿命τ_{mc}有关。

$$f_c = 1/(2\pi\tau_{mc}) \tag{4-13}$$

对于带间直接复合型GaAs材料的寿命τ_{mc}一般为1～100 ns。因此，使用GaAs材料的LED有可能实现16～160 MHz的高速调制。但是，对于使用较多的间接复合型材料的LED，为了得到良好的发光特性应尽量提高材料的寿命τ_{mc}，它的调制频率将会降至数百赫兹至数兆赫兹。实际上直接复合型的LED也具有与间接复合型相类似的现象，为了制作高亮度、快速响应速度的LED，需要在组件结构上多加研究。例如把组件制作成类似半导体激光二极管的二重异质结结构（如图4-9所示）。

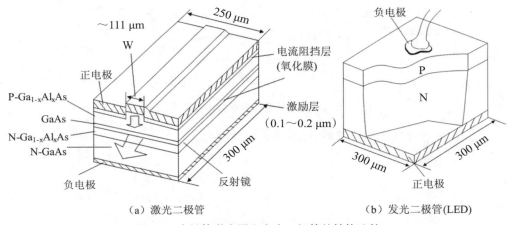

（a）激光二极管　　　　　　　　　（b）发光二极管(LED)

图4-9　半导体激光器和发光二极管的结构比较

P-N结上注入的少数载流子寿命为

$$\tau_{mc} = 1/B(P_0 + \Delta n) \tag{4-14}$$

式中，B是复合率，P_0是热平衡状态下多数载流子的浓度；Δn为注入的非平衡少数载流子浓度。

增加发光区域的多数载流子的浓度，加大Δn则可以提高响应速度。在二重异质结结构上，注入的少数载流子由于电势垒被闭塞在比扩散长度更薄的区域内，增加Δn有效地改善了响应速度。$B = B_r + B_n$，B_r为发光复合率，B_n为非发光复合率。由此可知，非发光复合过程的引入能够有效地提高LED的频率特性。但是这种情况需选择在不降低发光效率的区域。

4.2.6　发光二极管和激光二极管

如果说LED是由向P-N结注入电流的载流子复合时放出光（自然发射光）并向外发射的元件，激光二极管（LD）则进一步，是通过所设置的光波导及共振器等，将放出光的一部分返回，并利用诱导放出，使光的强度升高的发光振器。所谓诱导放出，是通过光对活性区大量存在的电子与空穴状态多次激发，使其发生复合，放出光，而放出光的位相与此时输入光的位相相同，因此光的强度增强。

如图4-10所示为LD的基本构造及其能带结构。在薄的活性层两侧，用禁带宽度比活性层的禁带宽度更宽的半导体形成P-N结。这样，注入的载流子就被封闭在活性层中。而且LD中使用的材料全部都是直接跃迁型的，因此能够获得高的发光效率。同时，两侧的半导体使用折射率比活性层低的材料，发生的光也被封闭于活性层内部。由于采用了上述结构，从LD中获得的光与LED相比，光输出要大得多，位相也完全一致。基于这种光的直进性和干涉性，其应用领域十分广泛。

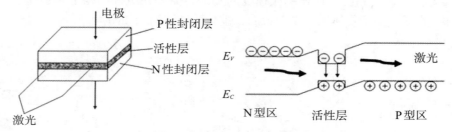

图4-10　激光二极管的基本结构及能带结构

发光二极管和激光二极管的电流-发光特性曲线如图4-11所示。

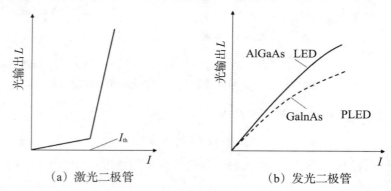

图4-11　电流-光输出特性

如图4-11（a）所示为激光二极管的特性曲线。从图中可知，激光二极管是一种"阈值器件"。当注入电流I小于阈值电流I_{th}时，发射出具有随机相位的光线，形成非相干光束；当$I>I_{th}$时，进入激光振荡状态，发出相位一致的相干光束。光输出的亮度急剧地按线性规律上升。发光二极管的发光亮度与电流的关系如图4-11（b）所示，它是在进入振荡状态之前光输出的发光亮度随着注入电流增加而单调增加的发光器件。

　　发光二极管与激光二极管的光输出特性曲线不同的原因在于半导体复合发光过程不同。半导体复合发光有自发辐射和受激辐射过程。这是两种不同的光子发射过程。受激辐射是在入射光作用下诱发的复合过程。它的复合概率正比于入射光强度，并且它所发射出的光辐射的全部特性（频率、相位、方向和偏振状态等）同入射光辐射完全相同，实现了光增益。激光二极管属于受激辐射过程的复合发光，它是依靠由包括媒质在内的谐振腔的作用。由于晶体的折射率比较大，所以垂直于P-N结的两个平行晶体的解理面可以用作谐振腔的反射镜面。在激光二极管内把自发辐射的微光子作为种子，受激辐射而放大。当谐振腔内反射损耗和增益相等时，开始出现谐振现象。当注入电流$I>I_{th}$时，使注入电流的增量变成光输出功率的增量向外发射，如图4-11（a）所示。

　　与此相反，发光二极管利用自发辐射过程。注入发光区的载流子发出具有随机相位的非相干光。因此产生的光子没有增益。所以，光输出的发光亮度与注入电流呈线性关系，如图4-11（b）所示。由于发光区内载流子浓度增加的同时发光效率下降和发热等原因故使待性曲线逐渐趋于饱和。

　　在如图4-10所示的激光二极管和发光二极管的组件结构示意图中，半导体激光二极管具有与发光二极管基本上相同的P-N结结构。注入的电流被限制在P-N结横向约10 μm范围的狭窄区域，这种结构又称为带状电极激光器。它是在N型GaAs（具有高复合率的带间直接复合型材料）或InP材料上外延生长一层半导体而制成的。激光二极管与发光二极管相比，发出的光方向性强，时间和空间上相干性好。

4.3　发光二极管的材料

　　发光二极管的材料应具有：较宽的禁带宽度，良好的发光特性，少数载流子注入效率高以及产生的光从晶体内发射到晶体外的光发射（取出）效率高等。能够满足这些条件要求的材料有GaP、GaAs等Ⅲ-Ⅴ族化合物半导体材料。现在GaP、GaAs材料已大量使用。但是Ⅲ-Ⅴ族化合物半导体中禁带宽度宽的材料，电流传输比较困难。P-N结也可以使用GaAs和GaP的混合晶体制作异质P-N结结构的发光二极管。使用混合晶体的LED可提高发光效率。

　　为了制作高亮度的发光二极管，有必要采用外延晶体生长技术。外延晶体生长技术是在单晶衬底上生长一层具有相同晶格的单晶薄膜技术。它是沿其原来结晶轴方向生长一层导电类型、电阻率、厚度和晶格结构符合要求的优质单晶薄膜。因此为了研制发蓝光的LED，就需要使用的禁带宽度宽的晶体材料，现在人们已开始对Ⅱ-Ⅵ族化合物半导体给予重视。

　　表4-1列举了Si、Ge等半导体材料和GaAs等二元化合物半导体的晶体结构、晶格常数、禁带宽度、跃迁形式以及P-N结是否是能够控制的类型等性质。

　　直接跃迁型半导体晶体材料有AlSb、GaAs、GaSb、InP、InAs、InSb等，其中GaAs的发光波长为0.9 μm。它可用来制作发光效率高的红光LED，现已实用化。InP材料的禁带宽度在1.3～1.6 μm，作为光通信用LED半导体激光器（LD）的衬底材料，发挥了重要的作用。另外，InSb材料可用于制作红外（～4 μm）检测器。

间接跃迁型半导体材料是在晶体中混入一定的杂质来制作发光中心，它可以成为一种高发光效率的发光材料。像 GaP 材料，禁带宽度为 2.24 eV，有效地利用这个禁带宽度得到了绿色发光材料。

为了得到波长更短的蓝色光发光二极管，材料的禁带宽度应大于 2.6 eV。为此，GaN、Zns、ZnS、SiC 等材料已成为人们所重视的蓝色发光二极管的材料。

表 4-1　有关半导体晶体、二元系化合物半导体的性质

材料	结晶系	晶格常数/0.1nm	禁带宽度/eV	跃迁类型	可否控制
C	D	3.566 79	5.47	间接	
Si	D	5.430 86	1.12	间接	可
Ge	D	5.657 48	0.803	间接	可
SiC	Z	4.358			
	W	a=3.080 6, c=2.52	2.2	间接	可
AlN	W	a=3.111, c=4.980	3		
AlP	Z	5.451	6.2	直接	
AlAs	Z	5.661 1	2.52	间接	
AlSb	Z	6.135 5	2.16	间接	可
GaN	W	a=3.186, c=5.176	1.63	直接	可
GaP	Z	5.450 5	3.5	直接	
GaAs	Z	5.653 4	2.24	间接	
GaSb	Z	6.095 5	1.43	直接	可
InN	W	a=3.54, c=5.71	0.63		可
InP	Z	5.868 8	1.9	直接	可
InAs	Z	6.058 5	1.29	直接	可
InSb	Z	6.478 8	0.38	直接	可
ZnS	Z	5.42	0.16	直接	可
	W	a=3.82, c=6.26	—		可
ZnSe	Z	5.671	3.6	直接	
CdS	Z	5.832	2.67	直接	
	W	a=4.16, c=6.756	—		
CdSe	Z	6.05	2.42	直接	
			1.7	直接	

注：D—金刚石结构，Z—锌矿，W—铅锌矿。

LED 已实用化的材料有 III-V 族化合物半导体所组成的混合晶体系列。GaAs 和 GaP 的混合晶体 $Ga_{1-x}As_xP$，GaAs 和 AlAs 的混晶 $Ga_{1-x}Al_xAs$，GaAs 和 InAs 的混晶 $Ga_{1-x}In_xAs_{1-y}P_y$，GaAs 和 InP 的混晶 $Ga_{1-x}In_xAs_{1-y}P_y$ 等三元、四元的混合晶系。这些混合

晶体的特性是用两种材料相互混合形式来表示所组成相应的中间性质。例如，GaAsP材料可作为显示从红色到黄色的可见光谱LED的材料。GaAlAs是显示从红色到红外的激光二极管（LD）的材料。InGaAs、InGaAsP材料是发光波长为$1.1\sim1.6\ \mu m$范围的LED、LD的材料。

表4-2列举了目前正在开发或已出售的LED，颜色包括红、绿、黄、蓝等色。

表4-2　显示用LED的材料分类

发光色	材料	衬底	峰值波长/nm	外量子效率/%	发光效率/(lm/W)
红	GaP:Zn,O	GaP	700	2~4	0.4~0.8
红	Ga0.65Al0.35As	GaAs	665	1~2	0.4~0.7
红	GaAs0.6P0.4	GaAs	650	0.2	0.15
红橙	GaAs0.35P0.65:N	GaP	630	0.2~0.3	0.38
黄	GaAs0.15P0.85:N	GaP	590	0.12	0.66
黄	GaP:N	GaP	590	0.1	0.45
绿	GaP:N	GaP	565	0.4	0.3~2.4
纯绿	GaP	GaP	555	0.1	0.7
蓝	GaN(MIS型)	蓝宝石	490	$3*10^4$	$1.3*10^{-3}$
蓝	SiC	SiC	480	$1*10^4$	$1.4*10^{-6}$
蓝	ZnSe(MIS型)	ZnSe	465		$0.49*10^3$
蓝	ZnS(MIS型)	ZnS	456	$5*10^{-4}$	$2.5*10^2$

4.4　发光二极管的制作工艺技术

为了形成LED的P-N结发光层，离不开单晶基板，目前单晶基板用的单晶，GaP、GaAs及InP等已达到批量化生产。有两种方法制备块状单晶，一种是水平布里奇曼（Bridgman）法，又称为HB法或舟皿生长法；另一种是液封直拉法（LEP），又称为液体保护切克劳斯基（Czochralski）法，这两种方法都属于可以获得大型基板单晶体的熔液生长法。

GaP单晶可由如图4-12所示的LEP法单晶拉制装置来制造。

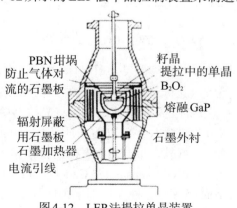

图4-12　LEP法提拉单晶装置

205

原料为多晶体GaP（纯度99.999%），保护剂采用B_2O_2，在N_2或Ar气中，40～70大气压（7 MPa）、1460 ℃下，利用籽晶拉制单晶，单晶体的直径也可以自动拉制，单晶棒直径一般为2.5英寸，结晶取向为（111）和（100）。可以获得的载流子浓度分别为：非掺杂的N型为10^{16} cm^{-3}，掺杂S及Te的N型为10^{17} cm^{-3}，掺杂Zn的P型为10^{17} cm^{-3}。LEC法单晶的位错密度为10^4～10^6 cm^{-2}。为了提高LED的发光效率及寿命，需要进一步降低缺陷密度，掺杂In的实验也在进行之中。

GaAs单晶由控制温差的HB法制作，在石英管中封入Ga和As，在常压下，使加热熔融的Ga与熔点为1240 ℃气化的As发生反应制取单晶。温度分布可以采用如图4-13所示的3区HB法（3T-HB法）和梯度场（GR）法，结晶方位只有（111），可以通过切割的方法获得（100）取向。单晶棒的直径可达3英寸，线缺陷密度（Etch Pit density，EPD）为（3～5）×10^3cm^{-2}。非掺杂单晶可从石英坩埚混入Si成为N型，通过掺杂Cr或CrO可获得高电阻。掺Cr单晶的EPD为2000 cm^{-2}。而掺In的2英寸单晶棒的EPD可减低到10～500 cm^{-2}。在高辉度的GaAsP和GaAlAs LED中，目前多使用HB法制取的基板单晶体。

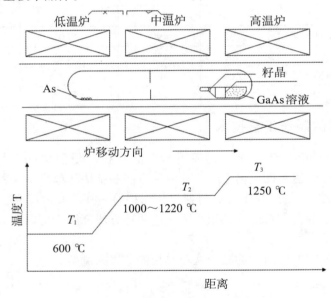

图4-13　三源区HB法生长单晶装置

由于LEC法价格低而且容易获得大尺寸单晶体，GaAs也可以与GaP同样，将Ga（6N）和As（6N）放入热解氮化硼（PBN）坩埚中，在N_2或Ar气中，高气体压力下（0.3～6 MPa），以B_2O_3为保护剂，从熔融体中利用籽晶拉制单晶。通过施加磁使溶液对流，控制温度的变化在0.1 ℃左右，可以使杂质及成分的分布更均匀。采用这种LEC法可以获得直径5英寸的革晶，但与HB法相比，位错密度要大。无位错单晶，由全保护的切克劳斯基法（Fully Encapsulated Czochralski，FEC），通过采取加厚保护层，防止As蒸发等措施而获得。这种方法如果与施加垂直磁场及添加In并用，则可以进一步提高结晶性。非掺杂的GaAs电阻率很高，混入B，载流子浓度可达10^{16} cm^{-3}

以上。为获得光电子集成电路用半绝缘性基板单晶，要求必须控制 Si 和 C 的混合量，通过在 GaAs 熔化中混入 As_2O_3 的蒸气，可使 C 的浓度控制在 $10^{14}\,cm^{-3}$ 以下。LEC基板单晶体已用于红外 LED 中。在 LEC 基板上通过液相外延来生长基板单晶，以及在 Si 基板单晶上通过 MOCVD 法异质外延法生长 GaAs 层单晶基板，都可以得到大直径、低价格的 LED 基板。

对于其他材料来说，正在进行制作的有外延三元混晶（GaAsP、InGaP、InGaAs等）用的基板单晶，如 InGaA 是（LEP 法）及 InGaP（蒸汽压控制法），Ⅱ-Ⅵ族化合物单晶如 ZnSe（布里奇曼法、Seeded Physical Vapor Transport 法、带籽晶的物理气相输运法）、ZnS（碘输运法）、SiC（升华法）等。

4.4.1 外延生长技术

制作发光二极管，不但需要优质无缺陷的单晶材料，而且为了便于制作 LED 的发光中心，还需要单晶材料具有添加杂质的可控性。

我们知道，在大直径单晶材料的制作过程中，可以说是在高温、高压等极其苛刻的条件下制作的。制作过程中难免会使单晶材料产生许多缺陷，造成质量较差。因此，从大直径单晶棒上切割下来的单芯片，不能直接用来制作 LED，应使用外延生长技术在单芯片上生长一层优质的单晶薄膜，这对于制作 LED 和激光二极管（LD）十分重要。

外延生长技术大致可分为液相生长和气相生长两类。气相生长法有利用化学反应的气相生长法和利用物理淀积过程的分子束外延法（MBE：Molecular Beam Epitaxy）两种方法。前一种气相生长法又有利用金属有机化合物的热分解 MOCVD（Metal Organic Chemical Vapor Deposition）法和利用化学反应的一般气相生长 CVD 法。

1. 液相生长法

液相生长法（LPE：Liquid Phase Epitaxy）是古老的外延生长法。液相外延法从原理上说是溶液冷却法，即利用溶解度相对于温度的变化，通过饱和溶液的冷却，使过饱和的溶质部分在基板表面析出的方法。在 LPE 法中，利用光源的烘烤，可以获得高纯度的优良单晶，而且生长速率大。现已用于 GaP、GaAs、InP 系的 LED 的批量化生产。在 Ga 或 In 洛剂（熔液）中，放入 GaAs、GaP、InP 的多晶体及掺杂成分，在高温氢气中进行单晶生长。在这种方法中，有如图 4-14（a）所示的滑动舟法和如图 4-14（b）所示的旋转舟法。

滑动舟法处理基板单晶的片数有限制，因此 GaP LEP 的批量生产中多采用旋转舟法，这种方法是将基板单晶垂直设置于炉子的水平方向上，一次可以处理数百块基板单晶。上述几种 LPE 法的缺点是，膜厚及组成的可控性较差，而且表面容易产生凹凸等。特别是对于 InP 系来说，由于 P 的蒸气压高，P 会从表面脱出，从而使表面状态变差。若在生长之前，将基板单晶在 In 溶液中浸泡数秒钟，通过这种 In 溶液冲洗法，可以改善表面状态。现在，红、绿色 LED 用的 GaP、红色 LED 用的 GaAlAs、红外 LED 用的 GaAs、长波长 LED 用的 InGaAsP 都是通过 LPE 法制作的。

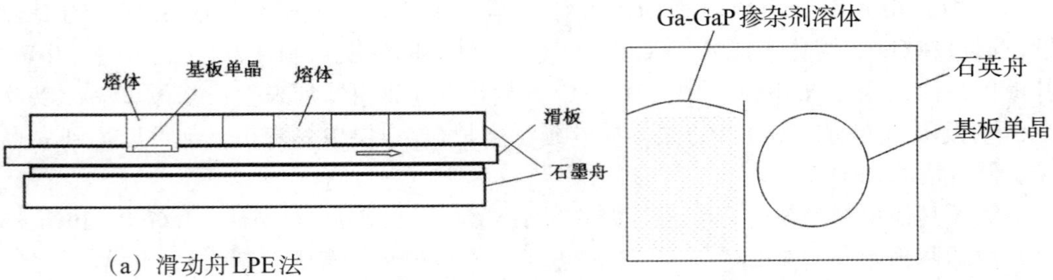

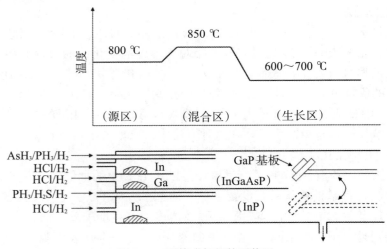

（a）滑动舟LPE法　　　　　　（b）旋转舟LPE法

图4-14　各种LPE法

2. 气相生长法

气相生长法是利用从气相中析出固相的反应，作为发光二极管使用的GaAsP材料是采用氢化物气相生长法而制作的，如图4-15所示。

GaAs析出反应式为

$$2AsH_3(g) \rightleftharpoons \frac{1}{2}As_4 + 2H_2(g) \tag{4-15}$$

$$2HCl(g) + 2Ga(l) \rightleftharpoons 2GaCl(g) + H_2(g) \tag{4-16}$$

$$2GaCl(g) + \frac{1}{2}As_4(g) \rightleftharpoons 2GaAs(s) + 2HCl(g) \tag{4-17}$$

析出GaP时，使用PH_3代替式（4-15）中的AsH_3。另外，对于GaAsP混合晶体，可并用AsH_3和PH_3。混合晶体的成分可用控制引入AsH_3和PH_3的量来决定。使用这种方法通入HCl气体，在金属镓（Ga）上生成GaCl，然后从另一个系统引入V族元素的氧化物进行析出。

图4-15　开管式气相外延装置

除这种气相生长法外，还有在金属镓（Ga）上引入AsCl等氯化物的方法。近年来为人们所关注的激光二极管的制造技术使用了MOCVD气相淀积生长技术，利用金属有机化合物如$Ga(CH_3)_3$和AsH_3的热分解反应，气相生长GaAs膜层。

总之，外延生长法所生长的单晶薄膜不仅具有单品基片的特性，而且它的品质又远远优于单晶基片，还可以控制掺入杂质量的多少。因此，外延生长技术是重要的P-N结形成技术之一。

4.4.2 掺杂技术

向化合物半导体单晶中掺杂杂质有各种不同的方法。在LPE法中，通过向溶液中添加各种杂质，即可获得具有所要求的电导率、特定载流子浓度的单晶体。在VPE、MBE、MOCVD方法中，或者使固态的杂质蒸发，或者添加含有杂质的气态化合物，以获得所要求的电导率及载流子浓度等。掺入杂质的量可以独立控制，重复性、可控性都较好。正在研究开发的方法有，通过N_2的团束向ZnSe中掺杂氮，利用电子束照射或退火使GaN中的Mg活化，以及利用激光照射提高掺杂效率等。

当然，扩散掺杂仍然是最重要的掺杂方法之一。扩散掺杂法分闭管式（真空阈管式）和开管式两种，后者操作简单，适合于大直径晶片及批量化生产。对于向Ⅲ-V族化合物的P型掺杂，一般可进行Zn的扩散，而在闭管式扩散方式中，Zn及As，还有$ZnAs_2$及GaAsZn都可以用作扩散源。闭管式扩散法沿深度方向的浓度分布不太理想。

在如图4-16所示的开管式扩散方式中，由于可获得高的蒸气压，在Sn及Ga溶液中添加的Zn及样品上涂布的Zn的氧化物或GaAsZn都可以作为扩散源。在开管方式中，沿深度方向杂质的浓度分布平坦，扩散前沿浓度界面清晰。Si的扩散相对于Zn来说需要较高的温度，在向AlGaAs的Zn及Si的扩散中，扩散深度及载流子浓度与Al的成分有关。近年来，出现一些新的扩散方法，例如通过Zn及Si的离子注入层以及电子束（Electron Beam，EB）蒸发的Si层，利用快速退火进行掺杂，但由于易产生晶体缺陷及结浅等原因，不适于LED的制作。选择扩散用掩模一般用SiO_2及SiN_x等。但由于它们与GaAs的热膨胀系数不同容易造成应变等。在与掩模的界面处，会产生由扩散引起的所谓"鸟嘴"现象。为了防止其发生，可用Si作扩散掩模，而在进行Si的扩散时，可以用Si膜作扩散源。今后的课题是提高掺杂的均匀性以及采用无掩模的选择掺杂技术等。

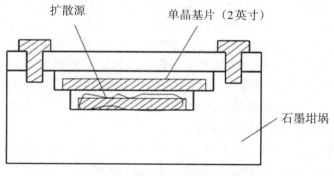

扩散源　　　　　　单晶基片（2英寸）

石墨坩埚

图4-16　开管式Zn扩散用舟的结构

4.4.3 单元化技术

为了使 LED 具有功能化，故在扩散后形成的 P-N 结芯片上有必要制备电极。一般希望电极与半导体晶体接触面能形成良好的欧姆接触，而不希望产生电极接触压降。对于 Ⅲ-Ⅴ 族化合物半导体的欧姆接触电极材料，通常使用的 N 型区为 Au-Si、Au-Ge，P 型区为 Au-Be、Au-Zn 等合金。这些合金薄膜通过蒸发方法，蒸镀在 Ⅲ-Ⅴ 族化合物半导体上，然后进行热处理形成欧姆接触电极。

蒸发后芯片经过光刻工艺形成一定的电极图形，然后再进行切片工艺，在 5.08 cm（2 inch）的单芯片上切割出大约有 3500 个的 0.3 mm 见方的半导体二极管芯片。但是，如果使用平面扩散技术制作单片式显示器件，单芯片的尺寸应尽量选用接近显示器件所要求的显示尺寸的大小。

4.4.4 元件制作及组装技术

LED 的制作分前道（外延）、中道（芯片）、后道（封装）技术。具体来说，包括下述工序。

①由单晶生长及扩散制作 P-N 结（对 GaP 来说还要进行发光中心的掺杂）。

②形成电极。

③解理或划片，将晶片分割成一个个的芯片。

④包覆保护膜。

⑤对芯片检测分级。

⑥将芯片固定于引线框架中。

⑦引线键合。

⑧树脂封装。

⑨检查并完成成品。

为了减小电极处的压降、抑制发热、降低功耗，要求形成欧姆接触电极。树脂封装除具有保护功能之外，还要求使芯片发出的光高效率地射出，因此封装外形应采取透镜状，而且应使树脂材料的折射率尽可能与半导体材料的折射率相接近。实际上，从芯片射出的光一般仅占其总发光量的 10% 左右，通过在封装形式上想办法，有可能达到 15%。使树脂材料形成各种外形的方法有浇注法、模注法、模压法等。在有些情况下，为使发光均匀化，需要加入分散剂。目前，芯片部件型的小型 LED 指示灯早已被广泛应用，为满足多色化和全色化的要求，可在一个灯泡内放入发光颜色不同的几个芯片。在光纤用的 LED 中，为了提高与光纤之间的耦合效率，利用被称为 Burrus 型的基板单晶，通过在其上设置光取出孔的方法进行耦合连接，此外，还可使芯片与球形透镜连接，使光在光纤中集中等方法。

对 LED 的检查项目包括：V-I 特性、C-V 特性、电流-辉度（功率）特性、发光峰波长、发光谱半高宽、响应速度、发光效率、温度特性、角度特性、寿命等；此外还有电流、电压、温度的最高允许值等。对光通信应用来说，需要测定光输出、截止频率、在光纤端的输出、耦合损失、指向特性、静电破坏特性等。在上述的

LED组装、检查工艺中，还需要实现自动化以提高效率，降低价格。

4.5 发光二极管的特性

表4-3列举了各种批量生产或仍处于研究开发中的发光二极管LED的制作方法、发波长、亮度等相关特性。如图4-17所示为LED的驱动电流与光通量的特性曲线。

表4-3 各种LED的制法及特性

材料		制造法	发光色	发光波长/nm	外部量子效率/%		视觉效率/(lm/w)		光度/msd
发光层	基板				市售品	最高值	市售品	最高值	$\phi5.20mA$
GaP(Zn.O)	GaP	LPE	红	700	～4	15	～0.8	3	30
$Ga_{0.66}Al_{0.35}As$	GaAs	LPE(SH)	红	660	～3	7	～1.2	2.1	500
$Ga_{0.66}Al_{0.33}As$	GaAlAs	LPE(DH)	红	660	～15	21	～6.6	12	3 000
$GaAs_{0.8}P_{0.4}$	GaAs	VPE+扩散	红	660	0.1	0.15	0.04	0.07	20
$GaAs_{0.65}P_{0.55}(N)$	GaP	VPE+扩散	红	650	0.2	0.5	0.15	0.35	100
$GaAs_{0.33}P_{0.65}(N)$	GaP	VPE+扩散	橙	630	0.3	0.65	0.6	1.2	300
InGaAlP	GaAs	MOCVD (DH)	橙	620	4.2				3 000
$GaAs_{0.25}P_{0.71}(N)$	GaP	VPE+扩散	橙	610	0.3	0.6	1	2	300
$GaAs_{0.15}P_{0.63}(N)$	GaP	VPE+扩散	黄	590	0.12	0.25	0.5	1.1	200
InGaAlP	GaAs	MOCVD (DH)	黄	590		1.2			2 500
$GaAs_{0.1}P_{0.9}(N)$	GaP	VPE+扩散	黄	583	0.1	0.2	0.55	1.1	200
InGaAlP	GaAs	MOCVD (DH)	黄绿	566					800
GaP(N)	GaP	LPE	黄绿	565	0.3	0.7	1.8	4.3	500
GaP(N)	GaP	LPE	黄绿	560	0.12	0.3	0.96	1.6	250
GaP	GaP	LPE	纯绿	555	0.08	0.2	0.54	1.36	200
$ZnTe_{0.1}Se_{0.3}$	ZnSe	MBE(DH)	绿	512		5.3		17	
$In_{0.23}Ga_{0.17}N(Si,Zn)$	Al_2O_3	MOCVD (DH)	蓝绿	500		2.4			2 000
ZnSeZnCdSe (MQW)	ZnSe	MBE(DH)	蓝	489		1.3		1.6	
SiC(N,Al)	SiC	LPE	蓝	470	0.02	0.05			30
$In_{0.04}Ca_{0.04}N(Si,Zn)$	Al_2O_3	MOCVD (DH)	蓝	450	3.8	5.4	3.6		2 500

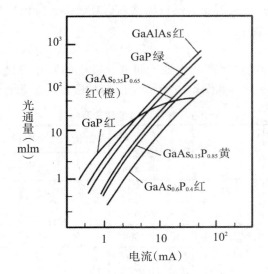

图 4-17　各种 LED 的发光特性比较

　　最常见的红光 LED，十余年间其光度得到飞跃性的提高。其原因是由于采用了由直接跃迁型化合物半导体 GaAlAs 构成的双异质结结构，目前已出现轴上光度超过 3000 cd/m² （20 m） 的制品。

　　在 LED 领域，难度最大的当数蓝色 LED。研究人员针对 SiC、GaN、ZnSe、ZnS 等材料已经进行过多年的研究开发。但是，对于这些材料来说，由于存在难以解决的问题，例如难以实现 P 型单晶、不能得到大块的基板单晶、不容易做成具有优良结晶性的 P-N 结等一系列问题，很难制作与其他颜色 LED 的亮度相匹配的蓝色 LED 元件，自然也就谈不上批量生产。但是在最近数年间，在各种各样的材料方面都获得了十分显著的技术进步，已经生产出亮度可与高辉度红色 LED 相匹敌的蓝色 LED 制品。

　　下面将针对不同材料及其发光色，简要地介绍目前的研究发展状况。

4.5.1　GaP：ZnO 红色 LED

　　GaP 红色 LED 于 1970 年前后开始工业化生产，为 LED 的主要产品类型。现在的可见光 LED 灯中，利用 GaP 材料的占相当大的比例。基板单晶为 GaP，通过 LPE 法形成发光用的 P-N 结。在这种 LED 中，发光机制是基于间接跃迁型半导体中等电子捕集器杂质中心的发光，以 Zn-O 最近邻对作为发光中心，可以获得实用的发光效率（批量生产时为 5%，最高达 15%）。这种 LED 在高电流密度区域的发生效率达到极限值，因此多数在低电流下使用。其显示元件彩色鲜明、灵巧轻便，多用于室内的各种机器设备中。

GaP晶体中掺入杂质Zn、O原子的红色LED，在驱动电流10 mA以上，它的光通量最高（如图4-17所示），适合于直接驱动型显示。

杂质Zn、O形成电中性分子中心Zn-O对，在0.3 eV深的电子陷阱，随着束缚激子的复合、消失而发光。发射的峰值波为λ_m=690 nm，ΔE=1.8 eV的红光。

到目前为止，据报道，Zn-O对发光中心的红色LED最高发光效率可达15%，一般的发光效率为2%～4%。由于发光中心处于导带下深能级上，在电流注入的同时，发光中心将俘获电子，使发光中心趋于饱和状态。因此，GaP红色LED的发光效率在驱动电流10 mA以下时显示亮度高。随后，随着电流上升而发光亮度则有所下降。这说明GaP红色LED具有低电流驱动的特点。另外，由于它是比禁带宽度低的能量（杂质能级之间跃迁）引起的发光，故它还具有晶体发光再吸收效应小的特点。从P-N结面到数微米的范围内发射红光，好像从整个晶体上发光似的把产生的光发射到晶体之外。为了得到更好的发光效果，还应该考虑到组件的组装问题，例如反射板的安装位置等问题。

GaP红色LED的制作方法是在GaP晶体上，采用液相外延技术，组件的结构如图4-18所示。在N型区GaP:S衬底上首先使用液相外延（LPE）生长一层N型GaP:Te晶体，然后在N型GaP:Te结晶层上继续沉积一层P型GaP:Zn-O结晶层。P型液相外延生长晶体的受主杂质为Zn原子，掺入Zn杂质的同时添加氧，在P型区内形成红色发光中心Zn-O对。红色LED发光效率的高或低，取决于向发光区电子的注入效率。

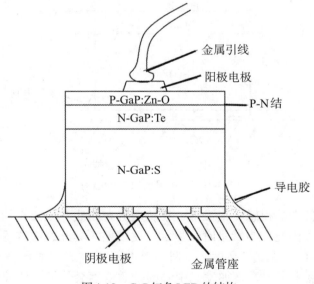

图4-18　GaP红色LED的结构

4.5.2　GaP:N绿色LED

绿色LED的发光效率近年来也获得显著提高。绿色LED的材料与上述的掺ZnO的红色LED的材料相同，也是GaP，即在GaP基板单晶上用LPE法形成发光用的P-N

结。D. G. Thomas 等人在 1965 年研制出在 GaP 晶体中掺入杂质氮原子制作发光中心的方法，得到了很强的绿色发光，采用在氮化硼（BN）制的坩埚中生长的 GaP 晶体的方法。随后又研究了添加杂质氮原子的方法，采用在晶体生长的气氛中导入微量的氨气，这种掺杂效果好，从而使绿色 LED 的生产技术得到了很大的发展。

在 GaP 晶体中掺入的氮原子形成很浅的束缚能级（20 meV），能发射出波长为 λ_m=565 nm，ΔE=2.19 eV 的绿色发光。在导带、价带和束缚能级之间处于热平衡状态时，绿色发光特性曲线没有出现像红色那样的饱和现象（如图 4-17 所示）。这是由于绿色 LED 的发光强度–驱动电流特性与直接跃迁型材料的 LED 相似的原因。

绿色 GaP:N 材料的 LED 制作方法是在 N 型 GaP:S 晶体上用液相外延法制作 P-N 结结构。使用液相外延方法在惰性气体气氛的氢气流中混入微量的氨气，添加氮原子，氮原子掺入 GaP 晶体内的化学反应方程式为

$$Ga(L)+NH_3 \rightleftharpoons GaN(S)+\frac{3}{2}H_2 \tag{4-18}$$

使用液相外延法（LPE）掺入氮（N）的浓度一般在 10^{18} cm^{-3} 左右。如图 4-19 所示为 GaP 绿色 LED 的结构。

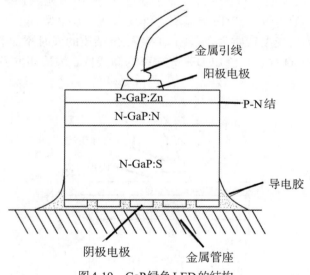

图 4-19　GaP 绿色 LED 的结构

人们对于绿色光的视感度很灵敏，视感度分布曲线和太阳光的能量分布比较相似。所以，当用太阳光作为背景时，显示对比度差。为此，应该尽量制作高亮度的绿色光 LED。为了提高发光亮度，一种方法是提高发光中心的掺杂浓度。但是从 GaP:N 的发光角度来考虑，增加发光中心的杂质浓度会使发光的波长向长波方向偏移，发光色将会靠近黄色。同时，晶格缺陷也将会增加使发光效率最高只有 0.7%。基于上述原因，使用液相外延法添加氮原子的浓度有一定限制，即使用气相外延方法，氮原子的掺杂浓度也只有 10^{20} cm^{-3}，可制作出黄色光的 LED。

4.5.3　GaAsP系红色LED

GaAs具有直接跃迁型能带结构，这是一种极其重要的发光材料。它的禁带宽度为1.43 eV，发射红外光。现在正在研制禁带宽度更宽的GaAsP、GaAlAs材料。

使用$GaAs_{0.6}P_{0.4}$材料制作红色光LED（$\lambda=640$ nm），它是在GaAs晶体衬底上用气相外延法（VPE）制作GaAeP晶体，在GaAsP晶体上扩散锌（Zn）来制作P-N结构的LED。GaAsP红色光LED于1970年已实现了商品化。由于GaAs晶体基板的光吸收系数非常大，因此，它的发光亮度比其他材料的LED器件亮度差。目前红色LED主要应用于照相机的日历显示、计算器等小型特殊的显示场所。在这些显示器件的应用方面，由于GaAs晶体基板成为光吸收体，故利用这一点对制作平板型显示器件十分有利。

对于GaAsP以及GaP红色LED来说，随着GaP基板单晶生长技术的完善，发光层结晶性的提高以及掺杂技术的改进，其发光效率不断提高，辉度不断改进。随着批量生产技术的不断完善，上述两种红色LED的价格都降到较低的水平。

4.5.4　GaAsP：N系列黄色、橙色LED

GaAsP系列LED迅速发展的原因是因为它与绿色LED一样，是在晶体中掺氮（N）原子来制作发光中心，从而得到良好的发光效果。采用气相生长时，导入氮气来添加氮原子，使靠近GaP间接跃迁区域的GaAsP成为LED的发光区。现已实现了实用的黄色（$\lambda=590$ nm）和橙色（$\lambda=610\sim630$ nm）的LED发光二极管。

GaAsP系列发光二极管LED的结构如图4-20所示。

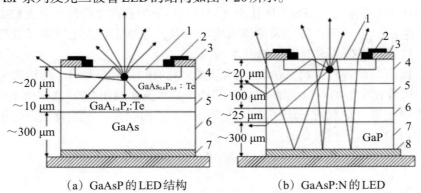

（a）GaAsP的LED结构　　　　　（b）GaAsP:N的LED

图4-20　GaAsP、GaAsP:N的LED结构

（a）1—Zn扩散层（P型）；2—电极；3—扩散掩膜；4—$GaAs_{0.6}P_{0.4}$:Te层；5—过滤层；6—GaAs衬底；7—电极。

（b）1—Zn扩散层（P型）；2—电极；3—Si_3N_4掩膜；4—$GaAs_{1-x}P_x$:N,Te层；5—$GaAs_{1-x}P_x$:Te层；6—$GaAs_{1-x}P_x$:Te（x倾斜）；7—GaP衬底；8—电极。

如图4-20（a）所示为在GaAs基板上制作红色LED，由于GaAs基板具有光吸收带的作用，影响了LED的发光亮度，它适用于制作单片显示器件。而如图4-20（b）所示的则是使用GaP基板制作橙色、黄色光的LED结构，GaP基板不具有光吸收带的作用，因此制得的LED亮度高。GaP和GaAs的晶体结构都属于闪锌矿结构，但两者的晶格常数不同，相差3.7%。因此在制作过程中为了生长优质的外延晶体层，首先应在GaP衬底上设置缓慢变化的跃迁区域，形成一定的发光区。在GaP衬底上制作的GaAsP的LED，衬底的光吸收效应低，从而可得到高亮度的LED。GaAsP/GaP系列LED和其他的GMP系列LED几乎都是具有相同形状的显示器件，现已实用化。

4.5.5 GaAlAs系列LED

AlAs和GaAs的晶格常数相差不大，约0.14%。因此，在开发LED的初期阶段人们曾使用AlAs和GaAs材料来制作GsAlAs系列LED。但是它和GaAsP的不同之处是在晶体中含有金属铝，金属铝非常容易氧化。因此在晶体生长过程中难于控制，这样使得GaAs系列LED的开发过程缓慢下来。但是，GaAlAs材料的光谱波长为0.8 μm，用来制作半导体激光器却是非常好的材料。随着液相外延（LPE）工艺技术的开发，GaAlAs材料再一次被人们所重视。用GaAs利AlAs组成的混合晶体，其能带结构如图4-21所示。为了得到可见光的LED，Al的组成成分为x=0.3时其发光波长为660 nm（1-88 eV）。

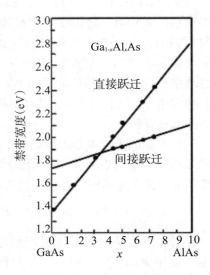

图4.21　GaAlAs混晶的能级间能量和混晶比

实用化的GaAlAs红色LED的结构如图4-22（a）所示。在P型GaAs衬底上，首先生长禁带宽度宽的N型GaAlAs晶体，使电子容易向P型区电注入，而N型区作为光取出窗口而得到高亮度的红色光LED。它和GaP的红色LED不一样，发光强度没有饱和现象，能够实现大电流驱动获得高亮度红色光。这一点与GaAsP橙色LED基本相同。

为了提高亮度特性，将GaAlAs可见光LED的单异质结（SH）结构改为与半导体激光二极管相类似的双异质结（DH）结构。结构剖面如图4-22（b）所示。该结构去掉了光吸收带，把载流子闭锁在双异质结内，从而提高了发光特性，使用双异质结结构的LED可以得到很高的发光亮度。

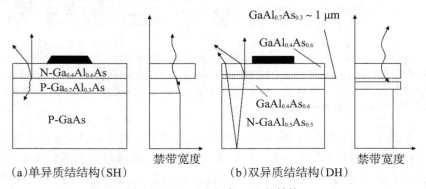

（a）单异质结结构（SH）　　　（b）双异质结结构（DH）

图4-22　GaAlAs红色LED的结构

4.5.6　InGaAlP 系橙色、黄色 LED

InGaAlP 是近年来达到实用化的混晶材料，具有直接跃迁型能带结构。利用这种材料可提高橙、黄色 LED 的辉度。特别是，由 InP 与 $Ga_{1-x}Al_xP$ 构成的 $In_{0.5}(Ga_{1-x}Al_x)_{0.5}P$ 混晶，与 GaAs 基板单晶的晶格匹配，混晶比 x 从 0 到 0.6（对应的发光波长从 660 nm 到 555 nm），为直接迁移型，因此可期望制作出从红色到绿色范围相当宽的高发光效率 LED。采用上述 InGaAlP 已开发出高辉度（光度在 1000 mcd 以上）橙色（约 620nm）LED。晶体生长采用减压 MOCVD，并形成双异质结结构。同时，为了提高内部发光效率，需要采用最佳杂质浓度及平面度、平整度要求严格的基板单晶。

4.5.7　红外 LED

实用化的红外 LED 器件有三类：①GaAs:Si 系列的 LED；②GaAlAs 系列的 LED；③GaInAsP 系列 LED。在 GaAs 晶体中掺入 Si 的 IV 族元素后，根据晶体生长的温度等条件不同，晶体可呈现施主型和受主型特性。可利用这种性质来制作 P-N 结。采用液相外延（LPE）技术来制作 LED 时，在 Ga 溶液中渗入 Si 杂质后升温至 900 ℃慢慢降温，首先析出 N 型晶体，接着温度降至 850 ℃以下时，析出 P 型晶体，用这种方法制作 P-N 结很方便，所得到的 LED 发光效率也比较高，约 6%，这种方法在工业生产中占据着重要地位。红外 LED 的应用范围很广，它可与受主型显示器件组合成光耦合器、遥控器等的光源部分。

在 GaAs 中添加高浓度的 Si 而形成施主杂质能级，使导带底的形状产生变形（形成简并半导体），也可以添加高浓度的 Si 形成受主杂质能级。这种简并半导体发光的波长比单纯的 GaAs 材料的禁带宽度上发光的波长更长（为 940 nm），发光的再吸收效应非常显著，出现了发光—吸收—发光过程，发光衰减寿命长（为 1 μm）。从传输情报观点来看，它只是和受光型组件相组合作为光源，这样就使它的用途范围受到了限制，不适用于光通信系统。现在，正在进行试制使用 GaAs 红外 LED 激励具有高的发光效率的荧光粉制作蓝色-红色的 LED，但目前还没有达到实用化。

4.5.8　蓝色发光二极管

当前使用 III-V 族化合物半导体晶体已制作出了从红色到绿色光的发光二极管，并已经大量投产。要广泛地应用于人民生活和工业生产设备中的显示领域，作为主动式发光的分离显示器件之一，发光二极管是重要的显示器件。为了实现彩色化，有必要开发蓝色光的 LED。为了制作蓝色 LED 就需要禁带宽度超过 2.53 eV 的半导体材料，III-V 族化合物半导体 GaN，II-VI 族化合物半导体 ZnS、ZnSe 以及 IV 族化合物半导体 SiC 等材料，这成为人们所关注的蓝色 LED 的材料。

1. GaN 系蓝色 LED

GaN 具有直接跃迁型能带结构，从发光效率来说占有优势，但是存在难以获得大块基板单晶、很难制作 P 型单晶等问题。为此，采用 VPE 法，在蓝宝石基板单晶上主长 N 型 GaN，在其单晶生长面上通过扩散 Zn 形成 I 层，由此得到了具有 MIS 结构的蓝色LED，其发光效率为0.03%，当电流为10 mA时轴上光度达到10 mcd。但是存在重复性很差等问题，为了实现高辉度需要提高材料的结晶性以及降低工作电压等，必须采取新的单晶生长方法来制造。为此，采用MOVPE法在蓝宝石基板单晶上以低温沉积的氮化铝（AlN）为缓冲层，进行GaN的生长，获得了质量比较高的单晶体。有人进一步通过电子束照射处理，证明此法对受主杂质的活性化十分有效，并且首先制成了显示P型电导性的GaN单晶体。这种单晶体是将掺杂有镁（Mg）的高电阻率GaN（GaN:MG）经电子束照射，使其电气特性发生变化，由此获得电阻率大致为数十Ω·cm的P型单晶。这种GaN层的P型化通过热退火处理也可以实现，而且用GaN代替AlN作缓冲层，可以获得更高载流子浓度的P型层。

基于上述技术，最近GaN系蓝色LED的特性得到明显提高。据报道，由于在发光层中采用了由InGaN构成的DH结构，在发光波长为450 nm的蓝色LED中，光度已达到2500 mcd，在发光波长为500 nm的蓝绿色LED中，光度已达2000 mcd。上述数据已与之前采用GaAlAs的高辉度红色LED的亮度不相上下，而比市售绿色LED的亮度还要高，实现了人们多年来一直追求的目标。如图4-23所示给出具有InGaN/AlGaN双异质结（DH）结构的蓝色LED的示意图。由于这种高辉度蓝色LED的出现，实现室外用LED的全彩色化已为期不远。同时，蓝绿色LED也有希望代替白炽灯作为信号机的光源。

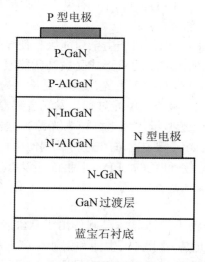

图4-23　InGaN/AlGaN双异质结蓝色LED的断面结构

2. SiC蓝色LED

在最早投入市场的蓝色LED中用的材料就是SiC，与其他材料不同的是，SiC比较容易获得P型单晶。SiC蓝色LED的发光辉度，与红色、绿色LED等相比，还略逊一筹，但随着单晶生长技术的改进，其发光效率正在逐步提高。

在LED的制作中，基板单晶采用6H型的SiC，利用LPE法或VPE法制作P-N结。

最近，通过采用SiC基板单晶，在1700 ℃上下形成P-N结，以提高材料的结晶性。在精确控制的条件下，利用氮施主和Al受主形成D-A对发光中心，在可靠性提高的同时，其发光效率获得飞跃性的提高，辉度已达到30cd/m²（20Ma）。这种SIC LED的制作工序如图4-24所示。在美国，利用VPE外延生长法，已批量生产光度为20 cd/m²的SiC蓝色LED。SiC属于间接迁移型半导体，其发光辉应的极限是多大，目前还不十分清楚。但是，为了扩大应用范围，其光度希望能达到50～100 cd/m²上下。

关于SiC大型基板单晶的生长，一般采用真空升华法，需要2300 ℃的高温，以多晶SiC为原料并置于高温端，而在低温端设SiC籽晶，可以长成高20 mm的SiC单晶。采用这种方法还能获得具有N型或P型电导型的单晶体。据报道，已有长成直径为34 mm、高为14 mm的N型SiC单晶。显然，基板单晶生长技术的进程对于促进SiC蓝色LED的批量化生产是极为重要的。

从目前的发展趋势看，SiC蓝色LED今后在提高发光效率、改善工艺、降低价格等方面会出现快速的发展。

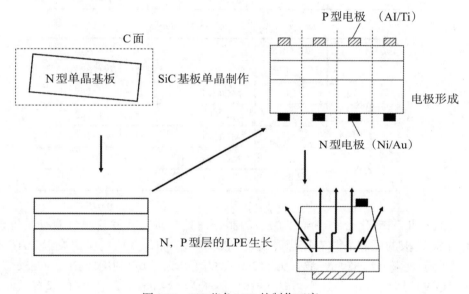

图4-24　SiC蓝色LED的制作工序

3. II-VI族蓝色LED

在II-VI族化合物中，ZnSe、ZnS室温下的能隙宽度分别为2.7 eV和3.7 eV，而且为直接迁移型半导体材料，极有希望用于高发光效率的蓝色LED，而且近年来已获得十分显著的进步。晶体生长方法以MBE和MOCVD为主，由于适于低温生长而且可保持原料的纯度，从而能获得优质的单晶体，而且，杂质的掺杂可精确控制，上述因素为其在LED中的应用创造了很好的条件。

见表4-4、表4-5所列，ZnSe的N型掺杂为Ga、Al、Cl、I，其中在MBE法中掺Cl、在MOCVD法中掺I的可控制性都很好，可以形成高浓度掺杂。ZnS的N型掺杂，在MBE法中掺Al、在MOCVD法中掺I都可以实现较低的电阻率。对于ZnSe的P型掺杂，正在研究开发的有 I 族元素的Li、Na，V族元素的N、P、As、Sb等。虽有报告指出在MBE、MOCVD法中都可以掺杂Li，但Li对单晶结构稳定性的影响如何目前还不清楚。在MBE法中采用N_2的团束进行N的掺杂，可获得载流子浓度为$10^{17}\sim10^{18}m^{-3}$的P型单晶。上述掺杂N的方式，作为P型掺杂的有效方法已经得到确认。目前，ZnSe的P型化主要是利用MBE法，通过N_2束掺杂N来实现的。另外，对于ZnS的P型掺杂，在MOCVD法中可采用掺杂Li，在MBE法中可采用掺杂P的方法，但目前还未实现P型的低电阻率化。

表4-4 ZnSe、ZnS中的N型掺杂

材料	掺杂元素	方法	载流子浓度/cm^{-3}
ZnSe	Cl	MBE	$1*10^{15}\sim1*10^{13}$
	I	MOCVD	$5*10^{15}\sim1*10^{10}$
ZnS	Al	MBE	$3.9*10^{19}$
	I	MOCVD	$6*10^{19}$

表4-5 ZnSe、ZnS中的P型掺杂

材料	掺杂元素	方法	载流子浓度/cm^{-3}
ZnSe	Li	MBE	$10^{15}\sim8*10^{15}$
	Li	MOCVD	$4*10^{10}\sim4*10^{11}$
	N	MBE	$1*10^{16}\sim1*10^{18}$
	N	MOCVD	$3*10^{17}\sim2*10^{18}$
ZnS	Li	MOCVD	$7.5*10^{15}$
	P	MBE	$\sim10^2$

目前，Ⅱ-Ⅵ族化合物半导体LED的制作尚处于研究开发阶段，但有报告指出，采用ZnSe基板的试制品具有相当高的发光效率。例如，在活性层中设置ZnTeSe DH结构，量子效率可达5.3%，波长为512 nm的绿色LED以及利用ZnSe-ZnCdSe多重量子阱（QW）结构，量子效率可达1.3%，波长为489 nm的蓝色LED都有试制品问世。ZnSe也可采用GaAs基板，以降低价格。最近采用GaAs基板的蓝绿色激光器的制作也取得显著的进展，可实现1 h室温连续振荡发光。以上元件都是由MBE法制作的，利用前述的N_2团束来掺杂N，以形成P型层。这种掺杂办法对于元件的制作具有重要的实际意义。为了使采用Ⅱ-Ⅵ族半导体材料的短波长发光器件达到实用化，还有不少问题需要解决，如与P型层间欧姆电极的制作、提高器件的可靠性、降低价格等，这些都需要进一步研究开发。

4.5.9 LED的可靠性

发光二极管是一种固体发光显示器件，它具有高可靠性、与钨丝灯相比寿命长的优点。发光机理与其他的半导体器件不同，它是由电注入少数载流子而引起连续不断的复合发光。因而，随着非辐射复合过程的增加、晶格缺陷的增加，都将直接影响到器件的性能，特别会引起发光特性的劣化。我们知道，晶体缺陷随着注入电

流的增加而增加，会导致发光特性劣化。晶体中产生应力，将更加促使发光特性劣化。这种劣化是由于少数载流子激励而使晶格产生位错，这种使晶格产生位错的现象称为光脆性效应。

除了晶体本身的劣化之外，由于组装技术等原因还有可能产生LED芯片的机械损伤等。为了提高LED的可靠性，应该不断地改善制作工艺技术和通过制作中对各阶段的严格检测来消除发光特性的劣化。

4.6　发光二极管的应用以及发展前景

LED在我们的日常生活中屡见不鲜，广泛应用于家用电器、音响设备、汽车及照相机等产品中。在这些产品中，LED或者用作显示元件，通过颜色、数字、文字、符号等显示机器设备的工作状态，向使用者提供必要的信息，或者用作各种用途的发光光源。

在一些发达国家，LED显示器的应用更为普遍，从小店铺的营业标志到大商场的商品广告，从加油站的价格牌到大饭店的大厅壁画以及闹市区的公共告示牌、运动场的比赛成绩显示板等都在应用LED。其显示鲜明、醒目，动态效果极好。在交通运输领域的应用有自动售票机、进站自动检票口的信息显示，火车车厢内到站站名、时刻显示、站内列车时刻表、到达和发车车次显示板等。在公路两旁，都设有采用LED的夜间交通指示标志、交叉路口路标指示、前方道路通行状态显示等。由于大型动态的红、黄色LED显示板极为鲜明、醒目，无疑为汽车司机提供了很大的方便。下面针对LED在显示器中的基本应用，分别加以简单介绍。

4.6.1　指示灯

在LED的应用中，首先应举出的是各种类型的指示灯、信号灯等。以前，作为显示用光源，一直采用普通钨丝白炽灯泡。但存在耐振性差、易被碎等问题。随着LED的登场，特别是鉴于LED的许多优点，指示灯目前正处于更新换代中。通常，LED的寿命在数十万小时以上（在规定的使用条件下），为普通白炽灯泡的100倍以上。而且具有功耗小、发光响应速度快、亮应高、小型、耐振动等特点，在各种应用中占有明显优势。

如图4-25所示是使用二色发光型芯片的双色显示LED结构。使用红、绿两个芯片分别相互配置。对于彩色显示的发光二极管基本上都是采用不同发光色的芯片相互重叠的配置结构。

在指示灯用LED中，可使用前面介绍的各种材料。目前，各种商用制品中使用的LED灯有红色、黄色、橙色、绿色、蓝色的点、线及各种形式的小平面等。各色LED都具有足够高的辉度，比

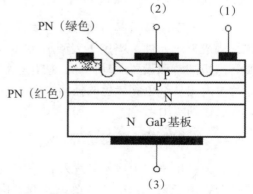

图4-25　双色显示LED的结构

白色灯加彩色滤光器所发出的颜色更鲜艳。而且，一个灯泡中可以同时放置几个不同发光颜色的LED。例如，电源接通之后用红色、预热状态用黄色、正常工作用绿色等，用一个指示灯显示几种不同的工作状态。

4.6.2 单片型平面显示器件

LED用于平面显示元件的最大优点是：

①由于为固体元件，可靠性高，与采用白炽灯的显示器相比，功耗小。

②可以制作对于CRT及LCD来说不大可能做出的大型显示器等。

LED平面显示元件可分为单片型、混合型以及点矩阵型等几大类。

单片型LED显示元件是在同一基板单晶上使发光点形成字段状或矩阵状的平面显示元件。这种显示元件的特点是，在保证高密度像素的前提下，可实现超小型化，其新的用途会不断得到开发。如图4-26所示是单片型GaP绿色LED平面显示元件的结构（点矩阵型）的实例。每个发光部分的尺寸及节距分别是0.23 mm×0.23 mm及0.28 mm，在11.2 mm×11.2 mm大小的单晶表面上可形成40×40=1600个像素。

单片型所追求的是高像素密度及超小型化，但对于大屏幕显示的要求，以及在发光强度的均一性、成品率、价格等方面都受到限制。

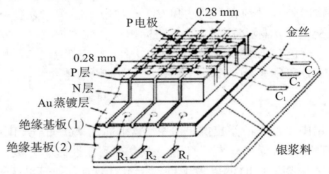

图4-26 单片型GaP绿色LED平面显示器件结构示意图

4.6.3 混合型平面显示器件

混合型平面显示器与单片型不同，是在组装基板上使每个LED芯片排列成矩阵状，构成显示元件。当用于大型画面时，通常3000～4000个像素构成一个模块，在实装基板的背面设置驱动回路，按瓦块状排列。例如，利用GaP多色LED芯片，该芯片可发出从红色到绿色的任何中间色的光，按96×64=6144个像素排列的平面显示元件已达到实用化。

4.6.4 点矩阵型平面显示器

目前，用于室内或室外显示，采用LED点矩阵型模块的大型显示器正在迅速推广普及。由于采用LED点矩阵型模块结构，显示板的大小可由LED发光点纵横密排成任意尺寸；发光颜色可以是从红到绿的任意单色，红、绿、橙三色、多色，甚至全色，灰度可从十数阶到几十阶分阶调节；与专用IC相组合，也可由电视信号驱动，进行电视、录像显示。

模块结构可分为两大类。一类为小型模块，如前面数字显示用显示器一节中所述，将芯片连同其周围的反射框在基板上按矩阵徘列，用树脂模注或盖以散射板，构成如图4-27所示的小型模块点矩阵型平面显示器；另一类为大型模块，一般是将一个或多个LED芯片装在同一显示屏中，再将该显示屏按矩阵状排列而构成。

图4-27 小型点矩阵型LED平面显示模块

关于模块的驱动方式，一般是将微机输入的数据送到显示器的控制部分，显示模块中的像素将根据LED的点数据、左旋或右旋数据以及亮暗数据等驱动信号进行显示。

室外用单色新闻及广告显示板采用集合型LED显示泡方法，由若干个LED泡构成一个像素，由16×16=256个像素显示一个文字。

多色显示比较容易实现的一般是红、绿、橙三色显示。现在已有多色显示大型电视的制品问世。例如，画面尺寸为48英寸，像素使用高辉度的红色和绿色LED，由48 080个像索构成的电视等。另外，地铁及火车车厢中采用红、绿2色的LED用以显示车次、到站站名、时间及简单的新闻广告等。在车站广场及闹市区建筑物壁面上，还设有画面尺寸为8 m×6 m，像素数为256点×192点的超大型LED显示板等。

与此同时，采用红、绿、蓝LED芯片，可以在更宽的色调范围内进行全色显示的LED显示板也逐步完善。例如采用全色LED显示泡（15 mm）制作的由96点×64点构成的显示器，其画面尺寸为732 mm×488 mm，是将24个256（16×16）点的LED模块纵横排列构成的。由计算机向各个模块施加色信号，可使各个显示泡发出任意颜色的光。但由于电路上的限制，实际的发光色只能设定红、橙、黄、绿、蓝、粉红、白等7色。

LED平面显示器出现的历史很短，必要的技术积累和实际制作经验都还很不充分，在可靠性、生产效率、价格等方面都存在不少问题，在充分发掘其大型化、高功能化潜力的同时，各方面还需要进一步发展与完善。

4.6.5　LED在LCD背光照明的应用

随着液晶显示技术的成熟，目前的绝大多数消费电子产品均带有液晶显示屏，电视和显示器方面液晶都占了绝对主导。

在大尺寸的LCD背光照明中，通常使用冷阴极荧光灯（CCFL）作为背光源。尽管CCFL在技术上已经相当成熟，无论在性能还是在稳定性方面都十分出色，但在大屏液晶电视日渐轻薄以及更高的环保性的趋势下，LED背光有其独特优势。

首先是环保要求。2010年，美国环保署宣布家电也适用于基于IEEE 1680标准的"电子产品环境影响评估工具"（EPEAT）。该评估工具会详细评估电子产品在其全寿命过程中对环境产生的影响，包括产品内的有毒物质、是否采用了回收材料、包装对环境的影响、以及设计上是否利于回收等。欧盟、日本等也有自己严苛的评价体系，我国也于2013年宣布要参照EPEAT制订电子产品评估。由于CCFL灯管含有汞等有害物质，自然难以通过评估。LED因为不含汞，而且采用无铅封转，是环境友好型电子器件。

二是LED使用寿命更长。普通CCFL的使用寿命一般为3万小时，LCD在使用几年后屏幕就会发黄、亮度变暗，而LED背光寿命可达10万小时。

三是LED色彩表现丰富，亮度和白平衡易于控制。CCFL由于色纯度问题在色阶方面表现不佳，致使LCD的灰度和色彩过渡不及CRT。CCFL上的窄色域导致几乎所有的LCD都无法达到平面印刷的Adobe RGB色域标准。LED背光源在色彩表现力和色阶过渡方面具有显著优势，而且色彩还原性好。LED背光源可轻而易举地实现超过100%的NTSC色域表现，CCFL难以达到。另外，CCFL有最低亮度的门槛亮度调节范围有限，而LED有很大的亮度调节范围，可以调节白平衡，同时保证整体对比度。

最后是LED体积小，重量轻。LED背光源通常由众多栅格状的半导体组成，每个栅格中都拥有一个LED器件，从而实现了LED背光源的平板化，可使LCD显示器的厚度很小。而使用CCFL背光源，因受到阴极管径（1～8 mm）的限制，LCD显示面板无法做得很薄。

4.6.6　LED在汽车照明的应用

20世纪初，随着汽车工业的发展，在汽车略有增多、车型略经改进和车速有所提高以后，路上熙熙攘攘的行人以及日渐增多的汽车已不再允许汽车仅靠一盏汽车灯就能安全行驶。1910年，光源工程师采用白炽灯作光源安装在车头上，像一双眼睛使驾驶员能看清道路中的障碍物。此时的汽车电气工程师已经给汽车装配了车载小型发电机为汽车电气照明的发展奠定了基础。

到了20世纪70年代，卤钨灯大规模替代了白炽灯用于汽车照明。迄今为止，卤钨灯仍然是汽车前照灯中占统治地位的照明灯。目前，一种比卤钨灯更先进的高效、高亮度、长寿命光源——氙灯开始占据主导。氙灯是一种高强度放电灯，没有灯丝，光通量是卤钨灯的3倍，电能转化为光能的效率比卤钨灯提高70%以上，光效也提到了4.5倍。目前，日本、欧洲的新款车型都采用了此种光源。

而进入20世纪90年代，汽车内部的照明进入了LED的时代。目前包括汽车前照灯在内，车外的信号灯大多也采用了新光源。

LED在汽车照明的优势主要有：

（1）寿命长，不用维护。LED使用寿命可达几万小时乃至十万小时，有可能在整个汽车使用期限之内都不用再更换照明灯具。

（2）非常节能，比同等亮度的白炽灯节能一半以上。2003年美国能源署发表车用LED的节能评估报告，结果令人吃惊。仅对小轿车而言，若全美都使用LED灯每年节省的燃料在14亿加仑，而且载货卡车节省的燃料比小轿车多两倍。见表4-6所列是LED与白炽灯相比的年节能统计。

表4-6　LED与白炽灯相比的年节能统计

比较项目	每辆汽车年耗功率/W	每辆汽车年耗等效燃气/加仑	1 700万辆车年耗燃气/百万加仑	相对于100万只白炽灯节省的燃气/百万加仑	相对于白炽灯的节能率
白炽灯	59 926	14.35	244.01	—	—
2006	56 366	13.50	229.51	14.49	5.94%
2011	51 151	12.25	208.28	35.73	14.64%
2016	37 375	8.95	152.19	91.82	37.63%
2030	11 011	2.64	44.84	199.17	81.63%

（3）灯亮响应时间快。白炽灯启动后达到设定亮度的时间通常约为200 ms，而LED在不到1ms的时间内就可达到额定亮度。这对于刹车灯来说，意味着高速行驶时的制动距离相差4~7 m，从而能使汽车追尾事故发生率减少50%。

（4）结构简单，抗震动和耐冲击性强。

（5）体积小，设计灵活性大，可以随意变灯具模式，适用于各种造型汽车。

（6）LED具有独特的冷光特性，使灯具不会长期受热而变形，从而提升了整套灯具的寿命。

（7）受电压波动的影响远远小于普通灯泡，而且易于控制，光线质量高，完全满足环保要求。

在所有车用LED灯具中，最难也是最后投入使用的是车头前照灯。自2003年以来，已有至少15家汽车制造厂在相关车展上展示了采用LED前照灯的概念车，如图4-28所示，是奥迪汽车的LED车灯广告。

图4-28　奥迪汽车的LED车灯广告

车头灯采用LED光源遇到了一些问题，其中最主要的是亮度输出和散热问题。

前照灯的设计要求是：近光灯900 lm，远灯1100 lm，整体为2000 lm，约是Lumileds公司的生产的40个1 W LED灯在25 ℃时的光源输出。当温度上升到50 ℃

时，其效率将降至80%以下。为提高前照灯的亮度，需要更多数量的LED，这不仅使成本将进一步增加，同时会使LED出现故障的概率增大，因此对LED的可靠性要求更加严格。为防止LED前照灯因过热而烧毁，需要给LED光源装设大量散热片，但又会因为体积过大而无法装入灯具中。散热设计是LED前照灯研发中的重要课题。传统光源产生的热量虽然远远高于LED，但传统灯具不会因为高温而降低其光输出，然而LED光输出却会因结温升高而下降。因此，散热设计在LED前照灯灯具设计工作中至关重要，散热是否良好决定了灯具的使用寿命和光输出性能。

LED汽车前照灯的光学设计也不同于传统灯具的设计概念。在传统灯具设计上，从先期利用反射罩配合透镜刻纹作角度和强度的控制演变为利用反射罩直接控制强度和角度，最后发展为利用成像方式的鱼眼透镜设计方案。对传统灯具而言，大多为柱状光源，可产生类似蝴蝶外形的光型输出，进而发展出与之搭配的透镜、反射罩、挡板等光学组件。而利用LED作为光源设计灯具时，需要将传统的柱状光源变为平面光源，进而搭配外部的光学组件来产生不同组合。为满足传统配光标准的要求，LED发光角度的选择十分重要。由于LED侧向散光少，灯具的反射杯的作用与传统灯具相比并不明显，因此LED光源阵列的分布要分散，这与传统灯泡恰恰相反。分散的效果更符合人们的视觉习惯。为得到需要的流明输出，LED需要较大的封装面积。随着光源输出面积的增加，光学设计的难度也随之提升。

从2007年日本丰田公司在Lexus的一款新车上安装LED前照灯开始，目前主流汽车品牌的中高档车型都已配置LED前照灯。目前在车用LED市场，安捷伦、Lumileds和Osram以高品质、多品种占有大部分市场。国内企业的中低端产品暂时还难以满足车用LED的使用要求。

4.7 Micro-LED技术

4.7.1 Micro-LED简介

Micro-LED的英文全名是Micro Light Emitting Diode，中文称为微发光二极体，也可以写作 μ LED。Micro-LED的像素单元大小在100 μm以下，相当于人头发丝的1/10，并被高密度地集成在一个芯片上。Micro-LED具有无须背光、光电转换效率高、亮度大于 10^5 cd/m²、对比度大于 10^4：1、响应时间在ns级等特点。对比于传统LED、Mini-LED、OLED等，Micro-LED拥有亮度高、发光效率高、低能耗、反应速度快、对比度高、自发光、使用寿命长、解析度高与色彩饱和度好等优势，且具备感测能力，是一项十分理想的显示技术，有很好的应用前景。

相比其他显示技术，Micro-LED也有一些缺点。首先，由于Micro-LED显示在芯片设计、巨量转移、全彩化等方面还存在许多技术瓶颈，使其生产成本远高于现有显示技术产品，在大面积应用中有不可忽视的缺点；Micro-LED相比OLED实现卷曲和柔性显示比较困难；对比QLED显示技术，Micro-LED在亮度和寿命方面优势不大；在发光效率方面，Micro-LED与OLED相比优势也不明显。

Micro-LED的发展最早要追溯到20世纪90年代的TFT-LCD显示器背光模块应用

的发展。由于LED具有极好的色彩饱和度、较低功耗以及轻薄等特点，一些制造商将LED用作背光源。然而，由于当时LED制作成本高、散热性差、光电转换效率低等因素，它并未广泛应用于TFT-LCD产品中。2000年，可以通电激发出白光的涂有荧光粉的蓝光LED被研制出来，白光LED芯片技术才逐渐成熟。到2008年，白光LED背光模块的生产量实现了指数级增长，在短时间内完全取代了冷阴极荧光灯管，广泛应用于智能手机、平板电脑、笔记本电脑、台式显示器和电视等领域。使用白光LED作为背光源的TFT-LCD由于受非自发光特性的限制，开孔透射率在7%以下，光电转换效率低；在室外环境中，TFT-LCD亮度无法达到1000 nit以上，导致图像质量和色彩识别度降低。白光LED的色彩饱和度远远低于RGB LED，色彩丰富性远不如RGB LED；诸多限制因素将研究方向转移到了使用RGB LED作为自发光像素的Micro-LED显示技术。2000年，无机半导体Micro-LED（μLED）技术由德克萨斯科技大学的姜洪兴和林静宇的研究小组首次提出，并确定了许多相关的潜在应用。此后，多家公司和研究机构开始研发各种相关技术。

Micro-LED是LED不断薄膜化、微缩化和矩阵化的结果。由最初的小间距LED、Mini-LED逐步微型化，对比小间距LED、Mini-LED、Micro-LED三者，灯珠的间距是关键。小间距LED是指相邻LED灯珠的点间距在2.5 mm以下的LED背光源或显示屏产品。相比传统背光源，小间距LED背光源的发光波长更为集中，响应速度更快，寿命更长，系统的光损失能够从传统背光源显示的85%降至5%。相比传统LED显示器件，小间距LED显示器件具有高的亮度、对比度、分辨率、色彩饱和度，以及无缝、长寿命等优势。

Mini-LED指相邻LED灯珠的点间距在2.5～0.1 mm的小间距LED产品。Mini-LED显示一方面可作为液晶显示的直下式背光源，应用于手机、电视、车用面板及电竞笔记本电脑等；另一方面，Mini-LED有望衍生出高端背光产品，与OLED高端产品相抗衡。在相同对比度条件下，采用Mini-LED背光的液晶面板价格约为OLED面板的70%～80%。由于具有性能和成本优势，近年来Mini-LED在视频会议、会展广告、虚拟现实、监控调度等领域得到快速应用，逐渐占据LCD和拼接屏应用市场，有望成为市场主流。

Micro-LED的像素单元在100 μm以下，并被高密度地集成在一个芯片上。微缩化使得Micro-LED具有更高的发光亮度、分辨率与色彩饱和度以及更快的显示响应速度。预期能够应用于对亮度要求较高的增强现实（AR）微型投影装置、车用平视显示器（HMD）投影应用、超大型显示广告牌等特殊显示应用产品；并有望扩展到可穿戴/可植入器件、虚拟现实、光通信/光互联、医疗探测、智能车灯、空间成像等多个领域。

4.7.2 Micro-LED的结构与制备工艺

Micro-LED一般采用成熟的多量子阱LED芯片技术。以典型的InGaN基LED芯片为例，Micro-LED像素单元结构从下到上依次为蓝宝石衬底层、25 nm的GaN缓冲层、3 μm的N型GaN层、包含多周期量子阱（MQW）的有源层、0.25 μm的P型

GaN接触层、电流扩展层和P型电极。当像素单元加正向偏压时，P型GaN接触层的空穴和N型GaN层的电子均向有源层迁移，在有源层电子和空穴发生电荷复合，复合后能量以发光形式释放。如图4-29所示为InGaN基LED芯片结构示意图。

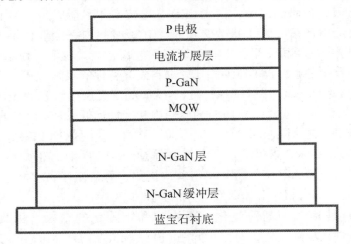

图4-29 Micro-LED结构示意图

与LED芯片制备相同，Micro-LED芯片一般采用刻蚀和外延生长的方式制备。芯片制作流程主要包括以下几步：一是衬底制备，用有机溶剂和酸液清洗蓝宝石衬底后，采用干法刻蚀制备出图形化蓝宝石衬底；二是中间层制备，利用金属有机化合物化学气相沉淀技术（MOCVD）进行气相外延，在高温条件下进行GaN缓冲层、N型GaN层、多层量子阱、P型GaN层生长制备；三是台阶刻蚀，在外延片表面形成图形化光刻胶，之后利用感应耦合等离子体刻蚀（ICP）工艺刻蚀到N型GaN层；四是导电层制备，在样品表面溅射氧化铟锡（ITO）导电层，光刻形成图形化ITO导电层；五是绝缘层制备，利用等离子体增强化学的气相沉积法（PECVD）沉积形成SiO₂绝缘层，之后经过光刻和湿法刻蚀形成绝缘层；六是电极制备，采用剥离法等方法制备出图形化光刻胶，电子束蒸发Au后利用高压剥离机对光刻胶进行剥离。如图4-30所示为Micro-LED制备流程。

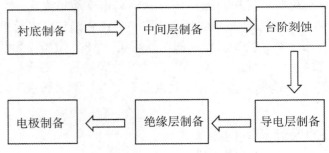

图4-30 Micro-LED制备流程

虽然Micro-LED芯片与现有量产的LED红蓝黄芯片相比，在材质和外延工艺上通用，但是Micro-LED芯片的精度要求远比传统LED严苛。由于Micro-LED芯片大小不超过100 μm，磊晶的波长一致性更是至关重要，若晶圆有不平整处，就可能造成芯片缺陷，增加后续制成开销及产品的报废率。例如，在LED芯片的微缩过程中，时常产生侧壁缺陷，在常规250 μm×250 μm尺寸的LED产生2 μm左右的误差缺陷。但在Micro-LED的生产上，所要求的LED尺寸仅为5 μm×5 μm，而2 μm左右的误差缺陷，将会彻底破坏Micro-LED芯片的性能，芯片的剩余可使用率仅占芯片尺寸的4%，结构如图4-31所示。

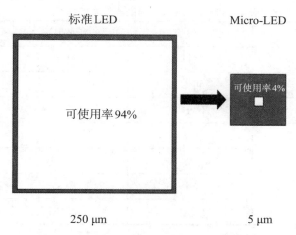

图4-31　微缩制程对Micro-LED芯片性能的影响

在传统的LED芯片中微小的缺陷，不会影响LED的性能，但同样的缺陷将会对Micro-LED芯片的性能产生巨大的影响，故成功实现LED微缩化的至关重要。

我们将传统0.5 mm级的LED微缩到10 μm级以下，所采用的技术称为微缩制程技术。按照微缩制程技术的实现方式的不同，制程种类大致有芯片级焊接、外延级焊接和薄膜转移三种。

芯片级焊接是将LED直接切割成微米等级的Micro-LED芯片，再利用表面贴装技术（SMT）或芯片直接贴装技术（COB），将微米等级的Micro-LED芯片一颗一颗键接于显示基板上。因为SMT和COB在芯片尺寸上的限制，用该方式制作的Micro-LED在尺寸上更趋近于Mini-LED的范畴，且其并不能适用于手机和平板的运用场景的需要。

外延级焊接是在LED的磊晶薄膜层上用感应耦合等离子离子蚀刻，直接形成微米等级的Micro-LED磊晶薄膜结构，再将LED晶圆（含磊晶层和基板）直接键接于驱动电路基板上，最后使用物理或化学机制剥离基板，仅剩Micro-LED磊晶薄膜结构于驱动电路基板上形成显示像素。因为晶圆尺寸等限制，其更适合与运用在智能手表和VR等运用领域，不能在大面积显示领域应用。

薄膜转移技术使用物理或化学机制剥离LED基板，以一暂时基板承载LED磊晶薄膜层，再利用感应耦合等离子离子蚀刻，形成微米等级的Micro-LED磊晶薄膜结构；或者，先利用感应耦合等离子离子蚀刻，形成微米等级的Micro-LED磊晶薄膜结构,再使用物理或化学机制剥离LED基板,以一暂时基板承载LED磊晶薄膜结构。最后,根据驱动电路基板上所需的显示像素点间距,利用具有选择性的转移工具,将Micro-LED磊晶薄膜结构进行批量转移,键接于驱动电路基板上形成显示像素。

对比三种微缩制程技术,由于芯片级焊接和外延级焊接的产能过低和工时过高,以及尺寸限制,众多公司将资金投入薄膜转移方向,预计薄膜转移技术将最快实现应用。见表4-7所列为Micro-LED不同制程技术的特征。

表4-7 Micro-LED不同制程技术的特征

制程种类	芯片级焊接	外延级焊接	薄膜转移
基板尺寸限制	无尺寸限制	小尺寸	无尺寸限制
间距可否调整	可以	不可以	可以
批量转移	不可以	可以	可以
EPI使用率	中等	低	高
EPI重复使用率	无	中	高
成本	高	中	低
应用厂商	索尼	Leti\ITRI	LuxVue(苹果)

4.7.3 Micro-LED关键技术

1. 电路驱动设计

目前Micro-LED显示驱动的主流方式有ASIC被动驱动、CMOS主动驱动、TFT驱动。以下对它们分别进行详细介绍。

(1) ASIC被动驱动

用这种驱动方式的Micro-LED阵列采用被动(行列扫描方式)驱动点亮。结构简单,容易实现,如图4-32所示是被动矩阵的驱动电路结构,其中列信号由数据信号充当,行信号由选择信号充当。当X行和Y列被选通时,点(X, Y)被点亮。以高频逐点扫描方式来显示图像。由于IC驱动能力的限制,当不同列需要点亮的像素数量不一样时,不同列之间的像素亮度就会产生差异。对于彩色化Micro-LED阵列来说,驱动电路将更加复杂化,以这种全彩阵列为例,由于一个像素中存在RGB三个LED,并且三个LED驱动电压存在差异,这将导致驱动电路更加复杂化,驱动难度也将加大。被动驱动Micro-LED阵列需要深隔离槽结构(ICP刻蚀到衬底),来保证发光单元的独立。刻蚀深度为5~6 μm,电极经过隔离槽会出现断裂情况,降低器件可靠性;并且深隔离槽内的光刻胶不易被充分曝光,影响后续工艺;深隔离槽会加大发光单元间距,影响像素密度。

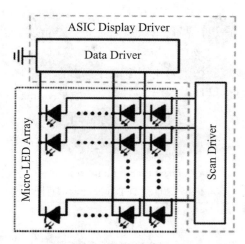

图4-32　被动驱动矩阵示意图

（2）CMOS 主动驱动

CMOS驱动采用共N极倒装结构，发光芯片采用单片或者单晶粒形式，倒装到驱动基板后再应用倒装键合技术，将芯片倒装到硅基CMOS驱动基板上，这个过程涉及抓取、摆放等复杂技术。这种结构可以将像素尺寸降到几十个微米，像素间隙很小，达到几个微米。驱动方式为主动驱动。

主动驱动方式要明显优于被动驱动方式，如图4-33所示，香港科技大学刘召军团队提出的两个MOS管和一个电容结构，又称为2T1C结构。由于引入电容器，在下一帧信号刷新前，LED处于保持状态。这是主动驱动的特点，这种驱动方式驱动能力强、高亮度和对比度、低功耗、可控制能力强、速度快，可以广泛地应用在高分辨率显示阵列中。

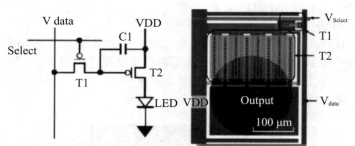

（a）2T1C主动矩阵像素驱动电路　　　（b）2T1C主动矩阵像素驱动电路版图

图4-33　主动驱动电路

（3）TFT 驱动

以TFT方式驱动的 Micro-LED 显示阵列与传统 TFT-LCD 显示技术相同，使用键合技术将 Micro-LED 阵列转移到含有 TFT 驱动背板上，或者直接在 Micro-LED 晶圆上生长 TFT。首尔庆熙大学 Kim 团队使用低温多晶硅（LTPS）TFT 技术制造了像素间距为 10 μm、亮度达 40 000 cd/m²、EL 峰为 455 nm、FWHM 为 15 nm 的 Micro-LED 阵列，如图4-34所示。

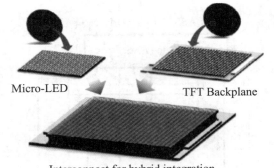

（a）Micro LED 和 TFT 背板键合示意图

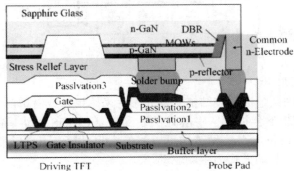

（b）TFT-Micro LED 剖面结构图

图 4-34　TFT-Mirco LED 示意图

2. 色彩转换方式

彩色化是 Micro-LED 显示商业化的关键技术，现在主要的彩色化方式有如下两种：三色RGB法和UV/蓝光LED +发光介质法。

（1）三色RGB法

通过适当的比例组合红色、绿色和蓝色LED，如图 4-35 所示，虽然这种方法可以获得较高的显色指数，但这样的LED系统的驱动电路比较复杂，同时红、绿、蓝三色LED工作时所需的电压不同，红、绿、蓝三种颜色LED的衰减速率也不同，因此会导致整个光学系统的彩色显示发生偏差。

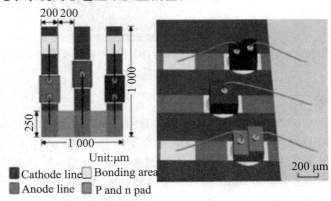

图 4-35　红绿蓝 LED 组合实现全彩色显示

（2）UV/蓝光 LED + 发光介质法

通过 LED 来激发发光材料生成红绿蓝三色光，LED 最常用的发光材料是荧光粉，然而，由于微米量级的荧光粉的粒径较大（一般粒径为 10μm 左右），会导致荧光粉不能均匀地涂覆在 Micro-LED 上，将限制其在 Micro-LED 上的应用。量子点是一种纳米材料，典型的粒径在 210 nm 左右，随着粒径的增大，它的发光颜色会逐渐红移，通过调控尺寸和形状就可以控制它的发光，它的尺寸和形状可以精确地通过反应时间、温度、配体来控制。当量子点尺寸小于它的波尔半径的时候，量子点的连续能级开始分离，它的值最终由它的尺寸决定。随着量子点的尺寸变小，它的能隙增加，导致发射峰位置蓝移。由于这种量子限域效应，因而称其为"量子点"。量子点具有许多的优点，比如量子点的光致发光量子产率很高，在 90%～100%；量子点发射的光具有很窄的半峰宽，只有几十个纳米；此外量子点还具有很宽的吸收光谱，而且量子点可以低价溶液加工，从而使得量子点材料能取代传统荧光粉。因此基于量子点材料的 Micro-LED 的全彩化是一个非常值得研究的课题。通过发紫外光的 Micro-LED 激发红绿蓝三种颜色的量子点，或者通过发蓝光的 Micro-LED 激发红色和绿色量子可以实现全彩色显示。

3. **巨量转移技术**

巨量转移指的是通过某种高精度设备将大量 Micro-LED 晶粒转移到目标基板上或者电路上。传统的 LED 显示屏在芯片切割完毕后，直接对整颗 LED 灯珠进行封装，驱动电路与芯片正负极连接，驱动封装好的灯珠。而 Micro-LED 在光刻步骤后，并不会直接封装，这是由于封装材料会增大灯珠体积，无法实现灯珠间的微小间距，因此需要将 LED 裸芯片颗粒直接从蓝宝石基板转移到硅基板上，将灯珠电极直接与基板相连。

在整个工艺过程中，要求在平方厘米级大小的薄膜晶体管电路面板上，依据光电学的理论原理，均匀地焊接黏附成百上千个 LED 小晶粒，容错率仅为百万分之一，偏差不能超过 ±0.5 μm，如此苛刻的要求，需要使用巨量转移技术对工艺过程进行优化。

目前 Micro-LED 巨量转移技术发展比较成熟的主要有以下几类：精准抓取类，包括：静电吸附、范德华力、电磁力/磁力等；选择性释放类，如激光剥离技术（LLO）、激光诱导前向转移（LIFT）；自组装类及转印类。下面对几种比较成熟的巨量转移技术进行简要的介绍。

（1）微印章转移技术

美国企业 X Celeprint 针对 Micro-LED 芯片转移工艺，推出了 μTP 技术（微印章转移技术）。该巨量转移技术属于精准抓取类，利用范德华力实现批量 Micro-LED 转移。μTP 技术的基本原理是使用弹性印模结合高精度运动控制打印头，有选择地拾取微型元器件的阵列，并将其打印到目标基板上。该技术可以通过定制化的设计实现单次拾取和打印多个器件，从而短时间内高效地转移成千上万个器件，实现批量 Micro-LED 转移。

其工艺流程如下：第一步移除晶圆电路下的牺牲层（一般为硅晶圆氧化层）；第

二步采用与晶圆相匹配的微结构弹性印模拾取 Micro-LED 芯片，控制打印头快速移动，增加印头与芯片之间的黏附力，使芯片脱离源基板；第三步降低打印头移动速度，印头与芯片间的黏附力几乎消失，芯片脱离印模，转移到目标基板上。如图4-36 所示为 X Celeprint 工艺流程图。

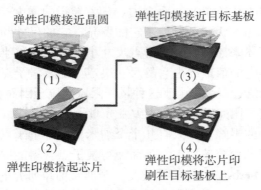

弹性印模接近晶圆　　　弹性印模接近目标基板

(1)　　　(3)

(2)　　　(4)

弹性印模拾起芯片　　　弹性印模将芯片印
　　　　　　　　　　　刷在目标基板上

图4-36　X Celeprint 工艺流程

（2）静电吸附技术

静电吸附技术是 LuxVue 主要采用的巨量转移技术。该公司开发出了具有双极结构的转移头，转移头凸起的平台部分有两个硅电极。当转移头抓取基板上的 Micro-LED 时，两个硅电极分别施加正负电压，便可实现对 Micro-LED 的抓取。尽管此技术对于同时传输大量 Micro-LED 非常有效，但高电压可能会导致 LED 击穿。因此，在静电转移期间必须仔细控制电压。

静电吸附转移的具体流程如下：第一步拾取：构造类似介电层两侧硅电极的转移头平台，使两边硅电极带相反电荷，利用静电力实现目标 Micro-LED 芯片的拾取；第二步分隔：将显示器基板分隔为多个带电的安装孔室，当拾取后的 Micro-LED 芯片悬浮液流经孔室上方时，带相反电荷且数量可控的发光组件被孔室捕获，以便后续装配；第三步装配：使安装孔室装载侧表面带电，吸引安装孔室内 Micro-LED 芯片匹配；第四步修补：利用紫外线探测装配缺陷，控制静电吸附机械臂，取出缺陷芯片并填入正常芯片。如图4-37 所示为 LuxVue 公司的静电吸附技术专利图片。

转移工具（Transfer tool）

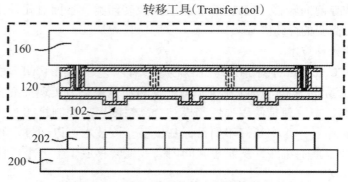

160

120

102

202

200

图4-37　LuxVue 公司的静电吸附技术专利

（3）激光诱导前向转移技术

激光诱导前向转移（LIFT）利用激光束诱导 Micro-LED 与其载体基板分离，然后将其转移到接收基板，如图4-38所示。其原理是：用激光束照射载体基板和模具之间的界面处，导致界面处发生光物质相互作用，使模具与基板分离，同时产生局部机械力，将模具推向接收基板。该界面的相互作用过程等同于蓝宝石基片上 GaN 发光二极管的激光剥离过程，当用激光束照射载体基板和发光二极管的衬底外延界面处，将烧蚀薄薄的 GaN 层（～10 nm），分解为氮气和液态 Ga。生成的氮气会膨胀并在 Micro-LED 结构上产生机械力，从而把芯片从原始载体基板推向接收基板。该工艺还有另外一种方式，使用聚合物黏合剂把 Micro-LED 预先组装在临时载体晶片或胶带上。这些黏合剂极易吸收紫外线。在准分子激光的照射下，黏合剂会发生光化学分解反应，从而与 Micro-LED 芯片分离并产生把芯片推向接收基板的作用力。

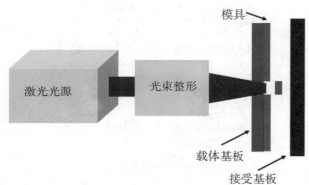

图4-38　激光诱导前向转移过程示意图

（4）流体自组装技术

流体自组装技术是指在无人工干预的情况下，微元件在载体溶液中依靠溶液的流动，自行完成与基板相应组装位置的对位组装方式。组装系统一般包括四个组成部分，即微元件、组装基板、载体溶液和黏结材料，如图4-39所示为组装系统示意图。

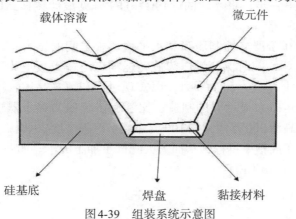

图4-39　组装系统示意图

eLux申请的专利采用流体自组装技术实现巨量转移，其技术流程如下：首先批量制造出一定外形的微元件，同时在基板上刻蚀出相应外形的组装点，并在互连位置涂上焊料；然后将过量的微元件分散悬浮在特定的载体溶液中，溶液的温度使焊料处于熔融状态；在外力搅拌的作用下，微元件就在基板组装点周围移动，并随机地接近某个对应的组装点；元件在自身重力、液态黏结材料的毛细管力和表面张力等的作用下，经过定位、定向而非常精确地连接到组装点上；最后将没有组装的剩余微元件冲出基板表面，清除掉基板上的溶液。随着组装系统温度的降低，黏结材料固化，从而完成机械与电互联。如图4-40所示为流体自组装技术示意图。

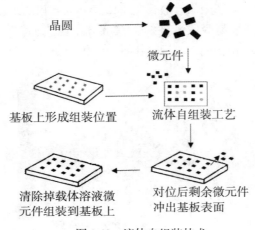

图4-40 流体自组装技术

（5）卷轴转移技术

卷轴转移工艺是韩国机械和材料研究所申请的专利技术，可用于转移芯片尺寸和芯片厚度分别低于100 μm和10 μm的微型LED，整个过程由三个轧辊转移步骤组成。第一步，通过涂有一次性转移膜的辊印，将控制TFT阵列拾取，并放置在临时基板上；第二步，将微型LED从其支撑基板上提起，以定位到临时基板上，并通过焊接连接到TFT；第三步，将互联的微LED+TFT阵列滚动转移到目标基板上，形成有源矩阵微LED显示器。

该项技术关键在于严格控制压膜和水平输送板之间的压力，以防止不必要的拉伸和电子元件的损坏，同时保证辊压膜旋转运动应与输送板平移运动同步，以平衡由辊压膜给出的向下垂直力和水平力，以实现对准和覆盖晶体管。利用这一研究成果，有望实现Micro-LED显示屏的制造，比制造传统LED显示器快10 000倍。通过传统的方法生产全高清200万像素的100英寸数字标牌需要30多天，但滚动转移工艺可以在一个小时内完成整个过程，从而大大降低了加工成本。如图4-41所示为PDMS在目标基板上压印Micro-LED。

图4-41　PDMS在目标基板上压印Micro-LED

　　由见表4-8所列各种巨量转移技术特性对比可知，典型的弹性体印章技术具有高转移率，但是印章变形问题损害了弹性体的印章技术，导致控制不佳和对准不准确。静电转移技术可以实现大规模的μ-LED转移，但是转移面积和速度偏小，不利于大面积显示屏的制作。激光辅助的转印技术可以达到每小时约1亿次的速度，放置误差较小，但转印成本过高，不利于商业化。流体自组装以低成本实现了每小时5600万的高传输率，但由于准度低和可修复性差，容易产生有缺陷像素，滚轮转运转移速度快，可以大大降低了加工成本。

表4-8　各种巨量转移技术特性

巨量转移	弹性印章	静电力	激光剥离	流体装配	滚轮转运
核心技术	弹性膜	静电装置	动态剥离层	流体	转运滚轴
速度	快	慢	快	慢	快
准度	中	中	中	低	低
转移面积	大	小	中	大	大
成本	低	高	高	中	高
可修复性	中	好	中	差	差

4.7.4　前景展望

　　Micro-LED是一项综合性的技术，需要融合半导体、微电子、光电子、机械结构等多门学科。从现在产业发展的情况来看，从事Micro-LED的企业来自各个行业，从上游设备到下游产品终端企业，从LED芯片生产到TFT LCD面板制造。苹果公司在Micro-LED领域的研发人员有250人，并已与多家上游企业建立了合作，其中包括台积电等实力强劲的巨头公司，相关投资已超过数十亿美元，苹果计划投资3.3亿美元在中国台湾建厂，Micro-LED显示屏的开发将成为"重中之重"，新的台湾工厂为未来的iPhone、iPad、MacBooks和其他设备生产LED和Micro-LED显示屏。台湾工研院成立的"巨量微组装产业推动联盟"，将显示、LED、半导体以及系统整合企业组织起来，共同建立跨领域产业交流平台，构建产业生态体系。未来，随着Micro-LED性能和量产水平的不断提升，还将有更多的企业加入，多门类、多领域的融合发展将会加快推进产业进步。

在市场化方面，量产进程有待推进。Micro-LED 作为与 OLED、QLED 并列的下一代显示技术具有广阔的市场前景。它能广泛应用于从小屏到大屏的各类显示领域，并显现出比 LCD 和 OLED 显示更优异的性能。从目前来看，生产可行性和经济成本限制了其应用范围。但从长远来看，随着关键技术的突破，Micro-LED 或将全面进入显示领域。Micro-LED 的发展过程中仍然存在芯片制备、良品分选、巨量转移、封装散热、集成驱动等较多的技术挑战，上述技术难点不仅抬高了 Micro-LED 的生产成本，还阻碍着商业化产品的出现和应用。以巨量转移为例，产业化制程对转移过程要求极高，转移良率要求达到 99.999 9%，精度要求达到 0.5 μm，而目前 Micro-LED 巨量转移的工艺精度仅在 30 μm 左右，距离产业化要求尚有一定距离。考虑到工艺制程的改进，例如改善芯片制备良率、提高转移速度、扩充产能和降低成本等时间进程，一般认为 Micro-LED 产品正式进入市场仍需 3—5 年时间。

Micro-LED 巨量转移与坏点修补等关键技术尚未达到量产水平，仍然存在较大的技术瓶颈，因此间距尺寸介于小间距 LED 和 Micro-LED 之间的 Mini LED 将有望成为最先得到应用的产品。该技术将首先应用于 LCD 的背光之中，提升 LCD 屏幕性能。在 2018 年 CES 展会中，群创展示了 AM Mini LED 背光的车用面板。该产品既可达到 OLED 相同等级的对比度，又可在画面锐利度上跟 OLED 分庭抗礼，且不会有 OLED 在车载应用上无法满足耐高温可靠度要求、寿命及烙印等问题。2018 年 SID 显示周上，台工研院、錼创科技、香港北大青鸟显示有限公司（IBD）、韩国庆熙大学团队、Iasper & Glo、香港科技大学团队、友达、日本 JDI、BOE、大马等纷纷展示了 Mini LED 最新产品。

在中小尺寸智能终端市场方面，由于该技术更容易实现高像素密度，兼具发光效率高、体积小、功耗低、寿命长等优点，与其他显示技术相比在智能手表（手环）、虚拟现实显示等可穿戴设备领域的竞争优势明显。Gartner 预测，2018 年全球可穿戴市场规模有望达到 83 亿美元，因此也将带动 Micro-LED 显示技术进入规模发展期。Micro-LED 优越的性能还将有助于其在智能移动终端领域与 OLED 技术竞争。Micro-LED 具有比 OLED 更低的功耗、更高的亮度、更广的显示光谱。随着虚拟现实、智能手机等产业的不断发展，比 OLED 更好的稳定性、更高的分辨率以及更大的可视角度将会加速推动 Micro-LED 市场的发展。2019 年 CES 上，錼创公司已展示出了 3.12 英寸和 5 英寸的小型 Micro-LED 显示器，RGB 芯片单个像素尺寸小于 30 μm。

在大尺寸显示产品方面，Micro-LED 的 50 英寸以上大尺寸显示器相比 LCD 有着无须背光模组、功耗极低以及抗反射防眩的优点，而传统 LCD 显示面板随着尺寸的变大，工艺难度也会倍增，若能实现高效率的大规模装配，Micro-LED 在大尺寸显示器领域将更具价格优势，从而取代 LCD。另一方面，Micro-LED 是自发光技术，在色彩表现力上不仅不逊于 OLED，同时也可以实现透明显示和柔性显示。从近年来的趋势看，电视机龙头企业韩国 LG 电子、三星电子开始将视线投向 Micro-LED。IFA 2018 期间，LG 展出了旗下首款 Micro-LED 电视原型。三星的 Micro-LED 则从 2018 年 6 月开始接受客户预订。

在透明显示方面，Micro-LED优势明显。随着终端产品便携化、轻薄化发展趋势逐渐明显，尤其是头戴式虚拟现实/增强现实产品，对显示面板的柔性和透明需求更加强烈。Micro-LED使用微米级的LED芯片，显示器件开口率可以非常小，从而有利于制作增强现实产品（AR）需要的透明显示器，发展透明显示将是未来 Micro-LED发展的重要方向之一。

可以看出，Micro-LED的发展和普及将对现有显示产业格局和LED产业格局带来重大影响，一方面，一旦Micro-LED的相关技术取得突破，Micro-LED将有望迅速占领小尺寸智能手表、可穿戴产品市场和50英寸以上的电视面板市场，将对原有TFT LCD和OLED产线带来重大冲击；另一方面，Micro-LED电视面板得到应用后，现有的外延生长产能远远不够满足需求，产业需要大量扩产。此外，由于Micro-LED在透明显示、柔性显示和低功耗方面的优势，Micro-LED技术的成熟和产品的应用也将给未来终端产品的形态和生态发展带来影响。

4.8　LED的驱动

从LED的发光机理可以知道，当向LED施加正向电压时，流过器件的正向电流使其发光。因此LED的驱动就是如何使它的P-N结处于正偏置，而且为了控制它的发光强度，还要解决正向电流的调节问题。LED显示器件种类较多，驱动方法也各不相同。但是，无论哪种类型的器件，还是使用什么不同的驱动方法，都是以调整施加到像素上的电压、相位、频率、峰值、有效值、时序、占空比等一系列参数来建立起一定的驱动条件，从而实现显示的。

LED显示的驱动方式有许多种，下面介绍常用的驱动方法。

4.8.1　直流驱动

直流驱动是最简单的驱动方法，由电阻R与LED串联后直接连接到电源V_{cc}上。连接时令LED的阴极接电源的负极方向，阳极接正极方向。只要保证LED处于正偏置，LED与R的位置是可以互换的。直流驱动时，LED的工作点由电源电压V_{cc}、串联电阻R和LED的伏安特性共同决定。对应于工作点的电压、电流分别为V_f和I_f。改变V_{cc}的值或R的值，可以调节I_f的值，从而调节LED的发光强度，如图4-42所示。

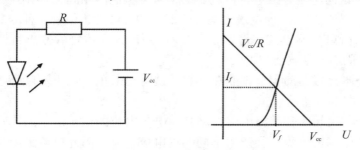

图4-42　LED的直流驱动

这种驱动方式适合于LED器件较少、发光强度恒定的情况，例如目前有的公交车上用于固定显示"×××路"字样的显示器上，就可以使用直流驱动。一方面它显示的字数很少，另一方面它的显示内容固定不变，因此只要在需要显示字样的笔画上排列LED发光灯就行了，这样一块屏上大约有100只管子。采用直流驱动可以简化电路，降低造价。直流驱动电路的电源电压和电阻应该仔细选择，以便在满足发光强度的情况下尽量节约电能。

在直流驱动方式下，多个LED器件可以相互并联或串联连接，如图4-43所示。

在串联情况下，有

$$I_f = (V_{cc} - n*V_f)/R \tag{4-19}$$

式中，n为串联的LED器件数量。

在并联情况下，有

$$I_f = (V_{cc} - V_f)/R \tag{4-20}$$

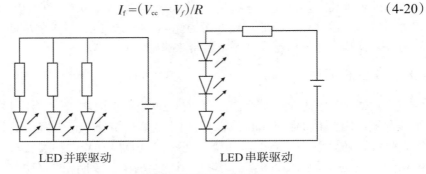

LED并联驱动　　　　　　LED串联驱动

图4-43　LED器件的并联与串联驱动

在并联连接时，应该注意各个LED器件需要有自己的串联（限流）电阻，而不要共用一个串联电阻，因为共用同一电阻使得各个LED器件的正向电压相同，而器件的分散性将造成在相同的正向电压下其正向电流并不相同，导致各器件的发光强度不同。

4.8.2　恒流驱动

由于LED器件的正向特性比较陡，加上器件的分散性，使得在同样电源电压和同样的限流电阻的情况下，各器件的正向电流并不相同，引起发光强度的差异。如果能够对LED正向电流直接进行恒流驱动，只要恒流值相同，发光强度就比较接近（同样存在着发光强度与正向电流之间各个器件的分散性，但是这种分散性没有伏安特性那么陡，所以影响也就小得多了）。我们知道，晶体管的输出特性具有恒流性质，所以可以用晶体管驱动LED。

可以将晶体管与LED器件串联在一起，这时LED的正向电流就等于晶体管的集电极电流，如图4-44所示。

如果直接使用晶体管基极电流控制其集电极电流的话，由于晶体管放大倍数的分散性，同样的基极电流，会产生不同的集电极电流。因此应该采用基极电压控制方式，即在发射极中串联电阻R，这时有

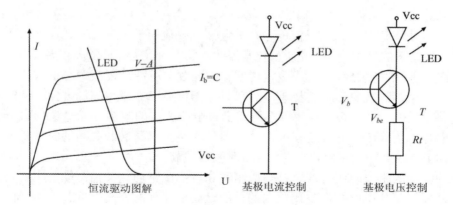

图 4-44　使用晶体管恒流驱动 LED 器件

$$I_c \approx I_e = (V_b - V_{be})/R \tag{4-21}$$

式中，V_b 为外加基极电压，V_{be} 为基极-发射极电压。由于晶体管 V_{be} 的分散性比放大倍数 β 的分散性要小，所以各 LED 器件的正向电流在其 V_b 与 R_e 相同的情况下，基本上可以保证是一致的，此外电压控制方式比电流控制方式更方便。

4.8.3　脉冲驱动

利用人眼的视觉惰性，采用向 LED 器件重复通断供电的方法使之点燃，就是通常所说的脉冲驱动方式，如图 4-45 所示。

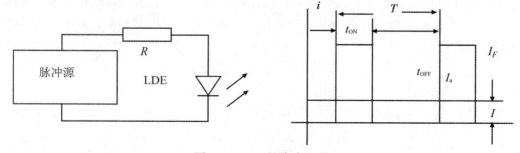

图 4-45　LED 的脉冲驱动

采用脉冲驱动方式时应该注意两个问题：脉冲电流幅值的确定和重复频率的选择。首先，要想获得与直流驱动方式相当的发光强度的话，脉冲驱动电流的平均值 I_a 就应该与直流驱动的电流值相同。平均电流 I_a 是瞬时电流 I 的时间积分对于矩形波来说，有

$$I_a = (1/t) \int_0^T i \mathrm{d}t \tag{4-22}$$

$$I_a = I_F t_{ON}/T \tag{4-23}$$

式中，t_{ON}/T 就是占空比。为了使脉冲驱动方式下的平均电流 I_a 与直流驱动电流 I_0 相同，就需要使它的脉冲电流幅值 I_F 满足：

$$I_F = (T/t_{ON})I_a = (T/t_{ON})I_0 \qquad (4-24)$$

可见脉冲驱动时，脉冲电流的幅值 I_F 应该比直流驱动电流 I_0 大 T/t_{ON} 倍。所幸的是，脉冲驱动下的最大允许电流幅值比直流驱动的电流最大允许值高很多。

其次，是脉冲重复频率（或重复周期）的问题。脉冲重复频率必须大于 25 Hz，否则就会产生闪烁现象。在选择重复频率时，不仅要考虑避免闪烁现象，有时还要考虑电路设计的方便。重复频率的上限受器件响应速度的限制，无论是 LED 器件还是驱动器件，当频率高到一定程度，达到器件无法正常导通和关断的时候，就不能正常工作了。LED 的频率上限在十几兆赫到数百兆赫。

脉冲驱动的主要应用有两个：扫描驱动和占空比驱动。扫描驱动的主要目的是节约驱动器，简化电路；占空比驱动的目的是调节器件的发光强度，多用于图像显示的灰度级控制。

采用脉冲驱动方式，就需要有脉冲源。用数字电路提供脉冲源是非常方便的。目前普通 TTL 电路的驱动能力，在输出低电平 V_{OL} 时在 8～20 mA 可以直接驱动普通 LED 器件，在输出高电平 V_{OH} 时在 –200～–400 μA，难以直接驱动 LED 器件。因此，采用集成电路直接驱动 LED 器件时，可以选择如图 4-46 所示的高电平驱动方式和低电平驱动方式。实际上，与其说是高低电平的驱动，还不如说是并联驱动和串联驱动更为恰当。不难看出，高电平（并联）驱动实际上是一个电流切换器，当集成电路输出高电平时，流过 R 的电流通过 LED 返回电源；而当输出低电平时，流过 R 的电流通过集成电路返回电源，这样当然可以控制 LED 的通断，但是 R 中始终有电流流过，增加了耗电量。低电平（串联）驱动方式比较合理，只有当集成电路输出低电平时 LED 导通，而当输出高电平时 LED 既不导通，R 中也没有电流，因而电能的消耗比较合理。

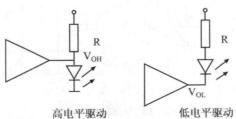

高电平驱动　　　　低电平驱动

图 4-46　集成电路脉冲源对 LED 的驱动

在实际应用中往往 LED 所需要的驱动电流较大，集成电路的输出能力显得不足，这时可以外加晶体管进行驱动，如图 4-47 所示。

外加晶体管与 LED 器件的连接同样可以区分为并联与串联两种方式，同样的原因，以采用串联方式为好。由于选用 PNP 晶体管和 NPN 晶体管的不同，还有采用集电极输出与发射极输出的不同，串联驱动的具体电路又可以分成如图 4-47 所示的四种情况：（a）NPN 晶体管集电极输出；（b）NPN 晶体管发射极输出；（c）PNP 晶体管集电极输出；（d）PNP 晶体管发射极输出。

如图 4-47（a）、（b）所示的两种情况都是输入高电平控制 LED 导通；如图 4-47

（c）、（d）所示为输入低电平控制LED导通。考虑到集成电路输出高电平时的驱动能力较弱，因此采用PNP晶体管，在集成电路输出低电平时控制LED导通比较合适。对于PNP晶体管驱动的集电极输出与发射极输出两种情况，也可以进行比较。电路（c）为集电极输出，输出电流的大小受放大倍数的影响，不容易一致；而电路（d）的发射极输出可以比较稳定地控制LED的工作电流。因此推荐采用电路（d）。

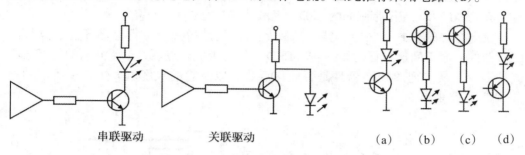

串联驱动　　　　　关联驱动　　　　　（a）　（b）　（c）　（d）

图4-47　集成电路外加晶体管的驱动方式

4.8.4　点阵型LED驱动

1. 点阵型LED的结构

LED为电流驱动器件。单独驱动几个LED是较简单的。然而，随着LED数量的增加，点亮LED所需的能量也就会增长到难以处理的水平。因此，为了有效地利用能量，LED通常都是多个排列在一起。

LED显示屏是将多个LED按矩阵布置的。点阵LED与笔段型LED类似，也有共阴和共阳两种结构。如果点阵LED的阴极接行线、阳极接列线称为共阴点阵LED；如果LED的阳极接行线、阴极接列线称为共阳点阵LED，如图4-48所示。

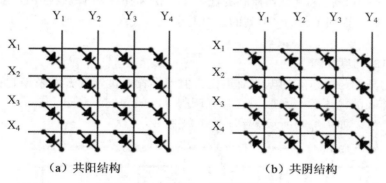

（a）共阳结构　　　　　　　　　（b）共阴结构

图4-48　点阵LED的两种结构

这两种结构的LED的驱动方法不同。对于共阳极结构来说，列电极接一吸电流源，而共阴极的结构，列电极接一灌电流源。如图4-48所示的点阵LED是一个4×4的矩阵，X代表行电极，Y代表列电极，数字代表电极序号，LED_{ij}代表位于第i行第j列的像素。

左上角的LED的地址是（1，1），即第1行第1列，以LED_{11}表示。为了导通

LED$_{11}$，电流必须流过X_1和Y_1。如将X_1接一正电源，而Y_1接地，那么就会点亮 LED$_{11}$。而其他的LED由于相对应的行或列开关没有导通，就不会有电流流过。

2. 点阵型LED的逐行寻址技术

矩阵型的排列使得LED需要逐行寻址驱动。下面用共阳极的结构来说明逐行寻址技术。如图4-49所示为共阳点阵LED的驱动波形。当行、列电极都接通时，就会有电流流过LED。左图带圆圈的LED，表示其在寻址期间被点亮。

在逐行寻址方式下按行扫描、按列控制，就是指一行一行地循环接通整行的LED器件，而不问这一行的哪一列的LED器件是否应该点燃，也不问它的灰度值应该是多少。某一列的LED器件是否应该点燃，以及它的灰度值大小，由所谓的列"控制"电路来负责。

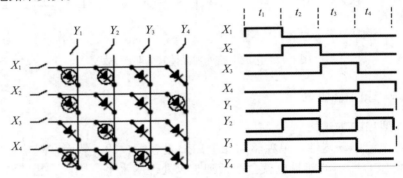

图4-49 共阳极点阵LED的驱动波形（左图带圆圈的LED表示在寻址期间被点亮）

如图4-49所示的4×4共阳点阵LED显示屏，X_1行到X_4行轮流接通一高电平，使连接到该行的全部LED的阳极接一正电源，但具体哪一个LED导通，还要看它的阴极是否接一低电平，这就是列控制的任务了。例如在屏幕上需要LED$_{21}$点燃、LED$_{31}$熄灭的话，在扫描到X_2行时，Y_1列的电位就应该为低；而扫描到X_3行时Y_1列的电位就应该为高。

3. LED的亮度控制

LED的亮度与通过它的电流成正比，但不推荐通过这种方法来控制亮度，因为需要一个精确的电流源。一般采取脉宽调制（Pulse Width Modulation，PWM）来控制LED的亮度。如图4-50所示展示了这个概念。

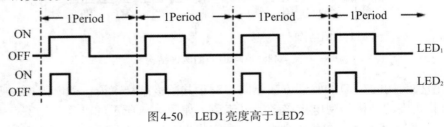

图4-50 LED1亮度高于LED2

LED$_1$的亮度高于LED$_2$，因为LED$_1$在一个周期内导通时间长于LED$_2$。可是采用逐行寻址技术将同时点亮整个一行，那么怎么控制每个单独的LED呢？答案是将每个行扫描时间（Scanning Period）分成若干个时间片（Time Slot）。PWM技术可以被扩展至超过4个灰度的系统，如图4-51所示。时间片越小，亮度控制越好。这局限于驱动系统的响应时间，它反过来决定了每个时间片的最小长度。LED响应速度不会成问题，因为它很短（几十纳秒）。

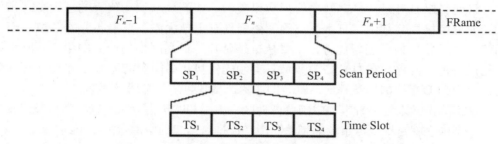

图4-51　一个4级灰度等级的系统，1/4占空比系数

如图4-52所示是共阳点阵LED亮度控制技术的一个具体例子。

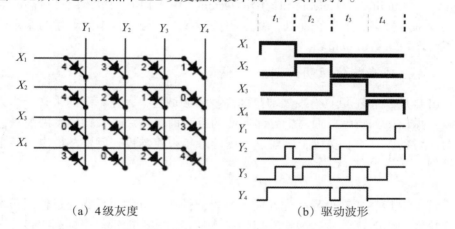

（a）4级灰度　　　　　　　　（b）驱动波形

图4-52　多路驱动共阳点阵LED的亮度控制技术

如图4-52（a）所示4×4点阵LED的每个LED左边的数字表明该LED的灰度等级，共有4级灰度。如图4-52（b）所示为其驱动波形，需注意的是，$Y_1 \sim Y_4$ 的波形的低电平意味着LED上有数据信号，但对应于每个LED低电平的延续时间不同，表明每个LED的亮度不同，低电平的延续时间越长，亮度越高。

4.9　发光二极管显示的其他应用

发光二极管除了用作显示之外，还有以下的应用：①在光通信方面的应用，与光纤耦合的GaAlAs（$\lambda_m=0.8 \mu m$）LED、GaInAsP（$\lambda_m=1.3 \sim 1.5 \mu m$）LED在光通信中占主要地位。②在光情报处理技术方面的应用，使用GaAsSi（$\lambda_m=0.94 \mu m$）、GaAlAs（$\lambda_m=0.8 \mu m$）高输出LED等用于光情报处理技术中。

具体的应用有用作光耦合器、电力控制用光触发器的光源、空间传输型光源等，还可用于印相机、传真机、送信终端的数据读取、照明等。

4.10 LED产业现状及规划

4.10.1 全球LED产业分布及发展状况

目前，LED外延片、芯片已经形成以美国、亚洲、欧洲为代表的三大全球市场和产业分工格局。其中，日本、美国、德国具有主导优势。日本和美国在LED新产品和新技术领域拥有创新优势，主要从事外延片等最高附加值产品的生产；欧洲则要稍微逊色，但仍然在白光LED领域具有领先优势；中国台湾地区在近10年迅速崛起，成为LED重要的生产基地，LED的芯片产量和封装量都居世界第一。

从市场份额来看，日本、中国台湾地区、美国和欧盟占有90%以上的份额，其中日本一个国家就占据全球市场的半壁江山，比排名第二的中国台湾高出约30%。

目前，全球具有代表性的LED企业主要集中在日本、美国、欧盟和中国台湾地区。其中，日本的Nichia、Toyoda Gosei实力最强，其他大型企业还有美国的Cree Lighting、Lumileds、Gelcore和德国的Osram。由于LED的技术门槛较高，对加工工艺的要求也极高，上述企业处于高度的垄断状态，例如日本的上述两家企业几乎垄断了蓝光和绿光LED市场。

4.10.2 全球半导体照明计划

LED是21世纪最具有发展前景的高技术领域之一，在不久的未来会为人类的节能减排做出巨大贡献。面对半导体照明的巨大商机和令人鼓舞的发展前景，世界各国纷纷行动，日本、美国、欧盟、韩国等近年来相继投入巨资，推出国家半导体照明计划。

1. 日本

日本于1998年在世界率先开展"21世纪照明"计划，旨在通过使用长寿命、更薄、更轻的GaN高效蓝光和紫外LED技术使得照明的能量效率提高为传统荧光灯的两倍，减少CO_2的产生，并在2006年完成用白光发光二极管照明替代50%的传统照明。该计划由日本金属研发中心和新能源产业技术综合开发机构发起和组织，参与机构包括4所大学、13家公司和一个协会。

整个计划的财政预算为60亿日元。1998—2002年，耗资50亿日元的第一期目标，目前已经完成。实施的第二期计划，在2010年，LED的发光效率达到120 lm/W。第三期计划，LED发光效率达到200 lm/W。希望在2030年，全面使用高效率照明。

2. 美国

美国"半导体照明国家研究项目"由美国能源部制定，计划用10年时间，耗资5亿美元开发半导体照明，参加者包括13个国家重点实验室、公司和大学。实施该计划的目的是为了使美国在未来照明光源市场竞争中，领先于日本、欧洲及韩国等竞争者。计划的时间节点是2002年20 lm/W，2007年75 lm/W，2012年150 lm/W，见表4-9所列。

表4-9　美国"半导体照明国家研究项目"预期指标

性能指标	2002年	2007年	2012年	2020年
发光效率/lm/W	25	75	150	200
寿命/h	20 000	20 000	100 000	100 000
光通量/lm	25	200	1000	1500
输入功率/W	1	2.7	6.7	7.5
光通价格/$/klm	200	20	5	2
照明成本/$	5	4	5	3
显色指数	75	80	80	80

2000—2020年，美国半导体照明计划预计将取得如下成绩：累计的功效和节约潜力将减少2.58亿吨碳污染物的排出；少建133座新的电站；到2025年，固态照明光源的使用将使照明用电减少一半，每年节电额达350亿美元；累计节约财政开支1150亿美元；形成一个每年产值超过500亿美元的半导体照明产业市场；带来高质量的数以百万计的工作机会。

3. 欧洲

欧盟的"彩虹计划"在2000年7月启动，委托6个大公司、2所大学，通过欧盟的补助金来推广白光发光二极管的应用。希望通过应用半导体照明实现高效、节能、不使用有害环境的材料、模拟自然光的目标。

在"彩虹计划"的基础上，欧盟于2004年7月12日又启动了"固态照明研究项目"。该项目由俄罗斯国家科技中心资助，并由Belarus国家科学院半导体光学实验室和德国Aixtron公司承担。这个为期3年的项目旨在提高白光LED的性能，探索用Si衬底替代传统的LED生产使用的昂贵的蓝宝石或SiC衬底。

此外，为保证欧洲光电产品的世界竞争力，欧洲还在2004年成立"欧洲光电产业联盟"（EPIC）。该联盟由德国Aixtron、Osram光电半导体、英国Cambridge CDT、荷兰飞利浦照明和法国Sagem五大公司发起。欧洲光电产业联盟的任务之一是制订欧洲光电产业技术发展规划，协调欧洲企业的技术开发和合作。见表4-10所列是"彩虹计划"的研究成果。

表4-10　"彩虹计划"的研究成果

1	LED的示范制造
2	生长在蓝宝石衬底上的LED和InGaN/GaN上合成的多量子阱MQW
3	N型和P型AlGaN/GaN超晶格夹层
4	获得了令人满意的一系列蓝、蓝/绿和黄光InGaN基LED
5	从氮化基蓝光观察到自然光
6	在与氮化材料外延配套的必要基础设施的建设上取得显著进步。高纯度的MO源和气体在Epichem公司投产，同时Aixtron提供多片型LP-MOCVD用于第三代氮化材料的研发

4. 韩国

韩国"GaN 半导体开发计划"从2000年至2008年，由政府投入4.72亿美元，企业投入7.36亿美元，其中政府投入的资金60%用于研发，20%用于建设基地，10%用于人才培养，10%用于国际合作。研究项目包括以 GaN 为研究材料的白光 LED，蓝、绿光 Laser Diode 及高功率电子组件 HEMT 三大领域，分别由 Knowledge*On、Samsung 公司及 LG 公司负责进度管理。同时韩国政府还批准了"固态照明计划"。2008年，LED 发光效率达90 lm/W。

4.10.3　中国 LED 技术产业规划

1. 大陆地区

我国 LED 的研究和产业化起步并不晚。早在1968年，中国科学院长春物理所在当时情报信息非常闭塞的情况下成功研制了国内第一只 LED。LED 材料和器件在20世纪70年代正式起步，80年代形成产业，90年代已粗具规模。

在 LED 的核心外延片（其利润可占到整个 LED 产业链利润的70%）和芯片方面，我国起步较晚，目前从事 LED 外延片和芯片生产的企业仅五六十家，其中70%左右都是1999年后成立的，并且规模较小。这些企业一般都是沿用20世纪90年代中期国外的常规结构和技术，芯片的发光效率受到芯片结构取光效率的限制，不得不借助于外量子效率的提高，但我国在高外量子效率芯片的生产技术方面与国外相比差距较大。所掌握的部分高亮度 LED 外延片和芯片制造技术主要来源于科研机构和院校及引进的海外归国人员，或通过收购外国公司获取技术。

对于外延设备中的核心装置氧化物化学气相沉积（MOCVD），国际上基本由美国 Veeco 公司和德国的 Aixtron 公司独霸市场，国内的相关设备还在研发阶段。中科院半导体所和中国电子科技集团四十八所分别研制出3片机和6片机的样机，并达到国外先进水平。目前国内生产用 MOCVD 设备仍依赖进口，单价都在100万美元以上，是 LED 外延领域最大的单体投资。

在 LED 专利技术方面，我国也存在一些问题。首先是发明专利少，技术含量低。在上游产业中，我国发明专利总申请量远远低于日、美等国；而下游的实用专利是上中游申请量的10倍，但实用新型专利的最大特点就是技术含量低和效力未定，在专利战中的无效案例比发明专利高得多。同时，我国的发明专利主要集中在科研院所和高校，与外国以企业为主的情况大相径庭。其次是我国申请的专利方向与外国热点方向偏离。在衬底技术上，外国公司主要的热点是以日本为代表的 GaN 衬底和以美德两国为代表的 SiC 衬底，而我国主要以复合衬底为主。LED 热点技术代表着其未来的发展方向，我国专利技术与之发生偏离将为国内 LED 产业埋下隐患。当外国热点技术有了突破性进展并形成行业技术标准时，巨额专利费在所难免。

面对日美德 LED 巨头的专利技术封锁，中国积极制定相应的发展战略和实施对策，以期在 LED 领域迎头赶上。

我国 LED 技术的发展重点有：大功率 LED 制备技术；Si 衬底 GaN 衬底 LED 材料生长和低成本器件制造技术；通过发展紫外光 LED、GaN 衬底、光子晶体技术等多种途径大幅度提高LED发光效率；MOCVD等外延生长、芯片加工设备及原材料；LED灯具系统设计及应用集成技术；高效OLED材料的开发及光源的器件设计与制备。

为赶上几个LED强国，我国也制定了相应的发展战略目标：2010年，LED发光效率达80 lm/W，实现销售收入360亿元人民币，带动相关产业产值700亿元，创造50万个就业岗位；到2020年LED光效达到180 lm/W以上，每千流明成本低于20元，实现市场销售收入1500亿元人民币，带动相关产业产值3000亿元，创造百万个就业机会，LED进入30%的普通照明市场，年节电2000亿千瓦时。见表4-11所列给出我国半导体照明产业的发展目标。

表4-11 我国半导体照明产业的发展目标

技术指标	LED2010	LED2020	白炽灯	荧光灯
发光效率/lm/W	100	200	16	85
寿命/kh	50	100	1	10
光通量/lm	800	1500	1200	3400
输入功率/W	8	7.5	75	40
单灯成本/元	33.2	24.9	2	14
每千流明成本/元	41.5	16.6	1.7	4.1
显色指数/R	>80	>80	95	75
每百万流明小时总成本/元	6.36	3.28	40	7.4
可渗透的照明市场	白炽灯和荧光灯	所有照明领域	—	—

从表中可见，包括中国在内的各个主要国家都将白光LED的发光效率目标锁定在200 lm/W，这在理论上是可行的，但能否真正实现，还需要实践检验。目前，已经有人提出LED的发光效率极限是180 lm/W。

在产业化方面，科技部于2004年批准建立厦门、上海、大连、南昌4个国家半导体照明工程产业化基地，又于2005年批准建立深圳国家半导体照明工程产业化基地。

2. 台湾地区

台湾地区投入6亿～10亿新台币，启动了"次世纪照明光源开发计划"。计划主要包括外延生长和芯片加工、封装及应用产品的可行性评价，信息平台和测试平台建设。其先后采取以下措施。

一是组建"下一代光源新技术研发集团"。集团早在2002年就已成立，由华兴电子、璨圆电子、今台电子、光宝电子、鼎元电子、光磊科技、亿光电子、佰鸿电子、光鼎电子、晶元光电和东贝光电共11家LED公司组成，重点任务是研发下一代白光LED产品。

二是成立"台湾半导体照明产业推动联谊会"。联谊会于2002年成立，由佰鸿工业和台湾地区工研院光电所等单位组成，主要任务是开发紫外LED、高效率LED、大功率LED以及白光LED用荧光粉及相关组件，并组建测试实验室。

三是组建"白光LED研发联盟"。联盟组建于2004年，联合了台湾LED上游、中游和下游厂商，并与台湾地区工研院光电所合作，共同开发照明LED制造技术。

参考资料

[1] 应根裕，胡文波，邱勇，等.平板显示技术.北京：人民邮电出版社，2002

[2] 应根裕，屠彦，万博泉，等.平板显示应用技术手册.北京：电子工业出版社，2007

[3] 田民波.电子显示.北京：清华大学出版社，2001

[4] 刘恩科，朱秉升，罗普升，等.半导体物理学.北京：国防工业出版社，1999

[5] 诸昌铃.LED显示屏系统原理及工程技术.成都：电子科技大学出版社，2000

[6] 吴援明，蒋泉，陈文彬，等.显示器件驱动技术.成都：电子科技大学出版社，2008

[7] 史光国.半导体发光二极管及固体照明.北京：科学出版社，2007

[8] 赛迪智库集成电路研究所.Micro LED显示研究报告（2019年）.中国计算机报，2019-04-29

[9] 陈跃，徐文博，邹军，等.Micro LED研究进展综述.中国照明电器，2020

[10] 李继军，聂晓梦，李根生，等.平板显示技术比较及研究进展.中国光学，2018，11

[11] 林伟瀚，杨梅慧.Mini-LED显示与Micro-LED显示浅析.电子产品世界，2019

[12] 邰建鹏，郭伟玲.Micro LED显示技术研究进展.照明工程学报，2019，30

[13] 班章.微型AlGaInP-LED阵列器件及全色集成技术研究.中国科学院大学，2018

[14] 王仙翅，潘章旭，刘久澄，等.蓝光GaN基Micro-LED芯片制备及激光剥离工艺研究.半导体光电，2020

[15] 杨凯栋.面向Micro-LED彩色化的量子点光学模拟与优化.2019

[16] P. Tian, J. J. D. McKendry, Z. Gong, et al. Size-dependent efficiency and efficiency droop of blue InGaN micro-light emitting diodes. Applied Physics Letters, 101（2012）：231110

[17] P. Tian, P.R. Edwards, M.J. Wallace, et al. Characteristics of GaN-based light emitting diodes with different thicknesses of buffer layer grown by HVPE and MOCVD. Journal of Physics D：Applied Physics, 50（2017）075101

[18] X. Feng, M.A. Meitl, A.M. Bowen, et al. Competing fracture in kinetically controlled transfer printing, Langmuir 23（2007）12555-12560

[19] B. K. Sharma, B. Jang, J.E. Lee, et al. Load-controlled roll transfer of oxide transistors for stretchable electronics, Advanced Functional Materials, 23（2013）2024-2032

[20] K. Tomoda. Method of transferring a device ad method of manufacturing a display apparatus：U.S. Patent 12/647826, 07/29/2010

[21] A.Bibl, J.A. Higginson, H.-H. Hu, H.-F.S. Law, Method of transferring and bonding an array of micro devices：U.S. Patent 9773750, 09/26/2017

[22] L. Y. Chen, H. W. Lee. Method for transferring semiconductor structure. U.S. Pat-

ent 9722134,08/01/2017

[23] K. Sasaki,P. J. Schuele,K. Ulmer. System and method for the fluidic assembly of emissive displays:U.S. Patent 20170133558,05/11/2017

[24] C. L. Lin,Y. H. Lai,T. Y. Lin. Method for transferring light-emitting elements onto a package substrate. U.S. Patent 9412912,08/09/2016

习题④

4.1　对于半导体发光材料的本征辐射跃迁，请简述直接跃迁和间接跃迁二者的异同。

4.2　如何衡量半导体发光的内、外量子效率？

4.3　写出LED的伏安特性公式，说明I_s的含义？LED驱动电路中为何一般要加限流电阻？

4.4　对制作不同颜色的LED的半导体材料有什么不同的要求？Ⅱ-Ⅵ族化合物的能带结构为直接带隙，为何不利用其制作LED？

4.5　为什么LED的发光不是线光谱？已知GaAs禁带宽度为1.4 eV，求GaAs的LED的峰值波长。而实测GaAs的LED的峰值波长为1 127 nm，为什么？

4.6　简述GaAs的液封直拉法（LEP）的工艺。

4.7　简述GaAs的气相外延（VPE）的工艺。

4.8　简述Micro-LED和LED、OLED、QLED各自的优缺点。

4.9　简述Micro-LED生产工艺中的关键技术。

4.10　Micro-LED生产过程中对精度要求非常高，为什么？

第五章　OLED 显示技术

5.1　引言

随着世界电子信息产业的快速发展，显示器件作为人机交互必不可少的界面，扮演着至关重要的角色。显示技术的不断进步和新技术的不断涌现带动了显示工业的跨越式发展。从传统的黑白、彩色、超平、纯平阴极射线管（CRT）显示器，到如今大放异彩的液晶显示（LCD）、等离子显示（PDP）平面显示器，世界显示产业的规模越来越大，显示产品的应用领域也越来越广。2000年以来，被誉为第三代显示技术的有机电致发光显示器件（Organic Light-Emitting Diode，OLED），由于其具有其他显示技术不可比拟的优良性能受到了业界的极大关注并开始步入产业化阶段。

OLED 是近年来在光电化学及材料科学领域内一个热门的研究课题，亦是当前国际显示技术上的一个研究热点。通过分子设计的方法可以合成数量巨大、种类繁多的有机发光材料，发光材料既可以是小分子有机物，也可以是高分子（聚合物）材料。前者适合蒸镀成膜，后者适合旋甩涂敷成膜或者喷墨打印。OLED 显示技术以其卓越的技术性能，正在对 LCD 显示为主流的平板显示产品构成威胁和挑战，被显示产业界公认为是最理想和最具有发展前景的下一代显示技术。

5.1.1　OLED 的发展过程

有机电致发光现象及其相应的研究早在20世纪60年代就开始了，但是由于当时真空技术以及相应的薄膜制备技术不够成熟，未能引起人们的关注。伴随真空技术的不断提高，80年代末 OLED 技术出现了飞跃性的发展。

1987年美国柯达（Kodak）公司的 C. W. Tang 和 S. V. Slyke 等人最先发现了小分子有机材料的发光技术，该公司首先申请了专利并授权给11家公司继续进行深入的研究。

1990年，英国剑桥大学 Cavendish 实验室 R. H. Friend 等研究人员宣称，由聚对苯撑亚乙烯组成的有机聚合物薄膜具有类似的发光性能，当时震惊了整个显示界，之后 R. H. Friend 等研究人员获得了专利，并成立了著名的剑桥显示技术（CDT）公司。与小分子技术一样，目前已有众多的其他聚合物材料被利用。除英国 CDT 公司外，其他如荷兰飞利浦（Philips）、日本东芝（Toshiba）及日本精工爱普生（Seiko Epson）等公司亦在从事聚合物 OLED（POLED）的研究。有机聚合物（Polymer）超薄、轻便、透明、柔软、可塑性强、可卷曲、可折叠、价廉，并且具有与无机半导体相类似的电子型或空穴型的导电性，故亦可制出p-n结。若能将其制成有效的OLED，无疑在电子显示技术应用领域中具有强大的竞争力。

目前，各科研机构和公司仍在积极地投入人力物力对OLED器件进行进一步的改进和深入认识。人们在新材料合成、器件叠层结构、器件p-i-n掺杂结构、器件微腔结构、顶发光器件、白色发光器件、器件电极修饰、器件载流子传输及注入等诸多方面开展了深入、细致的研究。我国在有机电致发光的基础研究方面也取得了一些成果，如磷光发光材料的设计与合成、聚合物器件的制备、白光器件的制备、器件制备工艺研究、OLED器件的失效分析和界面分析等。

目前，世界上有众多家公司和实验室致力于彩色OLED显示器、元器件、材料、制造工艺及生产设备等的研制与开发。这些公司包括：柯达、三洋、惠普、飞利浦、杜邦、爱普生、日立、三星、LG、CDT、IBM、西门子、夏普、索尼、先锋、TDK、京东方、深天马、昆山维信诺、四川虹视、铼宝、悠景等著名公司。我国大陆相关的科研机构也展开了相应的研究工作，它们包括：清华大学、复旦大学、吉林大学、华南理工大学、电子科技大学、中科院长春应用化学所、长春光机所、香港城市大学、北京交通大学、湖南大学等等。这些单位的研究方向各有侧重，取得了一批有意义的成果，培养了一批具有国际竞争力的研究开发人才，使我国在国际平板显示领域具有一定基础和竞争能力。神舟七号载人航天飞船航天员所穿着的"飞天"舱外航天服就采用了OLED显示器，这也是OLED技术首次应用于航天飞行航天服。

在OLED产业化方面，全球已投产的有机电致发光显示屏的量产线有10条以上，东北先锋、铼宝和韩国三星是该产业的先行者。

1997年，日本先锋公司推出了世界第一台OLED显示器产品，是一款车载显示设备，配置了一单色绿光256×64的无源矩阵OLED显示器（Passive Matrix OLED，PMOLED），屏尺寸为94.7 mm×21.1 mm，如图5-1所示。

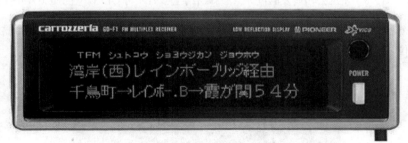

图5-1　世界上第一款OLED产品，用于汽车音频显示的PMOLED显示器（1997，Pioneer）

在原型器件方面，SONY公司2001年展出了13英寸的全色OLED显示屏；2003年5月，台湾地区的IDTECH公司展示了20英寸的全色OLED显示器，分辨率1280×768；2004年，精工-爱普生更是通过将4块20英寸低温多晶硅（LTPS）TFT底板拼到一起，用最新的喷墨彩色技术试制出业界最大画面尺寸的40英寸全彩PLED面板，如图5-2所示。

图 5-2　Epson 研发的 40 英寸全彩 OLED 电视样机（2004）

　　2005 年，Samsung 与 LG 合作开发出具有 1920×1200 的高分辨率、亮度高达 1000 cd/m²，对比度达到 5000：1 的 40 英寸 OLED 原型机。

　　2007 年 SONY 公司推出了全球第一款商用 OLED 电视产品，型号为 XEL-1，尺寸为 11 英寸，屏幕厚度最薄处仅 3 mm，如图 5-3 所示。

（a）正面　　　　　　　　　　　　（b）侧面

图 5-3　索尼公司研发的世界第一款商用全彩 11 英寸 OLED 电视（2007）

　　2010 年，日本国家新兴科学与创新博物馆，展示了一款世界上最大的 PMOLED 拼接地球仪，如图 5-4 所示。

图 5-4　世界上最大的 OLED 地球仪（2010，日本国家新兴科学与创新博物馆）

2016年9月，全球首款搭载OLED屏幕的笔记本联想ThinkPad X1 Yoga在中国发售，屏幕尺寸14英寸，搭配2K全高清OLED显示屏，分辨率为2550×1440，如图5-5所示。

图5-5　全球首款OLED笔记本电脑（2016，联想）

三星公司的高档手机Galaxy S系列一直搭配AMOLED屏，早于2010年推出第一代Galaxy S（i9000）搭配的是4英寸AMOLED屏。而苹果公司于2017年9月13日发布的第11代的iPhone X采用全新的OLED显示屏，以此取代沿用已久的LCD屏。显示屏尺寸为5.8英寸，分辨率为2436×1125，如图5-6所示。

图5-6　搭配5.8英寸OLED屏的iPhone X手机（2017，苹果）

近两年来，各大公司纷纷推出了不同尺寸（55～105英寸）及分辨率（FHD-8K）的高清OLED电视，例如LG、飞利浦、长虹、三星、海尔、创维、松下、夏普、华为、康佳、海信等公司，但价格比相同规格的LCD电视要高。根据市场研究公司Omdia的数据，OLED电视面板的出货量预计将在2020年同比增长30%，达到450万台。可以说，OLED电视正不断走向市场的中心位，届时全球范围势必迎来更为激烈的厮杀。

最重要的是，AMOLED更适合于下一代的柔性显示器。与AMLCD相比，它不需要液晶盒、滤色器（采用RGB分离模式的AMOLED）和背光系统，这些限制了柔性LCD显示器的曲率。基于这些优势，柔性AMOLED已经被应用于众多领域，如图5-7所示。

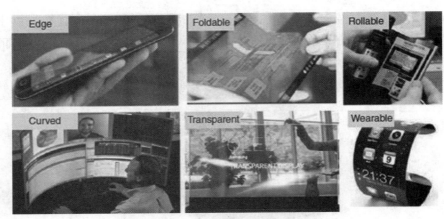

图 5-7　柔性 OLED 显示器的应用领域

2012 年，日本半导体能源实验室有限公司（Semiconductor Energy Laboratory Co.,Ltd, SEL）和夏普公司联合展示了 13.5 英寸（81.4 ppi）可折叠 AM-OLED 显示器样机。2013 年 9 月 LG 电子在北京推出世界第一款 LG 曲面 OLED 电视（型号 LG55EA9800-CA），尺寸为 55 英寸，分辨率为 1920×1080。2013 年 10 月，三星电子发布全球首款配置柔性 OLED 屏的智能手机，型号为 Galaxy Round，屏幕尺寸为 5.7 英寸，分辨率 1920×1080。

2017 年 10 月 26 日，京东方（BOE）公司在成都举行了第 6 代柔性 AMOLED 生产线量产仪式。该生产线满产的设计产能为每月 4.8 万张基板（1850 mm×1500 mm）。如图 5-8 所示为 BOE 研发的柔性 OLED 样品。

图 5-8　柔性 OLED 显示器样机（京东方，2017）

在 OLED 显示技术稳步提升的同时，厂家也在积极推进 OLED 照明产品的市场化进度，欧司朗公司、Lumiotec 公司、UDC 公司、GE 公司、OLED-T 公司、CDT 公司、Philips 公司、Novaled 公司等都在为 OLED 在平面光源方面的应用做着技术研发和生产准备。如图 5-9 所示为 Lumiotec 公司开发的 OLED 光源实例图片。

图5-9 OLED照明光源（Lumiotec）

　　随着智能设备和物联网技术的飞速发展，增强现实（Augmented Reality，AR）和虚拟现实（Virtual Reality，VR）技术受到越来越多的关注。随着AR和VR技术的发展，人们对超高分辨率和高质量显示器的需求越来越大。2015年以后，索尼、Oculus、小派、SEL和HEC等公司纷纷推出不同规格的AMOLED微显示器样机和AMOLED屏VR头盔游戏机。如图5-10所示为Oculus公司2019年发售的Oculus Quest头盔式VR游戏一体机，配置一像素数2880×1600、分辨率615 ppi的AMOLED微显屏。

图5-10 Oculus Quest头戴式VR游戏一体机（2019，Oculus）

5.1.2 OLED的技术特点

　　OLED的主要技术特点是自发光、全彩色显示、高亮度、高对比度、低电压（-5～20V）、低功耗、轻而薄（体积与重量仅为LCD的1/3）、发光效率高、快速响应、宽视角、单片结构、加工工艺简单及成本低等。

　　OLED作为一种新型发光技术，具有类似于CRT性能的显示潜力，OLED显示器还具有其他一些平板显示器（FPD）所无法比拟的优势，尤其是与其主要竞争对手LCD相比，OLED存在的优点是：

　　① 主动发光，OLED无须背光照明。

　　② 功耗低，2.4英寸的AMOLED模块功耗仅为440 mW，而2.4英寸的多晶硅

LCD模块功耗则为605 mW，这对于移动电话、掌上电脑及便携式产品显得尤为重要。

③ 响应速度快（约为数μs至数10 μs），这在显示活动图像中显得至关重要。

④ 可实现宽视角。

⑤ 能实现高分辨率显示（采用有源矩阵）。

⑥ 高对比度。

⑦ 外观超薄、轻型。

⑧ 可采用柔软的塑料基片。

⑨ 环境适应性强，具有良好的温度特性，可在低温环境下显示，尤为适用于军事装备。

OLED存在的不足是：

① 色域尚未满足欧洲广播联盟（EBU）制定的规范。

② 生产效率尚低。

③ 每种彩色的老化时间并不一致，使得工作寿命不够长。

④ 制成大屏幕显示，目前成本较高等。

5.2 有机电致发光的基本理论

5.2.1 有机电致发光器件的基本结构

OLED器件结构是与其器件性能相对应的，结构对性能的重要影响成为器件优化过程中必须考虑的因素。OLED器件的结构设计要综合考虑载流子的传输层和发光层之间的能带匹配、厚度匹配、载流子注入平衡、折射率匹配等因素，才能有效提高EL效率。有机电致发光器件多采用夹层式结构，即其最简单的构造是由两金属电极间夹一层荧光有机半导体材料，其中至少一侧电极为透明，以便获得所需的面发光。正负载流子空穴和电子分别从阳极和阴极注入，并在有机层中传导，相遇形成分子的激发态（激子），激子再辐射性衰减而发光。一般来说，要求器件阳极和阴极分别采用高功函数和低功函数的金属材料。阳极一般使用ITO导电玻璃，阴极一般使用Mg、Ag、Al、Ca等。辐射光由ITO一面出射。为了提高器件的效率，人们在单层结构的基础上又发展出了单异质结的双层结构和双异质结的多层结构器件，平衡了载流子的注入和传输，使复合更加有效，从而大大改善了器件的性能。

1. 单层器件

有机半导体薄膜被夹在ITO阳极和金属阴极之间，就形成了最简单的单层结构有机电致发光器件，如图5-11（a）所示。其中，发光层可以同时充当电子传输层（ETL）或空穴传输层（HTL）。在这种结构的器件中，由于空穴注入势垒Δ_1和电子注入势垒Δ_2往往不能很好匹配，如图5-11（b）所示，这导致空穴和电子的注入不平衡，降低了器件的发光亮度和效率，器件稳定性较差。

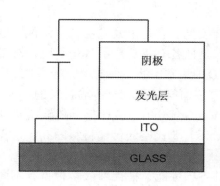 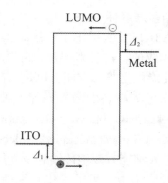

（a）单层OLED的结构示意图　　　　（b）单层OLED的能级结构

图5-11　单层有机电致发光器件

同时，由于大多数有机材料具有传输单种载流子的倾向，导致载流子迁移率的巨大差异，容易使发光区域靠近注入电极一侧，形成的激子易与电极发生能量转移而导致激子猝灭。所以单层结构的器件多用来测量有机材料的电学和光学性质。此外，这种结构在聚合物电致发光器件中较为常见。

2. 双层器件

双层结构的器件是由 Kodak 公司的 C. W. Tang 等人在 1987 年首次提出的，它解决了单层器件载流子注入不平衡的问题，克服了大多数有机电致发光材料具有单极性的缺点，改善了电流-电压特性，显著提高了器件的发光效率，使 OLEDs 的研究进入了一个新阶段。这种单异质结结构一般是在器件的正极和负极间由具有电子传输（或空穴传输）性质的发光层以及空穴传输（或电子传输）层共同构成。加入空穴传输（或电子传输）层后，一方面降低了空穴注入势垒 Δ_1 或电子注入势垒 Δ_2，另一方面阻挡了载流子通过该层向电极的迁移，使得多数的电子–空穴对的复合发生在异质结界面附近。至于发光究竟是来自 HTL 还是 ETL，主要取决于材料的能带匹配关系。一般来说，激子最终会形成在有最低的激发态能量的材料上。但在同一层里，激子能够自由移动，直到发生辐射性或非辐射性跃迁。双层器件的结构示意图和能级结构如图5-12所示。

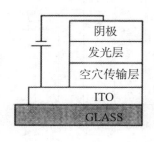 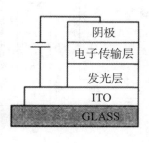 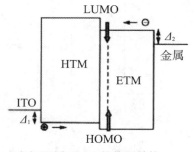

（a）双层OLED的结构示意图　　　　（b）双层OLED的能级结构

图5-12　单异质结双层OLED器件

3. 三层和多层器件

日本的Adachi首次提出了三层结构的器件模型。它是由发光层、空穴传输层和电子传输层构成的。这种双异质结结构的优点是使各有机功能层各司其职，对于材料的选择和性能优化非常方便，也是目前OLED中最常用的一种结构。对于该结构的器件一般要求发光材料的激发态能量要比空穴传输材料和电子传输材料的都要小，且发光材料的LUMO（Lowest Unoccupied Molecular Orbits）应比电子传输材料的要低，而HOMO（Highest Occupied Molecular Orbits）要比空穴传输材料的高，这样可保证电子和空穴都能有效地传输到发光层。

在实际的应用中，为了优化和平衡器件的各项性能，往往引入多种具有不同作用的功能层。研究表明，电子或空穴注入层的引入可以降低器件的启亮和工作电压，而电子或空穴阻挡层则能减小直接流过器件而不形成激子的电流，从而提高器件效率。多层结构不但保证了有机功能层与ITO阳极间的良好附着，还能使来自阳极和金属阴极的载流子有效地注入有机功能薄膜层中。一般来说，在双层和三层器件中，由于大多数有机材料的空穴迁移率远远大于电子，使得空穴数目过多，与电子数目失配，因此非常有必要引入空穴阻挡层以限制空穴流动，提高复合效率。三层和多层器件的结构示意图和能级结构如图5-13所示。

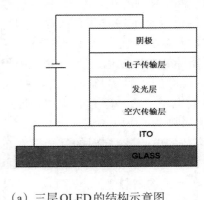

（a）三层OLED的结构示意图

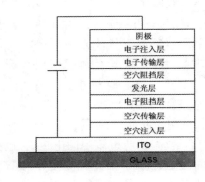

（b）多层OLED的结构示意图

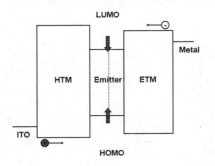

（c）三层OLED的能级结构

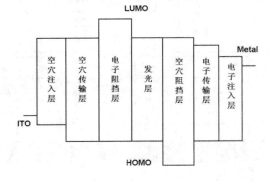

（d）多层OLED的能级结构

图5-13　双异质结三层和多层有机电致发光器件

4. 掺杂层器件

由于荧光染料在高浓度时存在激发态猝灭效应，因此将其掺杂在具有较高激子能量的基质材料中，可以利用能量传递实现受激的基质分子到染料分子的能量转移，从而实现染料分子的发光。在掺杂结构的器件中，只要作为基质材料的激子的能量高于掺杂材料的吸收能量，激子就会被掺杂分子有效地俘获并束缚。由于掺杂剂分子被完全分散在基质中，一方面防止了浓度猝灭效应，同时还提高了空穴和电子的复合概率，进而提高了功率效率。此外，不少报道还证实了染料掺杂还能延长器件的工作寿命。因此，在实际的器件中，在发光层中往往都采用掺杂的方式来提高器件性能。在白光器件中，这种结构也很常见。掺杂层器件的能级结构如图5-14所示。

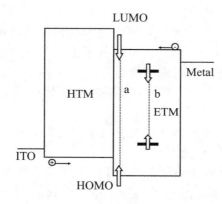

图5-14　掺杂层有机电致发光器件的能级结构

5. 超薄层器件

通常采用掺杂技术可以提高器件的效率，但是在掺杂过程中由于需要采用共蒸工艺，这增加了工艺上的复杂性。正因为如此，各种非掺杂型的器件相继被提出，其中，利用超薄层染料的方案引起了学术界的广泛重视。这种方案在保持染料的高效率发光的同时又避免了掺杂所带来的缺点。由于这些超薄层的厚度一般不超过0.2 nm，远远小于一个分子的直径，所以这里说的超薄层并非是一"层"均匀分布的分子，而是一些分立的"岛"。由于在蒸发过程中我们采用膜厚仪来监测材料的生长过程，因此，为了方便，我们仍然用"膜"来称呼这些"岛"。此时，膜厚仪所监测到的值为染料的平均"厚度"，实际上，它所描述的主要是染料岛的密度。当"膜的厚度"较大时，岛的密度也较大，甚至连成片形成薄膜，染料分子间的浓度猝灭效应明显，所以此时器件的效率降低。其器件结构示意图如图5-15所示。

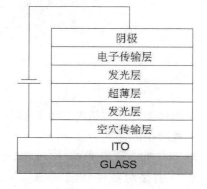

图5-15　超薄层OLED的结构示意图

5.2.2　有机电致发光器件的物理机制

与无机发光二极管不同的是，OLEDs 是属于多数载流子双注入型发光器件。它将电能直接转化成有机分子的光能。对 OLEDs 器件物理机制的研究包括了有机半导体的能带结构、电荷载流子的注入与传导、载流子的复合与激子衰减、能量传递和转移等方面。

以三层结构的器件为例来说明器件的发光过程。通常，由以下五个步骤完成。

（1）载流子的注入。在外加电场下，电子和空穴分别从阴极和阳极向有机功能薄膜层注入，即电子和空穴分别向有机层的最低未占据分子轨道（LUMO 能级）和最高占据分子轨道（HOMO 能级）注入。

（2）载流子的传导。从电极注入的载流子经过空穴传输层（对空穴而言）和电子传输层（对电子而言）向发光层迁移，这种迁移是由跳跃运动和隧穿运动构成，并在能带中进行。当载流子一旦注入有机分子中，有机分子就处于离子基的状态，并与相邻分子通过传递方式向对面电极运动，这种跳跃运动是靠电子云的重叠来实现的。而不同有机层之间的注入则是依靠隧穿效应使载流子跨过一定的界面势垒而进入复合区域的。

（3）载流子的复合。电子和空穴在有机层中的某个分子上相遇后，由于库仑引力的作用，两者就会束缚在一起形成激子。

（4）激子的迁移。在外加电场的作用下，激子会发生扩散和漂移运动。当迁移到合适的位置后，激子就将能量传递给发光分子，并激发电子从基态跃迁到激发态。

（5）辐射发光。激发态分子通过辐射性失活产生光子，释放出光能。光波长由激发态到基态之间的能量差所决定。

如图 5-16 所示为有机电致发光过程的示意图。

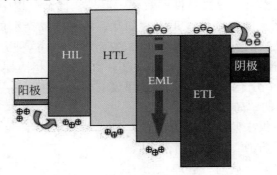

图 5-16　有机电致发光过程示意图

下面详细介绍有机电致发光器件的物理机制。

1. 载流子的注入

对于有机电致发光器件，载流子从两极的注入是其形成激子发光所涉及的第一个过程，也是对器件性能（如量子效率、功耗等）产生重要影响的一个步骤。因此，对载流子的注入和传导机制的研究就显得尤为重要。然而，由于 OLEDs 结构的无序性、材料的多样性而使得载流子的物理过程变得异常复杂，至今还没有一套完全统一的理论来解释所有的电流-电压特性。依据限制电流的因素，可以分为注入限制电流和体限制电流两类。当载流子的迁移率较高，注入的电流主要由电极注入的能力限制，则称为注入限制电流；当有机器件的电压逐渐增大，注入载流子数量从小变大时，注入变得很容易（欧姆接触），而载流子在体内的传输较为困难时，电流将从注入限制逐步过渡到体限制，成为空间电荷限制电流或陷阱电荷限制电流。

通常，电极注入有三种情况，即Fowler-Nordheim隧穿注入、Richardson-Schottky热电子发射注入以及两种情况的叠加。

（1）隧穿注入

根据Fowler-Nordheim隧穿理论，该注入模型是在器件中载流子的注入与电场强度有关，而温度对其影响不大的条件下建立起来的。根据半导体物理理论，器件在没有外加电压的情况下电子不能跳到有机化合物分子的LUMO轨道上去。当施加一定的偏压后，有机分子的LUMO能级发生倾斜，根据量子力学隧穿效应，分布在Fermi能级附近的电子有一定的概率穿过一个三角形势垒而注入有机化合物分子的LUMO能级。如图5-17（a）所示为隧穿模型的示意图，它忽略了镜像电荷效应。在Fowler-Nordheim模型中，器件的注入电流是电场强度的函数。载流子从电极通过三角势垒直接隧穿到有机层形成的注入电流表达式为

$$J_T = BE^2 \exp\left[-\frac{4(2m_{\text{eff}})^{1/2}\Delta^{3/2}}{3\hbar eE}\right] \tag{5-1}$$

式中，J_T为流过器件的电流密度，B为与材料性质有关的常数，E为势垒处的电场强度，Δ为界面的势垒高度，m_{eff}为载流子的有效质量，$\hbar$为普朗克常数。按隧穿机制，载流子注入需要足够高的电场强度克服能带势垒，因而其注入效率受控于电场。另外，由于没有考虑电子和感应正电荷之间相互作用的镜像力，故使得许多实验结果与理论预测不能很好地符合。如果考虑镜像力的作用，则势垒高度会被降低，电流的注入也得到了增强。考虑镜像力后有机薄膜内的势能分布图如图5-17（b）所示。

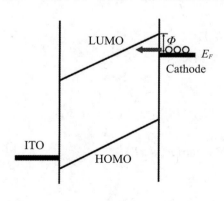

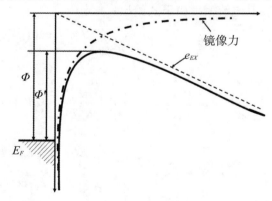

（a）隧穿模型示意图　　　　　　（b）考虑镜像电荷作用力后的势能图

图5-17

（2）热电子发射注入

当加在金属/半导体结上的电压比较低、注入载流子数目较少时，注入电子不受空间电荷的限制，如果再忽略陷阱的影响，则从电极注入半导体的全部电子都进入导带。在无外加电场时，饱和热电子电流 J_s 为

$$J_s = A^* T^2 \exp\left(-\phi / KT\right) \tag{5-2}$$

如果存在外电压在界面处的电场为 F，则镜像电势降低势垒高度为 $\Delta\phi = e\left(\dfrac{eF}{\varepsilon\varepsilon_0}\right)^{\frac{1}{2}}$。

由于外加电场的存在，使势垒高度降低，此时热电子发射也称为电场增强热电子发射，其相关电流可以表示为

$$J_s = A^* T^2 \exp\left\{-\left[\phi - \left(\frac{e^2}{4\pi\varepsilon\varepsilon_0}\right)^{\frac{1}{2}} E^{\frac{1}{2}}\right] / kT\right\} \tag{5-3}$$

式中，J_s 为饱和电流，A^* 为有效里查逊常数，T 为温度，φ 为界面势垒，k 为玻尔兹曼常数。

Fowler-Nordheim 模型和 Richardson-Schottky 注入模型有其成功之处，例如前者基本上可以定性地描述器件在低电压下的电流–电压特性规律，但实际数值往往相差比较大。此外，这些模型并不适合于共轭聚合物。

3）热电子场发射注入

当温度比较低时，电子主要靠场发射隧穿注入半导体中；当温度较高时，则主要靠热电子发射注入半导体。在中等温度下，金属电极中有许多电子的能量处于费米能级以上，但由于温度不是足够高，这些电子以热电子发射进入半导体中的概率还比较小，主要还是依靠隧穿效应进入，但此时温度的影响已经不能忽略。因此，电子从金属注入半导体中主要是靠温度和电场共同的作用，所以称为热电子场发射，其电流密度由下式给出：

$$J = J_s \exp\left(qV / E'\right) \tag{5-4}$$

式中：

$$J_s = A^* T^2 \left(\frac{\pi E_{00}}{K^2 T^2}\right)^{\frac{1}{2}} \left[qV + \frac{\phi}{\cos\left(E_{00} / kT\right)}\right]^{\frac{1}{2}} \exp\left(-\frac{\phi}{E_0}\right) \tag{5-5}$$

$$E' = E_{00} \left[E_{00} / KT - \tan\left(E_{00} / kT\right)\right]^{\frac{1}{2}} \tag{5-6}$$

$$E_0 = E_{00} \cot\left(E_{00} / kT\right) \tag{5-7}$$

在通常情况下，有机电致发光器件的电流注入机制更接近热电子场发射模型，因为器件的工作温度一般是中等温度，且电子到有机层的注入势垒也比较高。但

是，实际的器件情况非常复杂。如图5-18所示为电子从金属注入半导体中的三种理论模型的能级示意图。

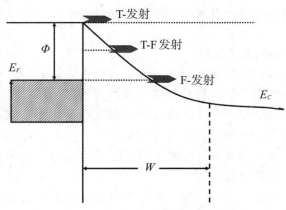

图5-18　热电子（T）发射、热电子场致（T-F）发射及场（F）发射模型的能级图
（Φ为势垒高度，W为势垒厚度，E_F为金属费米能级，E_c为半导体的导带）

2. 载流子的输运

由于有机电致发光材料的电荷迁移率较低，使得电极注入的载流子数目超过了有机层的空间承载能力而导致电荷的局部堆积，从而阻止了载流子的进一步注入。空穴的注入是由空间电荷控制的，而电子的注入在低电场下是由陷阱控制的，当陷阱被填满后控制形式转变为空间电荷的限制。

（1）空间电荷限制电流（SCLC：Space-Charge Limited Current）

如果电极注入的电流超过了本体材料所能输运的数目，就会在本体中形成空间电荷，造成一个降低电子从阴极发射速率的电场。此时，电流就受半导体或绝缘体的本体控制。空间电荷限制电流对界面势垒的影响比较小，当不考虑陷阱限制效应时SCLC的电流表达式为

$$J = \frac{9}{8}\varepsilon\varepsilon_0\mu\frac{V^2}{L^3} \tag{5-8}$$

式中，ε为材料的介电常数，ε_0为真空介电常数，μ为载流子迁移率，V为外加电压，L为器件厚度。

（2）陷阱电荷限制电流（TCLC：Trap-Charge Limited Current）

当发光层中的陷阱对电流有影响而载流子迁移率与电场无关时，将获得陷阱电荷限制电流，其电流密度的表达式为

$$J_{\text{TCLC}} = N_{\text{LUMO}}\mu_n q^{(1-m)}\left[\frac{\varepsilon m}{N_t(m+1)}\right]^m\left(\frac{2m+1}{m+1}\right)^{m+1}\frac{V^{m+1}}{d^{2m+1}} \tag{5-9}$$

式中，N_{LUMO}是LUMO能级的态密度，N_t是总缺陷态密度，$m=T_t/T$，T_t是呈指数分布陷阱的特征温度。当$T_t \gg T$（环境温度），可以认为准费米能级以下的缺陷都被填满，以上都是空的。

以上是在研究有机电致发光器件载流子注入和传导特性时常用的几种模型。然而，仅用一种模型往往不能很好地描述器件在整个电压范围内的电流–电压特性，有时一种器件工作过程会涉及几种机制。任何一种理论模拟只能与其中部分电压段相吻合。

3. 载流子的复合和发光过程

有机电致发光器件的发光机制简单地说就是在外加电场的驱动下，由阴极注入的电子和阳极注入的空穴相向跳跃传输并发生有效复合释放能量，再将能量传递给有机荧光分子，使其受到激发，从基态跃迁到激发态。这种态的束缚能量（～1 eV）是由这两个相互靠近的载流子的库仑作用决定的，且不易解离，在分子间散射时也保持固定的性质。这种态就是所谓的"激子"。激子从激发态回到基态时辐射跃迁将能量差以光子的形式释放出来。

如果电子和空穴在发光层中没有相遇形成激子而漏流过整个器件到达相反的电极，那么器件的量子效率就会降低。实际应用中，为了得到高效的器件，要求电子和空穴的辐射性复合的概率要大，这就需要有一系列严格的条件来满足。首先，电子和空穴从电极注入的能量势垒要大致相当，这样才能保证注入电荷密度的平衡。因此，对于每层材料的选择是要基于这些材料的基态和激发态的相对能级以及它们的导电特性的。

4. 能量的传递和转移

在有机化合物中，激发态分子发生能量转移是普遍现象。通常能量转移也被称为能量传递，是指处于激发态的粒子的能量向处于基态的其他粒子转移，或者处于激发态的粒子之间的能量转移。处于激发态的激子的能量可以以辐射性复合或者非辐射性复合的形式失活，也可以将能量以光子的发射–再吸收的形式转移给别的激子，或者再直接将电子或空穴转移到另外的分子上在形成新的激子的同时完成能量的传递。后两种能量转移的方式分别称为 Förster 能量转移和 Dexter 能量转移。

（1）Förster 能量转移

发生 Förster 能量转移时，光子从一个处于激发态的分子（给体）发出，被另一个处于基态的分子（受体）所吸收，如图 5-19 所示。因此，其发生的概率正比于给体分子的荧光光谱和受体分子的吸收光谱的交叠程度。

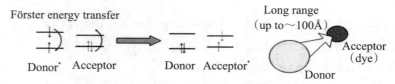

Exciton non-radiatively transferred by dipole-dipole coupling if transitions are allowed (usually singlet-singlet).

图 5-19　Förste 能量传递示意图

但是，与通常发生在两个彼此独立的分子之间的光子的发射和吸收过程不同，这里的 Förster 能量转移主要由于给体和受体之间存在的偶极–偶极相互作用而使得其发生的概率大得多，并且强烈地依赖于给体和受体分子之间的距离，且给体的退激发和受体的被激发是同时发生的。孤立的给体与受体之间因为偶极-偶极相互作用而产生的Förster能量转移速率常数的关系式为

$$K_{ET} = \frac{8.8 \times 10^{-25} K^2 \phi_D}{n^4 \tau_D R^6} \int_0^\infty F_D(\overline{\gamma}) \varepsilon_A(\overline{\gamma}) \frac{\mathrm{d}(\overline{\gamma})}{(\overline{\gamma})^4} \tag{5-10}$$

式中，K_{ET}是能量转移速率常数；K^2是取向因子，对于无规分布的给体与受体，一般取$K^2 \approx 2/3$；ϕ_D是给体发射荧光的量子效率；n是折射率；τ_D是给体激发态的寿命；R是给体与受体对的间距；$\overline{\gamma}$表示波数；$F_D(\overline{\gamma})$是给体归一化的发射光谱；$\varepsilon_A(\overline{\gamma})$是受体在频率$\gamma$处的摩尔消光系数；$\int_0^\infty F_D(\overline{\gamma}) \varepsilon_A(\overline{\gamma}) \frac{\mathrm{d}(\overline{\gamma})}{(\overline{\gamma})^4}$是给体归一化荧光光谱和受体吸收光谱（用摩尔消光系数表示）的重叠积分。

K_{ET}也可以用Förster临界转移半径R_0来表示：

$$K_{ET} = \frac{1}{\tau_D} \left(\frac{R_0}{R} \right)^6 \tag{5-11}$$

Förster临界转移半径可由下式进行定义：

$$R_0^6 = \frac{8.8 \times 10^{-25} K^2 \phi_D}{n^4} \int_0^\infty F_D(\overline{\gamma}) \varepsilon_A(\overline{\gamma}) \frac{\mathrm{d}(\overline{\gamma})}{(\overline{\gamma})^4} \tag{5-12}$$

R_0表示当给体与受体在这个距离的时候，能量转移的速率概率是50%，对于给定的体系，R_0的值越大，则给体与受体之间的能量转移的概率越大。从能量转移效率的定义可以看出这一点，其定义是给体所吸收的能量转移到受体的比例：

$$\phi_{ET} = \frac{K_{ET}}{\tau_D^{-1} + K_{ET}} = \frac{K_{ET}}{K_D + K_{ET}} = \frac{R_0^6}{R_0^6 + R^6} \tag{5-13}$$

由R_0的定义可知：R_0的值与ϕ_D以及式（5-12）中积分号内部分等因素有关。当给体有较高的光致发光量子效率、受体有较大的摩尔消光系数、给体的光致发光谱与受体的吸收谱有较大的重叠时，就会得到较大的R_0，从而更有效地实现从给体到受体的能量传递。为了提高有机发光二极管的效率，通常采用在主体材料中掺杂有机染料的方式来获取所需波段的高效率荧光。通常认为，能量从主体材料向掺杂材料的传递方式就是Förster能量转移。

（2）Dexter能量转移

Dexter能量转移是另外一种激子转移能量的方式，与Förster能量转移不同的是，Dexter能量转移不是靠偶极耦合的方式，而是以载流子直接交换的方式传递能量，如图5-20所示。当一个处于激发态的分子和另外一个处于基态的分子离得很近以至于电子云彼此交叠的时候，处于激发态的分子上的电子和空穴就能直接迁移到那个处

于基态的邻近分子上，在完成载流子迁移的同时完成能量的转移。显然，Förster能量转移由于依靠电荷的库仑作用能在较远的距离内实现，一般可以达到几十Å，而对于Dexter能量转移，由于需要电子云的交叠，因此只能在紧邻的分子之间才能完成，分子间最大间距最多只能到几Å。

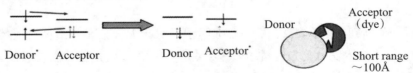

图5-20　Dexter能量传递示意图

由于电子云的密度随着离开分子的距离指数衰减，如果不考虑电子云交叠的细节，那么发生载流子交换的速率为

$$K_{ET} \propto \exp(\frac{2r}{L}) \tag{5-14}$$

式中，r为发生Dexter能量转移的分子之间的间距；L为与分子相关的常数。与Förster能量转移类似，发生Dexter能量转移的速率也正比于给体分子的发光光谱和受体分子的吸收光谱的交叠程度，即

$$K_{ET} = K \exp(\frac{2r}{L}) \int \frac{c^4}{\omega^4 n_0^4} F_D(\omega) \sigma_A(\omega) \, \mathrm{d}\omega \tag{5-15}$$

其中，K是一个与分子交叠情况有关的常数，$F_D(\omega)$为给体归一化的荧光谱，$\sigma_A(\omega)$为受体的吸收截面，n_0为体系的介电常数，ω为光的角频率。

由于Förster能量转移是以（虚）光子的发射和再吸收为中介的，考虑到只有单线态激子才能比较容易地通过吸收光子的形式直接激发或通过发射光子的形式退激发，因此单线态激子才能发生Förster能量转移，而涉及三线态激子的一般来说都是Dexter能量转移。

5.3　有机电致发光材料及薄膜制备

发光材料在有机电致发光器件（OLED）中是最重要的材料。选择发光材料必须满足下列的要求。

①高量子效率的荧光特性，荧光光谱主要分布在400～700 nm的可见光区域内。

②良好的半导体特性，即具有高的导电率，能传导电子，或者能传导空穴，或二者兼有。

③良好的成膜性，在几十纳米厚度的薄层中不产生针孔。

④良好的热稳定性。此外，材料的光稳定性也很重要。

到目前为止，人们已对大量可以用作OLED的有机发光材料进行了研究。按化合物的分子结构一般可分为两大类：有机小分子化合物和高分子聚合物。有机小分子化合物的分子量为500～2000，能够用真空蒸镀方法成膜；高分子聚合物的分子量为

10 000～100 000，通常是具有导电或半导体性质共轭聚合物，能用旋涂和喷墨打印等方法成膜。无论是有机小分子还是高分子聚合物制成器件的发光机理都是一样的，本节主要介绍有机小分子材料的研究状况。从分子结构出发，小分子有机物又可以分为有机小分子化合物和配合物两类。

5.3.1 有机小分子材料

1. 有机小分子发光材料

（1）小分子发光材料

有机小分子发光材料具有化学修饰性强、选择范围广、易于提纯、荧光量子效率高以及可以产生红、绿、蓝等各种颜色的光等特点。由于大多数有机染料在固态时存在浓度猝灭等问题，导致发射峰变宽，光谱红移，荧光量子效率下降。所以，一般将它们以最低浓度的方式掺杂在具有某种载流子性质的主体中。在制作掺杂结构的OLED时，要求染料的吸收光谱与主体材料的发射光谱有很好的重叠，即主体材料与染料的能级匹配，从主体到染料能够有效地实现能量传递。下面分别介绍红、绿、蓝光几种小分子发光材料。

红色发光材料要求其发射峰值大于610 nm，色坐标为（0.64,0.36）。相对于高性能的绿光和蓝光材料而言，红光材料的研究进展还比较落后。目前最常使用的红光材料为具有较高光致发光效率的DCM系列衍生物，其中DCJTB仍然是目前最有效的红光材料。除此之外，卟啉类大环类红光材料TPC、TPP等也被应用于红色OLED器件中。对于主体发光的非掺杂型的红光材料，最早被使用的是由NEC公司所报道的（PPA）（PSA）Pe，而NPAFN和BZTA2是目前性能较好的主体发光型红光材料。如图5-21所示为几种常见有机小分子红光材料。

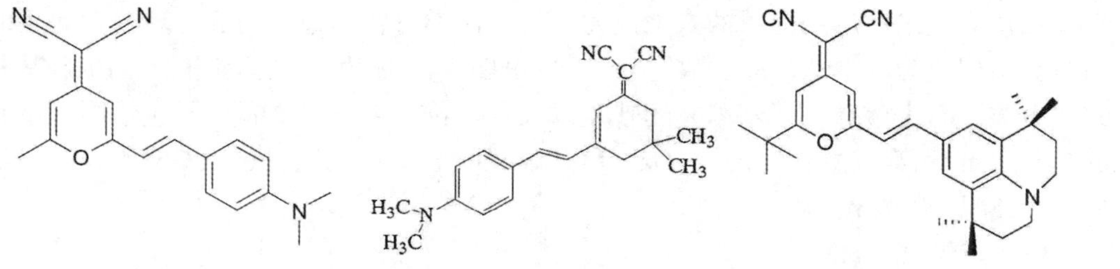

| DCM | DCDDC | DCJTB |

图5-21 常见有机小分子红光材料

8-羟基喹啉铝（Alq_3）是Kodak公司最早提出的用作OLED器件的金属配合物型绿光材料。Alq_3几乎满足了OLED器件对材料提出的所有要求，是一种难得的发光材料。因此，人们由此希望在Alq_3的基础上做进一步的修饰或改变，以求获得性能更好的绿光材料。到目前为止，绿光材料已发展成为较成熟的材料体系。常见材料还有香豆素（Coumarin）系列的C545T和喹吖啶酮QA，其分子结构如图5-22所示。

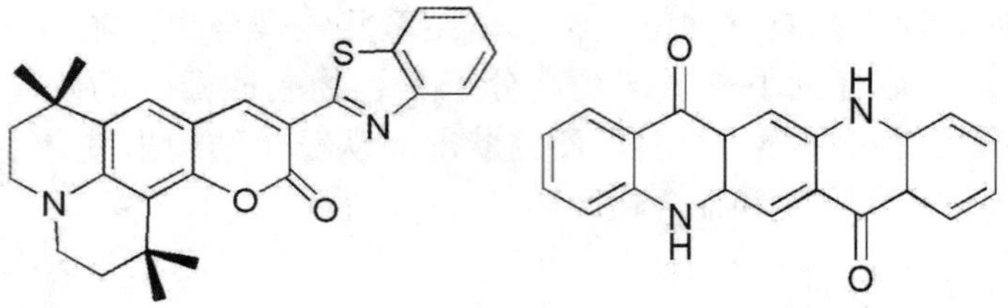

C545T　　　　QA

图 5-22　常见有机小分子绿光材料

双芪类化合物是一类重要的蓝色发光材料，发光波长在 440～490 nm，以 DPVBi 为典型代表。此外，苝（Perylene）和四叔丁基苝（TPBe）也是使用较多的蓝光材料。但目前见诸报道的纯正蓝光材料较少，深蓝光材料的发光效率普遍很低，因此蓝光材料的开发还有待进一步深入。如图 5-23 所示为几种常见有机小分子蓝光材料。

DPVBi　　　　　　Perylene　　　　　　TPBe

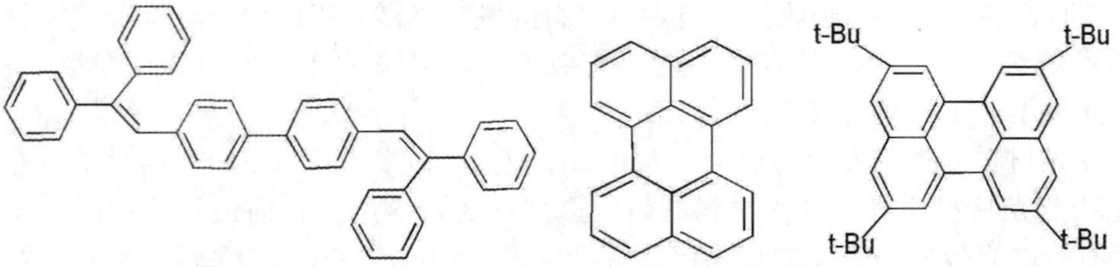

图 5-23　常见有机小分子蓝光材料

（2）配合物发光材料

金属配合物既具备了有机物高荧光量子效率的优点，又有无机物稳定性的特点，被认为是最有应用前景的一类发光材料。此类材料是稳定的五元环或六元环的内络盐结构，为电中性，配位数饱和。常用的有机配体为 8-羟基喹啉铝、10-羟基苯并喹啉类、希夫碱类、羟基苯并噻唑类以及羟基黄酮类等。金属离子包括第二主族的 Be^{2+}、Zn^{2+} 和第三主族的 Al^{3+}、Ga^{3+}、In^{3+} 以及稀土元素 Tb^{3+}、Eu^{3+}、Gb^{3+} 等，可以组成一大类配合物发光材料。

（3）磷光发光材料

对于上述荧光材料，只能利用形成的单重态激子辐射发光，器件内量子效率最高仅为 25%，而磷光材料可以利用所有激子，器件的内量子效率理论上可达 100%。可见，磷光材料的电致发光相比荧光材料的电致发光有很大的优越性。

1998 年，美国普林斯顿大学的 Forrest 小组率先报道了红色磷光材料八乙基卟啉铂（PtOEP），通过将该材料作为客体发光材料掺杂在 Alq_3 中，器件的内量子效率达到了 23%，从实践上证明了磷光材料的确能够大幅度提高器件的量子效率。从此之后，磷光材料引起了广大研究者的兴趣，近 10 年发展迅速，目前磷光材料的发光颜色范围已覆盖了整个可见光区域。除 PtOEP 之外，红色磷光材料还有 2-吡啶-苯并噻吩铱乙酰丙酮（Btp₂Ir（acac））和 2-吡啶-苯并噻吩铂乙酰丙酮（BtpPt（acac））。绿色磷光材料的代表则有Ir(ppy)₃、Ir(ppy)₂(acac)。对于蓝色磷光材料，要求其配体的单重态能量在紫外区，因此磷光材料实现蓝色发光比较困难。迄今为止，Firpic是一种性能优良的蓝色磷光材料，最大发光峰位于470 nm。如图5-24所示为几种常见磷光材料。

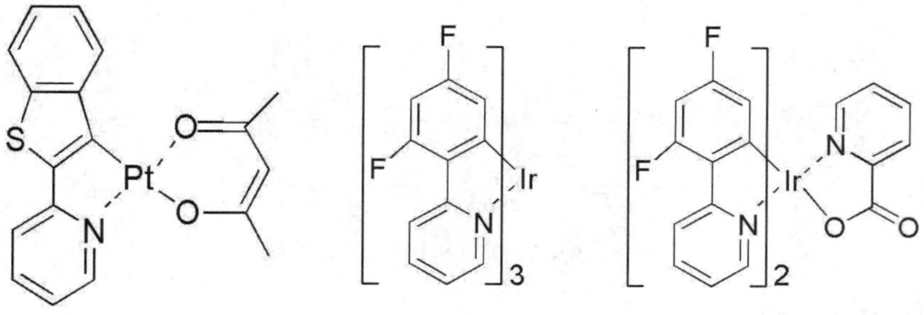

图5-24 常见磷光材料

2. 有机小分子电子传输材料

一般来说，电子传输材料都是具有大共轭结构的平面芳香族化合物，它们大多有较好的接受电子能力，同时在一定正向偏压下又可以有效地传递电子。目前已知的性能优良的电子传输材料不多，其中一个原因就是存在着电子捕获。为了准确地测得材料的电子传输性能，要求材料不容易发生电荷转移和形成单激发态时不发生电子捕获。目前已知的可用于OLED制造的电子传输材料主要有8-羟基喹啉铝类配合物、噁二唑类化合物，其他含氮杂环化合物、有机硅材料、有机硼材料等。

从元素的电负性看，F、O、N和S都容易接受电子，它们的多取代化合物和杂环化合物大多具有电子传输性能，价态饱和的三取代硼化合物和四取代硅化合物也具有缺电子特点，因此具有一定的电子传输能力；而由带正电荷的金属离子与有机配体组成的金属配合物大多是电子传输材料，这与带正电荷的金属离子容易接受电子是相关的。本节我们将几种常用的电子传输材料以化合物类型进行分类介绍。

（1）金属配合物电子传输材料

从目前使用的电子传输材料来看，大多数的金属配合物都可以作为电子传输材料。但在OLED研究中使用最多的还是8-羟基喹啉铝（Alq₃，其结构如图5-25所示），它具有高的E_A（约为3.0 eV）和I_p（约为5.95 eV），1995年，Kepler等用飞行时间法（TOF）测定了的电子迁移率，发现其与电场强度/温度相关，在电场强度为$4×10^5$ V·cm⁻¹时，其电子迁移率为$1.4×10^{-6}$ cm²·V⁻¹·s⁻¹，几乎比Alq₃中空穴迁移率（$2×10^{-8}$ cm²·V⁻¹·s⁻¹）高两个数量级，而且热稳定性较好。其缺点是容易吸收空气中的水和氧气，且阳离子的化学稳定性不够好。

（2）噁二唑类

噁二唑有机小分子2-(4-二甲基)-5-(4-叔丁苯基)-1,3,4-噁二唑（PBD，结构如图5-25所示）是第一个使用的有机电子传输材料，PBD的E_A值为2.16 eV，I_P值为6.06 eV，使用PBD后OLED的效率得到了明显的提高，显示了单独的电子传输层

PBD的价值。自此以后，二芳基取代的噁二唑类化合物因其具有高的荧光量子效率和良好的热稳定性，成为一类性能优良的电子传输材料（例如2,5-双-(4-萘基)-1,3,4-噁二唑（BND，其结构如图5-25所示），在OLED研究中常常被使用。

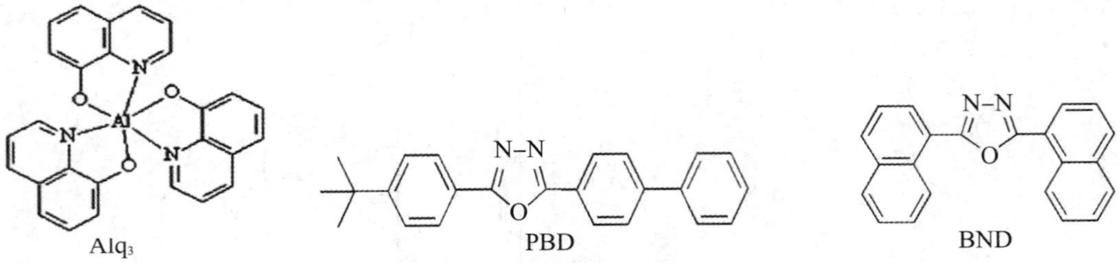

图5-25　Alq₃，PBD和BND的分子结构

3. 空穴传输材料

空穴传输材料均具有很强的给电子能力，一般都含有带孤对电子的氮原子，有利于形成正离子自由基充当有机半导体的空穴，同时所有的孤对电子都可以与π电子发生交换，增加孤对电子的离域性，这有利于空穴从一个分子跳到另一个分子。空穴传输材料一般具有很高的空穴迁移率，从电离能来考虑，要求有机电致发光器件中空穴传输层与阳极界面形成的势垒尽量小，其势垒越小，器件的稳定性能越好。空穴传输材料的电离势 I_p 是影响器件稳定性的主要因素，因此还要有合适的HOMO轨道能级，以保证空穴在电极/有机层以及有机层/有机层界面间的有效注入与传输。空穴传输材料通常是芳香二胺类、芳香三胺类、咔唑类等富电子的化合物及其衍生物。目前已知的有机EL的空穴传输材料大多数为芳香族三胺类化合物。

TPD是早期OLED研究中的使用的空穴传输材料之一，如图5-26所示。它的空穴传输率为 1.0×10^{-2} cm²·V⁻¹·s⁻¹，有两个光致发光（PL）峰，分别位于404 nm和424 nm处。TPD的LUMO为2.4 eV，HOMO为5.5 eV，TPD层的引入使得空穴的注入势垒降低，有利于空穴的注入。此外，TPD层的引入可以改变ITO电极附近的电场分布，同时对电极表面起到一定的修饰作用，使器件的稳定性有明显改善。但OLED中的TPD膜是无定形薄膜，容易真空热蒸发成膜，玻璃转化温度（T_g）为60 ℃，在长时间操作和贮存后，容易发生重结晶现象，这个问题被认为是导致有机EL器件衰减的原因之一。

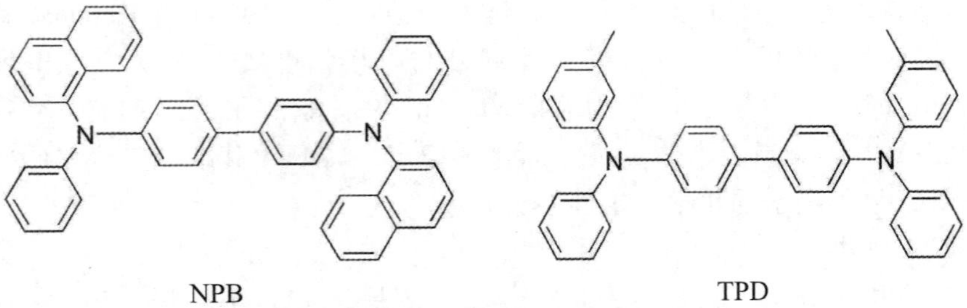

图5-26　常用的空穴传输材料的分子结构

在TPD的基础上，引入空间体积较大的基团后可以有效地提高材料的玻璃化温度，从而获得性能优良的薄膜。例如，NPB是最常用的空穴传输材料之一，电离势I_P=5.7 eV，T_g=96 ℃，其缺点是T_g偏低，不利于长时间在高温下操作或贮存。

简单的三芳胺类空穴传输材料有结晶的倾向，影响器件寿命。合成高熔点和较高玻璃化温度的空穴传输材料可以减少结晶的倾向，从分子设计的角度设计不对称的空间位阻大的化合物，增加分子的构象异体数目，降低分子的平面性，阻止分子在空间上的移动，同时使分子与分子之间的凝聚力减少；利用桥键、烷基化等简单方式的分子修饰；引入螺式连接的结构；利用取代基进行修饰，引入取代基可以降低分子的对称性，增加分子构象异构体的数目，从而有效地防止分子结晶的趋势，提高分子的成膜性和热稳定性。随后，人们不断地对TPD和NPB进行改进，设计出其他一些新的线性偶联二苯胺类化合物，以期获得具有更高的玻璃化转化温度和更好的空穴传输性能的材料。

4. 空穴阻挡材料

一般地，空穴传输材料的空穴迁移率比电子传输材料的电子迁移率要高出1～2个数量级，空穴是器件中的多数载流子，为了使电子和空穴很好地在发光层复合形成激子并发光，常常需要在OLED制作中使用空穴阻挡材料，用以阻止空穴到达电子传输层。

常用的空穴阻挡材料如图5-27所示。

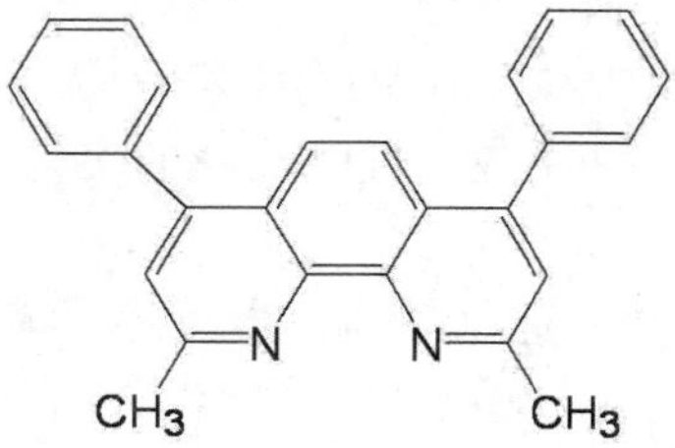

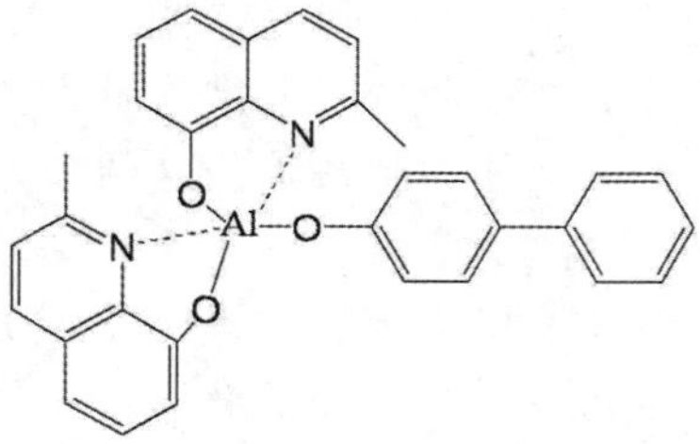

图5-27　常用空穴阻挡材料的分子结构

5. 空穴注入材料

通过对ITO表面进行处理可以提高ITO的表面功函数，去除ITO表面有机污染物，降低载流子注入的势垒，但阳极同空穴传输材料之间仍然有大概0.5 eV的势垒。通过加入一层空穴注入层（又称缓冲层Buffer Layer），其HOMO位于ITO的E_F同HTL的HOMO之间，降低了ITO/HTL之间的势垒，有利于增强界面的载流子注入，最终达到提高器件性能的目的。常见的空穴注入材料有CuPc、m-MTDATA、Teflon、C_{60}、TiO_2。

6. 电子注入缓冲材料

有机电致发光器件的阴极通常是低函数的Mg、Ca、Li等。由于它们在空气中容易氧化，为防止阴极性能下降，一般采用功函数较高但在空气中相对稳定的Al作阴极，或者将Mg、Ca、Li等金属和Al、Ag等做成合金。但用Al做阴极的OLED的亮度和效率通常比用Mg和Ca做阴极要低。这是由于Al扩散到Alq_3中引起Alq_3薄膜的晶格畸变，比较严重的情况下会出现结晶和重结晶现象。从阴极向常用的电子传输材料 Alq_3 中注入电子较难，引起器件中载流子注入不平衡。为了提高器件的电子注入能力，人们在器件中引入无机材料如 LiF、MaF_2、Al_2O_3 来改善器件性能，其中 LiF 的效果最好。

5.3.2 有机聚合物电致发光材料

人们发现小分子有机发光器件稳定性差，而聚合物结构与性能都很稳定。若要使器件得到高亮度、高效率，通常要采用带有载流子输运层的多层结构。以前都采用小分子材料作为输运层，由于小分子材料容易重结晶或与发光层物质形成电荷转移络合物和激发态聚集导致性能下降，而聚合物则能克服上述缺点，因此，人们逐渐把注意力转到聚合物上。

1990 年，剑桥大学 Cavendish 实验室的 Burroughes 等人以聚对苯撑乙烯（PPV）为发光层材料制成了单层薄膜夹心式聚合物 LED（PLED），所得器件的开启电压为 14 V，得到了明亮的黄绿光，量子效率约为 0.05%，Burroughes 的工作还确认了电致发光来自于单线态激子的辐射衰减。该工作引起了科技界的浓厚兴趣，从而开辟了发光器件的又一个新领域——聚合物薄膜电致发光，并展示出了有机 EL 器件更具挑战性的应用前景。聚合物 EL 薄膜曾被评为 1992 年度化学领域十大成果之一。1993 年，Greenham 等人在两层聚合物之间，加入一层聚合物实现载流子匹配注入，发光量子效率提高了 20 倍，预示着有机 EL 器件将走向产业化。

目前，对于电致发光聚合物的研究主要集中在寻找高效且寿命长的聚合物电致发光材料、优化器件的制备工艺这两个方面，以便制备性能卓越的聚合物电致发光器件。

与有机小分子材料相比，高分子发光材料可避免晶体析出，还具有来源广泛、可根据特定性能需要进行分子设计，在分子、超分子水平上设计出具有特定功能的发光器件，实现能带调控，得到全色发光的优点。

聚合物电致发光材料可以分为共轭聚合物、含金属配合物的聚合物、掺杂的聚合物。

1. 共轭聚合物

共轭聚合物是最早研究、也是目前研究最多的一类，主要包括 PPV 及其衍生物、聚噻吩及其衍生物、聚二唑及其衍生物、聚烷基芴类、聚苯类。

2. 含金属配合物的聚合物

含金属配合物的聚合物材料以前主要用于分析化学中的分离试剂，直到近几年才开始应用，目的是希望把金属配合物的强发光性能和聚合物材料的加工性能结合起来。

3. 掺杂的聚合物

采用聚合物材料并不是完全排斥小分子材料的利用。实际上，聚合物 OLED 常需要添加一些小分子材料。例如，有时需要采用染料掺杂的方法来调节发光的颜色。另外，由于聚合物材料一般只传输空穴而阻挡电子，因而常需要在器件中加入一层起传输电子作用的小分子薄膜，以提高电子、空穴的复合效率。用来对聚合物薄膜进行掺杂的染料分子包括：DCM系列染料、罗丹明B、蒽、并四苯、1，1，4，4-四苯基丁二烯（TPB）、香豆素系列染料等。

将有机小分子发光材料掺杂到聚合物体系中。一方面，在一定条件下会出现典型的浓度猝灭现象；另一方面，大多数小分子发光材料与聚合物的相容性差，因而难以分散均匀，容易发生相分离。同时，掺杂后的材料透明性变差，且聚合物的力学性能下降，因此难以获得高质量的发光材料。

将染料掺杂到发光材料中制得器件，其电致发光光谱会变窄，即色纯度提高。三线态发光的小分子掺杂到聚合物中能够使聚合物通过能量转移，将能量转移到掺杂的小分子上，实现三线态发光，大大提高聚合物的发光效率。Lee等将8%的三苯基吡唑铱[Ir(ppy)$_3$]掺杂到PVK中，制得发光器件，其外量子效率达1.9%，发光亮度为2500 cd/m^2。Weiguo Zhu等将其掺杂到取代聚对苯CNPPP和EHOPPP中，得到量子效率达4.4%的三线态发光器件。

4. 聚合物电子传输材料

聚合物电子传输材料主要有全氟代亚苯基低聚物、CN-PPV及其衍生物、寡聚噻吩类等。

5. 聚合物空穴传输材料

由于有机小分子空穴传输材料具有较低的T_g，因此在成膜和使用过程中易出现结晶，同时与发光层物质形成电荷转移络合物或激发态聚集导致器件的性能下降，寿命缩短；同时小分子的成膜方式为真空蒸镀，给器件的制作带来了困难。因此，许多学者将空穴传输材料的研究转向了聚合物。聚合物具有较高的T_g，稳定性较好，容易加工成型，而且可以进行各种化学修饰。

6. 其他功能聚合物材料

导电高分子由于其广泛的应用前景，已经引起了人们的高度关注。其中聚亚乙基二氧噻吩（PEDOT）的掺杂态具有电导率高、在空气中的结构和电导率高度稳定等卓越性能，因而成为研究热点。本征PEDOT导电性能差而且不溶不熔。聚苯乙烯磺酸根阴离子（PSS）掺杂的PEDOT可以分散溶解在水溶液中，涂布成膜后在空气中非常稳定，同时具有高电导率，因而大大促进了PEDOT的应用。缓冲层材料是为了降低电极与有机材料之间的界面势垒，改善电极与有机材料之间的界面性能，促进载流子注入而引入的电极修饰层。邱勇等在柔性有机电致发光器件的柔性PET衬底上，制备了一层聚酰亚胺（PI）缓冲层以改善ITO阳极在衬底上的附着力。衬底抗弯折的能力也得到了改善，与使用普通PET衬底制备的有机电致发光器件相比，使用复合基片制备的器件电流密度和亮度均提高了4倍左右。

5.3.3　电极材料

1. 阴极材料

为了提高载流子的注入效率，得到高效的有机发光器件，应选择功函数尽可能低的材料做阴极。目前，有机EL器件的阴极主要有以下几种。

（1）单层金属阴极

一般低功函数的金属都可以用于阴极材料。如 Li、Mg、Ca、Al、In 等，其中最常用的是 Al，这主要是因为 Al 比较稳定且价格适中；但在聚合物 EL 器件中，常用 Ca 作为阴极，这是因为多数聚合物比小分子电子传输材料的电子亲和势低。表 5-1 列出了几种金属的功函数。但由于低功函数的金属化学性质活泼，在空气中易于被氧化，对器件稳定性不利。因此，常把低功函数的金属和高功函数且化学性能比较稳定的金属一起蒸发形成合金阴极，提高器件的稳定性和效率。

表 5-1　几种金属的功函数

金属	Au	Al	Mg	In	Ag	Ca	Na	Cr	Cu
功函数(eV)	5.1	4.28	3.66	4.1～4.2	4.6	2.9	3.2	4.3～4.5	4.7

（2）合金阴极

典型的合金电极有：Mg：Ag 合金（10：1）、Li：Al（0.6%Li）合金电极。其中 Li：Al 合金和 Mg：Ag 的功函数分别为 3.2 eV、3.7 eV。实验证明，Li：Al 合金做成的器件寿命最长；Mg：Ag 其次，Al 的器件寿命最短。目前使用最为广泛的阴极材料是 Mg：Ag 合金，因其具有较低的功函数和较好的稳定性；合金阴极的优点在于它不仅可以提高器件的量子效率和稳定性，还可以在有机膜上形成稳定、坚固的金属薄膜；另外，惰性金属还可以填充单一金属薄膜中的诸多缺陷，提高金属多晶薄膜的稳定性。

（3）层状阴极

层状阴极是由一层极薄的绝缘材料如 LiF、Li_2O、MgO、Al_2O_3 等和外面一层较厚的金属 Al 组成的双层阴极。例如，L. S. Hung 和 C. W. Tang 等做成的使用 LiF/Al 双层阴极的有机发光器件，与使用 $Mg_{0.9}Ag_{0.1}$ 合金阴极相比，其电子注入效率和发光效率都有较大的提高，可以得到更好的 I-V 特性曲线。

（4）掺杂复合型阴极

掺杂复合型阴极是将掺杂了低功函数金属的有机层夹在阴极和有机发光层之间。Junji Kido 等认为，这种阴极能显著改善器件性能。他们做成的 ITO/a-NPD/Alq_3/Alq_3(Li)/Al 器件，其最大亮度可以达到 30 000 cd/m^2，而没有 Li 掺杂的电子注入层时，器件最大亮度仅为 3400 cd/m^2。

2. 阳极材料

需要说明的是，有机发光器件中有一个电极必须是透明的，用以作为发光窗口。所以，阳极主要采用功函数高的半透明金属（如 Au）、透明导电聚合物（如聚苯胺）和 ITO 导电玻璃。若用金属 Al 膜作阳极，其透明度可做到接近 50%，但其功函数较低，不能有效地注入空穴载流子。奈塞玻璃（Nesa Glass）是一种透明导电薄膜半导体玻璃，如果能与一个很好的电子注入电极同时使用，亦可大量地注入空穴载流子，且其透明度远高于导电 Al 膜。

目前，器件的阳极一般采用功函数较大的铟锡氧化物 ITO（一种高度简并的半导体材料），它不但是良好的空穴注入材料，而且是目前最常用的透明电极（400～

1000 nm波长范围内透过率达80%以上，在紫外区也有很高的透过率），覆ITO膜的玻璃基片被广泛地用作有机电致发光器件的发光窗口。

5.4　OLEDs器件的制备工艺

5.4.1　小分子OLED器件制备工艺

典型的小分子OLED器件结构如图5-28所示。

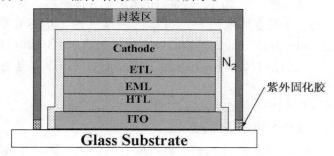

图　5-28典型的OLED器件结构剖面

OLED由多层膜组成，总厚度小于1 μm，各功能膜的制作，目前首选真空热蒸发法。其工艺流程如图5-29所示。

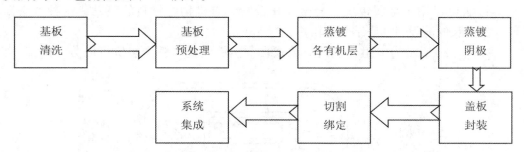

图5-29　OLED制备工艺流程

如图5-29所示，首先，准备好导电和透光性能良好的ITO玻璃，其次，必须对ITO玻璃基片进行严格的清洗。清洗过程可以根据实验要求和条件自行调整。依次使用洗涤剂、去离子水、乙醇、丙酮超声清洗后，用大量去离子水冲洗干净，最后用干燥氮气吹干；然后将洁净基片放入有机多功能成膜设备的预处理室中采用氧等离子体处理，以进一步清除表面污渍，提高ITO表面的氧含量，达到增加功函数的目的，有利于空穴从ITO电极注入有机材料中。然后把预处理过的基片放入高真空腔体中，依次进行各功能层的蒸镀，最后在氮气环境下进行器件封装。

1. 基板玻璃制备工艺

OLED阳极材料具有高功函数时，空穴向有机层迁移所需克服的势垒小，有利于载流子的注入，因而对于提高器件的发光效率效果显著。阳极为了满足具有良好的光电性能和高功函数的双重要求，最常使用的材料为氧化铟锡（ITO）薄膜。也有报道使用氧化锌（ZnO）掺杂某种金属元素（如 Al）薄膜作为阳极，并且也得到了较好的效果。还有人使用半透明导电膜金（Au）作为阳极，由于金薄膜具有优异的导电性和高功函数，实验取得了良好的效果。为了满足显示屏易折叠的需求，人们通常使用透明导电聚合物（聚苯胺）作为阳极或者将 ITO 薄膜沉积于柔软的 Polyethylene Terephthalate（PET）基底上。

ITO 薄膜为 OLED 中最常使用的阳极材料，它的功函数约为 4.7 eV，禁带宽度为 3.5～4.3 eV，可见光透过率高于 80%，为良好的 n 型半导体材料，其方块电阻可以小于几个 Ω/□。从影响薄膜方块电阻和透过率的因素考虑，应尽可能生成 In_2O_3 和 SnO_2，减少黑褐色 InO、SnO、Sn_3O_4 等物质以及边界吸附氧原子和电子陷阱的生成，这是制备具有优异光电性能 ITO 薄膜的关键。同时，ITO 薄膜厚度也是使其光电性能达到最优化的关键因素。

ITO 薄膜的制备方法详见第二章 2.5.1 小节。

2. 有机功能层及金属阴极制备工艺

小分子材料一般采用真空热蒸镀的方式成膜。真空蒸镀就是在真空条件下利用热能使材料得以蒸发或升华，形成气体而沉积在基片上生长成膜。对蒸发材料的加热方式有以下几种：电阻加热蒸发、电子轰击加热、外热式坩埚加热、辐射加热和高频感应加热。根据蒸发源的数目，可以实现单源蒸发、双源蒸发和多源蒸发。真空蒸镀法可以用于金属单质、合金、化合物、有机物等材料的蒸发，这种方法简便，但生长的薄膜与基底结合力较差、产率较低。

如图 5-30 所示为电阻加热的单源式真空蒸镀装置，整个装置可以分为两部分：

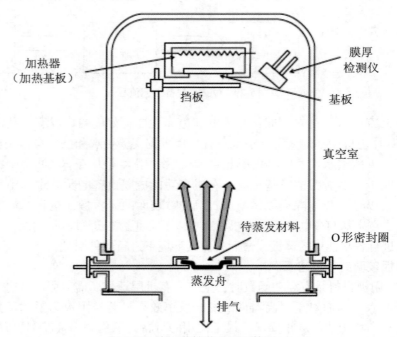

图 5-30　真空蒸镀装置原理简图

真空室（钟罩）和真空系统。钟罩一般由不锈钢材料制成，真空系统中前级泵使用机械泵，主泵常采用油扩散泵。蒸发时膜料的加热温度对薄膜生长速率有直接影响，因为物质蒸发的前提条件是环境中气态物质分压低于它的平衡蒸气压，而物质的平衡蒸气压随温度的变化最为显著。控制蒸发速率可以在很大程度上控制薄膜的形貌，控制蒸发源的量和蒸镀时间可以控制薄膜的厚度。有机小分子材料蒸镀时需要使用蒸发皿，并要求有机材料的玻璃化温度尽可能高。

3. 器件的封装工艺

OLED封装对提高器件的抗震性、耐冲击性提供了可靠的保障，同时它也是防止器件有机材料老化的有效措施之一。由于大气中的氧气和水分能够加速有机膜的老化，从而降低器件的稳定性和寿命，因此需对器件进行封装以排除内部空气并隔绝外界氧气和水分的进入。

OLED封装一般先采用预封装，即在阴极表面镀上绝缘的SiO_2薄层。然后在真空手套箱中的氢气（或氮气）环境中用环氧树脂将显示屏和玻璃底板封装，等其干燥后即可取出。

5.4.2 PLED器件制备工艺

聚合物电致发光器件中的聚合物功能层的厚度一般在100 nm。制备方法主要利用溶剂作为介质制备聚合物LED器件，聚合物薄膜的制备方法一般采用旋转涂覆、喷墨打印、流延等方法，其中流延只在制备一些厚膜上使用。普遍认为可以真正用于PLED器件制作的方法只有旋转涂覆和喷墨打印两种。

1. 旋涂法

旋转涂覆（Spin-Coating）是发展最早、应用最广的聚合物薄膜制备的常用方法之一，特别是在半导体工业上的应用十分广泛，主要用于制备光刻胶膜。

旋涂法分为旋转板式和自转式两种。旋转涂布工艺采用的原理是：在旋转的圆盘上（通常为每分钟1200～1500转）滴上数滴液体，液体会因为旋转形成的离心力而呈薄膜状分布。在这种状态下，液体凝固后便可在膜体上形成较均匀的薄膜。膜体的厚度可通过调节液体的黏度及旋转时间来调整。旋涂之后，要采取烘干的步骤来除去溶剂。样品旋转基架上有许多孔洞与底部抽气通道相通，将样品放于基架上，调节调速器可以控制旋转速度，旋涂机工作时，真空泵将通道内的大气排出，基片上下表面由于大气压强差形成一定压力，保证了基底在一定的速度内固定于样品架上而不会由于离心力作用甩出。通道软管处由电磁阀控制排气通道与外界大气的通闭，即控制基片上下表面的压力差，保证基片的固定与取出。旋涂工艺如图5-31所示。

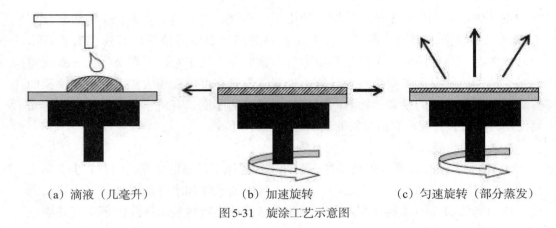

（a）滴液（几毫升）　　　（b）加速旋转　　　（c）匀速旋转（部分蒸发）

图 5-31　旋涂工艺示意图

用旋转涂覆制备均匀的聚合物薄膜与很多因素有关：①首先是应有一个好的基片，其平整度决定了膜的平整度，基片的清洗也很重要，使所用的溶液与基片有很好的湿润度，这样溶液才能很好地在基片上展开；②所用的聚合物溶液的浓度不能太大，否则不利于溶液展开；③温度与转速也影响膜质量的重要因素，一般来说转速应在每分钟几百转至一万转左右；④溶剂的挥发速度，通常选用挥发速度适中的溶剂。若溶剂挥发速度太快，薄膜表面起皱，若挥发速度太慢了又不容易固化。另外，在旋转涂覆制备薄膜时溶液一定要过滤，清除溶液中的微粒，防止薄膜中针孔和缺陷的产生。以上各种因素都因具体的体系不同而异，因此在一个体系的开始研究阶段，要针对其特点就以上各因素对体系成膜质量的影响进行条件实验，找出适用于该体系的优化成膜条件。

就工艺而言，旋涂法比热蒸镀法要经济。这种方法成为使用最广泛的器件制备工艺之一，因为其对设备要求最简单，非常适用于实验室研究使用。但是其却有不可避免的缺陷——对材料的利用率过低。通常，旋涂法制备器件的材料利用率只有1%，大约99%的材料随着被甩出的溶剂而浪费，这对于合成步骤繁多、价格异常昂贵的高分子电致发光材料而言，无疑是巨大的浪费，大大地增加了研发和制备成本，无法应用在大规模商业生产当中。另一方面，旋涂法因为无法控制薄膜厚度，所以也不适合大尺寸的显示屏和全彩色器件的制备。

2. 喷墨打印

聚合物喷墨打印技术是近些年发展起来的可实现产业化的聚合物电致发光显示器制备技术。喷墨法是剑桥显示技术公司（CDT）和精工爱普生（Seiko-Epson）的专利技术。喷墨打印技术是将聚合物溶液灌入压电喷墨打印机的喷墨头，利用压电喷墨的方法将聚合物溶液根据所需的图形打印在ITO玻璃（或透明薄膜）上，干燥后即可得到具有一定图案的固态聚合物薄膜。形成薄膜的厚度则由溶液的浓度和黏度进行控制。目前，计算机和电视显示器的显示是点阵（Matrix）式。要实现彩色图形显示就要制备出红、绿、蓝三基色的发光点阵。通过纳米级的打印喷头将空穴注入材料，如PEDOT/PSS，以及红、绿、蓝三色发光材料的溶液分别喷涂在预先在ITO

衬底上图案化了的子像素元中，形成红绿蓝三基色发光像素单元。其结构如图5-32所示，膜层的厚度由打印在像素内的溶质数量决定，通过调节溶剂的挥发性可得到厚度均匀的膜层。这种非接触式打印方式避免了对功能材料的接触式污染。由于这种方法能极大地节省比较昂贵的发光材料，而且通过使用多个喷射口打印（128或者256个喷射口）可以大大缩短制膜时间，因此，喷墨打印彩色图案化技术在平板显示领域中逐步被确认为一种主流技术，其发展趋势和水平引起了业界的极大关注。但是，这种技术需要准确的定位才能提高像素的分辨率，对设备的精度要求也较高。同时，如何配制可打印的高效率发光材料溶液，实现厚度均匀的聚合物膜层是这种技术的关键。

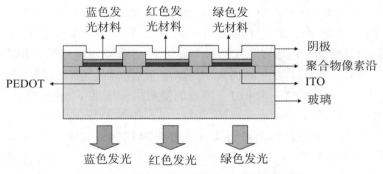

图5-32　喷墨打印全彩色PLED结构示意图

喷墨打印成膜过程要历经喷射、飞行、碰撞及铺展成膜几个环节。液体离开喷嘴后飞行下落碰撞到衬底时，动能的作用使液滴自发铺开至最大，而液滴的表面张力又促使液滴回弹，这样的过程经过几次来回最后达到平衡状态形成稳定的薄膜。与旋涂选用的聚合物溶液不同，喷墨打印技术要求选用与之相匹配的聚合物溶液，在选择高性能聚合物材料的同时，还必须对溶剂进行优化。溶剂的选择非常重要，因为这影响到打印后形成膜层的形貌，进而影响到器件的效率和寿命等性能。喷墨打印技术中选用的聚合物溶液必须不会堵塞喷嘴；聚合物溶液必须有适当的黏度和表面能，以保证喷出的"墨滴"方向、体积是可以重复的；而且还要考虑"墨滴"能浸润基片表面，保证烘干后成膜均匀、平整。因此，旋涂技术中常使用的易挥发的甲苯、二甲苯等溶剂就不能满足喷墨打印的要求，需要采用高沸点的溶剂，如三甲苯、四甲苯，或采用混合溶剂。

喷墨打印对打印技术也提出了挑战，如喷嘴能喷出更加精细的墨点、喷出墨点能够精确定位、保证墨点的重复性等。

在提高喷墨打印机精度的同时，采用PI隔离柱进行限位，结合适当的表面处理工艺，使得"墨水"对基片和隔离柱之间表面能有很大差异，实现定位，也能提高喷墨打印的精度。

自1999年日本Seiko Epson公司与CDT合作在美国SID上展示了第一台使用喷墨打印技术制作的全彩PLED显示屏后，美国DuPont显示公司等多家研发机构使用喷墨打印技术先后研发出了全彩PLED显示屏。2004年是喷墨打印PLED技术发展较快的一年，Seiko Epson公司使用拼接技术制成了40英寸，厚度仅2.1 mm，寿命达2000 h以上的喷墨打印全彩PLED显示屏。Philips公司使用自组装的打印机，研制出13英寸有源全彩576×3×324像素、厚度为1.2 mm的PLED显示屏，其亮度达到600 cd/m²。2005年，CDT通过改进溶液配方及薄膜干燥条件改善了像素内薄膜的质量，获得了均匀统一的薄膜，成功制备出7英寸非晶硅TFT驱动的480×RGB×320有源全彩显示屏，2006年，CDT研发出14.1英寸非晶硅TFT驱动的1280×768有源全彩显示屏，其色域达53%，R、G、B色坐标分别为（0.66，0.40）、（0.39，0.61）、（0.61，0.23）。同年，SHARP公司的3.6英寸，分辨率高达202 dpi，640×RGB×360有源矩阵屏问世，其亮度为200 cd/m²。他们采用CG硅（Continuous Grain Silicon）TFT技术，使用小至喷射7皮升溶液量的喷头使溶液准确落入尺寸仅为42 μm×126 μm的子像素单元内。2007年，日本Toshiba公司的20.8英寸，分辨率为72 dpi，像素尺寸354 μm×354 μm，使用低温多晶硅TFT驱动的顶发射全彩色显示屏在SDI上展出，他们在衬底上（含TFT）与ITO之间加入一层从下至上由微起伏层、反射层和折射率为1.51的平面层（发光层折射率为1.81）组成的散射层，增加了光的抽出效率，有效提高了显示屏的效率和亮度。

总之，喷墨打印PLED技术经历了从低分辨率到高分辨率、从无源到有源驱动的发展过程；在有源驱动中，低温多晶硅技术和无定形a-Si技术各有市场；大尺寸高分辨率的有源PLED显示屏将是未来发展的主流。专业的PLED打印设备也有较快的发展，不仅有针对实验研发机构的设备，而且适于量产的设备性能也逐渐趋于完善。

5.4.3　PMOLED器件的制备工艺

通常的无源OLEDs屏的加工，其基片清洗、真空蒸镀与封装工艺与5.4.1小节中介绍的单元器件的工艺流程相似，此处就不再赘述。PMOLED器件的制备工艺的难点在于基板的设计与制备，独特之处在于基板的Cr、ITO图形制备和隔离柱技术，需要4块光掩膜，对应4层图案，分别是Cr层、ITO层、绝缘层、阴极隔离器层。其结构如图5-33所示。

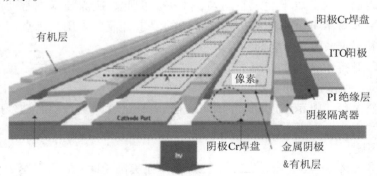

图5-33　PMOLED基板结构示意图

1. ITO层图案设计

ITO层用来做OLEDs屏的阳极图案，由于PMOLEDs屏都采用共阴结构，即OLEDs屏的阳极作为列电极。

2. 绝缘层图案设计

绝缘层的主要作用是用来防止ITO阳极和阴极短路，材料一般选用PI。

3. 阴极隔离器层图案设计

阴极隔离器用来做壁障，自动隔离金属阴极，隔离器的宽度约为20 μm，隔离器一般选用倒梯形现状，倒梯形的高度为3～4 μm，角度约为60°。

4. Cr层图案设计

铬层的主要作用是作为屏的行、列电极引脚输出，考虑到OLEDs器件的封装，需要紫外曝光，而Cr无法透过紫外线，因此还要在Cr电极上开窗口作为紫外曝光区域。此外，铬层还需要很多标准，作为光掩模、机械掩模的对位标志以及切割、绑定和检测标志等。

5.5 OLED的驱动技术

从电子学角度简述有机电致发光显示器件的显示原理为：在大于某一阈值的外加电场作用下，空穴和电子以电流形式分别从阳极和阴极注入夹在阳极和阴极之间的发光层，二者结合生成激子，辐射复合并发光。发光强度与注入电流成正比，注入显示器件中的每个显示像素的电流可以单独控制，不同的显示像素在驱动信号的作用下，在显示屏上合成各种字符、数字和图像。有机电致发光显示驱动的功能就是提供这种电流信号。

OLED的驱动具有如下几个特点。

① OLED属于低压驱动器件，驱动电压在0～30 V。

② OLED像素可等效为一个发光二极管和电容并联，电容值与像素面积有关，范围在20 pF～30 pF。

③ OLED是主动发光器件，发光亮度与注入电流成正比，故OLED常采用恒流源驱动。

④ 无源OLED器件，都采用共阴结构，即OLED的阴极与行电极连接。

OLED器件的结构类似一个三明治，在阴阳极之间夹着有机功能材料，有机层厚度一般不超过0.1 μm，像素的尺寸大约为250 μm×250 μm。这种结构就像一个尺寸为250 μm×250 μm的平行平板电容器，电容器间隔小于0.1 μm。因此，对于一个OLED像素而言，可看成一个LED与电容并联，如图5-34所示。

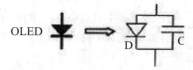

图5-34 OLED像素的等效电路

驱动OLED有两种方法：程控电压源与程控电流源。

当用程控电压源驱动OLED时，电容被电压源快速地充电和放电，因此电容对OLED上的电压影响很小。这意味着当OLED导通时，很大的电流流过电容对其充电。陷阱中的空穴和电子传输材料被一恒定电流填充，随着注入电流的增加，OLED发光亮度也在增加，随后在一定电压值处保持稳定。OLEDs属于自发光器件，每一像素的亮度与流过像素的电流成正比，需要电流源驱动。电流必须精确控制。这是因为OLED的注入电流与外加电压成幂级数关系，微小的电压变化都会导致电流的极大变化。此外，再考虑到行电极和列电极的电压降，用电压源来控制OLED的注入电流变得很不准确。

当用程控电流源驱动OLED时，电流首先对电容充电，电容两端的电压逐渐增大，最后当电压大于OLED导通电压后，OLED开始发光。

OLED显示的驱动电路从制作工艺上可分直接寻址的无源驱动和薄膜晶体管（TFT）矩阵寻址的有源驱动两类。

5.5.1 PMOLED驱动技术

1. OLED的亮度–电压–电流特性

小尺寸的OLEDs，像素尺寸为0.02～0.06 mm²，假设OLED子像素的尺寸为0.04 mm²。亮度达到100 cd/m²时，对于黄绿色的OLED材料，注入OLED子像素的电流密度大约为10 μA/mm²（1 mA/cm²），或0.4 μA的注入电流。在低环境光或晚间时，人眼观看的亮度大约需要4 cd/m²，在白天，有时亮度需要高达400 cd/m²，每个像素需要的平均电流范围从0.016～1.6 μA。

低成本的无源OLEDs显示屏，由于采用的是逐行寻址驱动技术，存在一个占空比的问题，这在液晶显示器件的驱动技术中已详细介绍了。人眼感觉到的平均亮度等于瞬时亮度乘上占空比，或者说其平均电流等于寻址电流乘上占空比，为了达到同样的亮度，必须提高寻址电流。

$$\overline{B} = B_p / N \quad 或 \quad \overline{I} = I_p / N \tag{5-16}$$

这也许是平均电流的50～200倍，寻址的峰值电流范围在1～1 mA。实际范围由行电极的数目和发光效率曲线决定。

2. PMOLED驱动电路

前面讲过PMOLED都采用共阴极结构，这是由于OLED是电流型器件，注入电流在行电极和列电极上都会产生电压降，从而产生焦耳热。其中，由于显示列上的电流都要流过扫描的行电极。在极端情况下，对一$N \times M$的PMOLED，如果所有的列都发光，那么行上的电流是列上电流的N倍（即列电极数）。由于PMOLED的阴极材料是金属，例如Al、Mg等，而阳极材料用ITO，二者的电阻率差得比较远，其中ITO的方阻一般为10 Ω/□，而Al的方阻大约为0.1 Ω/□（厚度为200 Å），从功耗的角度考虑，选择OLED的阴极做行电极，阳极接列电极，就不难理解了。

无源驱动使用的是普通矩阵交叉屏，当在ITO电极X_i上加正电压、在金属电极Y_j上加负电压时，其交叉点（X_i，Y_j）像素即能发光。

世界上第一个商业化OLED显示器，1997年日本先锋电子公司推出的车载显示面板就是采用无源矩阵驱动方式，驱动电路如图5-35所示。

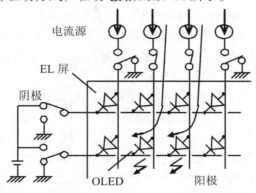

图5-35　无源矩阵OLED的驱动电路示意图

对于图5-35，OLED的行驱动器与列驱动器的输出都相当于一个开关。行驱动器的输出，当行为扫描状态时接地，处于非扫描状态时接一高电平；列驱动器的输出，当列为扫描状态时接地，处于非扫描状态时接一高电平。

3. OLED的预充电驱动技术

OLED是电流控制的器件，它的亮度和电流通过的平均时间成比例。一个OLED单元可以化简成一个LED和并联一个20～30 pF寄生电容的单元，要使OLED发光，电流源首先要把电容充电到LED的发光电压。

为了把选通的OLED像素电压升高到导通电压（即阈值电压V_{th}），必须给全部的寄生电容充电。如果所有的寄生电容被一个精确的电流源（小于10 μA）预充电，充电到导通电压的时间比较长。响应时间会变慢，且决定于像素的尺寸。此外，对于大尺寸，充电时间甚至占据了全部的行时间间隔。

列充电时间Tprechange由下式计算：

$$T_{precharge} = C_{pixel} \times N \times V_{th} / I \tag{5-17}$$

式中，C_{pixel}为OLED像素的电容，N为行电极的数目，V_{th}为导通电压，I为信号电流。

5.5.2　AMOLED驱动技术

OLED要与LCD在移动显示领域展开竞争，必须实现全色显示。有三个重要因素。

（1）提高红、绿、蓝三种有机功能材料的性能，确保三种颜色的匹配。

（2）在一张大基板上，有效地建立OLED制作系统，满足大生产的需要。

（3）发展高效的驱动技术。

第三条因素最关键，因为对于移动器件，低功耗是非常重要的因素，优化驱动电路和器件小型化是必须的。

OLED显示器件有足够的能力实现优良的全色显示。即使用无源矩阵驱动OLED，在高速响应状态，仍然具有优良的品质，这已在许多公司制作的中尺寸样品得到了证明。但是对于高分辨率、小尺寸的全色显示屏来说，使用无源矩阵驱动技术存在很多难点。

首先，无源矩阵驱动技术，脉冲电流施加在每个像素上，而OLED的发光亮度与注入电流成正比。对于高分辨率的显示屏，随着行电极数目的增加，行扫描时间越来越短，为了达到同样的平均亮度，注入的脉冲电流峰值也随之增加。在这种情况下，OLED的发光效率下降得非常快。

其次，从功耗的角度考虑。对于无源矩阵，在每个像素和驱动电路之间连接着行、列电极。在工作期间，驱动电路的电流通过行、列电极注入OLED每个像素。由于行、列电极总是存在一定电阻的，高峰值电流就会在行、列电极上产生较大的电压降，尤其在ITO阳极上。OLED工作在高电压（大于15 V）和大电流（几百μA）情况下，就会有相当比例的功率消耗在行、列电极上。因此，降低行、列电极的电阻是非常必要的，要实现这一目的，行、列电极不能太长或太细。如果OLED屏的显示尺寸和分辨率不变，电极的尺寸就无法改变，因此这一点对于制作无源高分辨率、小尺寸的全色PMOLED是一个瓶颈。

有源寻址驱动OLED（AMOLED），就是在每个像素上接一个电子开关。采用AMOLED，上述问题可得到有效解决。AMOLED的目的就是在整个帧周期中，利用TFT为每个像素提供一程控恒流源，与AMLCD一样，存储电容可在一帧中把视频信息保持在OLED像素上。注入每个OLED像素的电流类似于直流，这样可有效地消除PMOLED遇到的大峰值电流问题。这样OLED的驱动电流大幅下降，寿命随之升高，并且功耗也随着降低。

OLED的有源驱动有三种解决方案：非晶硅TFT技术、低温多晶硅（LTPS）TFT技术以及最新的IGZO-TFT（在第三章有详细介绍）技术。

TFT一般采用低温多晶硅（LTPS）或非晶硅（a-Si）制成。LTPS TFT具有优越的传输性能、阈值电压的漂移相对较小，并可用于实现显示屏部分外围驱动电路的周边集成，在大面积、高分辨率的AMOLED中，人们越来越注重将LTPS作为TFT的基础材料。与多晶硅相比，a-Si TFT具有工艺简单、成熟、价格低、易于制成较大面积和成品率高等优点。

1. 非晶硅TFT技术

非晶硅TFT在驱动OLED时遇到了以下困难。

（1）随着OLED显示器向大容量、高亮度和高清晰度方向发展，像素尺寸越来越小，单元像素的充电时间也越来越短，这就要求TFT具有更大的开态电流。这时高迁移率是很重要的，而非晶硅的电子迁移率只有$0.5 \sim 1.0$ $cm^2 \cdot V^{-1} \cdot s^{-1}$。

（2）为了防止OLED开启电压的变化导致电流变化，通常使用工作在饱和状态下的p沟道器件来驱动OLED。因为p沟道器件的栅电压和源电压可以直接通过栅极和数据线分配上去，而使用n沟道TFT，源电压将依赖于有机层上的电压。由于非晶硅技术不能制造出合适的p沟道TFT，因此，即使在两管驱动、电流很小的场合，非晶硅技术仍然不是一个很好的方案。

（3）非晶硅技术存在着过高的光敏感性问题。对比驱动OLED的非晶硅TFT和多晶硅TFT，这两种技术都可用于OLED显示器，但要达到OLED的显示要求，非晶硅TFT的宽长比至少要达到50，寻址TFT的关态电流不能超过10^{-12} A。这是一个相当"苛刻"的要求。但是，非晶硅TFT技术经过20多年的发展，工业生产已相当成熟。驱动LCD的技术稍加改进即可驱动OLED，工艺流程不需进行太大的改动，可以节约成本，所以还是有人致力于非晶硅TFT驱动OLED的研究。例如，Heyi等人设计了几种基于非晶硅的、能够提供恒定输出电流、并可以补偿阈值电压变化的四管驱动像素电路，并制作了非晶硅TFT驱动的OLED显示屏，分辨率达300 dpi。

　　由于a-Si TFT像素驱动电路简单，版图设计容易，显示屏开口率高，在实现小尺寸的OLED显示屏时具有一定优势。尽管a-Si TFT的迁移率小，在相同器件尺寸时提供的电流小，但适当选择像素驱动电路的参数，能够为OLED提供足够的电流。

　　在LCD行业应用最为广泛的TFT技术，是a-Si TFT技术。a-Si TFT的制程短、工艺简单，只需要4～5次光罩（Photo Mask），生产技术成熟、稳定性好、良率高、生产成本低，目前已经能在10世代线（3130 mm×2880 mm）的玻璃基板上制造a-Si TFT，且a-Si TFT的均匀性良好。但是，a-Si TFT的缺点是沟道载流子迁移率低，通常低于1 cm$^2\cdot$V$^{-1}\cdot$s^{-1}，尤其是a-Si TFT的稳定性差，存在阈值电压（Threshold Voltage，V_{th}）随工作时间和温度发生漂移的问题。这些缺点，对于电压驱动型且只需TFT工作在开关状态的LCD而言，几乎没有太大影响。但是，对于电流驱动型且要求TFT工作在线性放大状态的AMOLED而言，这些缺点是无法回避甚至是致命的缺陷，这也是目前业界普遍认为a-Si TFT不适合驱动AMOLED的根本原因。正是由于a-Si TFT存在的不足，随着智能手机及平板电脑显示屏分辨率的提高，并且为了降低显示屏功耗、提高响应速度，甚至在玻璃上集成周边驱动电路及部分信号处理电路，高端LCD显示屏也不得不弃用a-Si TFT，而采用后面将介绍的LTPS TFT或Oxide TFT。a-Si TFT的结构示意图，如图5-36所示。

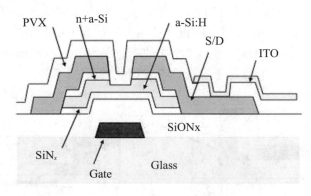

图5-36　a-Si TFT的结构图

2. LTPS TFT技术

　　载流子迁移率，是表征TFT器件最核心的技术指标。该数值越高，表示半导体结构中电子和空穴的通过越顺畅，TFT的驱动能力越强。为提高TFT的载流子迁移率，对于硅基TFT来说，需要提高沟道层硅基材料的结晶程度。最直接的结晶工艺就是热熔结晶，但是，通常需要将非晶硅膜加热至700℃以上，这种方法被业界称为高温多晶硅技术。而平板显示器件由于是做在玻璃基板上的，玻璃不能承受如此高的工艺温度。因此，为了能够使用大尺寸、价格低廉的玻璃基板，同时让玻璃基板上的硅膜能有较高的结晶程度，人们开发了能在700℃以下结晶的技术，称为低温多晶硅TFT（Low Temperature Polysilicon TFT，LTPS TFT）技术。

（1）LTPS TFT技术特点及结构

与非晶硅TFT相比，LTPS TFT具有很大的优势，具体表现在：

①速度快：多晶硅的电子迁移率高达几百 $cm^2 \cdot V^{-1} \cdot s^{-1}$。

②产品轻薄：多晶硅技术可将周边驱动电路制作在玻璃基板上，与显示区域实现一体化，这样可以解决高密度引线的困难，而这是传统非晶硅工艺无法实现的。

③成本低：由于可将驱动IC集成在显示屏内，因此可降低IC成本，而且可提升成品率。

④分辨率高：由于LTPS TFT体积较小，因此同尺寸产品可制作出更高分辨率的显示屏。

⑤可靠性高：由于周边驱动电路的连接管脚较少，故接线的连接点较少，使其产生缺陷的概率减小，增加了产品的可靠性。

因此，尽管LTPS技术目前还没有解决大规模生产时成品率较低的问题，但只有该技术才能将OLED速度快、产品轻薄等优势发挥出来，LTPS TFT技术几乎是OLED有源驱动唯一的选择。OLED结合LTPS TFT驱动技术是平板显示未来发展的主要方向。需要指出的是：OLED的有源驱动和LCD的有源驱动是不同的。OLED的亮度和流过它的电流成正比，为了得到均匀的亮度，分配到每个像素的电流应该是一样的，而驱动LCD只是分配电压。由于多晶硅生长的特点，每个TFT的阈值电压、载流子迁移率和串联电阻并不一致，这就导致LTPS TFT的输出特性具有很大的分散性。因此，OLED显示屏的LTPS TFT驱动，重点要解决的是亮度的均匀性和灰度的精确性问题。这涉及单元电路的设计及工艺上需要采取的措施。

采用顶栅和底栅设计的LTPS TFT结构的示意图，如图5-37所示。LTPS可以制作N型和P型沟道的TFT，并且易于实现CMOS电路的集成。

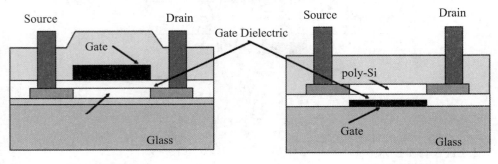

（a）顶栅结构　　　　　　　　　　　　（b）底栅结构

图5-37　LTPS TFT的结构示意图

虽然低温多晶硅理论上也可以采用直接沉积的成膜方式，但是直接沉积的工艺温度较高、晶粒尺寸较小。因此，平板显示行业目前均采用再结晶的方式得到多晶硅膜。再结晶方式，是通过在玻璃基板上首先生长非晶硅，然后再以热处理的方式进行晶化，使非晶硅的无序晶体构造在热作用下形成局部长程有序的晶体构造，从而大幅度减少非晶硅内部的缺陷，提升载流子的迁移率。采用再结晶方式的LTPS TFT，仅仅需要在a-Si TFT的基础上增加对TFT沟道材料的热处理（结晶化）制程即可。但是，结晶化技术却是LTPS TFT的核心，并且是目前显示行业尤其是AMOLED行业面临的共性技术难题。按照热处理方式的不同，结晶化可以分为激光结晶化和非激光结晶化两大类。

（2）AMOLED单元像素驱动电路（2T1C）

为了避免单管驱动的高脉冲峰值的缺点，提出了每个像素配备两个TFT和存储电容的驱动方案。存储电容使像素在整个帧周期中只需要很小的驱动电流，类似于直流驱动。峰值电流的降低，极大延长了OLED材料的寿命。

如图5-38（a）、（b）所示为用两管p沟道TFT和n沟道TFT驱动OLED的示意图。在图（a）和图（b）中，OLED分别放在源极或漏极，有时又称为源极跟随型和恒定电流型。

图中T_1作开关管，采样和保持T_2的栅极-源极电压V_{GS2}。T_2作为驱动管，为OLED充当恒流源，C_s为存储电容，OLED的阳极与T_2的漏极相连。

两管驱动方案，当扫描线被选中时（负电位），开关管T_1开启，列上的数据电压信号（负电位）通过T_1传输到驱动管T_2，写入电压V_{G2}在整个帧周期被电容C_s所保持。OLED的驱动电流是由T_2的栅极-源极电压V_{GS2}所控制，只要T_2工作在饱和区，T_2为OLED提供一恒定的电流，并与T_2的栅极-漏极电压V_{DS2}几乎无关。

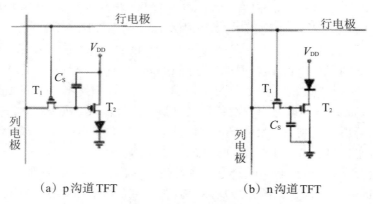

（a）p沟道TFT　　　　　　　　　（b）n沟道TFT

图5-38　AMOLED单元像素2T1C电路

当扫描线未被选中时（零电位），T_1截止，储存在C_s上的电荷继续维持T_2的栅极电压，T_2保持饱和状态，故在整个帧周期中，OLED处于恒流控制。

如果是用n沟道的TFT驱动OLED，则OLED的阳极与NMOS的源极相连。由于多晶硅生长工艺中，由于多次套刻工艺造成TFT的有效沟道长度的离散性，使得TFT

的输出特性不可能完全相同。这样要为每个OLED像素提供相同的电流变得非常困难。

这种方案由于存储电容的存在，不需要很高的峰值电流。同样，由于TFT阈值电压的零散性，导致OLED亮度的不均匀性。

其中，最早推出商品化的AMOLED是Kodak的数码相机（Easy Share LS633），它搭载2.2英寸的LTPS面板，分辨率为521×218，最大亮度为120 cd/m²。

2001年，日本SONY公司最先展示了13英寸低温多晶硅TFT AMOLED，使用了表面发射适配电流驱动技术（Top Emission Adaptive Current Drive Technology，TAC），显示器为全彩色，分辨率为800×600像素。传统的两管TFT驱动电路对相邻像素的变化无法控制，存在着固有的发光不均匀的问题。该TAC结构增加了两个TFT以补偿像素变化的问题，使得大面积显示器的发光均匀性得到了提高。另外，该器件中使用了上表面的发射结构，克服了传统结构TFT阻挡发光的问题，使得发光面积增大，发光亮度提高。该结构可以使像素做得更精细，易于实现高分辨率。

2007年，SONY公司首次推出了厚度仅为3 mm的11英寸有源驱动OLED电视机（如图5-3所示），引起了业界的轰动。对比度高达1 000 000：1，重量仅为2 kg，寿命达到30 000小时，解决了一直困扰OLED的寿命问题。在2009年1月举行的美国国际消费类电子产品展示会上，SONY公司又展出了与11英寸XEL-1型产品同样技术的21英寸有源驱动OLED电视样机。

3. 氧化物TFT

由上述可见，LTPS技术具有诸多优点，不仅器件的稳定性好，而且具有高的载流子迁移率，可以减小TFT的尺寸、提高器件的开口率，进而可以提高屏幕亮度，降低功耗。同时，还可以将驱动电路整合到玻璃基板，甚至实现玻璃基板上电路系统的集成，借此减少显示屏与外部的连接点，提高系统的可靠性，并可以缩小显示屏外框的尺寸以实现窄边框。但是，LTPS工艺复杂，生产成本高，大面积均匀性较差。

因此，LTPS技术目前主要用在高端中小尺寸的平板显示上，而在高世代线、大尺寸显示面板上，Oxide TFT更有潜力作为a-Si TFT的升级换代技术。Oxide TFT的载流子迁移率虽不如LTPS高，但也可达到10 cm²·V⁻¹·s⁻¹以上的数量级。同时，相比LTPS TFT，Oxide TFT的生产工艺更加简单，光罩数目较少，尤其oxide TFT与a-Si TFT的很多工艺设备可以通用，设备升级更新的代价较低，而Oxide TFT的均匀性很好，可以用于高世代线、大尺寸显示。因此，Oxide TFT不仅有潜力替代低迁移率的a-Si TFT，而且对LTPS TFT形成了较强的竞争压力。

按结构分类，Oxide TFT可分为刻蚀阻挡型（ESL）、背沟道刻蚀型（BCE）、共面型（Coplanar）三种，如图5-39所示。其中，共面型Oxide TFT由于需要7张光罩进行制作，且TFT器件的稳定性和均匀性也难于控制。因此，工艺复杂，其产业化前景不被看好；BCE型Oxide TFT与a-Si TFT工艺的兼容性最高，在设备改造方面的需求最低。但是，BCE型TFT中的半导体材料容易被刻蚀液破坏，制约了BCE工艺的应用；相比较而言，ESL型TFT是目前应用最广泛的Oxide TFT，工艺容易控制，性能也较稳定。

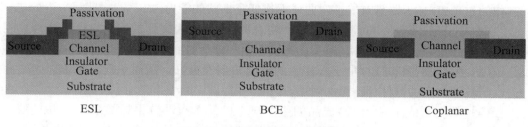

图5-39　Oxide TFT 的三种结构

Oxide TFT 的半导体材料包括 In、Zn、Ga、Mg、Sn 等金属的氧化物或多种过渡金属氧化物的混合物，目前最具代表性的材料，是非晶态的铟镓锌氧 InGaZnO（Amorphous Indium Gallium Zinc Oxide，a-IGZO），即通常所说的 IGZO-TFT。IGZO-TFT 的结构，如图5-40所示。

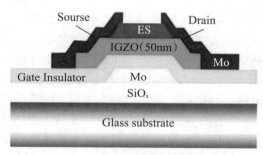

图5-40　IGZO-TFT 的结构图

IGZO-TFT 可在室温下采用通常的物理沉积方法生长，不受基板尺寸的限制，TFT 大面积均匀性好，基板表面平整度佳，同时 TFT 载流子迁移率可达 $10\sim40\ cm^2\cdot V^{-1}\cdot s^{-1}$，而且其开关比也较大；此外，IGZO-TFT 具有透明及非晶态沟道的优点，可以使其应用于一定程度的柔性和透明显示。

但是，Oxide TFT 由于其载流子为氧空位，因此，其性能容易受到环境中的水、氧等因素的影响，TFT 特性的稳定性存在一定问题，如何控制外界环境以及 TFT 制作工艺对氧化物半导体的影响，是改善 Oxide TFT 特性至关重要的环节，也是量产需要解决的一大难题；此外，为了突破 IGZO 的专利垄断，也为了减少贵金属的使用，降低材料成本，许多厂商正在不断地开发其他新型金属氧化物半导体材料。

5.6　新型 OLED 显示技术

5.6.1　柔性 OLED 器件

OLED 作为全固态的显示器件与其他平板显示技术相比，其最大的优势在于能够实现柔性显示（FOLED）。而 FOLED 则具有更多其他平板显示器件不可比拟的性能。

（1）柔性：FOLED 可以制作在许多种类的衬底上，包括透光性能良好的聚酯类薄膜如 PET、聚酰亚胺等，还可以制作在金属薄片和超薄玻璃上。采用这些衬底材料制作的FOLED显示器具有能够弯曲或卷成任意形状的能力。

（2）极轻的重量：目前FOLED最常用的柔性衬底为聚酯类塑料衬底，这种衬底本身柔韧性很好，既轻又薄（重量仅为同等面积玻璃衬底OLED的十分之一）。

（3）耐用性：FOLED由于其使用的衬底柔韧性很好，因而一般不易破损、耐冲击，与玻璃衬底的器件相比更加耐用。

（4）低生产成本：OLED成品的生产成本已低于大部分平板显示器，并且随着FOLED技术的出现，出现了适用于大面积FOLED生产工艺的连续有机气相沉积工艺。这种工艺可实现连续的卷筒式流水线生产，提供了极低成本、大规模生产FOLED的基础，从而进一步降低FOLED成品的生产成本。

最初的有机电致发光器件是以玻璃作为基板，与现有的发光或显示技术相比，在外观上没有差异。1992年，Gustafsson等人首次发表了利用PET作为柔性的基板，再搭配可导电的高分子材料，制作出了第一个以高分子为主体的柔性有机电致发光器件，此器件的量子效率为1%。随着人们逐渐认识到有机电致发光技术的特别之处——可弯曲，利用此种技术制备的显示器件已经成了人们实现柔性显示器件的梦想。1994年A. J. Heeger等人进行了用于FOLED的柔性衬底的研究，他们采用聚苯胺（PANI）或聚苯胺混合物，通过溶液旋涂的方法在柔性透明衬底材料——聚对苯二甲酸乙二酸酯PET上形成导电膜，并以此作为发光器件的透明电极。之后，Gu等人于1997年发现基于小分子的有机半导体材料也有优异的机械性能，并制备了以ITO作为导电层、小分子材料Alq$_3$为发光层的柔性有机小分子EL器件，扩展了导电层、功能层材料的选择范围。

制作耐冲击、不易破碎、轻薄、便于携带的柔性显示器，让人们可以随时将显示器卷起来，放进自己的口袋，或是穿在身上，这是人们对未来显示器的希望。而要完成这个目标，我们不仅要考虑驱动电路的设计，还要考虑柔性基底对水气和氧气的阻隔性能、导电阳极的平整度与电导率、阳极的图案化制作、器件制作后的效率与颜色、器件的封装效果、器件的寿命与机械弯曲能力等众多因素。

目前的柔性衬底有聚合物衬底、金属薄片和超薄玻璃。金属薄片只有在厚度低于0.1 mm时，才能展现优异的可弯曲性，而且金属有更为优异的耐温性和较低的热膨胀系数，此外，金属根本不存在隔阻水气和氧气的问题，其成本也远低于耐高温的聚合物材料，实际运用时，也不用制备起钝化作用的保护层。但是其表面粗糙度很难克服，目前大约是聚合物的1000倍左右，所以无法在衬底上制作TFT器件。近年来，由于电化学抛光技术的运用，金属薄膜避免了机械抛光的缺点，但是粗糙度仍然远远大于聚合物材料衬底和玻璃衬底。所以金属薄膜虽然优点突出，但是由于粗糙度的缺点而使其不能得到研究人员的重视。玻璃衬底用于FOLED的主要困难在于玻璃的薄化，因为只有超薄的玻璃才有优良的可弯折性。但是玻璃的薄化必然导致韧性差、易脆，对裂纹缺陷非常敏感，而且目前无法找到大面积薄化的方法，所以也未能得到研究人员的重点关注。

柔性有机电致发光器件常使用的基板是塑料基板，包括PET、PEN、PES等，制作顶发光型器件时则可使用金属箔基板，或者使用超薄玻璃及纸基板。

以塑料为基板的OLED器件有以下优点：质量轻，寿命长，可以适用于不同的使用环境，可以使用低成本的roll-to-roll（卷对卷）制造技术。ITO/PET基板使用在LCD上已经有很长的时间，由于制备简单，最常被当成柔性有机电致发光器件的基板。1992年，Gustafsson等人首次发表柔性高分子有机电致发光器件时，就是使用此种基板。1997年，Gu等人制作的小分子柔性有机电致发光器件也是使用的PET基板。Noda等人在2003年发表的卷对卷制备工艺制备的ITO/PET，其流程如图5-41所示，这种制备方式可以大量生产ITO/PET基板，极大的降低生产成本。

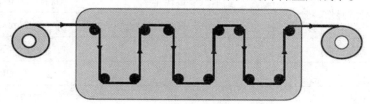

图 5-41　卷对卷制备工艺流程示意图

PES基板的玻璃转化温度为203 ℃，比PET基板的玻璃转化温度150 ℃更高，可以承受较高的温度，在基板上溅射ITO或者其他水氧阻隔层时，基板不容易受热变形而产生不良的影响，因此更适合用来做柔性有机电致发光器件的基板。Park等人2001年发表的以射频磁控溅射的方式在180 μm的基板上溅射100 nm的ITO薄膜，借由减少基板在制作时的张力和热膨胀，可以在PES基板上得到没有裂痕的ITO薄膜。

DuPont Display的Innocenzo等人在SID 2003上发表了可应用在柔性显示器的PEN塑料基板的相关研究。此文献中的PEN基板在加入具有平滑作用的涂布层之后，最大的突起缺陷不会高于0.02 μm，基板在可见光区的透射率大于80%，热稳定性比PET好，非常适合用作柔性器件的基板。其他如PC基板则透射率较差且弯曲性有限，并不适合用做底发光器件的基板。由于塑料基板防止水氧穿透能力不佳，Auch等人2002年发表超薄玻璃基板（50~200 μm），在这种基板上旋转涂布一层2~5 μm的环己酮，接着在225 ℃烘烤1 h，增加超薄玻璃的可弯曲性。见表5-2所列是可弯曲式基板的比较，表示以高分子涂布的超薄玻璃兼具弯曲性和抗水、氧穿透性的优点。如表5-3所列是透明聚合物衬底材料的水气和氧气的渗透速率。

表 5-2　柔性基板性能比较表

性能	基板		
	聚合物膜片	超薄玻璃	超薄玻璃–聚合物系统
水汽、氧气阻隔性	×	○	○
热、化学稳定性	×	○	○
机械稳定性	○	×	○
弯曲性	○	×	○
重量	○	×	○
特殊加工要求	×	○	○

概括而言，聚合物衬底由于不能耐高温，所以对制作设备和环境的要求较高，而耐高温的材料成本较高。由于阻水气、氧气性能差，需在聚合物衬底表面镀特殊的阻挡层或者采用金属-聚合物材料又使成本增加。而聚合物材料的热膨胀系数较大，与玻璃以及许多薄膜材料性能不匹配，聚合物本身绝缘，不易排出制作制备过程中所积累的静电。

表 5-3　透明聚合物衬底材料的水汽和氧气的渗透速率

透明聚合物衬底	水汽渗透速率	氧气渗透速率
	g/m²·d(37.8~40℃)	cc/m²·d
PE	1.2~5.9	70~550
PP	1.5~5.9	93~300
PS	7.9~40	200~540
PET	3.9~17	
PES	14	0.04
PEN	7.3	3.0
PI	0.4~21	0..04~17
Al/PET	0.18	0.2~2.9
SiO$_x$/PET		0.007~0.03

另一个可以使用的基板就是金属基板。金属基板不但富于弯曲性且防水、氧穿透能力强于塑料，最重要的是它可以承受较高的温度。典型的制作非晶硅 TFT 的温度约为 300 ℃，无法制作在塑料基底表面。但是由于金属不透光的特性，只能用来制作顶发光器件。如 Wu 等人在 1997 年发表的柔性器件是用铬金属作为基板，铬基板厚度为 200 μm，表面抛光后的粗糙度为 70 nm。2003 年，Zhiyuan Xie 等人使用涂布有 1 μm SOG（spin-on-glass）薄膜的 20 μm 钢箔当作基板，再搭配银做阳极，制作出顶发光型器件。

在美国西雅图举办的 2004 平板显示器研讨会中，Lee 等人更发表了以纸为基板的 FOLED，在纸基板上涂布一层 parylene（二萘嵌苯），再镀金属镍为阳极。器件在电流密度为 100 mA/cm² 时，效率不高，但是该器件展示出了 OLED 几乎可以制作在任何基板上的潜力。

在 SID 2008 展会上，SONY 展出了柔性、全彩、有源驱动的 2.5 英寸 OLED 显示器件，分辨率为 120×160，1680 色。2008 年年底，我国台湾工研院展示了 0.2 mm 的超薄 FOLED 显示器件。同期，2008 年电子科技大学四川省显示科学与技术实验室采用 PEN 为基板制作了厚度仅为 0.1 mm 的 4.3 英寸单色柔性 OLED 显示屏，分辨率为 160×128，可以反复弯折，如图 5-42 所示。

（a）绿光柔性OLED器件　　　　　　　　　（b）蓝光柔性OLED器件

图5-42　柔性OLED器件（PEN基板）

如图5-43所示为多个公司或研究机构制备的柔性OLED显示器，在CES 2013展会上，韩国三星展出了使用柔性OLED屏的曲面（bending）手机原型，该屏为5英寸，高宽比为16：9。2013年年初，韩国LG率先推出了全球第一款曲面的55英寸OLED电视产品，这是全世界第一款得以量产的曲面、大屏幕OLED显示器件；在IFA2013展会上，韩国三星则展出了曲面98英寸OLED电视。

（a）曲线手机样机（韩国三星SDI，2013）　　　（b）4.5"FOLED（中国京东方，2017）

（c）98"曲面OLED电视（韩国三星SDI，2013）　　（d）8.56"柔性AMOLED（日本SEL，2019）

图5-43　近期不同公司或研究机构制备的柔性OLED显示器

FOLED中最关键的研究，就是基板端阳极的优化。而柔性有机电致发光器件与传统的有机电致发光器件的主要差别在于基板的不同，所以在柔性基板上制备导电阳极，其结果也会不同。导电阳极的粗糙度与电阻率会影响器件的稳定性和效率，所以要求表面粗糙度小（小于1 nm）且电阻率低（$5×10^{-4}$ Ω·cm），在传统玻璃上制备氧化铟锡时，大多采取高温制备流程，而此工艺并不适合运用在以塑料为基底的柔性器件上。因为塑料的玻璃转化温度低，如何在低温情况下，在塑料基底上制备电导率较高、平整度较好的阳极，是另一个重要课题。

5.6.2 串联式OLED发光器件

1. 串联式OLED的结构

串联式OLED，也称为堆叠结构OLED（Tandem Structure），是利用连接层将两个或者多个发光单元串联起来的OLED结构。如图5-44所示为传统OLED与串联式OLED的结构对比图。

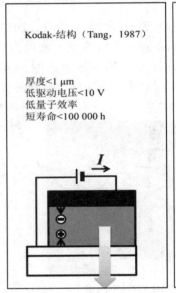
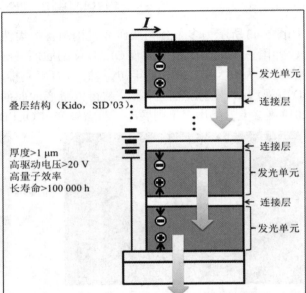

图5-44　传统OLED与串联式OLED结构

2. 串联式OLED的优点

与传统的OLED器件相比较，串联式OLED具有较高的发光效率，并且其发光效率及外量子效率随着串联元件的个数的增加可以实现成倍的增长；在相同的电流密度下，串联式OLED与传统OLED的衰减特性是一样的，但由于串联式OLED的初始亮度比较大，所以当换算成相同初始亮度时，串联式OLED的寿命比较于传统OLED会有很大的提高；但是，随着串联元件个数的增加，器件的驱动电压也会相应成倍增加。

3. 串联式OLED的发光机理

将多个发光元件连接起来，使每个元件发光叠加，得到总的发光亮度。如图5-45所示，若连接两个元件的中间电极透光率$T=0$时，则第二个元件根本无法出光，即无法实现发光功能。若减小中间电极的厚度D，使得$T>40\%$，则这种金属/金属或者金属/无机物的中间层是有效的。若使得$D=0$，即没有中间电极，那么使用有机物/有机物、无机物/无机物或无机物/有机物构造的中间连接层对于第二个元件的出光同样有效。

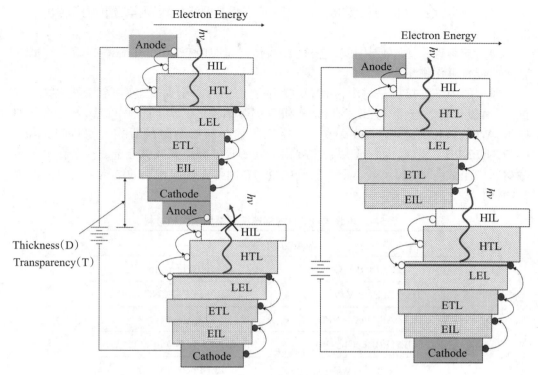

图 5-45　串联式 OLED 能级结构图

　　内部连接层，在串联式器件中起着至关重要的作用，也是提高器件性能的关键。在外界电场作用下，内部连接层产生电子和空穴，注入相邻的发光单元，并与反向注入的空穴和电子复合、激发、迁移，最后电致发光。因此，内部连接层的选择，必须满足以下条件。

　　（1）合适的载流子传输通道。

　　（2）高的光透射率，减少光吸收损失。

　　（3）良好的导电性，否则驱动电压过高，影响器件的实用性。

　　（4）所用连接层材料与有机半导体材料体系具有良好的兼容性。

　　为了满足以上四个条件，总结、归纳了相应的解决方案，具体如下。

　　（1）载流子传输通道：内部连接层，一方面，将产生的电子传输到相邻一侧发光单元的电子传输材料的 LUMO 能级；另一方面，将产生的空穴传输到相邻另一侧发光单元的空穴传输材料的 HOMO 能级，否则无法形成邻近两个发光单元的有效发光。因此，合适的导电通道直接取决于材料的特性，比如合适的功函数、匹配的分子能级等。

　　（2）透光性：通过调节内部连接层的厚度，可以提高其在可见光区域的透光性，但是，如果厚度太薄，会影响其导电性能。

（3）导电性：电阻与长度成正比，厚度越薄，电流传输距离越短电阻越小，反之亦然。

（4）兼容性：主要使用可真空蒸镀的材料，比如有机小分子材料、熔点较低的金属或金属氧化物。

典型的内部连接层是一个p-n结双层结构，如金属-金属、金属-金属氧化物、有机-金属氧化物、有机-金属、有机-有机双层等结构。p型层通常由金属氧化物（如ITO、WO_3、MoO_3、V_2O_5等），或者由空穴传输材料掺杂路易斯酸（如$FeCl_3$:NPB，F_4-TCNQ:NPB）组成。而n型层，主要由低功函数的碱金属或碱土金属掺杂在电子传输材料中组成，如Li、Cs、Mg等。叠层OLED内部连接层常用的结构和材料，见表5-4所列。

表5-4　串联式OLED内部连接层常用结构和材料

n-type/p-type	
Cs:BCP/V_2O_5	Mg:BPhen/MoO_3
Li:BCP/V_2O_5	Cs:BPhen/F_4-TCNQ:NPB
Li:Alq_3/$FeCl_3$:NPB	Mg:Ag/ITO
Li:TPBI/$FeCl_3$:NPB	Mg:Alq_3/F_4-TCNQ:m-MTDATA
Mg:Alq_3/WO_3	Li:BPhen/HAT-CN
Mg:Alq_3/V_2O_5	CuPC/F_{16}CuPC
Li:BPhen/MoO_3	Rb_2CO_3:Bphen/ReO_3:NPB
Cs_2CO_3:Alq_3/MoO_3	

5.6.3　p-i-n OLED发光器件

有机材料经过适当的掺杂，可以得到类似于无机半导体中p型或者n型的材料，这些掺杂层比原本未掺杂时有较好的导电性，并且可以降低空穴和电子注入的势垒，因此这种结构可以较大地降低器件的工作电压。p-i-n结构的OLED即是将p型或者n型的掺杂层作为器件的空穴和电子传输层。常见p-i-n结构的OLED结构和能级图如图5-46所示。

器件中未作电性掺杂的材料厚度只有40 nm左右，因此p-i-n结构OLED的工作电压通常只有传统器件的一半左右。但除了降低电压之外，必须同时获

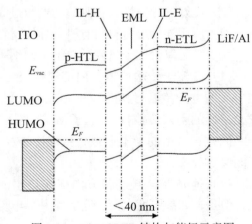

图5-46　p-i-n OLED结构与能级示意图

得较高的发光效率。所以，在增大电子和空穴的注入电流的同时，还要通过提高复合效率来得到高效率的器件。然而，在p-i-n结构的OLED中容易出现激子被电性掺杂物如Li^+、Cs^+或F_4-TCNQ等猝熄的现象，尤其是Li和Cs非常容易在有机层间扩散。因此，在发光层与p型或n型传输层之间加入一层中间层（Interlayer，IL）是非常必要的。中间层的主要作用是防止发光层与载流子传输层直接接触，以减小电性掺杂物与激子的猝熄概率。要求IL-H具有阻挡电子的能力，IL-E具有空穴阻挡能力，以使得载流子在较薄的发光层中有效复合。

在此领域成果最好的是德国Dresden大学应用光物理学院（Institute of Applied Photophysics，IAPP）的Karl Leo教授，他与2001年成立了Novaled公司，开发p-i-n OLED的量产技术。2005年，Novaled公司创造了绿光磷光器件的功率效率达110 lm/W的记录。目前，p-i-n OLED技术的主要问题仍然是在蓝、绿光器件的寿命上有待进一步改善，Novaled公司发表的p-i-n OLED的半衰期与初始亮度的关系为$L_0^{1.7}t_{1/2}$=常数，因此当工作亮度设定得越高时，半衰期会明显下降。未来的发展趋势是如何设计稳定的电性掺杂材料，来取代不稳定且不易批量生产的Li、Cs或F_4-TCNQ等材料，并且对OLED老化因素进行深入研究。

5.6.4 透明和顶发射型OLED发光器件

一般有机电致发光器件的光经由ITO/玻璃衬底一侧射出，也就是底发光（Bottom Emitting）型，如图5-47（a）所示。如果光不是经过底下基板而是从其反射面射出，如图5-47（b）所示，基板之上是高反射的阳极，而阴极是透光的，则光经由表面的透明阴极放光，称为顶发光（Top Emitting）型。如果基板上仍是透明的ITO阳极，则器件的两面都会发光，也就是透明器件（Transparent Devices），如图5-47（c）所示。

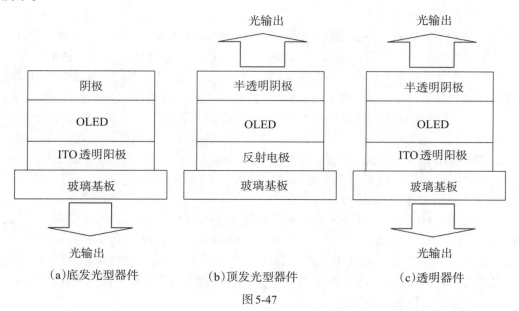

图5-47

1. 透明阴极

在透明和上发光器件结构中，最重要的就是透明阴极。要让光从透明阴极发出，最直接的做法就是将器件的阴极镀薄。由于阴极很薄，常常会有短路或金属氧化的问题，所以需要使用ITO做辅助电极以增加阴极的导电性。然而，在有机层上溅射ITO又不破坏器件在工艺上实现较难，在这方面还需要许多技术来克服。

1996年，S. R. Forrest 等人率先使用10 nm的Mg:Ag（30:1）加上40 nm的ITO当作半透明阴极，其透射率在可见光区大约为70%，所制成的Alq$_3$器件上下都发光，总的外量子效率约为0.1%。为了减小溅射ITO时对有机层的损害，S. R. Forrest 小组又使用低功率（10 W）溅射的方法制备ITO(45 nm)。由此方法制得的阴极透过率在可见光区达到83%以上。基于蓝光材料Ir(46dfppy)$_3$、红光材料PQIr的白光顶发射器件的外量子效率和功率效率分别达到10.5%(1.6 mA/cm^2)和9.8 lm/W(1 mA/cm^2)。2006年，Kim等提出的盒式阴极溅射技术大大减小了溅射带来的伤害，器件的性能有很大的改善，在-6 V电压下，漏电流只有1×10^{-5} mA/cm^2。

值得注意的是，一些易于制备的高折射材料作为折射率匹配层被应用于透明阴极，用以提高透明阴极的光输出，改善器件性能。S. F. Hsu和C. H. Chen等人在2005年以Ca（5 nm）/Ag（10 nm）/SnO$_2$（22.5 nm）为透明阴极，制备了效率为22.2 cd/A、色坐标为（x=0.31，y=0.47）的白光顶发光器件，由于采用高折射率匹配层SnO$_2$（n=2.0），其透明阴极的最高透过率达到80%，器件几乎没有微腔效应。

Q. Huang 等人在2006年以Ag分别作为阳极和阴极，以有机材料MeO-TPD[N',N'-tetrakis(4-methoxyhenyl)-benzidine]为折射率匹配层，制备了高效顶发光器件，采用p-i-n结构以及双发光层概念，在亮度为1000 cd/m^{2}时，电流效率为78 cd/A，功率效率为87 lm/W。

2. 顶发光型器件阳极

透明器件一般采用高透光性和高功函数的ITO阳极为底电极，而顶发光型OLED的底电极必须具有反射性，所以功函数和反射率往往是选择顶发光型器件反射电极时需要重点考量的重要性质。一些常见的金属如Au、Ag、Pt、Ni、Pd、Mo等均曾被用在顶发光型器件中。Au、Ni、Pt的功函数较高，但是反射率只有50%～60%，Ag和Al在可见光区的反射率高达90%以上，但是功函数稍低，并不十分适合作为阳极。因此通常需要搭配适合功函数的材料，如Al/ITO、Ag/ITO或是Al/Ni、Al/Pt。X. L. Zhu和H. S. Kwok等人在2005年用Al/Ca(9 nm)为反射阴极、V$_2$O$_5$（3 nm）/Ag(20 nm)为半透明阳极制备了倒置型顶发光器件，以Alq$_3$:C545T为发光层时，器件启亮电压为6.4 V，电流效率为11 cd/A。

2006年，H. J. Peng和H. S. Kwok等人通过处理CF$_4$得到的CF_x作为空穴注入层，修饰Ag表面形成有效的空穴注入阳极，以LiF/Al/Ag结构作为半透明阴极，以Alq$_3$:C545T为发光层，制备了顶发光器件，通过优化器件的微腔结构，器件电流效率比底发光对比器件提高了65%。并且器件在140°视角内几乎没有颜色变化。

3. 无电浆破坏的溅射系统

为了在有机层上溅射透明且导电性好的ITO，除了加入溅射保护层以外，还可以从两方面来考虑，一是改进电子或空穴传送材料的热稳定性与致密性，如LG化学开发的空穴注入材料HAT，由于它具有平面分子的结构，因容易结晶而增加薄膜密度，在HAT薄膜上以1.3 A/s的速率溅射150 nm IZO，当HAT的膜厚超过50 nm时可有效降低漏电流。二是发展特殊的溅射系统，使对有机膜的破坏降到最低。虽然有文献称使用DC溅射会比RF溅射有更好的效果，但是无法得到实用性的结果。面向双靶材溅射系统近来成为引人注意的溅射技术。与传统的溅射系统不同，它的基板不是面向靶材表面，而是与靶材面成90°角，高能量的粒子被磁场限制在电浆内，因此可以使破坏降到最低。三星在2004年发表了以此技术溅射ITO和Al的结果，此技术可以在基板无加热的情况下，得到穿透率大于85%的ITO薄膜。与DC溅射Al相比，面向双靶材溅射不会使组件有明显的漏电流，与热蒸镀阴极的组件几乎一样。

5.6.5　硅基OLED（OLEDoS）显示器件

1. 引言

近几年来，随着IC工艺技术日趋精细，以单晶硅片为基底、运用IC平面技术来产生更高显示分辨率的微型显示器，逐渐出现在集成数字投影显示系统、军用头盔式多图像集成环境以及虚拟现实等方面。事实上，硅基微型显示器的出现极大地方便了工业产品的设计者们，使他们的设计能在增加图像显示尺寸和清晰度的同时减小显示器的空间占有体积。在许多情况下，显示器越小，整机越便宜，而且硅基微显的广泛应用将延长电池寿命。因此许多显示界的大公司（如：Kopin、E-Magin、MTOTECH、DisplayTech、Three-Five Systems、Aurora Systems、HMTI等）纷纷把硅基微显作为一类器件或者独立系统投资研发。

硅基微型显示器有两个明显特征：一是显示器以制作有CMOS驱动电路的单晶硅芯片为基底，二是显示器的外观尺寸非常小，以致要借助一些光学放大系统才能看到所显的图像信息，至于小到什么程度则没有明确的定义，近年业界通常把显示屏对角线尺寸不超过1"的显示器称为微显。如图5-48（a）所示的是美国E-Magin公司制作的16.28×14.2 mm²的硅基OLED微显示器，还没有中国人民银行发行的1元硬币大。

（a）OLEDoS微显示器　　　　　（b）OLEDoS近眼微型显示实例

图5-48　E-magin公司制作的OLEDoS微显示器

OLEDoS（OLED on Silicon）是硅上有机发光显示的简称。OLEDoS是主动发光的OLED技术与单晶硅IC技术的结合，可以实现近眼显示。E-magin公司与柯达、IBM合作，在1997年SID会议上首次发表了将顶部发光的单色VGA OLED做在硅上进行视频图像显示，对OLEDoS的整体沉积工艺和界面条件进行深入研究，并开始了

SVGA的集成电路设计。1999年年底，E-magin公司对他们的第一个商业性样机，就数字界面特性、显示尺寸以及最初的SVGA/彩色VGA格式等进行了评估。如图5-48(b)所示的"微型阅览器"，是该公司近眼微型显示较为成功的应用实例。

高分辨率微型显示图像经放大后，很容易地得到类似于计算机和大型电视机屏幕那样的图像。如图5-48（b）所示的显示实例，可看成是"显示加光学"的"微型阅览器"模块，它很容易与计算机/视频"头盔"（Video Headset）、照相机、蜂窝电话、互联网应用以及其他近眼视窗等多种类型的终端产品相适配。配有OLEDoS的头盔式显示器可增强计算机的功能，能够提供个人观看的大屏幕图像，也可用作便携式或台式监视器，或者作娱乐用（游戏和DVD）的大面积虚拟屏。Headset还能满足公共安全、维修、制造、建筑、现场服务、健康饮食、运输、军事和航空等移动设备对实时数据处理的需求。

2. OLEDoS结构

大多数便携式系统都有功率和尺寸方面的要求，因此OLED像素点面积应小于$400\ \mu m^2$，像素电流保证在$12\ nA\sim1.6\ \mu A$变化，像素点之间需要良好的匹配以保证亮度的均匀性。

OLEDoS的结构如图5-49所示。

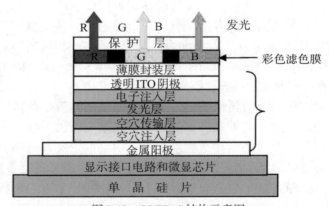

图5-49　OLEDoS结构示意图

首先将一高功函数的金属沉积在单晶硅集成电路芯片上，作为OLED的阳极。其次蒸镀各有机功能层，包括空穴注入层、空穴传输层、发光层、电子注入层和透明阴极，它们与金属阳极构成了一个OLED子像素；发光层所用的有机材料一般是DPV类的蓝-绿色主体掺杂红色染料，从而产生白光。除了最初的阳极金属层外，其他各层均采用热蒸发工艺，与常规的OLED器件工艺兼容。一个完整的硅片可同时进行各项工艺，包括最后的封装工艺。最后，对硅片分隔出各个独立的微显示器。

当电流流经器件时，将产生亮度高达$2000\ cd/m^2$的白光，此时电流效率为$4\sim5\ A/cd$，流明效率为$24\ lm/W$。产生的白光经彩色滤色膜后得到全彩色实现。

5.6.6　微共振腔效应

所谓微共振腔效应就是器件内部的光学干扰，在无机面反射型激光器和无机二极管中已经被广泛研究。在OLED中，不论是上发光型或是下发光型器件，都存在程度不一的共振腔效应，微共振腔效应主要是指不同能态的光子密度被重新分配，使得只有特定波长的光符合共振腔模式后，在特定的角度射出，因此光波的半高宽（FWHM）也会变窄，在不同角度的强度和光波波长也会不同。下发光器件的阴极具有高反射率，阳极则有高透射率，当光子从发射层发出后，因为光是往四面八方发射的，所以大部分的光直接传出透明电极，一部分则是经由高反射率的电极全反射，如图5-50所示。此时的干涉现象大致属于广角干涉。而在上发光型器件中，阴极往往都是半透明的金属电极，因此光在此电极的反射增加，造成多光束干涉（如图5-51所示），因此微腔共振效应也就更明显。

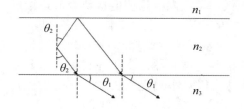

图5-50　广角干涉

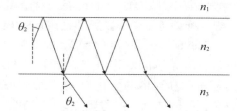

图5-51　多光束干涉示意图

如果适当控制微共振腔效应，可使得上发光型器件的色纯度和效率都比下发光型器件大幅提升，因此越来越多的人对于调整器件的光学效应感兴趣。上发光型器件中微腔共振是在反射阳极和半透射的阴极之间形成的，而微腔共振效应可以简单地视为一种Fabry-Perot的共振腔，满足式（5-18）：

$$\frac{2L}{\lambda} - \frac{\phi}{2\pi} = m \tag{5-18}$$

式中，L为阳极和阴极的光学长度（折射率乘以厚度）；Φ为从阴极和阳极反射相位差的总和，当m为整数（$0,1,2\cdots$）时，可以得到射出此共振腔的波长为λ。共振腔发光光谱中各波长的强度$|E_{cav}(\lambda)|^2$可由式（5-19）计算，光谱的半高宽（FWHM）则可以简化为式（5-20）。

$$\left|E_{\text{cav}}(\lambda)\right|^2 = \frac{\dfrac{(1-R_2)}{i}\sum_i\left[1+R_1+2(R_1)^{0.5}\cos(\dfrac{4\pi X_i}{\lambda})\right]}{1+R_1R_2-2(R_1R_2)^{0.5}\cos(\dfrac{4\pi L}{\lambda})}\times\left|E_{\text{nc}}(\lambda)\right|^2 \tag{5-19}$$

$$FWHM = \frac{\lambda^2}{2L}\times\frac{1-\sqrt{R_1R_2}}{\pi(R_1R_2)^{1/4}} \tag{5-20}$$

式中，R_1为反射电极的反射率；R_2为半穿半透射电极或布拉格镜面（DBR）的反射率，X_i为发光偶极子与反射电极的有效距离；$|E_{nc}(\lambda)|^2$为发光偶极子在自由空间的发光强度。光谱变窄最常出现在具有微共振腔效应的器件里，从式（5-20）可以看出，阳极和阴极的反射率R_1和R_2越高，微共振腔效应也会越大，光谱的半高宽越窄。因此，在顶发光型器件的发展过程中，为了避免受到强烈的微共振腔效应的影响，常

采取的策略是将其中一个电极的发射率降低，并调节光学长度使得出光特性满足实际应用要求。

由于DBR多层介质膜本身的光学厚度很大，一般为可见光波长的几倍，因此器件的微腔总光程较大，在谐振时形成多级膜的发射，其发射光谱随角度以及波长的变化也较大，高级膜发射的发射强度一般也低于低级膜的发射，另外DBR多层介质膜的制备工艺较为复杂。所以，DBR结构的微腔器件并不适合于全彩显示的应用。而由金属的反射膜、半透明膜构成的全金属电极的微腔器件，由于其微腔总光程短，属于低级膜发射，其发射光随角度和波长的变化都相对较小，发射亮度也比高级膜发射要强，另外易于制备和控制，因此被认为更适合于全彩显示的应用。尤其是近年来随着TOLED研究的进展，对金属反射电极以及金属半透明电极研究的逐渐成熟，更加推动了全金属微腔理论在有机电致发光上的应用，并已经取得了很多进展。

K. Neyts等人在2000年以Alq₃为发光层，对全金属微腔结构和DBR微腔结构的器件进行了系统的对比研究。结果表明，DBR结构的微腔器件由于光程很大，其发射光随角度和光谱的变化很大；而金属微腔器件可以减小总光程长度，其发射光得到更大程度的加强，并且随光谱的变化较小，更适合于全彩显示的应用。

C. L. Lin和C.C. Wu等人在2005年系统研究了金属电极微腔顶发射器件的光学特性，采用的器件结构为：Ag/m-MTDATA：F4-TCNQ/NPB/Alq₃：C545T/Alq₃/LiF/Al/Ag/TeO₂。其电流效率比传统底发射对比器件提高了2倍；并提出，要得到比传统底发射器件更高效率的顶发射器件，必须要有高反射的全反射膜以及低损失高反射的半透明膜存在；折射率匹配层的作用并不只是在于提高半透明电极的透过率，而是增加其反射率并减少光损失。S. J. Han等人在2005年用Ag或Al作为全反射膜、ITO作为空穴注入层和光程调节层，LiF/Al/Ag（Al∶SiO）结构为半透明阴极，制备了全金属电极的微腔顶发射有机电致发光器件。以Alq₃为发光层，C60（Fullerene）为电子传输层，通过调节ITO的厚度，得到了红、蓝、绿三基色的发光，并对实验结果进行了理论计算分析。

S. F. Hsu和C. H. Chen等人在2006年报道了Ag为反射面和半反射面的金属电极微腔顶发射器件，得到了色度和效率都很好的RGB三基色发光。其红、蓝、绿三基色的色坐标分别为（0.646, 0.353）、（0.135, 0.056）、（0.227, 0.721），电流效率分别为37.5 cd/A、2.1 cd/A、24.7 cd/A。

2007年，台湾大学（中国）OLED研究团队报道了集成微透镜阵列的微腔顶发射器件，此器件以Ag为反射阳极和半反射阴极，Alq₃：C545T为发光层，以ZnSe为折射率匹配层，并在ZnSe层上增加了微透镜阵列，器件的电流效率达到43.8 cd/A，外量子效率为6.4%，与底发射型器件相比，电流效率提高了2倍，外量子效率提高了60%。

5.7 白光OLED

5.7.1 介绍

目前市面上的照明灯具充斥着卤素灯、荧光灯、节能灯、高压钠汽灯等。上一章介绍到固态照明中的LED产品也加入了战局，此产品具有低操作电压、低成本等优势。同样是固态照明的OLED也属于自发光，且可实现大面积照明，也适用于柔性电子基板，所以可以在不同的场合满足各种需要。目前世界各相关研究机构也在研发更高效率的OLED照明产品，希望进一步降低成本，使OLED在未来的照明市场上占有一席之地。

目前，主流的照明光源中效率最高的是高压钠灯，在高压情况下可以达到150 lm/W，而多数直型荧光含汞灯管的发光功率效率在60～100 lm/W。目前，市场化的固态照明中白光LED可达80 lm/W，而在白光OLED的学术研究上，德国德累斯顿大学的Leo教授带领的团队已研发出效率高达124 lm/W的白光OLED器件，随着使用寿命的提升，OLED也慢慢接近市面上白光照明的水平。在LED的相关章节提到，环境保护和开发绿色能源得到了世界各国的高度重视，未来对能源的有效利用是一个重大课题，虽然目前传统照明光源的效率已经达到饱和，但固态照明还有机会开发出更高发光功率效率的产品，对节约能源将起到更好的效果。

LED经过几年的产业化道路实测验证，商品种类已十分繁多。光源寿命超过50 000小时，同时亮度足够高，发光功率效率足够高，节省能源，且因为体积小可以节约运输成本和资源，市场接受度也不错，经过不同灯具包装的产品更具竞争力。但LED因为散热（LED的发光功率效率与寿命会随器件工作温度的上升而显著降低）和硅晶工艺复杂等问题，市场化推广还是受到一定限制，虽然很多公司用不同的方法尝试改善散热问题，但当LED应用于大面积照明中时散热问题仍然十分突出。

同样，OLED也和LED一样具有高发光功率效率的特性，也是固态照明的另外一个亟待挖掘的宝藏。早在1994年，日本山形大学的Kido教授就发表了白光有机发光二极管应用于照明上的论文，这也是最早发表的关于白光OLED的论文，并在《纽约时报》刊载了预言，从此开启了白光OLED的研究之路。2007年Leo教授等人在当年的SID上发布了150 mm为边长的大面积白光照明。2008年，Kido教授受邀在SID上做专题演讲，介绍到运用叠层或称串联技术把多个OLED器件堆叠在同一个衬底上，组合成一种新的器件结构，使白光OLED的发光功率效率再往上提升，并且可以让器件在高亮度和高电流密度的情况下更为稳定，进而器件的工作寿命也可以相应增加。

在企业方面，欧洲照明大厂Osram在2008年发布了玻璃基板上制备的白光OLED，在亮度为1000 cd/m² 的时候，发光功率效率可达46 lm/W，并可以持续点亮超过5000小时，光色为偏暖的黄色白光。美国通用电气公司（GE）则把重点放在了柔性衬底OLED照明的研发。为了研发出更方便和便宜的工艺以降低OLED的成本，很多公司都致力于开发印刷式的生产方式，GE在2008年成功制备出世界上第一个用Roll-to-Roll设备生产的OLED，同年还用在了圣诞节时制出以OLED面板卷曲成的圣诞树。此技术不用复杂的程序，只要用类似打印的方式就能生产，所以可以减少不必要的材料浪费，大大降低制备成本，成为未来量产白光OLED照明商品不可或缺的生产技术。

与传统的照明技术不同，基于有机半导体材料的OLED固态照明是平面光源，工作电压低，仅为3～6 V，它可以自由调节色彩、色调的深浅及强度，显色指数接近

100%，能够发出天然的白光或阳光色，可以像窗户一样透明，像镜子一样反射。与传统的照明技术相比，OLED具有厚度薄、重量轻、全固体结构、抗震抗冲击性能好的特点。OLED照明拥有照明器具所具有的一切优点，随着柔性基板的使用，OLED照明将给照明领域带来一场革命性的技术创新，如可卷曲的照明屏幕、可发光壁纸等。见表5-5所列的常见照明光源的性能及优缺点对比。

表5-5　常见照明光源的性能及优缺点

照明光源	灯具光效（lm/W）	寿命 h	主要优点	主要缺点
白炽灯	10～20	1000	最接近日光光谱	发光效率低、亮度低、寿命短、易破碎
荧光灯	80～100	1000～10 000	发光效率高、省电，适用于室内照明	含汞、易破碎、易产生环境的污染
白光LED	60～120	10 000～100 000	寿命长、亮度高、亮度可调、体积小、环保	点光源、成本高、需进行散热设备
白光OLED	30～60	1000～2000	面光源、超薄、省电、可卷曲、亮度可调节	寿命短、发光效率待提高，尚未大规模生产

5.7.2　白光OLED的优势

OLED除了上文提到的柔性衬底照明之外还有其他独特的照明优势，如大面积面光源照明。不同于LED的点光源和荧光灯管的线光源，OLED先天就是面光源，不需要其他灯具的辅助。市场上的LED及荧光灯虽然在光源效率上有较好的表现，但是这些光源始终要与灯具结合，不能单独使用，而一旦做成照明灯具，LED及荧光灯灯具的发光效率就会因不同的灯具设计和导光机制的影响而下降，所以市面上能买到的灯具实际效率大约为20～40 lm/W，而白光OLED本身因为是面光源，所以不需要多余的灯具来导光，灯具效率并不会打折扣。这一优势是目前照明市场上独一无二的，因此大大提高了未来白光OLED进入照明市场的竞争力。

除此之外，大面积的优点还可以让OLED因为能量转换不完全而产生的热能更容易散发出来。当OLED器件效率足够高以及面积够大时散热问题就会自动被克服，不会出现类似LED因为温度升高而使器件效率降低、影响使用寿命、老化等问题。

由于OLED主要是有机材料，所以不会像荧光灯管那样有汞污染等重金属问题，不会造成环境污染。

OLED本身是采用低驱动电压操作，发光原理主要是由电子和空穴在有机发光特性强的区域处复合形成激子，因为激子本身不稳定，会用光或热的形式把能量释放出来回到较稳定的基态，所以光的强度和注入与通过的电子、空穴的数量有关；换句话说，OLED是电流驱动器件。

OLED的响应速度非常快。由于物理发光机制的关系，点亮OLED非常快，只需要1～10 μs，已经大大超过人眼的反应极限。OLED不会像荧光灯一样在刚开启时会闪烁，需要一段时间去点亮它，所以白光OLED有助于智能照明的实现。而智能照明也是最有效的利用能源的重要方法。例如，在办公室人员比较密集的地方，灯光就会自动调得比较亮，而在没有人的地方灯就自动变暗或关掉，可以节约不少能源，另一方面只把需要灯光的地方照亮，也可以减少其他地方的光害。

5.7.3　磷光白光OLED器件

本章介绍OLED有机材料时曾提到荧光和磷光材料，由于磷光对于白光OLED至关重要，所以在此将对荧光和磷光的原理进行简要介绍，并着重介绍磷光原理。

当电子、空穴在有机分子中结合后，会因电子自旋对称方式的不同，产生两种激发态形式。一种是非自旋对称的激发态电子形成的单重激发态形式，它会以荧光的形式释放出能量回到基态；另一种是由自旋对称的激发态电子形成的三重激发态形式，则是以磷光的形式释放能量回到基态。

但荧光材料的内量子效率的理论上限只有25%，若只使用荧光材料制作OLED器件，其发光功率效率很少能超过10 lm/W，这个发光功率上限远远低于目前常用的节能灯的40～80 lm/W。自从发现了电激发磷光的现象并将其运用到白光OLED，器件的内量子效率可提高到100%，外量子效率也可以突破荧光5%左右的上限，能突破到20%甚至更高。而且磷光OLED的发光功率效率是荧光材料的3～4倍，唯有采用磷光发光材料制作的白光OLED才有可能在照明市场上占有一席之地。

纯有机化合物最稳定的基础状态的电子组态是单重态，只有少数情况除外。这是因为绝大多数有机化合物是由共价键结合而成，每一个键由一对成对原子构成。所以有机物中所有电子都成对，基于泡利不相容原理，成对电子总是自旋相反。受限于泡利不相容原理，三重激发态是一般有机化合物无法达到的。即使设法达到三重态，也会因为基态是单重态的缘故，不会违反泡利定理而回到基态。但事实上基态和激发态之间自旋重数的传递不是完全被禁止的。事实上，这一现象已经被实验所验证。解释是分子只要有足够大的自旋轨道耦合作用，便可部分地不遵守泡利定理的限制。自旋轨道耦合作用发生在自旋磁矩与轨道磁矩之间。自旋轨道耦合作用力的大小和原子核中的质子数有直接关系，并有一定量的数字可衡量：自旋轨道耦合常数，此常数基本上随着原子序数的增大而增大，被称为重原子效应。重原子效应有助于自旋轨道耦合作用力，而自旋轨道耦合作用力是可以拉近基态与激发态自旋重数状态的关系；使重数状态间的跨越变得容易和快速，分子停滞在三重激发态的时间大幅缩短，当滞留时间缩短到只有微秒量级时，分子便会有机会以快于振动、旋转、碰撞的速度释放磷光回降到单重基态。

5.7.4　白光OLED的结构

1. 色转换法

前面提到的多掺杂发光层器件和多重发光器件也是白光OLED的常用结构，下面介绍一种专用于白光OLED器件的方法——色转换法。

1996年，日本日亚化学以蓝光LED晶粒激发荧光粉使其产生黄光，再经由混光以产生白光LED。这种方法的工艺较为简单，只要色转换能力够好，所产生的白光显色性指数也不差，因此仍大量地被采用。2006年Osram光电半导体中心也利用天蓝色的磷光器件加上荧光粉材料，来制作白光OLED器件。器件发光电流效率可达39 cd/A，将材料吸收和发光功率效率之间的能量差等因素列入考虑后，最终的转换效率约为94%。2008年A. Mikami等人则提出了使用超高能级的OLED的紫外波段依序激发蓝光色转换层（CCL），蓝光激发绿光CCL，绿光再激发红光CCL，因器件各层在波长大于380 nm都有良好的透过率，所以这个OLED有足够的能量激发蓝绿红各层CCL。

高色转换效率的材料是制作色转换白光OLED的关键，高色转换效率材料可以避免能量的损失。另外，一般有机染料缺乏长时间的稳定性，容易影响器件光色的稳定性，这也是目前此种白光制作方法需要解决的问题之一。

2. 混合系统式白光发光系统

虽然磷光材料内量子效率的理论值可达到100%，但经过多年的发展，蓝光磷光材料的寿命始终没有太大突破。所以当以红绿蓝三色组成磷光OLED器件时，经过一段时间器件的光色会偏红，而不能用于照明，同时器件的整体寿命也会受到蓝光层的影响。另一方面，由于蓝光对于人眼的刺激范围属于非敏感区，在相同能量驱动下的OLED器件，绿光器件相对会有更大的流明值。虽然磷光器件的蓝光会有较好的量子效率，但是其发光功率效率相差无几。所以如果运用蓝色荧光材料配合红、绿磷光材料组成混合式系统，该系统的效率、寿命和稳定性都有所提高。

该系统的第一种实现方式是直接以磷光层叠合荧光层，不过多个团队发表的成果在效率上均没有取得突破。其主要原因是荧光和磷光层的界面，荧光材料的三重态能级通常比磷光的低，且三重态激子的寿命长，是因为磷光层中大量的三重态激子能量回传给荧光层造成许多三重态激子为不发光状态。

为了解决以上问题，2006年Frost教授提出了一种新的器件结构——以阻挡层隔开荧光层与磷光层的混合式白光的机制。这个结构有别于以往所认知的荧光和磷光不会同时存在于同一层的发光器件，该特殊器件结构使得之前在荧光材料发光层浪费的三重态激子被再次俘获结合产生磷光，使得外量子效率达18.7%。基于以上发现，Frost教授团队关于此类混合式白光器件设计的重点有下列几点：主发光体要有比磷光客体发光还要高的三重态能级；激子产生后要先进入荧光发光层后再经过中间层进入磷光发光层；内连接层的厚度必须大于Forster半径，这样可以避免荧光激子扩散到磷光发光层内。

5.7.5 OLED照明的最新进展

由于OLED白光照明技术的巨大市场前景，越来越多的企业和研究机构开始将目光投向这一产业，技术也得到了很大的进步。2010年1月，Nanomarkets公布了OLED材料的最新市场预测报告，预计OLED材料市场将会从2010年的4.2亿美元增长到2015年的29亿美元，而OLED照明材料将占到大概70%，这表明OLED照明将成为OLED继小尺寸显示屏之后最主要的市场应用。一直从事OLED照明研发的山形大学教授 Kido 对 OLED 照明的发展前景发出了欣喜的"悲鸣"：OLED 照明市场启动以后，即便将山形县米泽市全部变成工厂，也赶不上需求。下面将简要介绍 2013 SID 会议中关于白光 OLED 照明的一些最新的研究进展。

在理论基础方面，荧光材料的内量子效率最多只有 25% 的限制被 2012 年九州大学在 Nature 上发表的文章所打破。九州大学利用延迟荧光开发出的新材料的内量子效率已经达到 90% 以上，由于前文提到过荧光材料的效率过低而蓝光磷光材料的性能又难以满足要求，使得 OLED 器件的设计陷入两难。荧光材料的重大突破为 OLED 照明器件性能的进一步提升提供了新的空间。

在材料方面，Nocaled 公司推出了新型空气稳定性更佳的蓝色荧光材料，可以达到 3.2 V 的驱动电压和 8.4% 的外量子效率，光衰减到 70% 的寿命是 5300 小时。

韩国的 Sunic 公司在本次会议中推出了新型 OLED 蒸镀设备。其主要性能是有机薄膜的厚度均一度达到 ±1.3%，金属薄膜的厚度均一度达到 ±3.4%，可以不停机连续蒸镀超过 300 小时，有机材料的利用效率可超过 60%。

同时，日韩厂商也竞相发布最新研发的高性能白光 OLED 器件。

韩国的 LG 化学设计制作的串联型 OLED 器件上下各有一个荧光发光层，中间有一个磷光发光层叠加发光。器件即使在 4200 cd/m² 亮度条件下发光功率效率还可以达到惊人的 80 lm/W。日本日立制作所制作的单发光层器件利用多掺杂层结构，利用旋涂工艺制备，并且加入专门设计的出光层增加 OLED 的出光率，其性能在亮度为 1000 cd/m² 的亮度条件下发光功率效率可达到 70 lm/W。而松下电子旗下的半导体设计部门制备的双波段全磷光 OLED，采用了组合式光萃取衬底（Built-up Light Extraction Substrate，BLES），并且运用了低吸收材料，对出光分布进行了专门设计以及一些电压降低技术。虽然其并未指明以上三种技术的细节，但其器件性能在 1000 cd/m² 的亮度条件下发光功率效率可达 114 lm/W，即使亮度提高到 3000 cd/m²，发光功率效率仍然有 102 lm/W。并且当亮度衰减一半的器件寿命可达 10 万小时。另外，日本的 AFD（Advanced Film Device Inc.）公司和半导体能源实验室（Semiconductor Energy Laboratory Co.）联合推出了超高性能的大面积柔性 OLED 照明器件。器件采用蓝色荧光材料和绿色及橙色磷光材料混合系统。

如图 5-52 所示，为了使电极薄膜的质量不受柔性塑料衬底的影响，先将钝化层和电极制作在含有隔离层的玻璃基板上，这样制备工艺就不会受太多温度的限制；再将制备好的钝化层和电极利用黏合剂黏在柔性基板上。为了增加出光率，设计者还专门采用高折射系数的高分子塑料基板充当优质出光层，这一出光层可以使器件效率从 83 lm/W 提高到 119.5 lm/W。同时，设计利用氧化钼作空穴传输材料以降低驱动电压。制备的小面积器件在 1000 cd/m² 的亮度条件下效率可以超过 130 lm/W，最终制作的 360 mm×300 mm 的面发光光源可以超过 110.5 lm/W。

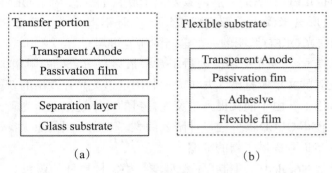

图5-52　电极转移衬底示意图

　　日本东芝公司则开发了一款透明单面出光的照明OLED，如图5-53所示，即使在亮度达到1000 cd/m²时，器件的透明度仍然有68%，发光功率效率达到25.7 lm/W。

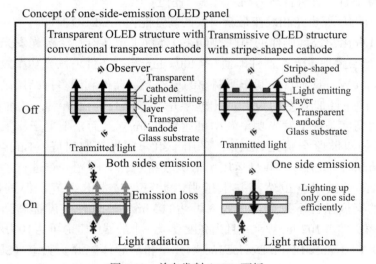

图5-53　单向发射OLED面板

参考文献

　　[1] C. W. Tang, S. A. VanSlyke. "Organic electroluminescent diodes. Appl. Phys. Lett.," 1987, 51(12):913

　　[2] J. H. Burroughes, D. D. C. Bradley, A. R. Brown, et al. "Light-Emitting Diodes based on conjugated polymers," Nature, 1990, 347:539

　　[3] L. S. Hung, C. H. Chen. "Recent progress of molecular oganic electroluminescent materials and devices," Mater. Sci. Eng., 2002, R39:143-222

　　[4] C. Adachi, S. Tokito, T. Tsutsui, et al. "Electroluminescence in organic films with three-layer structure," Jpn. J. Appl. Phys. Part 2, 1988, L269

　　[5] H. Aziza, Z. D. Popovic "Study of organic light emitting devices with a 5, 6, 11,

12-tetraphenylnaphthacene（rubrene）-doped hole transport layer", Appl. Phys. Lett., 2002, 80:2180

[6] 黄春辉,李富有,黄岩谊. 光电功能超薄膜. 北京:北京大学出版社,2001:1

[7] S. Barth, P. Müller, H. Riel, et al. "Electron mobility in tris（8-hydroxy-quinoline） aluminum thin films determined via transient electroluminescence from single- and multi-layer organic light-emitting diodes," J. Appl. Phys, 2001, 89:3711-3720

[8] C. Adchi, T. Tsutsui, S. Saito. "Organic electroluminescent device having a hole conductor as an emitting layer," Appl. Phys. Lett, 1989, 55:1489-1492

[9] Lee Dongwon, Chung JinKoo, So Franky, et al. Ink jet printed full color polymer LED displays, SID 2005 Digest. 20005, 527-529

[10] H. Lin, J. Yu, S. Lou, et al., "Low temperature DC sputtering deposition on indium-tin oxide film and its application to inverted top-emitting organic light-emitting diodes," J. Mater. Sci. Technol., 2008, 24,（2）:179-182

[11] G. Gustafsson, Y. Cao, G. M. Treacy, et al. "Flexible light-emitting diodes made from soluble conducting polymers," Nature., 1992, 357:477-479

[12] G. Gu, P. E. Burrows, S. Venkatesh, et al. "Vacuum deposited nonpolymeric flexible organic light emitting devices," Optics Letters, 1997, 22:172-174

[13] S. K. Park, J. I. Han, W. K. Kim, et al. "Deposition of indium-tin-oxide films on polymer substrates for application in plastic-based flat panel displays," Thin. Solid. Films., 2001, 397:49-55

[14] M. D. Auch, O. K. Soo, G. Ewald, et al. "ultrathin glass for flexible OLED application," Thin Solid Films, 2002, 417:47-50

[15] Z. Xie, L. S. Hung, F. Zhu. "A flexible top-emitting organic light-emitting diode on steel foil, Chem. Phys. Lett., "2003, 381:691-696

[16] 陈金鑫,黄孝文. OLED有机电致发光材料与器件. 北京:清华大学出版社,2007

[17] T. Matsumoto, T. Nakada, J. Endo, et al. Proceedings of IDMC'03, Taipei, Taiwan, 2003, Feb. 18-21, pp413

[18] L. S. Liao, K. P. Klubek, C. W. Tang, "High-efficiency tandem organic light-emitting diodes," Appl. Phys. Letter., 2004, 84, 167-170

[19] G. Gu, V. Bulovic, P. E. Burrows, S. R. Forrest, and M. E. Thompson, "Transparent organic light emitting devices," Appl. Phys. Lett., 1996, 68:2606

[20] H. Kanno, Y. Sun, S. R. Forrest, "High-efficiency top-emissive white-light-emitting organic electrophosphorescent devices," Appl. Phys. Lett., 2005, 86:263502

[21] S. Han, X. Feng, Z. H. Lu, D. Johnson, R. Wood, "Transparent-cathode for top-emission organic light-emitting diodes," Appl. Phys. Lett., 2003, 82:2715

[22] 陈金鑫,黄孝文. OLED梦幻显示器——材料与器件,北京:人民邮电出版社, 2011

[23] Yongmin Jeon, Hye-Ryung Choi, Kyoung-Chan Park, et al. "Flexible organic

light-emitting-diode-based photonic skin for attachable phototherapeutics."J. Soc. Inf. display,2020,28:324-332

[24] Takatoshi Tsujimura. OLED display fundamentals and applications. John Wiley & Sons Ltd,2017:1-10

[25] Mitsuhiro Koden. OLED displays and lighting,John Wiley & Sons Ltd,2017:1-10

[26] 于军胜,田朝勇. OLED显示基础及产业化.成都:电子科技大学出版社,2015

[27] 于军胜,钟建. OLED显示技术导论.北京:科学出版社,2018

[28] 辻村隆俊. OLED显示概论.北京:电子工业出版社,2015

习题⑤

5.1　简述OLED的主要技术特点及优、缺点。

5.2　三层OLED器件与单层、双层器件结构相比,有何优缺点?

5.3　有机电致发光器件OLED器件的发光包括哪几个物理过程?从对载流子注入的角度来看,对阴、阳极材料有何要求?

5.4　简述小分子OLED器件的制作工艺。

5.5　透明OLED器件与常规器件相比,对阴极的特性有何要求?

第六章 电致发光显示（ELD）

电致发光显示的内容十分丰富，它包括了粉末电致发光、薄膜电致发光、结型电致发光、真空荧光显示、真空微尖场致发射荧光显示、金刚石薄膜场致发射荧光显示等。由于电致发光内容太多，本章我们将主要介绍高场下的电致发光，即本征电致发光。

6.1 电致发光显示的基本知识

6.1.1 电致发光

所谓电致发光（Electro Luminescence，EL）是指半导体（主要是荧光体）在外加电场作用下的自发发光现象。在 EL 中分注入型发光和本征发光两大类，前者像发光二极管（Light Emitting Diode，LED）中所发生的那样，在外加电场作用下，产生少数载流子注入，进而产生发光；后者不伴随少数载流子注入而发光。

6.1.2 电致发光及其显示器件的发展概况

早在 1936 年，法国的 Destriau 就发现：将 ZnS 荧光体粉末浸入油性溶液中，使其封于两块电极之间，施加交流电压就会产生发光现象。这是 EL 最早的发现，但当时未能发明透明电极，因此在相当长的一段时间内在实用上并无进展。

1947 年美国 Mcmaster 发明了导电玻璃，人们使用这种玻璃制作照明用面光源，使电致发光器件（Electro Luminescence Devices，ELD）很快引起了人们的兴趣。但是出于这种 ELD 器件亮度低，加之使用时不稳定，因此不适合制作一般的照明用面光源。这就使 ELD 的研究和制作发生了困难。

到 1950 年，发明了以 SnO_2 为主要成分的透明导电膜。Sylvania 公司利用这种电极成功开发了分散型 EL 元件，作为平面型光源，此后，分散型 EL 元件引起了人们的极大兴趣，人们期待将其应用于平板显示器，并开始了实质性的开发。但在当时还没有解决这种元件辉度低和寿命短的问题，更没有达到实用化。一般称其为第一代 EL。

1968 年，Vecth 等人发表了一篇文章，阐明分散型 EL 元件荧光体表面通过 Cu 的处理可以实现直流驱动；Kahng 等人发表了另一篇文章，阐明在薄膜型 EL 中导入作为发光中心的稀土氟化物，可实现高辉度。这两篇文章为 EL 的研究开发注入了活力，并被认为是第二代 EL 开始的标志。在此基础上，Inoguchi 等人于 1974 年发表了关于高辉度、长寿命的两层绝缘膜结构的薄膜型 EL 元件的文章，并通过实验验证了

EL用于电视画面显示的可能性。

在此期间，由于彩电及计算机的迅速普及，信息显示已经成为人们关注的中心。希望在CRT的基础上开发出薄型、轻量、高画质、大容量的平板型显示器。在这种背景下，ELD成为热门研究课题之一，与LCD、PDP、LED等一起列为研究开发的重点。

1983年，日本开始了薄膜ELD的批量生产。目前橙红色的ELD可由Sharp（日本）、Planer System（美国）、Lohja（芬兰）（1991年与Planer System合并组成Planer International）等公司供应。

近年来，对ELD的研究多集中于全彩色显示和更大容量的显示方面。徐叙瑢等人提出了一种全新的器件结构，命名为"分层优化结构"，提高了过热电子的能量和有效激发发光中心的过热电子数目。加拿大的Ifire公司在无机电致发光的彩色化方面做了大量的工作并取得了重大的突破，采用发光层与高介质层的厚膜绝缘层相结合的制作方法使发光层的电场强度大大增加，将器件的发光亮度提高了一个数量级以上，开发出了高效率、高色纯度的蓝色荧光材料，并以蓝色电致发光为激发源，获得了高亮度、色纯度的红色及绿色电致发光。随着新材料、新结构、新器件的不断发现，无机电致发光将有更大的发展空间，充分发挥其全固态、稳定性好、视角大等优点，将在平板显示技术的主要市场占有一席之地。

6.1.3 电致发光显示器件的分类与特点

在各种平板显示器件当中，ELD显示器件是一种主动发光型、平板式、全固态的显示器件，它和发光二极管（LED）相类似。如图6-1所示，电致发光显示器件从发光层的材料来分，分为无机电致发光和有机电致发光两大类。

电致发光按激发过程不同可分为三大类：

①结型电致发光：它是半导体P-N结在加正偏压时产生少数载流子注入，与多数载流子复合发光，这种电致发光又称为注入式发光。

②低能电子发光：如ZnO、Zn之类的荧光粉具有较高的电导率，注入低能电子也会激励发光，这种低能电子发光现象用于荧光显示器件中。

③本征电致发光：结构上是将发光材料（ZnO:Mn）粉末与介质的混合体或单晶薄膜夹持于透明电极板之间，外加电压，由电场直接激励电子使电子与空穴复合而发光。本征电致发光分为粉末型电致发光和薄膜型电致发光两类，而其供电方式又分为交流和直流两种，所以两种分类有四种组合，如粉末型交流电致发光与粉末型直流电致发光等。

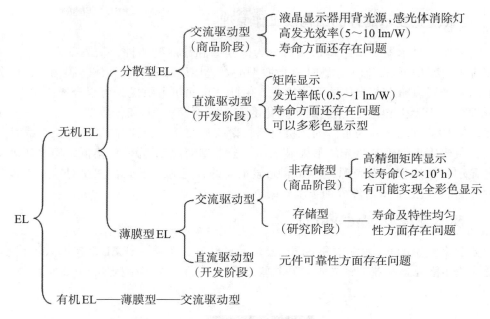

图6-1　EL的分类

电致发光显示器与其他电子显示器件相比，具有下述突出的特点。

①图像显示质量高。EL为主动发光型显示器件，具有视角大、显示精度高（8条/mm以上）、精细柔和、对眼睛刺激小等优点。

②主动发光，可以制成任意形状。

③温度稳定性好。工作温度范围在-40～+85 ℃。EL的发光阈值特性决定于隧道效应，因此对温度变化不敏感。这一点在温度变化剧烈的车辆中应用有明显的优势。

④EL属于全固态型显示器件，耐振动冲击的特性极好，适合坦克、装甲车等军事应用。

⑤具有功耗小、薄型、质量轻等特点。在发光型显示器件中，EL功率小。ELD的厚度一般在25 mm以下。对于微机用EL显示器，重量一般为500 g。

⑥无加热元件，无真空，快速响应时间（微秒量级）。

⑦低电磁泄漏（EMI）。

相对来说，EL的工作电压较高，彩色化进展缓慢，并且价格昂贵，因此以往的EL显示器，主要使用在其他显示技术不能简单地适应的特殊要求场合。而今装备和系统设计者可以在更加广泛的领域应用EL显示器，由于EL改进了图像质量，具有更长的寿命和更高的可靠性，完全满足了用户日益增长的要求。

作为一种新技术，显示创新的步伐非常迅速。在发光亮度方面的大幅度改进；驱动电路的开发提高了显示器的寿命、亮度、对比度等性能；减小功耗；专门的灰度算法；改进包装以缩小尺寸；增强抗震动冲击以及彩色开发，所有这些使EL平板显示成为工业标准。大量关键性专利，加上良好的制作工艺保证了EL平板显示的地位。

6.2　电致发光显示器件的结构及工作原理

电致发光显示器件从结构上又可分为薄膜型和分散型两种，从驱动方式上，也有交流驱动型EL和直流驱动型EL。薄膜型的发光层以致密的荧光体薄膜构成，而分散型的发光层以粉末荧光体的形式构成。由此，该无机电致发光可组合成四种EL显示器件。对于无机EL，已经达到实用化的有薄膜型交流EL和分散型交流EL，其荧光体母体都是以硫化锌为主体的无机材料。薄膜型交流EL具有高辉度、高可靠性等特点，主要用于发橙黄色光的平板显示器；分散型交流EL元件价格低，容易实现多彩色显示，常用作平面光源，例如液晶显示器的背光源。下面将主要对组成无机电致发光的四种EL显示器件分别予以介绍。

6.2.1　分散交流型（AC-PELD）

分散交流型的EL元件由Sylvania公司最早开发，为第一代EL结构形式的代表，广泛应用于液晶显示器的背光源。分散型交流EL元件的基本结构如图6-2所示。

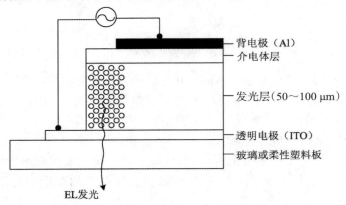

图6-2　分散型交流EL元件的基本结构单元

基板为玻璃或柔性塑料板，透明电极采用ITO膜，发光层由荧光体粉末分散在有机黏结剂中制成。发光体粉末的母体材料是ZnS，其中添加了作为发光中心的活化剂和Cu及Mn原子等，由此可得到不同的发光颜色。黏结剂中采用介电常数较高的有机物，如氰乙基纤维素等。发光层与背电极间设有介电层以防止绝缘层被破坏。背电极用Al膜做成。

分散型交流EL元件的发光机理（如图6-3所示）简述如下：ZnS荧光体粉末的粒径为5~30 μm，通常在一个ZnS颗粒里会存在点缺陷及线缺陷。电场在ZnS颗粒内会呈非均匀分布，造成发光状态变化。在ZnS颗粒内沿线缺陷会有Cu析出，形成电导率较大的Cu_xS，而Cu_xS与ZnS形成异质结。这样就形成了导电率非常高的p型或金属电导状态。当施加电压时，在上述Cu_xS / ZnS界面上会产生高于平均电场的电场强度（10^5~10^6 V/cm）。在这种高场强作用下，位于界面能级的电子会通过隧道效应向ZnS内注入，被发光中心捕获后与之发生复合，产生发光。当发光中心为Mn，如上所述发生的电子与这些发光中心碰撞使其激发，引起EL发光。

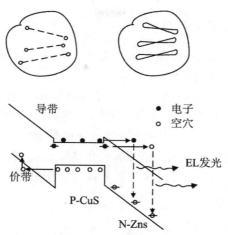

图6-3 分散型交流EL元件的发光机理

如图6-4所示为EL的辉度-电压（*L-V*）及发光效率-电压（*η-V*）特性。由此图可以看出，在工作电压为300 V、频率为400 Hz时，可获得约100 cd/m²的辉度。此外，辉度与频率有关，在低于大约100 Hz的范围内，辉度与频率成正比变化。发光效率随电压的增加，先是增加后是减小，其最大值一般可从辉度出现饱和趋势的电压区域得到。发光效率正在不断地得到改善，目前可以达到1～5 lm/W。

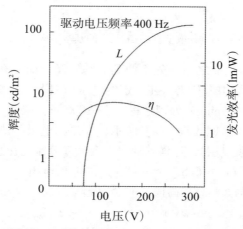

图6-4 分散型交流EL元件的辉度-电压(*L-V*)及发光效率-电压(*η-V*)特性

分散型交流EL元件的最大问题是稳定性差，即寿命短，稳定性与使用环境和驱动条件都有关系。对于环境来说，这种元件的耐湿性差，需要钝化保护；对于驱动条件来说，当电压一定时，随着工作时间加长，发光亮度下降，尤其是驱动频率较高时。在高辉度下，工作会更快地劣化，可定义亮度降到初始值一半的时间为寿命，或称为半衰期。第一代EL开发初期最高寿命只有100个小时，随着荧光体粉末材料处理条件的改善，为了防湿采用树脂膜注入以及改善驱动条件等措施，在驱动参数为200 V、400 Hz的条件下，其寿命可以达到2500个小时。

6.2.2　分散直流型（DC-PELD）

在 Vecht 工作的基础上，分散型直流 ELD 主要是在英国进行开发的，后由美国的几家公司实现 640×200 点的商品化。

分散型直流 EL 元件的基本结构单元如图 6-5 所示。在玻璃基板上形成透明电极，将 ZnS、Cu、Mn 荧光体粉末与少量黏结剂的混合物在其上均匀涂布，厚度为 30～50 μm。由于是直流驱动，应该选择具有导电性的荧光体层，为此选择粒径为 0.5～1 μm 的比较细的荧光体粉末。将 ZnS 荧光体浸在 Cu_2SO_4 溶液中进行热处理，使其表面产生具有电导性的 Cu_xS 层，这种工艺称为包铜处理。最后再蒸镀 Al，形成背面电极，从而得到 EL 元件。

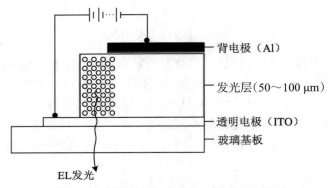

图 6-5　分散型直流 EL 元件的基本结构单元

分散型直流 EL 元件制成之后，先不使其主动发光，而是在透明电极一侧接电源正极，Al 背面电极一侧接电源负极，在一定的电压作用下，经长时间放置后，再使其发光。在这一定型化（Forming）处理过程中，Cu^{2+} 离子会从透明电极附近的荧光体粒子向 Al 电极一侧迁移。结果如图 6-6(a) 所示，在透明电极一侧会出现没有 Cu_xS 包覆的、电阻率高的 ZnS（脱铜层），这样外加电压会大部分作用在脱铜层上，在该层中形成 10^6 V/cm^2 的强电场。如图 6-6(b) 所示，在此强电场作用下，会使电子注入 ZnS 层，经加速成为发光中心。例如，直接碰撞 Mn^{2+} 会引起其激发，引发 EL 发光。

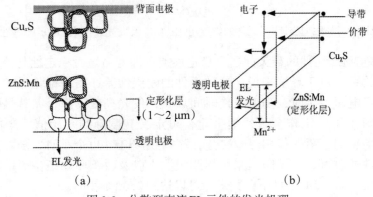

（a）　　　　　　　　　　　　　　　　（b）

图 6-6　分散型直流 EL 元件的发光机理

　　辉度–电压（L–V）特性与发光效率–电压（η-V）特性如图6-7所示。L-V特性可表示为：$L=L_0\exp[-(V_0/V)^{1/n}]$。若使用直流驱动，在100 V左右的电压下，分散型直流EL元件可获得大约100 cd/m²的辉度。而且，即使采用占空比为1%左右的脉冲波形电压来驱动，也能得到与电流驱动相同程度的辉度。此时元件发光效率一般在0.5～1 lm/W范围内，且经严格的防湿处理后可延长其寿命。直流驱动的器件的寿命大致为1 000小时，脉冲驱动可达5000小时。

　　关于发光颜色，在ZnS:Mn:Cu体系中，由Mn²⁺离子可获得橙黄色光。在3阶稀土离子活化的ZnS中，用Tm³⁺可获得蓝光，用Tb³⁺及Er³⁺可获得绿光，用Nd⁵⁺及Sm³⁺可获得红色光。同时人们还研制了以CaS及SrS为母体的荧光体，其中SrS:Ce:Cl系发蓝光，CaS:Ce:Cl系发绿光，CaS:Eu:Cl系发红光。但其发光效率都不是很高，一般为0.2～0.3 lm/W。

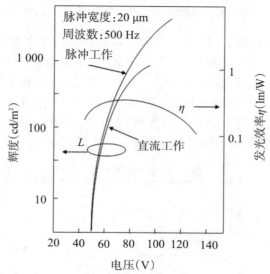

图6-7　分散型直流EL元件的辉度–电压(L-V)及发光效率–电压(η-V)特性

　　分散直流型（DC-PELD）的优点是：①显示外观好；②结构、工艺、设备较简单，成本低；③发光效率高；④可以有灰度；⑤可大面积显示。

　　分散直流型（DC-PELD）的不足之处主要有：①因高压驱动，驱动电路成本高；②亮度、寿命受限制；③反射率较大；④分辨力有限。

6.2.3　薄膜交流型（AC-TFELD）

　　1974年高辉度、长寿命的薄膜交流型EL元件被制成，该元件是将发光层薄膜夹在两绝缘膜之间组成的"三明治"结构。此后，人们又对这种形式的EL元件进行了广泛的研究开发。目前已将其投入商品市场。其基本结构如图6-8所示，在玻璃基板上依次沉积透明电极（ITO）、第一绝缘层、发光层、第二绝缘层、背面电极（Al）等。发光层厚0.5～1 μm，绝缘层厚0.3～0.5 μm。全膜厚只有2 μm左右，是非常薄的。在EL元件电极间施加200 V左右的电压可使器件的发光。由于发光层夹在两绝缘层之间，可防止元件的绝缘层被破坏。故在发光层中可以形成稳定的 10^6 V/cm² 以上的强电场；而且，由于致密的绝缘膜保护，可防止杂质和湿气对发光层的损害。

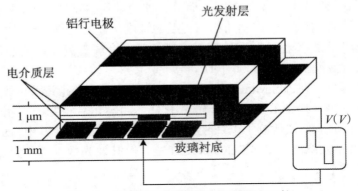

图 6-8　两层结缘膜结构薄膜交流型 El 元件

ZnS:Mn 系的发光机制，可按如图 6-9 所示的碰撞激发来解释。即当施加的电压大于阈值电压 V_{th} 时，由于隧道效应，从绝缘层与发光层的界面能级飞出的电子被 10^6 V/cm² 的强电场加速，使其热电子化，并碰撞激发 Mn 等发光中心，被激发的内壳层电子从激发能级向原始能级跃迁时，产生 EL 发光。发光中心的热电子被激发后，在发光层与绝缘层界面停止移动，产生极化作用。这种极化电场与外加电场相重叠，在交流驱动反极性脉冲电压时，会使发光层中的电场强度增强。

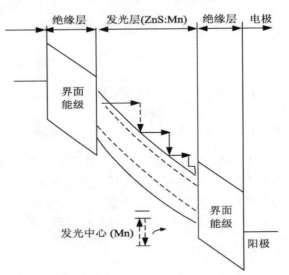

图 6-9　两层结缘膜结构薄膜交流型 El 元件的发光机制

以 ZnS:Mn 系的电气特性为例。用正弦波驱动时，其电流–电压（I-V）特性及电流的相位角–电压（Φ-V）特性如图 6-10 所示。I-V 特性在 V_{th} 点变化很强烈，可用两条直线来表示。低于 V_{th} 的区域，曲线的斜率仅与绝缘层的静电容量相对应。从 Φ-V 特性可以看出，发光层特性从电容性负载向电阻性负载变化。对于 ZnS 作为母材的情况，对应于 V_{th}，发光层中的平均场强为 $(1\sim2)\times10^6$ V/cm^2。

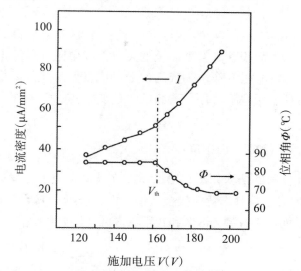

图 6-10　两层绝缘层结构薄膜交流型 EL 的 I-V 特性及位相角–电压（Φ-V）特性

ZnS:Mn 系的辉度–电压（L-V）持性及发光效率–电压（η-V）特性如图 6-11 所示，辉度在 V_{th} 处急速上升，此后出现饱和倾向。发光效率在辉度急速上升的电压范围内达到最大值。EL 发光的上升沿为数微秒，下降沿为数毫秒量级，辉度在数千赫兹范围内与电压周波数学呈正比增加。

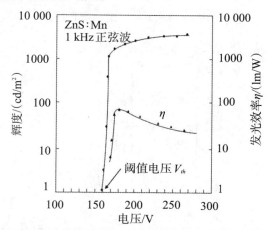

图 6-11　ZnS:Mn 系薄膜交流型 EL 元件的辉度–电压（L-V）持性及发光效率–电压（η-V）特性

关于两层绝缘膜结构的 ZnS:Mn 的稳定性，在制成之后最初的一段时间内，辉度-电压特性会发生变化，此后便会渐渐达到稳定状态。这并非性能的劣化，而是由于制作过程中导入的各种变形、不稳定因素及电场分布的不均匀性等因素逐渐趋向稳定，该过程又称为老化。老化充分的元件，其性能极为稳定，工作 20 000 小时以上未发现辉度明显降低。

薄膜交流型（AC-TFELD）的主要优点是：①发光效率高；②对比度高；③寿

命长；④分辨力高；⑤有灰度；⑥环境性能好；⑦有存储记忆功能；⑧视角大；⑨主动式发光。

薄膜交流型（AC-TFELD）的不足之处是：①驱动电压高；②负载电容大；③驱动电路昂贵；④大面积、高密度面板的R（汇线电阻乘单元电容）大，使脉冲延时，波形改变，有效电压下降；⑤蓝色ELD的亮度及发光效率低，实现全色化有困难；⑥实现大面积、无缺陷、均匀薄膜的工艺要求高；⑦制作车间的超净度要求高；⑧成本高。

6.2.4　薄膜直流型（DC-TFELD）

薄膜直流型ELD器件结构如图6-12所示。在玻璃基板上蒸发透明电极，然后蒸发发光层（ZnS、Cu），再制作背电极金属铝，而后进行"成形"处理，在发光层上由于Cu离子的移动而产生N型ZnS区和P型Cu_xS区，形成P-N结结构。

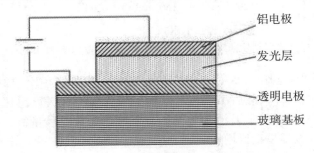

图6-12　薄膜直流型EL元件的结构

如图6-13所示为从P-N结上产生发光的原理。

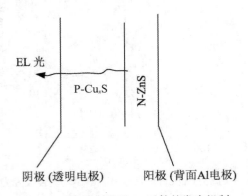

图6-13　薄膜直流型EL元件的发光机制

ZnS薄膜的制备用电子束加热，形成膜后用离子注入法将激活剂锰注入，然后再在约600℃氩气气氛中处理。最后一步是加铜，这样才能制得性能大大改善的DC-EL膜，与分散型的类似，同样有形成过程，形成以后薄膜具有整流性能和超线性的伏安特性。

　　ZnS薄膜的EL机制可能是下述两种过程的混合：

　　①空穴注入：当电流通过ZnS薄膜时，由两部分组成该电流，一部分是电子注入ZnS导带，另一部分是空穴进入ZnS价带。在ZnS中电子的迁移率为80～140 $cm^2 \cdot V^{-1} \cdot s^{-1}$，而空穴的迁移率只有5 $cm^2 \cdot V^{-1} \cdot s^{-1}$，因而注入的空穴基本上在阳极附近就被发光中心所俘获，发光靠近阳极一边。

　　②碰撞激发或离化：金属电极或Cu_xS与N型掺杂ZnS接触形成势垒，当反向偏压时，电子隧穿进入ZnS高场区，电子被加速，获得足够能量，碰撞激发或离化发光中心。

　　对ZnS薄膜的研究属于基础性的较多，现在已经能够使用这种发光膜做出低工作电压和亮度均匀的显示板，但存在的主要问题是发光效率低 （只有0.1 lm/W）和极易发生电击穿。早期器件寿命只有100小时，现在用ZnS:Mn:Cu在50 V直流电压下得到40～400 cd/m^2的亮度，寿命在2500小时以上。

　　薄膜型直流场致发光有许多突出的优点：

　　①没有介质，可以使发光体直接与电极接触，因此能做出低压和直流场致发光。一般DC-EL薄膜的激发电压为几伏到几十伏，可以与晶体管集成电路器件相匹配。

　　②均匀致密。在显示、显像方面可做到高分辨率。

　　③面积和形状不受限制。

　　④工艺简单、制造方便，因为其工艺过程主要是在10^{-3} Pa真空度下的镀膜，膜厚仅为几微米。

6.3　电致发光显示元件材料介绍

6.3.1　发光材料

　　高场EL要求荧光粉具有良好的结晶性，以确保高能荷电离粒子能顺利地通过非发光区后去激发发光中心，取得较好的光效。然而结晶良好的荧光粉要在1000 ℃以上的温度下烧制，这对采用玻璃基片的TFEL器件来说是不可取的。但目前已经开发出能在600 ℃以下取得良好结晶性的先进沉积技术。

　　TFEL器件通常用的荧光粉为硫化物荧光粉，这类荧光粉在常温常压下会产生缺陷，通过把Mn等添加剂加到基质晶体中，可减少因表面缺陷造成的损失。

　　作为激活剂的稀土元素是正三价的 （如Ce、Tb），而基质晶体往往是正二价的，会形成空穴而降低荧光粉的性能，可以补充正一价的K、Na、Li和正三价的发光中心以减少荧光粉性能的降低。

　　表6-1列出了TFEL器件常用的硫化物荧光粉的主要性能。如图6-14所示为发各种色光的ELD屏的电光特性曲线。

表6-1　几种TFEL器件常用的硫化物荧光粉的主要性能

发光材料	发光色	CIE色坐标				发光效率 $\eta/1m/W$（1KHz）
		x	y	1 kHz	60 Hz	
ZnS：Mn	黄橙色	0.50	0.50	5000	300	2～4
ZnS：Sm，F	橙红色	0.61	0.39	120	8	0.05
ZnS：Sm，Cl	红色	0.64	0.35	200	12	0.08
CaS：Eu	红色	0.68	0.31	200	5	0.05
CaSSE：Eu	红色	0.66	0.33	360	22	0.4
Zns：Mn/滤光器	蓝色	0.65	0.35	1 250	75	0.8
ZnS：Tb，F	蓝色	0.28	0.62	2 100	125	0.5～1
CaS：Ce	蓝色	0.27	0.52	150	10	0.1
ZnS：Tm，F	蓝色	0.11	0.09	2	0.15	<0.01
SrS：Ce	蓝绿色	10.19	0.38	900	65	0.44
SrS：Ce/滤光器	蓝色	0.10	0.19	200	12	0.07
CaGa$_2$S$_4$：Ce	蓝色	0.15	0.19	210	13	

ZnS:Mn^{2+}：发光中心是Mn^{2+}，通过直接碰撞激发，发橙色光，最高亮度达500 cd/m^2。

ZnS:RE^{2+}：稀土离子具有稳定的三价态，RE^{3+}与Zn离子的化学性质差别大，离子半径也有所不同，很难注入ZnS晶格中。做成TbF$_3$或TbOF可克服之。目前最有效的TFEL绿粉是ZnS:Tb，其亮度与光效可满足全色TFEL器件最低绿色像素要求。

Ca:Eu^{2+}，SrS:Ce^{3+}、CaS和SrS是间接带结构，因Ca^{2+}和Sr^{2+}离子直径与RE^{3+}加注到这类基质晶格中较为理想。Ca:Eu^{3+}发红光。SrS:Ce^{3+}发蓝光，是第一种用于TFEL的蓝粉，尽管其亮度与效率较高，但它发的是蓝绿光，用作全色TFEL蓝粉并不理想。

CaGa$_2$S$_4$:Ce^{3+}和SrGa$_2$S$_4$:Ce^{3+}这两种硫代镓酸盐的能级带隙为4.1～4.4 eV，与碱土硫化物相当。Ce^{3+}的5d激发能级取决于晶格材料，Ce^{3+}的EL峰值波长在SrS中为490 nm，而在SrGa$_2$S$_4$中为450 nm。这是因为Ca、Sr在硫代镓酸盐中具有更高的离子性，使Ce^{3+}的发射蓝移。这两种粉是目前最好，能用于彩色TFEL的蓝粉。

其他可用于TFEL的正在研究中的荧光粉有：

氧化物荧光粉Zn$_2$SiO$_4$:Mn^{2+}与ZnGa$_2$O$_4$:Mn^{2+}比硫化物更稳定，发光效率和亮度也更高，但制造过程要有1000 ℃以上的煅烧温度，不适于玻璃基片。

钇氧化物和钇硫氧化物Y$_2$O$_3$:RE^{3+}和Y$_2$O$_3$S:Eu^{3+}本身不导电，需与半导体ZnS结合起来才能用于TFEL器件。

卤化物ZnF$_2$:Mn^{2+}、ZnF$_2$:Gd^{3+}、GaF$_2$:Eu^{2+}分别发橙色光紫光蓝光。它们的能级间隙大于5 eV，不导电，需注入载流子才能用作EL粉。

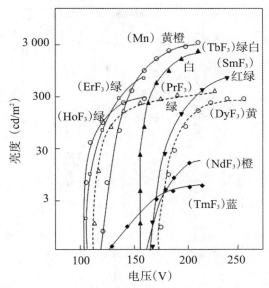

图6-14 各种发光色ELD屏的电压-亮度特性

6.3.2 电介质材料

无机分散型ELD器件为了获得高阻抗，在发光层的一个侧面上制作电介质绝缘层，通常使用$BaTiO_3$等高介电常数的电介质材料。

在有机分散交流型ELD器件上，使用介电常数ε在8～15的高分子电介质材料，因它们的弯曲性能好，如：

聚乙烯氟化物：ε=8 熔点 160～180 ℃。

氟化橡胶：ε=13.8 热分解约250 ℃。

氟化乙烯共基聚合物：ε=15 熔点 155 ℃。

薄膜交流 ELD 使用的电介质有：Y_2O_3、Si_3N_4、Sm_2O_3、Ta_2O_3、$BaTiO_3$、$PbTiO_3$等，其ε在10～180。不能说ε越大越好，还要与发光材料、电极材料相匹配，如用Si_3N_4绝缘层代替Y_2O_3绝缘层对提高器件可靠性有利。虽然Si_3N_4膜和透明电极之间不会产生什么问题，然而Si_3N_4与Al电极间黏结性差，须在之间插入SiO_2层来解决黏着性问题。

为了防止电介质绝缘层吸湿，有必要制备无针孔的致密薄膜。对于双重绝缘薄膜交流型ELD器件，使用高ε的电介质材料只需较低的阈值电压U_{th}（如图 6-15 所示）。为了不降低发光亮度，发光层的电场强度不能太低。使用Ta_2O_3、$PbTiO_3$等电介质材料时，器件不需要进行初期老化处理。

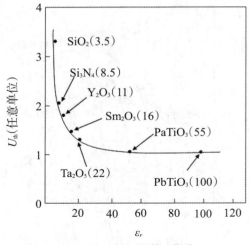

图 6-15　双重绝缘层薄膜

6.3.3　电极材料

EL元件夹在上下两块电极之间，其中必须有一块是透明的。ELD器件使用的透明电极材料有 In_2O_3 和 SnO_2 或两者混合的铟锡氧化物 ITO 透明导电膜，除 ITO 之外，$CdSnO_5$、ZnO 等也引起了人们的关注。背面电极材料则使用蒸发铝电极的为多。对于透明 ELD 显示器件和双层重叠的 ELD 多色化显示器件等，其两面电极材料都是使用 In_2O_3 膜。但是，随着 EL 元件的大型化，对透明电极除了要求透光性高之外，透明电极的布线电阻不能忽略。在高速驱动时，ELD 器件的响应速度决定于电极阻抗和像素的静电容值的乘积，所以要选择低阻材料。而且从发热的角度、维持驱动波形稳定的角度来考虑，都希望降低电阻。选择电极材料及形成方法时，还要综合考虑元件的破坏模式以及与水的反应性等。

6.3.4　基板材料

基板材料一般采用玻璃（Corning 公司的 7059、7740、0211，HOYA 公司制的 NA40；旭硝子公司制的 AN 等）。其最重要的特性是，在可见光区域要透明，热膨胀系数应该与沉积层材料尽量一致。而且，除具有优良的表面平滑性之外，由于 EL 的退火温度一般在 500～600 ℃，因此玻璃基板要能承受这一高温。另外，为确保元件的长期可靠性，要求其中的碱金属离子含量要尽量低。Corning 公司的 7059，HOYA 公司制的 NA40、旭硝子公司制的 AN 等的铝硅酸盐系玻璃均已在实用化的 EL 元件中使用。

6.4　ACTFEL 的驱动技术

下面主要针对已达制品化的二层绝缘膜结构的薄膜交流 EL 元件的驱动方法加以介绍。作为线顺次驱动法，有帧更新（field refresh）驱动法、对称驱动法。今后，随着 ELD 的大容量化、高精细化，人们将寄希望于有源矩阵驱动法。

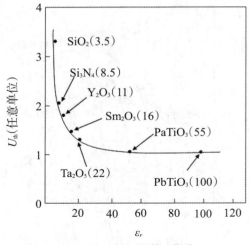

图中标注：
SiO₂(3.5)、Si₃N₄(8.5)、Y₂O₃(11)、Sm₂O₃(16)、PaTiO₃(55)、Ta₂O₅(22)、PbTiO₃(100)

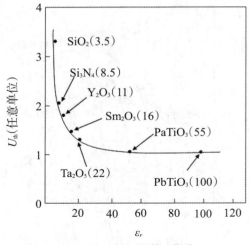

1. 帧更新驱动法

帧更新驱动波形如图6-16所示，是将一个画面（1个半帧或1帧）的线顺次写入进行驱动，在每次驱动终了时，输入帧更新脉冲，该脉冲的极性与整个显示板中写入脉冲的极性相反。

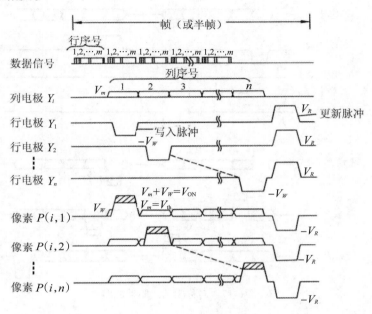

图6-16　帧更新驱动波形

这种驱动方式有效地利用了前面谈到的极化效应。即因写入脉冲而选择发光的像素，在发光层内产生极化，并且此极化一直保持；而非选择发光的像素不会产生这种极化作用。当施加与整个显示板中的脉冲电压相同的帧更新脉冲时，由于极化电场的叠加，仅被选择像素发光。

这种方法的优点是，每一帧中可以两次发光，而且，尽管是交流型元件，用单极性的线顺次写入就能驱动，反极性的帧更新脉冲在EL元件中一次施加即可，因此驱动电路比较简单。缺点是，相对于更新脉冲，写入脉冲的位相与每个扫描电极不同，而且，驱动为正、负振幅非对称的交流方式。正因为如此，随着使用时间增长，辉度变化很大，在画面消除时，残像时间变长，图像显示质量变差，因此有必要施加对称交流驱动波形，并提出下述对称驱动方案。

2. 对称驱动法

对称驱动法如图6-17所示，使每帧中写入的脉冲反转，无论对哪个像素，写入脉冲波形的位相关系相同，振幅相等，这是理想的驱动方式。一个交流循环由两个半帧构成，每个半帧发光一次。由于是对称驱动，能够比帧更新法施加更高的电压，因此可以在辉度饱和区域中使用。并且可得到显示板的辉度分布一致的显示结果，随着使用时间的加长，其变化也很小。而且正、负极性写入时可以进行变频驱动，以获得良好的对比度。但在这种驱动方法中，作为扫描侧的驱动IC，需要耐高压（约250 V）的两极性（N-MOSFET及P-MOSFET）等。

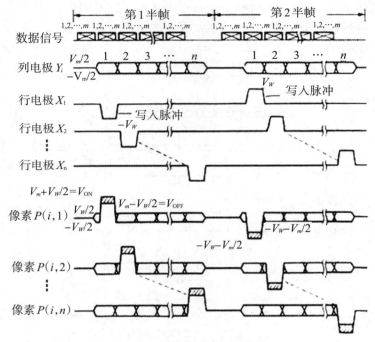

图6-17　对称驱动法驱动波形

3. 灰度调节显示驱动法

考虑到ELD要应用于微机等领域，就要求其必须能进行灰度调节。实现灰度调节显示有两种方法。一种方法是，通过调节显示一个像素的时间间隔变化来达到调节灰度的目的。但由于这种方法是利用单位时间内发光次数变化来调节，发光次数减少太多会发生闪动现象，因此灰度调节的阶数受到限制。另一种方法是，依据EL元件的辉度–电压特性，调节脉冲宽度或脉冲幅度来达到调节灰度的目的。其中，在不降低显示质量的同时，又能进行多灰度调节的驱动方式是脉冲幅度调节法，但是这需要专门的IC。最近又有人提出采用锯齿波的脉宽调节法，并使16阶灰度的640×400，640×480像素的ELD达到实用化。

4. 有源矩阵驱动法

像LCD一样，ELD也可以采用有源矩阵式驱动，如在每个像素位置设置非硅薄膜三极管（Thin Film transistor，TFT）等驱动元件进行驱动。如图6-18所示。每个像素位置设置两个TFT（Tl用于选址，T2用于EL驱动）和电容（C_s用于数据存储，C_{dv}用于EL驱动）。由于ELD具有存储效应，可进行100%负载驱动。该驱动方式不受扫描电极数的

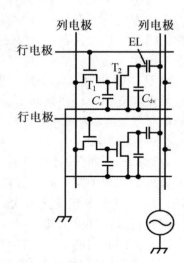

图6-18　EL的有源矩阵驱动

限制，可以对各像素进行选择性调节。采用这种方法可以对低辉度的红色和蓝色像素独立进行高频驱动。有源矩阵驱动方式使全色 EL 器件的实用化迈出了关键的一步。

6.5　电致发光显示器件的应用

6.5.1　数字及字符显示

ELD 显示器件作为数字显示的应用，它可应用于各种计量仪器的数字、符号显示等。它和荧光灯管作比较具有薄形和大型化的优点。但是，目前在此方面的用途还不多。数字显示 ELD 的应用实例有 Lohja 公司研制的使用透明电极的透射型符号数字显示单元。

据 Lohja（荷兰）公司曾经报道，Zns:Mn 薄膜型交流 ELD 产品已正式用于空港航班显示板。其中赫尔辛基空港内设置的 ELD 航班显示板参数位：每个数字或符号由 8×11 点构成，尺寸为 40 mm×35 mm，亮度为 115 cd/m^2，在 5000 1x 照度的周围光之下，其对比度为 10∶1。整个显示板的尺寸为 3 m×2.2 m，厚度为 20 cm。每一行由 45 个符号组成，共 16 行。

6.5.2　图形显示

夏普公司研制的薄膜交流型 ELD 图形显示屏，其显示面积为 120×90 mm^2，512×256 个像素，分辨力为 2.7 线/mm，显示色为黄橙色，用行顺序扫描方式，以 60 帧/R 速度显示，发光亮度为 85 cd/m^2。

由 ZnS：Mn 制作的双层绝缘膜结构的橙黄色发光薄膜交流 ELD 显示器，应用范围不断扩大，正从原来的 FA 领域向 OA 相关联的领域扩展，并逐步推广到笔记本电脑、微处理器等领域。目前，显示容量为 640×400 点及 640×480 点的 ELD 显示器已投入市场，现正开发大画面、高精细度的显示屏，例如屏面为 A4 大小，像素为 1024×800，与高精细 CRT 相匹敌的显示屏正在开发之中。目前市售的大型薄膜 EL 显示器的特性见表 6-2 所列，从表中可以看出，EL 显示器的视角都在 120° 以上，视角非常宽；工作温度在 0～50 ℃，范围也相当宽。

表 6-2　市售的部分 EL 元件的性能参数

项目	夏普		Planer System	Lohja
	LJ024U33	LJ640U48	EL751214M	MD640.400
有效显示面积/mm^2	256×200	192×144	345×292	195×122
对角线尺寸/英寸	12.8	9.4	18	9
像素数/点数	1024×800	640×480	1024×800	640×400
像素节距/mm	0.25	0.3	—	0.3
辉度/cd/m^2	100	100	70	110
辉度/f_l	30	30	20	32

续表

项目	夏普		Planer System	Lohja
	LJ024U33	LJ640U48	EL751214M	MD640.400
视角/℃	120	120	160	140
帧周波数/Hz	60	60	60	—
工作温度/℃	0～55	0～55	10～55	0～55
功耗/W	22(type)	14(type)	60(max)	14(type)
重量/g	1 000	600	6 800	480

6.5.3 彩色显示

（1）单色显示屏

单色显示屏以黄光显示为主，发光材料大多数为 ZnS：Mn，为双层绝缘膜结构。目前，显示容量为 640×400 点及 640×480 点的 ELP 显示器已市场化；屏面为 A4 大小、1028×800 的高分辨率显示屏正在开发中。单色屏工艺成熟、性能优良，已产业化。

（2）多色显示屏

对于多色 ACTFEL 显示采用宽带发光材料加滤色膜来实现，由于 ZnS：Mn 发光光谱宽，常被用作多色显示的发光材料。但 ZnS：Mn 的发光光谱中绿光不足，采用 $Zn_{1-x}Mg_xS$：Mn 新材料，可使光谱曲线"绿移"，但同时降低了红色光的色纯度。目前，采用 $Zn_{1-x}Mg_xS$：Mn 与 ZnS：Mn 双层发光材料来制造红、绿多色屏。

（3）全色显示屏

目前 TFEL 的全色显示仍不尽如人意，但研究还在继续着。全色方案有多种方案。

①用三基色发光材料实现全彩色。这种方案的一个例子如图 6-19 所示，是双基板结构。显示屏上层基板的上下两侧电极都采用 ITO 电极，以增强蓝光的透过率。其衬底上生长着红、绿发光层。红光由 ZnS：Mn 和有机滤色膜获得；绿光用原子层外延法制成的 ZnSiTb 发光层获得。下层基板是 $SrGa_2S_4$：Ce 蓝色发光薄膜，在 180 Hz 驱动频率下，该显示屏白光亮度为 35 cd/m^2。

②用白光发光材料和滤色膜实现全彩色。近年来利用白光发光材料和滤色膜制作全彩色显示屏取得了重大

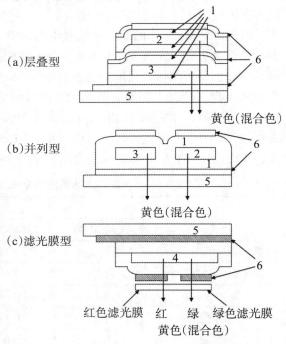

（a）层叠型

黄色（混合色）

（b）并列型

黄色（混合色）

（c）滤光膜型

红色滤光膜　红　绿　绿色滤光膜
黄色（混合色）

图 6-19　EL 元件的彩色显示

进展。这是由于白色发光材料研制工作的进展。1997 年日本开发出 SrS：Pr、K、SrS：Ce/SrS：Eu 作为白色发光材料。近年又用 SrS：Ce/ZnS：Mn 多层结构作为彩色显示屏。该材料在 60 Hz 驱动频率下，亮度为 470 cd/m²，发光效率为 1.6～2.1 lm/W。经有机滤色膜滤光后，可得 R、G、B 三基色，其亮度分别为 97 cd/m²、220 cd/m²、11 cd/m²，基本上可满足全色显示的需要。

　　白色发光材料加滤色膜方案的全色显示屏结构如图 6-20 所示。ITO 电机上是 R、G、B 滤色膜。在驱动频率达 350 Hz 时，其白光亮度为 70 cd/m²，已大于实用化所需 40 cd/m² 的要求。

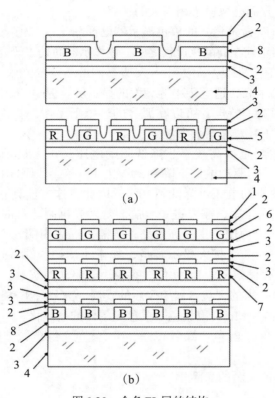

图 6-20　全色 EL 屏的结构

6.5.4　其他

　　液晶显示器件（LCD）是受光型器件，需要添置背光源，才能在暗处（夜间）清晰地显示。作为 LCD 的背照光源，分散型交流 EL 的需求量正逐渐增加。从绿色发光的 EL 到最近白色发光的 EL 都有产品面市，并正向大型化方向发展。随着元件特性的提高、驱动电路的改进，正逐步克服其辉度较低的缺点。与荧光灯相比，LCD 背照光源功耗小、温升低，但用于全色 LCD 还需进一步提高辉度。

6.6 电致发光显示（ELD）现状及发展前景

与其他平板显示器件相比，电致发光显示器的研究开发起步很早，但至今未能占领市场，只有部分产品达到商品化，其中主要原因是：其彩色化进展缓慢和价格较高等问题。

①关于彩色化，绿色和红色发光已达到实用化水平，蓝色发光达实用化尚需一段时间。

②关于价格，由于高耐压驱动IC占总价的1/3，因此降低高耐压驱动IC的价格是当务之急。当然，这方面已取得了相当大的进展。

目前，ZnS：Mn（橙黄色）的单色显示器已商品化；二色（R、G）、三色（R、G、B）和多色显示器正处在商品化过程之中，色显示器尚处于研究、提高阶段。

由于EL元件的工作机理，无法注入大功率，虽然其发光效率也不算低（5%～20%），但总亮度不会很高，适宜于中等亮度的显示屏。但是TFEL显示器具有抗震能力强、工艺温度范围宽等特点，可以在恶劣的环境下工作，特别适合于军事领域的应用，而在民用领域下较难获得大发展。

提高器件性能主要是提高效率、降低驱动电压、扩大显示容量。关于降低电压，若能使目前200 V的驱动电压下降到30 V左右，就可以采用CMOS IC驱动器进行驱动。有机ELD的驱动电压可降低到10 V，因此在这方面具有很大优势。为了降低驱动电压、提高发光效率，需要进一步搞清楚发光机制。目前，EL元件的光取出效率大致在5%～20%。为进一步提高效率，既需要提高内部元件的发光效率，更需要提高光的取出效率。关于扩大显示容量，如果驱动扫描线数达到500～1000条以上，则需要采用具有存储效应的EL元件、有源矩阵驱动等技术。

以上概括了ELD技术的现状。展望今后的发展。大致分下述三个发展阶段。

①第一阶段：ZnS：Mn（橙黄色）单色显示器的商品化。

②第二阶段：二色（红色、绿色）、三色（红色、绿色、蓝色）、多色显示器的商品化。

③第三阶段：全色显示的商品化。

参考文献

[1] Destriau G. Recherches sur les scintillation de zinc aux rayons. Journal of Chemical Physics，1936，33：587-594

[2] E Payne，C Jerome. Electroluminescence：a new method of producing light. National Technical Conference of the Illuminating of Engineering society，1950：21-24

[3] T Inoguchi，M Takeda and Y Kakihara. SID Symposium Digest，1974：84-89

[4] Z Xu，C Qu，F Teng. Why is the band model not contradictionary ot molecular theory in organic electroluminescence. Applied Physics Letter，2005，86：061911-061913

[5] J. C. Heikenfeld and A. J. Steckl. Information Display 2003，12：20-25

[6] 喻志农，薛唯，蒋玉蓉，等.陶瓷厚膜无机电致发光显示器中ZnS：Mn发光

层的优化制备. 北京理工大学学报，2007，27：153-165

[7] 余理富. 信息显示技术. 北京：电子工业出版社，2004

[8] 田民波. 电子显示. 北京：清华大学出版社，2001

[9] 柴天恩. 平板显示器件原理及应用. 北京：机械工业出版社，1996

习题⑥

6.1　电致发光显示器件根据材料和供电方式来分，有哪几类？

6.2　为何电致发光显示器件大多采用薄膜交流型结构？有何优缺点？

6.3　请简述 AC-TFELD 的工作机理。

6.4　电致发光显示采用什么材料？采用何种工艺制备发光体？

第七章 场致发射平板显示器

场致发射显示器（Field Emission Display，FED）是利用电场发射型的冷电子源的自发光型平板显示器。FED 的工作原理与传统的阴极射线管（Cathode Ray Tube，CRT）类似，也是处于真空状态中，靠电子轰击显示屏上的荧光粉而成像，不同之处在于电子的发射和扫描方式。由于自身的特点，FED 可以做成很薄的器件，其厚度不超过 10 mm，因此属于平板显示器件（Flat Panel Display，FPD）。本章就 FED 的原理、使用冷电子源的原理和种类以及制备的相关技术做详细的说明，同时介绍下一代新型的 FED 显示器件。

7.1 场致发射显示器基本介绍

7.1.1 场致发射显示器的发展历史及现状

1928 年 Fowler 和 Nordheim 提出了金属场致发射理论，推导了金属场发射的定量方程：Fowler-Nordheim 公式，奠定了场发射的理论基础。

场发射阴极性能的好坏将直接决定着 FED 的总体性能。近年来，场发射冷阴极技术得到了快速发展。1968 年，Spindt 发表了著名的 Spindt 阴极结构，开创了低电压场发射阴极的研究领域。1974 年，Thomas 等人首次报告了采用硅制造技术制备无栅极的 N 型和 P 型单晶硅尖场发射体，展示了采用硅技术制造场发射体的广阔前景。1976 年，Spindt 等人改进了制造技术，成功地采用双源旋转蒸发法技术制备了大面积钼锥薄膜 FEA。目前，已经能够制作出阵列密度高达 $10^7/cm^2$ 的场发射阵列阴极，寿命已超过 25 000 小时。对于 FED 应用而言，所需的发射电流密度通常不超过 0.01 A/cm^2，因此更重要的是需要寻找能够大面积、低成本制造低电压驱动的场发射阴极，受此需求的推动，金刚石薄膜和碳纳米管等新型的场发射材料和场发射阴极结构应运而生。

第一台 FED 电视样机是在 1990 年以 Meyer 为代表的 FED 小组展出的 256×256 像素单色 FED 样机。1993 年，他们又展示了第一台 6 英寸彩色 FED 电视样机。1994 年之后，Pixtech 和 Futaba 公司开始将 FED 推进到产业化阶段，从而成为 20 世纪 90 年代末期显示技术研究和开发的热点之一。2001 年，Motorola 公司推出了 15 英寸的全色彩显示器件，其阴极寿命超过了 10 000 小时。据 2007 年 SID 年会报道，Spindt 型微发射 FED 的生产已初具规模，Spindt 型 FED 厚度为 2～3 mm，阴极、门电极和聚焦极由铌（Nb）制成，发射微尖材料为钼（Mo），阳极材料为铝（Al）。3 英寸彩色 FED 的屏尺寸为30 mm×70 mm、像素数为184×80（RGB），亮度为600 cd/m²、功率为4 W，用于汽车显示器。经过23 000小时使用后，钼微尖完好如初。

自20世纪80年代初至90年代末，美国、日本、德国、法国、英国、俄罗斯、韩国以及台湾地区均投入大量的人力、财力、物力用于研究开发FED场致发射显示器，发起了第一次FED研发热潮。目前，世界上有一定生产规模的FED显示器生产厂商仅有美国的Pixtech公司和日本的Futaba公司。20世纪90年代末，FED经历了一段时间的低谷之后，21世纪初，世界各地投入研发FED的资金突然猛增。国外各大显示器件公司又开始掀起第二次FED研发热潮，第二次FED研发具有两大特点：（1）研发中心已从欧美移至日韩，主要研发单位有日本的伊势、佳能、东芝、双叶、日立、旭硝子、NHK、Futaba、NEC，韩国的Samsung、Orion，英国的PFE和美国的Pixtech、Motorola等；（2）各大厂商在完成小尺寸FED样机制作的基础上，大多直接开发大尺寸（30英寸以上）FED，而不是像第一次FED研发那样从1~2英寸开始逐年缓慢扩大尺寸。我国在FED研发方面有代表性的研发单位主要有中山大学、西安交通大学、清华大学、长春光机所、东南大学、华东师范大学、郑州大学和福州大学等。

7.1.2 场致发射显示原理

如图7-1所示是FED的基本结构图。FED是由一片面板与一片基板所组成，中间由空间支撑器（Spacers）支撑，两片平板的空间为真空，其真空度为10^{-5} Torr以下，一般需要10^{-7} Torr。面板玻璃包含荧光粉、电极，称为阳极板。而基板称为阴极板，其结构有栅极与阴极两极，阴极就是可以释放电子束的场发射数组，而在此数组上方1~2 μm处形成一孔状（直径1~1.5 μm）的闸极，其电位比阴极高50~100 V，而因此在栅、阴极间形成电场，将电子由阴极吸引出。此结构不同于阴极射线管以热电子源经聚焦偏折而形成扫描面的电子束，而是由二维分布面电子源，此电子源是由电场将冷电子从阴极材料吸引至真空，离开阴极板的场发射电子受到阳极板上正电压的加速，撞击荧光粉而产生阴极荧光。

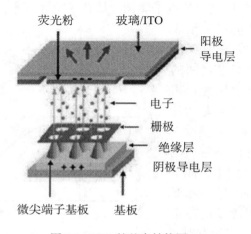

图7-1　FED的基本结构图

因此，FED的构造及原理简单。基本是由发射体、间隔及荧光粉三者构成。作为电子源的发射体是随每一个像素独立形成，由矩阵驱动。不必像现在的CRT那样将电子束作广角度扫描。另外，发光原理与CRT相同，电子束照射到荧光粉就激励发光，而且是高亮度。唯一的差别是电子的产生方式，CRT所产生的电子，是加热阴极而产生电子，一般统称为热阴极电子（Hot Cathode Electrons）；而FED则是利用电场将电子由阴极吸引出来，故称为冷阴极电子（Cold Cathode Electrons）。

7.1.3 场发射理论

1. 表面势垒与电子发射

顾名思义，场发射就是在导体或半导体表面施加强电场，使导带中的电子发射到真空中。还有一种被称为内场发射，首先依靠隧道效应将电子发射到介质中，电子被介质中的电场加速，获得足够的能量，克服表面势垒发射到真空中，这是金属–绝缘体–金属（MIM）和金属–绝缘体–半导体（MIS）两种结构阴极的物理基础。

根据固体物理原理，电子在金属或半导体中作共有化运动，其分布用概率波函数描述，是一种统计表示。在表面处，周期性的点阵结构被破坏，电子的分布不能用平面波描述，而是形成了表面态分布。在表面之外一定距离上波函数振幅为零。在讨论电子发射时，人们往往从另一个角度处理问题，即引入表面势垒的概念。当电子要逃离表面时，它将受到一个向内的作用力，这个力可以用势来表示。当电子离表面较远时，导体表面可视为理想表面，其受力可用镜像力描述。当电子离表面距离为原子间距量级时，作用力来自最外层离子点阵的作用，其大小很难用严格的公式表示，只能近似假定。引入势垒的概念后，表面内外电子概率波函数都用平面波表示，使问题的处理大大简化。

如图7-2所示的右半部分表示导体表面外的势垒分布，其中横坐标为表面外距离，纵坐标为势垒高度。曲线a代表没有外场时的表面势垒，表面外1 nm处，势垒已经成为恒定值，即电子已经不再受力。

如图7-2所示的左侧部分表示金属导带中电子数量按能量变化的分布，其中E_F为费米能级。金属和半导体内部的电子能量服从费米统计分布，超过EF后，电子数量急剧降低。只有那些能量大于表面势垒的电子才能发射到真空中。费米能级和表面势垒之间的差值定义为功函数（也称为逸出功），一般金属材料的功函数为几个电子伏特。活泼金属的功函数一般较小，金属铯具有最小的功函数，大约为1.5 eV。常温下，能量高于费米能级1.5 eV的电子分布概率是很低的，因此即使是铯在常温下也测量不到有效的电子发射。

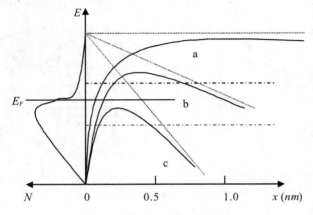

图7-2　表面势垒与金属中电子能量分布

费米分布与温度的关系很大，高温下许多金属都能得到可观的电子发射，这就是热阴极的工作原理。热阴极发射是一个平衡态过程，因此发射非常稳定。光照和外部电子轰击都可以使得金属或半导体内部部分电子获得超过表面势垒的能量，产生有效电子发射，这是光电发射和二次发射的原理。

不增加发射体内部电子的能量，而是用外加电场降低表面势垒，也能得到电子发射，一般称为场发射，当外场为零时，势垒的厚度为无穷大，能量低于势垒的电子完全无法逸出。外加电场降低和减薄表面势垒，使得较低能量的电子也可以靠隧道效应发射到真空中。场发射用经典理论是无法解释的。在隧道效应发现之前，人们也曾研究过外场作用下的电子发射问题。由于只考虑了能量高于表面势垒的那部分电子，所以结果只适用于外场强度很低的情况，此时隧道效应可以忽略。要得到实用的发射电流密度，场强要高于 10^{-6} V/m，此时隧道效应起主导作用，必须用量子力学手段得到发射公式。如图7-2所示曲线 b 和 c 表示外加电场下的表面势垒分布，当外电场增大时，势垒从无限宽变为有限宽，高度也随之降低。与图中左侧电子能量分布相比较发现，对于曲线 b 表示的势垒分布已经可以得到可观的发射电流。而对于曲线 c 的情况，由于表面势垒降低太多，场发射和热发射作用都十分明显。由于所需的外场太强，这种情况一般很难实现，或者在没有达到这么高的场强之前，早已经发生了表面电场击穿现象。

如图7-3所示为表面势垒减薄后电子穿隧现象和场发射电子的能量分布情况，其中 $E(x)$ 代表表面外场强。依据金属中自由电子分布理论和下面将要推导的金属表面场发射F-N公式，可以知道金属表面场发射电子能量分布的半高宽（FWHM）为 4.5 eV 左右。从场发射电子的能量分布可以分析发射体内的电子能量分布和表面电场状况。

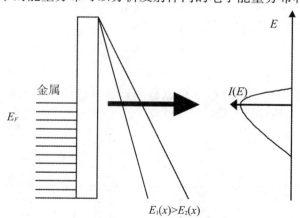

$$E_1(x) > E_2(x)$$

图7-3　场发射电子能量分布

2. 金属表面的场发射方程

金属表面场发射方程是 Fowler 和 Nordheirm 依据量子力学隧道效应原理推导出来的。推导这个方程时做了如下假定。

①金属表面是理想表面，忽略原子尺度的起伏。

②金属内电子服从费米分布。

③表面功函数均匀分布。

④表面势垒由镜像力产生。

以下参照图7-4进行场发射公式的推导，已经假定真空中电子能量为零。图中曲线a表示没有外场时的真实表面势垒，曲线b为有外场时的真实势垒，曲线c表示表面附近的镜像力势垒。在表面外一定距离上，可以用镜像力势垒代表真实势垒。

根据量子论，有如下关系：

$$v = \frac{hk}{m} \tag{7-1}$$

式中，m为电子质量，h为普朗克常数，k为K空间矢量，v为电子速度。K空间体积$dk_x dk_y dk_z$内的量子态数目为$2dk_x dk_y dk_z$：

$$2dk_x dk_y dk_z = 2(\frac{m}{h})^3 dv_x dv_y dv_z \tag{7-2}$$

乘以费米分布函数，得到$dk_x dk_y dk_z$内电子数目：

$$dn = 2(\frac{m}{h})^3 \frac{1}{e^{\frac{\frac{1}{2}mv^2 - E_F}{KT}} + 1} dv_x dv_y dv_z \tag{7-3}$$

其中：k为波尔兹曼常数，T为绝对温度。x方向速度在v_x到$v_x + dv_x$之间的电子数目为

$$dn_x = 2(\frac{m}{h})^3 dv_x \int_{-\infty}^{\infty}\int_{-\infty}^{\infty} \frac{1}{e^{\frac{\frac{1}{2}m(v_x^2 + v_y^2 + v_z^2)}{KT}} + 1} dv_y dv_z$$

$$= \frac{4\pi kTm^2}{h^3} \ln[1 + e^{\frac{E_F - \frac{mv_x^2}{2}}{kT}}] dv_x \tag{7-4}$$

发射电流密度可表示为

$$J = e\int_0^{\infty} v_x D dn_x \tag{7-5}$$

式中，D为隧道效应的透射系数。依据势垒形状和波函数及其导数连续条件，求解Schrodinger方程，可以得到D。

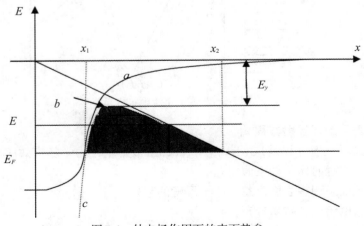

图7-4　外电场作用下的表面势垒

常温下电子主要分布在费米能级附近及其以下区域，而对发射贡献最大的是费米能级附近的电子，深能级电子的发射完全可以忽略。从图7-4中可以看出，只要金属的功函数不是很高，或者说费米能级不是很低，用镜像力势垒表示是可以接受的。

外场作用下的镜像力势垒可以表示为

$$U(x) = -\frac{1}{16\pi\varepsilon_0 x} - eE_x x \tag{7-6}$$

式中，E_x 为 x 方向电场强度。

如图7-4所示，对于能量为 F 的电子，其隧道透射系数和该能量以上的势垒面积有关。

D 的表达式为

$$D = \mathrm{e}^{-2Q} = \exp\left\{-2\sqrt{\frac{8\pi^2 m}{h^2}}\int_{x_1}^{x_2}\sqrt{\left|E - \left(-\frac{1}{16\pi\varepsilon_0 x} - eE_x x\right)\right|}\mathrm{d}x\right\} \tag{7-7}$$

上式积分为一个椭圆积分，由 Nordheim 求出，表示为

$$Q = Q_0\theta(y) \tag{7-8}$$

式中

$$Q_0 = \sqrt{\frac{8\pi^2 m}{h^2}}\int_0^{x_2}\sqrt{\left|E + eE_x x\right|}\mathrm{d}x = \frac{4\pi\sqrt{2m}\left|E\right|^{3/2}}{3heE_x} \tag{7-9}$$

为不考虑镜像力时的 $Q_0\theta(y)$ 为 Nordheim 函数，表示考虑镜像力时的修正系数为

$$\theta(y) = 0.95 - y^2, y = \frac{\mathrm{e}\sqrt{eE_x}}{\sqrt{4\pi\varepsilon_0}\left|E\right|} \tag{7-10}$$

式中，y 代表外场作用下的势垒最高点与真空能级之间的差值和电子在 x 方向动能之比。

将式（7-4）和式（7-7）代入式（7-5）中，得到

$$J = \frac{4\pi keTm^2}{h^3}\int_0^\infty \exp\left[\frac{8\pi\sqrt{2m}\left|E\right|^{3/2}}{3heE_x}\right]\ln\left[1 + \mathrm{e}^{\frac{E_F - \frac{mv_x^2}{2}}{kT}}\right]v_x\mathrm{d}v_x \tag{7-11}$$

取 $T = 0K$ 时，对上式积分得到

$$J_0 = \frac{e^3 E_x^2}{8\pi\left|E_f\right|ht_y^2}\exp\left[-\frac{8\pi\sqrt{2m}\left|E\right|^{3/2}}{3heE_x}\theta(y)\right] \tag{7-12}$$

式中，$t_y^2 \approx 1.1$。

习惯上将电流密度用 A/cm² 表示，费米能级用 eV 表示，电场强度用 V/cm 表示，则发射电流密度公式为

$$J_0 = 1.54\times10^{-6}\frac{E_x^2}{\phi}\exp\left[-\frac{6.83\times10^7\varphi^{3/2}}{E_x}\theta\left(3.79\times10^{-4}\frac{\sqrt{E_x}}{\phi}\right)\right] \tag{7-13}$$

式中，φ 为功函数，上式即为场发射福勒–诺得海姆方程，可以简写为

$$J_0 = \frac{AE_x^2}{\phi}\exp[-\frac{B\varphi^{3/2}}{E_x}\theta(y)] \tag{7-14}$$

式中，$A=1.54\times10^{-6}$，$B=6.83\times10^7$。

对于常用的难熔金属，功函数在$4.1\sim4.6$ eV，表7-1给出了功函数为4.5 eV的平面阴极的发射电流密度。对于下面将要讨论的在FED中常用的微尖型发射体，尖端发射电流密度达到$10^4\sim10^5$ A/cm^2，因此表面场强应达到$4\times10^7\sim5\times10^7$ V/cm，这样的高场强只能通过曲率半径达10nm量级的微小尖端来实现。

表7-1 功函数为4.5 eV时的发射电流密度

场强/(V/cm×10^7)	1.0	2.0	2.2	2.4	2.6	2.8	3.0	4.0	5.0
发射电流/(A/cm^2)	4.4×10^{-18}	5×10^{-4}	0.01	0.12	1.06	6.76	34.0	1×10^4	3.6×10^5

Fowler-Nordheim方程是在$T=0$K条件下得到的，事实上，只要金属表面上的功函数不是非常低或者外场强不是很高（大于10^8 V/cm），以至能量超过费米能级的电子在发射中起主导作用，该公式适用的绝对温度范围可以扩展到几百度。对于通常广泛应用的难熔金属，当$T=1000$ K时，Fowler-Nordheim方程仍然适用。

对F-N公式作如下代换，可以得到简洁常用的表达式：

$$J = I / \alpha E = \beta V \tag{7-15}$$

式中，I为发射电流，α为发射面积，V为电压，β为电场转化因子，与发射体形状和极间距离有关。

将式（7-15）代入式（7-14）中，得到

$$I = aV^2\exp(-\frac{b}{V}) \tag{7-16}$$

式中，$a = \frac{\alpha A\beta^2}{1.1\varphi}\exp[\frac{1.44\times10^{-7}B}{\varphi^{1/2}}]$，$b = 0.95B\varphi^{3/2}\beta$。对式（7-15）进行对数处理，得到

$$\ln(\frac{I}{V^2}) = \ln a - b(\frac{1}{V}) \tag{7-17}$$

I/V^2和I/V之间呈线性关系，用式（7-17）作图，常被称作福勒–诺得海姆（F-N）关系曲线，用作检验场发射的判据，所有的测量点都应在一条直线上。

以上得到的场发射公式适用于理想的金属表面，对于半导体表面，其内部电子能量分布不同于金属，因此得到的场发射公式有所不同。N型半导体在室温下的发射公式为

$$J = 4.25\times10^{-13}n\exp[-6.78\times10^7\frac{\chi^{3/2}}{E_x}\theta(y)] \tag{7-18}$$

式中，$y=3.79\times10^4(\varepsilon-1)/(\varepsilon+1)$，$\varepsilon$为介电常数，$\chi$为电子亲和势，定义为导带底与真空能级的能量差值，$n$为导带电子浓度。

7.2　微尖阵列场发射阴极

7.2.1　金属微尖阵列场发射阴极

从 F-N 公式可知，要得到较大的场发射，只有两个手段，即降低发射体的功函数和增加其表面电场。对于常用材料，功函数低意味着化学性质活泼，特别容易氧化。例如用在光电阴极中的金属铯及其 N 型半导体氧化物，功函数分别为 1.5 eV 和 0.5 eV，然而这类材料只能在真空条件下处理，限制了它们在场发射中的应用。对于一般金属发射体，要得到有效的场发射，发射体表面电场要达到 10^9 V/m。这么高的电场，一般是通过尖端效应得到的。从场发射现象被发现起，人们一直用难熔金属尖端作为阴极。早期的试验是用钨丝通过电化学腐蚀得到曲率半径达 10 nm 以下的尖端，这种钨尖发射体现在仍成功地用在场发射电子显微镜中。将场发射阴极用到电子器件中，必须解决以下两方面的问题：①需要分布密度足够高的均匀微尖阵列，而不仅仅是单个微尖，以得到一定面积上的均匀发射；②需要近距离地引出电极，称为栅极或门极。与微尖距离小于 1 μm，引出电压为几十伏特。

1968 年，美国斯坦福研究院（SRI）的 Spindt 等用微细加工技术制出了栅控金属钼微尖场发射阵列（FEA），上述问题才开始基本解决。他们得到的基本结构如图 7-5 所示。

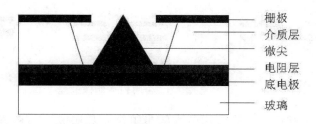

图 7-5　金属微尖场场发射阴极结构

该场发射阵列结构包括衬底、引出底电极、串联电阻层、发射微尖、带微孔的栅极（门极）、栅极与底电极之间的介质等。衬底用硅或玻璃，引出底电极和门极一般用金属钼薄膜。栅极微孔直径 1 μm 左右，发射体为圆锥形钼尖，底部直径和高度都为 1 μm 左右，尖端一般与栅极平面取平。隔离介质层采用二氧化硅，厚度 1 μm 左右。上述结构中，当栅极电压为几十伏特时，发射体尖端处的场强可达 10^9 V/m。如此强的电场使得表面势垒变低和变薄，金属中的自由电子可以通过隧道效应发射到真空中。

微尖场发射阵列的制作方法依据发射体材料的不同主要分为两种：第一种方法是制作金属钼微尖阵列，是先制作栅极，然后沉积微尖；第二种是制作硅材料微尖阵列则，是先刻蚀出微尖，然后沉积栅极。以下按制作流程分别详细介绍。

Spindt 阴极制作程序如图 7-6 所示。首先在玻璃衬底上沉积并刻蚀出钼和非晶硅电阻层构成的行电极（也称为阴极），再沉积二氧化硅绝缘层和栅极金属层，如图 7-6(a)

所示。各层的厚度与栅孔直径有关。对于直径为 1 μm 的栅孔，从下往上各层的典型厚度为 100 nm、200 nm、1 μm 和 100 nm。光刻胶作掩模，用干法刻蚀出列电极。再作一次栅极孔的掩模光刻，并用干法刻蚀刻出栅极微孔和绝缘层上的空腔，如图 7-6(a)～(e) 所示，用的刻蚀气体分别为六氟化硫和三氟甲烷。去除光刻胶后，用电子束蒸发厚度 200 nm 左右的牺牲层铝膜，如图 7-6(f) 所示。蒸发时衬底所在平面与蒸发束流方向成大约 45°，衬底需要自转。这一过程中，应该确保铝膜不蒸发到底电极上。下一步是蒸发钼尖，衬底平面与蒸发束流方向垂直。在蒸发过程中，栅极孔径不断缩小，直至最后封死，发射体从圆台逐渐变成圆锥体，如图 7-6(g) 所示。最后一步是将牺牲层连同其上蒸发的钼膜一起在氢氧化钠溶液中去除，如图 7-6(h) 所示，一个能进行行列寻址的微尖发射阵列就制作完成了。

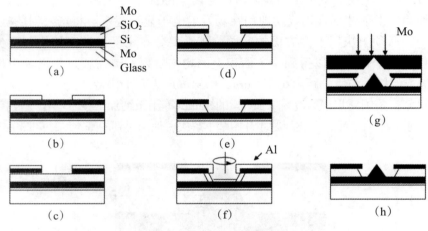

图 7-6　金属 FEA 制作过程

上述制作过程中，难度比较大的步骤是光刻栅极微孔和蒸发微尖。对于面积较大的场发射阵列，保证所有栅极微孔均匀一致，需要精密光刻设备和光刻技术，普通的接触光刻技术难以满足要求，需要电子束直接写入，也可用精密光学干涉曝光技术。为了降低对精密光刻的要求，Candescent 公司开发出了离子束随机写入技术，在光刻胶上用脉冲高压低束流离子束扫描，离子束使得光刻胶上产生损伤圆斑。经过显影，这些受损圆斑被刻蚀掉，将栅极薄膜暴露出来。用这种方法可以得到 100 nm 微尖场发射阵列，制作金属铂微尖阵列 1 μm 直径的微孔，平均密度达到每平方微米一个孔。

在进行微尖蒸发时，需要衬底平面与束流方向垂直，否则得不到良好的尖端。当发射阵列面积增大时，需要很大的蒸发设备。美国 Motorola 公司用的设备中，从蒸发坩埚到样品的距离为 1.7 m，可以制作 37×47 cm² 的发射阵列。研究表明，当束流方向与样品垂线夹角变化 0.8°，微尖曲率半径变化 2 nm，会导致边缘部分发射比中心部分下降约 75%。

7.2.2 硅衬底微尖阵列场发射阴极

在硅片上制作FEA的流程如图7-7所示。

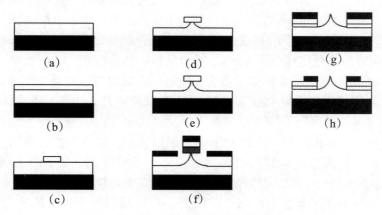

图7-7 Si微尖FEA制作过程

首先用离子注入或热扩散方法在半绝缘硅衬底上形成N型导电的条状电极，如图7-7（a）所示，再用热氧化的方法在硅片上形成厚度1 μm左右的氧化层，如图7-7（b）所示。用掩模光刻法将氧化硅层刻蚀成圆盘，其直径与所要制作的微尖高度和栅极孔直径有关，一般为1 μm左右，如图7-7（c）所示。利用二氧化硅做掩模刻蚀硅片，如图7-7（d）所示，可以用干法或湿法刻蚀。刻蚀到一定程度后，进行热氧化，在氧化层下形成硅的尖端，如图7-7（e）所示。以上两步的控制非常重要，过分刻蚀会导致氧化硅圆盘脱落。下一步是沉积一层二氧化硅和一层金属栅极薄膜，如图7-7（f）所示。刻蚀硅膜连同顶部圆盘一起腐蚀掉，如图7-7（g）所示，再将栅极薄膜光刻刻蚀成条状电极，如图7-7（h）所示，一个带有栅极的硅微尖场发射阵列就制作完成了。

与金属FEA制作相比，硅FEA的制作过程相对简单。除了上面给出的方法外，还有许多种，这里就不详细列举了。

7.2.3 六硼化镧（LaB_6）场发射阵列阴极

六硼化镧（LaB_6）是一种特殊结构的晶体，由于它具有金属的良好导电性及逸出功低，当它工作在1400～1680 ℃时，可以获得0～100 A/cm²的直流发射电流，远高于氧化物阴极及纯金属阴极，同时具有很好的热稳定性和化学稳定性。在600 ℃温度以下不会被氧化，因而在大气中可以存放任意长时间。此外，LaB_6阴极耐离子轰击，抗中毒能力强，发射稳定。LaB_6材料的优异性能使其不仅在热电子源领域有着广泛的应用，而且也特别适合场致发射冷阴极的发射材料。早在1975年Ryuichi等人观察并研究了单晶LaB_6尖锥的场发射图像。2006年，Zhang等人测量了纳米线的场发射电流，单根LaB_6纳米线的场发射电流密度高达5×10^5 A/cm²。同年Wei等人将LaB_6

薄膜覆盖到多壁碳纳米管上也得到了较好的实验结果。2007年，Late等人将LaB₆薄膜覆盖在钨尖锥和铼尖锥表面，其发射电流和稳定性大幅度地提高，发射电流密度达到$1.2×10^4$ A/cm²。Nakamoto等人采用脱模技术（Transfer Mold Technique）制作了LaB₆场发射阴极阵列，其开启电压低至28 V，但从10 000个尖锥的无栅和有栅场发射阵列上最大取得了2～4 μA的总电流，平均单尖发射电流0.2～0.4 nA。

2008年，电子科技大学的祁康成博士采用电子束蒸发技术制作的LaB₆ Spindt结构的场发射阴极总发射电流达到6 mA，折合发射电流密度0.6 A/cm²，单尖锥平均发射电流0.24 μA/tip，是目前尖锥数量最多、发射电流最大的LaB₆场发射阵列阴极。同时，他们对制作过程中的牺牲层工艺进行了细致的研究。由于LaB₆块状材料在磷酸、氢氧化钠或氢氧化钾等酸或碱溶液，以及氯化钠溶液中均会发生电化学反应而被腐蚀，且反应速度都比较快，因此不能使用铝（Al）作牺牲层，而用溅射方法沉积的氧化锌薄膜是理想的牺牲层材料。另外对于小尺寸栅孔的LaB₆场发射阴极阵列，他们提出NaCl和Al的复合牺牲层，完全避免尖锥与盐酸的接触。

为了满足中小功率真空电子器件的需要，如何限制单个尖锥的最大发射电流，让大部分尖锥参与发射将是下一步LaB₆场发射阴极研究工作的重点。尖锥形貌的微小差异导致在场发射阵列阴极中只有一部分尖锥产生电子发射，在阴极大电流工作的情况下，这部分尖锥的负载迅速加重，有可能造成其尖端的过热而烧毁。一旦出现这种情况，尖端烧毁时产生的材料蒸气沉积到栅极绝缘层表面会造成阴极与栅极短路。也会瞬间降低阴极与阳极间的真空度，被电离形成大电流弧光放电，对阴极造成永久的损坏。随着封装密度的提高，这一问题将变得更加严重。通常的做法是在尖锥下面制作限流电阻或场效应晶体管，这些措施如何在LaB₆场发射阴极结构中运用，包括结构设计、材料选择、参数的确定和器件的制作等方面研究是下一步工作中迫切需要解决的问题。

7.3　微尖发射体的性能

7.3.1　微尖发射的特点

与热阴极发射相比，场发射在空间上的均匀性和时间上的稳定性方面都相差很远，这是发射原理决定的。在热阴极中，对于给定的阴极材料，只要阴极温度足够高，发射电流密度的大小与发射体本身基本无关。发射电流受空间电荷限制，大小由阳极或栅极电压决定，而阴极表面电场为零或为负。在场发射中，为了产生有效发射，发射体表面电场非常强，不可能实现完全的空间电荷限制。发射电流不仅与阳极或栅极电压有关，而且与发射体参数有关，后者的影响更大。

分析实验表明，一个微尖场发射阵列在工作中，平均只有不到10%的微尖产生发射，绝大部分并不发射，而且产生发射的微尖还在不断发生变化。即使对一个正在发射的微尖，发射也不是发生在整个尖端处，而是发生在其局部位置。综上所述，无论对一个微尖或对一个发射阵列，场发射都是一个统计平均值。当微尖的数量很大时，总的发射电流起伏就变得比较小了。对于传统的钨尖场发射体，一个微尖就可以得到较为稳定的场发射。主要的原因是表面场强高，有效发射面积大，减弱了发射电流大小起伏的程度。

　　如图7-8所示给出了一个典型微尖阵列的场发射特性。如图7-8（a）所示为I-V曲线，可以看出存在一个栅压阈值，为80 V左右，超过阈值以后，电流迅速增长。如图7-8（b）所示为F-N曲线，所有的数据点分布在两条直线上，之间有一个夹角。这一现象在许多文献中都有报道，可能是由于电场强度大时发射面积增大引起的。

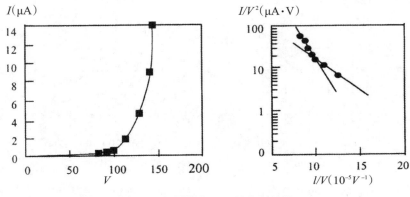

图7-8　金属微尖FEA的发射特性

　　影响场发射电流的因素很多，主要有发射体的形状、材料的功函数、真空度和表面污染情况等。

7.3.2　发射体几何参数的影响

　　在同样的阴栅极间距和栅极电压下，发射体表面电场由其几何形状决定。任何一点微小的差别都将影响电场的大小和分布。不管用什么方法制备微尖阵列，作为单独个体微尖的发射性能都是无法精确控制的，这是因为场发射是在原子量级的微突起处发生的。发射体的尖端电场最强，但这并不意味着处处都有发射电流。而在尖端处之外也不排除存在一些原子量级的微突起，可以产生有效的场发射。这些微突起在制作中是无法控制的，而且在工作期间由于电场、场发射热效应以及离子轰击等原因，这些突起还会消失和产生。

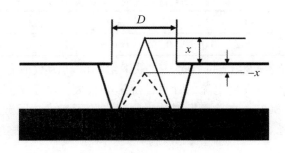

图7-9　微尖发射体的几何结构

作为一个宏观阵列，研究微尖和栅孔的尺寸以及它们之间的相对位置对发射的影响是有意义的。对于Spindt微尖，几何参数如图7-9所示，x表示微尖顶端相对于栅极平面的距离，D是微孔直径，r是微尖半径。如图7-10所示为这几个参数对发射能力的影响程度，其中微尖曲率半径都为50 nm，V为阴栅极间电压。如图7-10（a）所示为$x=0$、发射电流为100 μA时，栅压V与孔径D的关系。如图7-10（b）所示，同样的发射电流条件下，当孔径$D=1.3$ μm时，栅压与尖端位置的关系。当尖端伸出栅极平面200 nm以上时，栅压下降变得缓慢。

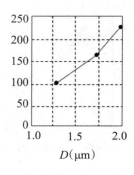 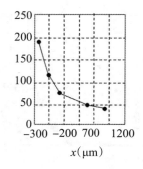

（a）$x=0$ nm时，栅压与孔径D关系　　　　（b）$D=1.3$ μm时，栅压与尖端位置关系

图7-10　发射电流为100 μA时，几何参数对发射的影响

为了使得微尖有较高的发射能力，应尽量减小栅极孔径D。此外，还要调整好尖端与栅极平面的距离，一般微尖顶端高出栅极平面100～200 nm为宜。

实际上，微尖圆锥体顶角对发射电流的影响是非常大的，但这一角度在工艺上很难控制，可以采用多次光刻和蒸发的方法实现非常小的顶角。由于这一过程非常复杂，过程控制极其困难，除非特殊需要，一般并不刻意控制这一角度。

7.3.3　发射材料参数的影响

从F-N公式可以看出，功函数对发射电流影响很大，采用低功函数的发射表面是增大电流密度和减小引出电压的有效手段。表7-2给出了电场强度为$4×10^7$ V/cm时功函数与发射电流的关系。功函数每降低0.2 eV，发射电流增大到3.2倍左右。

表7-2　功函数与发射电流的关系

功函数（eV）	3.0	3.2	3.4	3.6	3.8	4.0	4.2	4.4	4.6
发射电流（10^5A/cm²）	0.052	0.017	0.568	0.186	6.02	1.93	6.08	19.0	58.3

由于测量方法和表面状况的不同，文献中给出的功函数值有一定差别，虽然一般不会大于0.2 eV，但对发射电流的计算已经影响很大。由于金属表面吸附气体，导致功函数提高10%～30%。在选择发射体材料时，除了考虑功函数这一因素外，材料的物理和化学稳定性、加工容易程度、价格等都是重要依据。表7-3给出了常用材料的功函数及蒸发温度。

表7-3　常用材料的功函数和蒸发温度

材料	Mo	Ta	W	Si	LaB$_6$	HfN	TiN	ZrN	金刚石
蒸发温度（℃）	2090	2507	2667	1204					2200
功函数（eV）	4.4	4.3	4.5	4.15	2.7	3.7	3.1	2.8	NEA

FED要经过450℃左右的高温封接过程，由于是在保护性气氛下进行，对材料的高温抗氧化能力没有特殊的要求。但所选材料必须具备常温抗氧化能力，并且需要较高的熔点，避免封接中材料蒸发引起极间耐压降低。

最常用的发射体材料是难熔的过渡金属元素，特别是Mo，基本满足上述各项要求，不足之处是功函数较高。在发射微尖上沉积一层低功函数薄膜是降低功函数的有效手段。有报道，用铯化技术来降低场发射阵列的栅极门限电压效果非常明显。然而这一过程必须在真空中完成，很难用到实用化的器件制造中。同时由于碱金属的熔点太低，容易蒸发到绝缘材料上，引起电阻下降，导致打火击穿。元素周期表中Ⅳ副族金属的氮化物如氮化钛、氮化锆等具有良好的导电性、很高的熔点和较低的功函数，并且具有较好的抗氧化性能，可以用来制作场发射体和发射体涂层。这些氮化物能够很容易地进行电子束蒸发，可以在Mo微尖蒸发完成后沉积一层，以达到降低功函数的效果。

7.4　FED中的发射均匀性和稳定性问题

7.4.1　电阻限流原理

与热发射相比，发射电流的起伏是场发射阴极中存在的最大问题。热发射阴极中，只要温度足够高，发射电流受控于阳极和栅极电压，与发射体无关，因此具有高度的稳定性。场发射电流决定于表面电场和阴极表面状态。发射过程中受表面形态变化、离子轰击、气体吸附等多种因素影响，造成发射电流起伏不定。如果没有自动反馈控制，场发射阴极很难正常工作。这种反馈不能靠外电路实现，只能靠其内部的自动反馈机制实现。一个简单的方法是增加串联电阻，其作用有两个：

①限流作用，当个别发射体发射过大时，由于电阻的分压作用使电流受限，从而均衡了各发射体的发射能力。

②当个别发射微尖与栅极发射短路时，电阻承受了电压降，其他微尖仍能正常工作。由于微尖数量极大，个别微尖的损失影响不大。如果没有串联电阻，整个发射阵列就会失效。

电阻层的作用原理如图7-11所示，图中给出了发射电流和栅极电压之间的关系曲线。

发射时可能出现三种情况：大多数发射微尖正常发射，但发射能力有差别；少数发射微尖发射能力异常；个别发射微尖与门极发生短路。当没有电阻层，发射电流如小空心圆所示，对异常发射体，发射电流很大。有短路发生时，发射体根本无法工作。当有串联电阻时，电阻负载线如图中斜虚线所示，电阻层承担了部分压降。发射电流越大，电阻分压越高，有效地均衡了各发射体的发射能力，并限制了短路电流。发射电流如图中小实心圆所示，对异常发射体，电阻承担的电压为V_{resis}，加到发射体上的压降为V_{tip}，限流作用明显地体现出来了。对于正常发射体，即使有限流电阻存在，发射电流仍有差别。对于FED，每个像素包含的发射微尖数量巨大，各像素总发射电流之间的差异就可以忽略了。

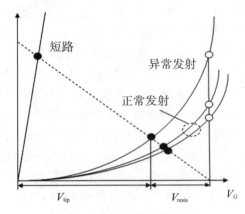

图 7-11　电阻的限流作用

7.4.2　FEA限流电阻层结构

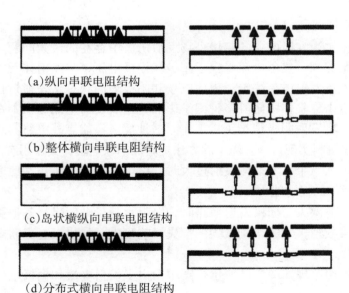

（a）纵向串联电阻结构

（b）整体横向串联电阻结构

（c）岛状横纵向串联电阻结构

（d）分布式横向串联电阻结构

图 7-12　限流电阻层结构

　　引入电阻层的FEA结构示于图7-12中，右侧为其相应的等效电路示意图。如图7-12（a）所示为纵向串联结构，由于电阻层无法做得很厚，一般为500 nm左右，因此电阻耐击穿能力有限，阴栅极发生短路时，电阻层容易击穿，从而失去限流作用。如图7-12（b）所示为横向串联结构，耐击穿能力和限流能力大大提高，缺点是中间部分的微尖阴栅间电压降比外侧的低，因此发射也小。在极端情况下，外侧微尖发射过大，甚至烧毁，而中间部分的微尖发射仍然很小，因此限制了总的发射电流。图7-12（c）为图7-12（b）的改进型，发射微尖的下面加了导体薄膜，该薄膜为等位体，电极经过串联电阻连到其上。对发射微尖而言，同时存在横向和纵向串联电阻，而且各微尖阴极栅压降都相同，因此效果比较好。这种结构也有缺点，当等位体薄膜上的任何一个微尖发生短路击穿时，该等位体薄膜上的所有微尖都失效。克服这一缺点的措施是让每个像素包含多个这样的单元，即使个别单元失效，对该像素的影响也有限。图7-12（d）中，每个微尖都分别加有横向串联电阻，原理与图7-12（a）相同，但电阻是横向的，因此耐压性能大大提高，是一种比较理想的结构。

　　不同结构对电阻层的电阻率的要求是不同的，以下就所给的几种情况分别进行分析。FED中每个像素大约有4000个微尖，发射电流大约为100 μA，平均每个微尖的发射电流为25 nA。如果认为只有大约10%的微尖进行发射，则发射电流为250 nA。在一般情况下，可以近似认为当电阻层承担10 V压降时，基本上起到了限流作用。对如图7-12（a）所示结构，设微尖底部半径为1 μm，电阻层厚度为300 nm，每个微尖电流为250 nA，压降为10 V，则电阻率为4×10^4 Ω·cm。对如图7-12（c）所示结构，设横向电阻层宽度为10 μm，微尖之下方形金属薄膜边长为40 μm，其上有49个微尖，电阻层厚度为300 nm，则算得的电阻率为400 Ω·cm。对于如7-12（d）所示结构，设微尖底部周长为6 μm，横向电阻层宽为0.5 μm，厚度为300 nm，每个微尖发射电流为250 nm，算得的电阻率为400 Ω·cm。

　　反馈电阻一般采用溅射或气相沉积的多晶硅薄膜，电阻率要进行比较准确的控制，以满足各种要求。

7.5　FED的其他关键技术

7.5.1　支撑技术

1. 支撑结构的必要性

　　FED需要真空工作环境，对角尺寸为3英寸以上的FED器件，大气压的作用足以使显示器面板上产生极大的应力而破裂。对于小屏幕器件，大气压造成的极板变形对显示质量也有一定的影响。FED的阴阳极板之间必须采用特定的支撑结构（由一定数量的支撑单元组成）来平衡内外的压强差，减小大气压造成的极板形变。除了对支撑材料的机械强度有很高的要求之外，FED的支撑结构还受到许多条件的制约。为了不影响显示图像，FED支撑单元的支撑面积必须足够小；为了防止支撑单元的电子积累造成的阴阳极打火，必须考虑支撑单元表面的二次电子发射；支撑材料需要有一定的电阻率，以释放积累的电荷，同时又不能产生过大的漏电流。

　　FED器件中的支撑结构的形式多种多样，制作方法也各有不同。主要包括柱状支撑结构、球状支撑结构和墙状支撑结构。目前普遍采用的是墙状支撑结构，也称为支撑墙，其形态为厚度50～200脚左右的薄片，一般由玻璃和陶瓷材料制成。支撑墙可以实现较大的阴阳极间距（大于2 mm），而且加工工艺相对简单，一般采用切割、磨抛等机械加工手段就可制成。为了防止表面的电荷积累，可以在支撑墙表面涂覆降低二次电子发射系数的薄膜。选用适当电阻率的材料，可以使支撑墙能及时地导走表面的积累电荷。由于支撑墙一般高度较高，因此对定位、黏接和安装都提出了很高要求。支撑技术问题非常复杂，影响因素很多，这里只进行简单分析。

2. 玻板受力分析

定量分析大气压造成的极板变形和产生应力的情况，预先确定和优化支撑墙排列方案，对于提高大面积FED器件的可靠性和降低其制造成本是十分重要的。大面积器件的受力情况要比中小型器件复杂得多，因此适用于大面积器件的支撑墙排列分布密度的方案亦可应用在中小屏幕器件中。在玻板受力计算中对支撑系统作了以下的基本假设：①支撑墙机械强度足够大，无形变；②支撑墙与阴阳极板保持垂直；③支撑墙的高度均匀一致。

采用普通钠钙玻璃制作FED的阴阳极板。其杨氏模量为7.4×10^4 N/mm^2，泊松系数为0.257，抗压强度为800 N/mm^2，抗张强度为40～60 N/mm^2。下面的计算例子中采用长170 mm、宽0.2 mm的支撑墙。支撑墙长边沿X方向均匀摆放，之间间隔以及与极板边缘间隔均为24 mm。在Y方向，支撑墙也均匀分布，下面计算了在Y方向间隔20 mm、30 mm以及40 mm情况下的结果以进行比较，计算结果列在表7-4中。

表7-4　各种支撑条件下的玻板受力情况

支撑墙Y向间距(mm)	20	30	40
支撑墙条数	4×29=116	4×19=76	4×14=56
表面最大应力（N／mm^2）	16.704	27.98	33.814
Z向最大行变	3.884	7.67	16.82

比较各条件下的计算结果后可以看出，Y向间距30 mm的支撑方案在一个大气压下比较合适。虽然Y向间距20 mm的支撑方案的应力及形变都更小，但支撑墙数量比间距30 mm的方案要多出近1/3，支撑墙的加工制作成本较高，这无形中增加了器件的整体制作成本。从电学性能考虑，支撑墙越多，对器件内部场强分布的影响就越大，同时表面电荷积累的可能性也越大。当间距为40 mm时，表面最大应力已经接近玻璃的抗张强度，很容易引起炸裂。

在大面积FED支撑系统中，器件四周的封接边的抗剪切强度也必须加以考虑。一般低熔点玻璃的抗剪切强度在20 N/mm^{2}左右。如何保证良好的封接质量也是一个重要的问题。上述三种支撑计算的剪切力均在20 N/mm^{2}以下，不会造成玻璃板被撕裂。

3. 支撑墙体受力分析

支撑结构材料的选择要兼顾力学性能和材料成本，表7-5列出了几种可用于制作支撑墙的材料的机械常数。

表7-5 支撑墙材料机械常数表

材料名称	材料参数				
	杨氏模量×10⁴（MPa）	泊松比	抗拉强度(MPa)	抗弯强度(MPa)	抗压强度（MPa）
热压氧化硅	28.44	0.29	514.8	549.2～686.5	588.4～980.7
氧化铝陶瓷	33.0	0.27	185.3～205.9	343.2	1176.8～2843.9
氧化锆陶瓷	18.63	0.36	137.3	186	2059.4
石英玻璃	6.08～7.06	0.17	22.2～72.0	39.2～44.1	392.3～784.5

典型的支撑墙宽度在0.10～0.20 mm，而高度在1～3 mm。在实际器件中，支撑墙的支撑面通常要承受相当于一百个大气压（atm）以上的压强，因此对支撑墙的机械强度提出了很高的要求。而且，在支撑墙的安装过程中，难免造成个别支撑墙安放不垂直的现象。由于这微小的倾角，可能造成支撑墙内部应力的增大，因此计算不同材料支撑墙，在最大允许倾角和不同承压情况下的应力分布，并与材料的屈服强度（在倾斜角存在的情况下，主要考虑的是抗弯强度）相比较，可以得出支撑墙在实际器件中的承压能力，这对于支撑墙材料的选择以及安装定位模具的设计都具有实际的指导意义。

计算例子中，采用的支撑墙尺寸为长170 mm、宽0.2 mm、高3 mm支撑墙之间以及支撑墙与玻璃极板边缘的横向间隔均为24 mm，而纵向间隔为30 mm。假定支撑墙受到的压力为200 atm。

将计算出的应力数值与材料的抗弯强度相比较，可以得出该种材料制作的支撑墙的机械强度是否可以满足支撑条件。在实际计算中，对长度为17 mm和10 mm两种情况计算结果的比较发现其应力和形变分布确实十分类似，最大值也相差无几。

虽然使用不同材料制作的支撑墙在应力和形变数值上有所不同，但在应力和形变分布上却有着相似的规律。见表7-6所列是各种材料支撑墙在最大允许倾斜角2°、承受200 atm压强时的应力和形变的计算结果比较。从表中我们可以看出，支撑墙的最大应力和最大形变出现在Z方向上。考虑支撑墙的承压能力主要考察材料的抗弯强度。比较计算结果和表7-5中的各材料抗弯强度，发现在200 atm、倾斜角为2°时，石英玻璃的内部应力超过了抗弯强度，因此将破损失效，所以如果要在FED器件中采用石英玻璃材料制作的支撑墙，还必须加大其排列密度。

表7-6 不同材料支撑墙的应力和形变

应力变量	材料名称			
	热压氧化硅	氧化铝陶瓷	氧化锆陶瓷	石英玻璃
X向最大应力（MPa）	−37.282	−33.188	−56.166	−17.4
Y向最大应力（MPa）	−37.282	−33.188	−56.166	−17.4
Z向最大应力（MPa）	−92.911	−91.94	−99.851	−87.803
X向最大形变（μm）	0.109	0.0872	0.207	0.254
Y向最大形变（μm）	5.929	5.172	8.578	25.263
Z向最大形变（μm）	−0.715	−0.621	−1.056	−2.982

在设定位移边界条件时，假设支撑墙与阳极玻璃板接触的支撑面为自由位移面。在实际情况中，如果考虑阳极玻璃板和支撑面之间的摩擦力的话，支撑墙在 Y 方向的错动应该要小一些。这个结果对实验有现实的指导意义：在使用支撑墙时，即使机械强度足够，也要在一定程度上增加其排列密度，而且，在安装时更要避免产生较大的倾角。以上三种陶瓷材料所表现出来的承压能力和位移情况比较理想。

实际情况中，还要考虑胶层或焊接层的抗剪强度。通常剪切力的最大值也是出现在支撑墙靠近阴极玻璃板的支撑面边缘，因此，这就要求胶层或焊接层有足够高的抗剪强度，以防止支撑墙的横向错动。

在实际器件中，除了对支撑墙材料机械性能的要求，还有很多因素是需要考虑的。比较热压氮化硅和氧化锆陶瓷，从热膨胀系数来看，氧化锆陶瓷更接近钠钙玻璃的热膨胀系数；但在抗热冲击性上，热压氮化硅比氧化锆要优秀；从加工角度上看，两者都可以保证很高的一致性和表面光洁度，但是遗憾的是，我们在实验工作中始终不能找到能够加工这两种陶瓷的单位。在实际工作中，氧化铝陶瓷由于其出色的真空及机械性能和相对容易的加工，成为我们选用的支撑墙材料之一。对于玻璃材料支撑墙，解决其机械强度不够、横向错动较大的方法是增加支撑墙的使用数量和保证其垂直，以降低支撑面所承受的压力。

7.5.2 真空技术

1. FEA 发射性能的降低机制

场发射阵列（FEA）发射性能的下降是场发射显示（FED）研究中普遍遇到的一个问题。FEA 发射性能下降在实验现象上表现为在器件工作初期发射电流下降较快，一段时间后又逐步趋于稳定。一般来说，在器件真空度越高的情况下，发射电流下降速度越慢，下降幅度越小（即最后的稳定发射电流值越大）。所以人们普遍认为 FEA 发射性能的下降是由发射阵列和器件内部残余的气体发生相互作用的结果。

发射下降主要归结为四种原因，即发射体表面气体吸附、表面氧化、离子溅射和离子注入。事实上，这几种因素都在起作用，实验结果更支持吸附起主导作用的观点。在金属钼微尖发射体上蒸发一层几纳米的金膜不能阻止发射下降，证明氧化不是主要因素。工作数百小时后，发射电流下降到开始的一半后，进行电镜观察并没有发现微尖表面形态发生明显变化，证明离子溅射也不是主要因素。至于离子注入，在超高真空条件下，注入的离子量与金属材料表面可以饱和吸收的离子量相比是微乎其微的，因此对发射不应构成太大的影响。真空系统中的发射实验表明，当其他任何条件都不变，只是简单地减小阴、阳极之间的间距，可以大大地降低发射电流。当间距又变回原来大小时，发射电流恢复原值。实际上，减小间距的作用是使阴极工作时表面附近的真空环境变坏，从而导致吸附增大。一种观点认为，由于水汽的作用，在 SiO_2 表面形成大量的—Si—OH 基，直到 500 ℃ 以上都是稳定的。当离子不可避免地轰击到 SiO_2 表面上时，—Si—OH 被打破，放出 OH 和 H_2O，被吸附在发射体表面，大大降低发射。当电极间距加大时，能有效降低其浓度，发射可以增大。

2. FED 中消气剂的使用

FED 需要消气剂来维持器件内部的真空度，而且在器件被封离排气台之后，使用消气剂是唯一保证器件内部真空度的手段，其重要性不言而喻。FED 具有面积体积比（显示器内表面积与器件体积的比值）很大的特点，使得器件内部少量的出气也会对器件的真空度产生较大影响。因此要求消气剂有尽量大的吸气速率。同时，为了保证 FED 器件能够有较长的工作寿命，消气剂需要有较大的吸气容量。由于 FED 独特的结构特征，在使用消气剂上，还必须考虑制作工艺中的各种技术细节。

消气剂大致可以分成蒸散型和非蒸散型两种。蒸散型消气剂主要由 IIA 族元素钡、锶、钙、镁等金属及其合金组成，必须蒸散成薄膜进行吸气。非蒸散型消气剂主要由 IVB 族过渡元素锆、钛等金属及其合金组成，它们是具有体效应特性的吸气剂。关于使用消气剂的计算方法可以参考有关书籍，这里只给出最后结果：

$$P(t) = (P(0) - \frac{Q}{S})\exp(-s \cdot t/V) + \frac{Q}{S} \tag{7-19}$$

式中，V 代表 FED 器件内部体积（L），S 代表消气剂吸气速率（L/s），Q 代表器件漏放气速率（即漏率）（Torr·L/s），$P(t)$ 是器件内部压强（Torr，1 Torr=133 Pa），$P(0)$ 是器件内部的初始压强。维持器件内真空度不降低的条件是：

$$Q < P(0) S \tag{7-20}$$

FED 器件中，由于阴阳极间距很小，因此内部体积较小，所以漏孔对器件内部压强变化速度的影响是比较大的，这是在考虑 FED 真空问题时值得注意的一点。封装良好的 FED 器件，漏率一般可以控制在 10^{-11} Torr·L/s 的数量级，在估算中可采用 1×10^{-11} Torr·L/s。假设 FED 器件排气管的内径是 10 mm（排气管内径和器件显示面积关系不大），消气剂一般置于排气管中，因此消气剂的面积可近似看成排气管的截面积，约为 80 mm²。采用北京有色金属研究总院研制的高牢固度室温吸气剂，见表 7-7 所列为该消气剂的吸气性能数据。由于漏入的气体主要是空气，因此可近似采用吸收 N_2 的数据。一般 FED 器件在排气台上可抽到 10^{-8} Torr 数量级的真空，可假设为 1×10^{-8} Torr。因此一般漏率只要在 10^{-10} 量级以下就可大致满足判别式的要求了。但是考虑到消气剂的吸气总量限制，P(0)S/Q 的比值当然越大越好。

表 7-7 高牢固度室温消气剂吸气性能表

吸气性能	吸收气体(不小于)		
	H_2	CO	N_2
10 min 时吸气速度 s(m³/sec·m²)	10	2	1.8
特征吸气量 L(m³·Pa/m²)	67	7.3	2.9

器件存放寿命的计算公式可由下式表示，该式可由物理意义上直观地得出：

$$T_0 = \frac{LA}{Q} \tag{7-21}$$

式中，L 表示消气剂的特征吸气量，A 为消气剂的有效吸气面积，Q 为 FED 器件的漏率。增加消气剂的总量，可以延长器件的寿命。

工作过程中的荧光粉放气将影响器件的寿命，放气量与阳极电流和排气过程中的烘烤去气处理有关，排气中较为彻底的去气处理是降低放气量的有效手段。相对于低压FED，高压FED中阳极电流小得多，有利于寿命的提高。

7.5.3　荧光粉

FED是靠电子轰击荧光粉发光，荧光粉的种类将影响FED的性能和采用的器件结构，这一点在前面已经有过论述。荧光粉在电子轰击下，会放出气体。特别是一些硫化物荧光粉，放出的含硫气体会对阴极发射产生很大影响。

目前主要有两种FED产品（或样机），即低压FED（小于1 kV，LVFED）和高压FED（大于1 kV，一般在3～7kV，HVFED）。LVFED是单色显示器件，采用的荧光材料包括：蓝绿粉ZnO∶Zn、红粉ZnCdS∶Ag、绿粉ZnS∶Cu和蓝粉ZnS∶Ag，其中有些就是用在CRT中的荧光粉，只是在低压条件下应用。荧光粉在低电压下工作时，存在的主要问题是流明效率低、寿命短、容易饱和、色还原性差和污染发射体。在一定的亮度要求下，低压下工作的FED必然需要大电流密度，荧光粉的饱和与库仑寿命问题将会非常突出。当电流平均密度超过10 μA/cm²时，大多数荧光粉将迅速达到饱和。即使对于低压下效率最高的蓝绿粉ZnO∶Zn，当电压为500 V时，达到的最高亮度也只有200 cd/cm²。合成具有高饱和电流密度的荧光粉是低压FED研制中需要解决的一个关键问题。遗憾的是，到目前仍然没有实现理想的效率和色坐标，因此要达到与CRT媲美的全彩色显示几乎是不可能的。

与低压粉情况不同，具有较高效率和理想色坐标的3 kV以上的中高压荧光粉可以容易得到。使用高压荧光粉可以达到高效率、理想的色还原和长寿命。虽然在FED中不可能达到CRT中20 kV以上的高电压，但基于FED中逐行发光的特性，而不是CRT中逐点扫描方式，3～6 kV的阳极电压已经足够了，太高的工作电压将带来其他问题，如高压击穿等。高电压工作还会带来其他许多好处，如适当低的栅压、较大的阴阳间距等。高压下一般要使用铝膜收集电子，铝膜的应用除了增加亮度和收集二次电子外，还可以降低荧光粉分解物对阴极的污染，避免发射电流下降。CRT中阳压一般超过20 kV，因此所覆铝膜一般较厚；FED中阳压小于10 kV，铝膜厚度一般在100 nm以下，否则电子穿过铝膜时损失过大。

7.6　场致发射显示技术的种类

FED主要有两个研究方向，即微尖型（Spindt Tip）冷阴极FED及薄膜平面型FED。微尖型冷阴极每个发射尖端的曲率半径仅几十个纳米，甚至几个纳米；利用局域场增强效应，每个尖端的发射电流可达50～100μA，尖端阵列密度可达10⁷ tip/cm²。因此，需要采用亚微米级精细加工技术进行制备。1991年Geis等人首先在小面积金刚石膜上，在实验上实现了低电场（小于3 V/μm）冷阴极场发射。此后，平面型薄膜冷阴极场发射研究获得了突飞猛进的发展。金刚石薄膜（Diamond）和类金刚石薄膜（Diamond-like Carbon，DLC）有较低的发射阈值电场，是较早研究的发射材料。由于发射的不均匀性和超过玻璃软化点的处理温度，使得这类材料很难得到实际应用。20世纪90年代中期，碳纳米管（Carbon Nanotube，CNT）优异的场发射性能被发现和研究，其阈值电场小于10 V/μm，甚至达到1 V/μm以下。相对简单的制作工艺使得其成为研究的热点，韩国三星电子和日本伊势电子分别研制成功了10英寸以上的单色和彩色显示器。除此之外，其他类型的FED也相继出现，如日本佳能的表面传导发射显示（Surface Conduction Electron Emitter，SED）、松下电子的弹道电子发射显示（Ballistic Electron Surface-Emitting Display，BSD）、日本日立公司薄膜内场致发射器件和英国印刷场发射公司的印刷FED以及我国福州大学和厦门火炬福大显示技术公司研制的低逸出功印刷型场致发射显示（Low work function Printable Cathode activation，LPC-FED）等。

表7-8　几种FED显示器基本性能

方式	Spindt	金钢石薄膜场致发光技术（C）	CNT	BSD	SED	MIM	MISM
发射机理	高压电场发射	高压电场发射	高压电场发射	弹道电子传导发射	量子隧道传导发射	热电子隧穿效应	热电子隧穿效应
工作电压/V	30～80	3500	N百～N千	15～30	10～20	5～10	80～110
发射电流/（mA/cm²）	50（NEC）	1	100～1000	2.6	2	5.8	1.4
真空要求/Pa	10^{-5}以下	$\sim4\times10^{-5}$	$10^{-5}\sim10^{-6}$	1～10	10^{-6}	10^{-4}	10^{-4}
制法	微细加工	微波PCVD	印刷法CVD	阳极氧化	喷墨打印	阳极氧化	微细加工薄膜工艺
发射效率	—	—	—	2%	<3%	0.5%	<0.3%
现状	15英寸320×240像素,彩色	—	38英寸彩色	2.6英寸53×40像素,彩色	36英寸彩色50英寸试产	20×60像素,彩色试做	显示器试做
代表厂	Futaba	FEPET	Samsung	松下电工	Canon、东芝	日立	SVA

注：PCVD，Plasma Chemical Vapor Deposition；CVD，Chemical Vapor Deposition。

见表7-8所列为是几种FED的基本性能对比。本节以下部分将介绍其中的几种，指出其优势、存在的问题和发展前景。

7.6.1　Spindt型微尖FED

如图7-13所示为Spindt型微尖FED的结构示意图。一个场发射显示器件是由上百万个或更多的微型电子枪组成的阵列构成，每个电子枪激发一个荧光粉像素，电子枪通常采用三极管结构，包括栅极、阴极（发射尖锥）和涂有荧光粉的阳极。栅极和阴极分别划分成行和列组成矩阵进行选址和显示。阳极板上有红、绿、蓝三基色荧光粉条，它们之间由黑矩阵（或称黑底）隔开，黑矩阵可以适当减少环境光的反射，提高对比度，同时降低杂色干扰的可能性，提高色纯性。阳极板和阴极板之间有支撑结构（Spacer），以抵抗大气压。支撑一般是柱状或墙状结构，目前多采用后者。两个极板之间用玻璃边框和低熔点玻璃封接，为了维持其中真空度，器件中需放置适当量的消气剂。

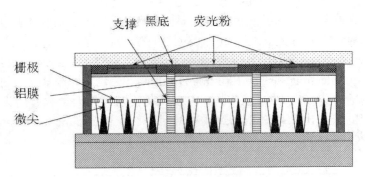

图7-13　Spindt型微尖FED结构示意图

　　Spindt型微尖场发射显示技术的优点可归纳为：FEAs具有很强的非线性电压–电流特性，可直接采用矩阵选址方式，简化了工艺；电子源为冷阴极，功耗小；FEAs由成百上千个微尖组成，即使有个别微尖失效，对像素发光也无显著影响，因而具有足够的冗余度；工艺步骤少，可降低成本；利用了半导体微加工技术，可提高FEAs的集成度（微尖密度），适合于高清晰度显示；工作温度范围宽（–40～+85 ℃）；响应速度快（小于、等于2 μs）；视角大（大于160°）。

　　Candescent公司先后推出了4.4～13.2英寸显示器，命名为薄型CRT，Motorola公司推出了15英寸FED全彩色显示器件，其阴极寿命大于10 000小时。美国Pixtech公司1998年开始有小批量5英寸彩色FED显示器面世，2000年销售额达1亿美元。但因采用微电子技术制作Spindt尖锥阴极，设备投资大，工艺难度也大，成本很高，只用在军事上或一些特别环境中使用的仪器，Pixtech公司面世的最大的军用FED为15英寸。Spindt型微尖FED阴极的功耗跟门电压的平方成正比（$P=CV^2f$），减少电压除了可以减小功耗外，还可以降低驱动电压，这便于使用低成本的IC芯片，减少成本。而降低门电压有效的措施是减小栅极圆孔的口径。一般大玻璃平板光刻系统的分辨率是直径大约1.5 μm。日本Futaba公司报道了一种制造Spindt微尖的新工艺，栅极圆孔口径只有0.5～0.7 μm，使发射体的密度增大了4倍，驱动门电压从90 V降到48 V。这样减小了功耗，增大了其产品的市场优势。根据该新工艺，Futaba公司研制Spindt阴极结构的FED有了明显的进展。Futaba公司在日本电子展"CEATEC JAPAN 2002"上展出过20.3 cm规格的Spindt阴极结构的FED面板；在日本电子展"CEATEC JAPAN 2003"上展示了28.7 cm的FED面板，显示色彩数为1670万色，画面亮度为350 cd/m²，点距为0.12 mm×0.36 mm。以12 V直流电源驱动，功率为11 W，面板厚度为2.8 mm。

　　Spindt微尖发射体能够得到稳定的发射电流、较高的发射效率和比较低的驱动电压。但是这类微尖阵列基于薄膜技术与半导体加工方法，采用高熔点金属作发射体，尽管色纯、亮度及寿命等性能接近CRT，尺寸也达到15英寸，但同时存在一些难以克服的缺点：加工精细，工艺复杂，难以制造，无法在大尺寸显示上得到应用，且成本也相对较高，这些都限制了Spindt阴极FED的发展。目前，Spindt型微尖FEDs在工艺上存在的主要问题表现在以下几个方面：其一，大面积Spindt尖锥阵列制作是目前最大的难题。由于各微尖锥发射体之间不可能做得完全一致，发射电子就会有差异，而使大面积或局部亮度不均匀，而个别发射体发射电流过大又可能使其烧毁。其二，精确度为微米量级的集成工艺。在制作Spindt型阴极的过程中，需要采用亚微米超大规模集成电路的制造设备和技术，使得这类阴极的制造成本过高；其三，荧光屏和发射体阵列的真空封接工艺。由于FEDs是阵列选址型器件，有近千条行、列选址线引出，这就给器件的高真空封装带来了困难；其四，为保持稳定场发射所需的排气工艺。由于FEDs的发射阵列和荧光屏之间的距离仅有200 μm，因此大面积情况下的排气就存在一定的困难。同时由于真空型器件中必须放置容量大、抽气快的消气剂，而FEDs狭小的器件空间却没有给消气剂留下足够的位置。其五，发光材料的选择。除了寿命问题以外，目前FED的发光材料在亮度和效率方面都难以达到要求，因此，寻找新型的低压高效荧光粉也是目前面临的一个关键问题。

7.6.2　金刚石薄膜场致发射技术

1979年，Himpsel首次报道了金刚石（111）面具有负电子亲和势之后，随后相继又发现金刚石（100）、（110）面在氢吸附的情况下均具有负电子亲和势。这就使人们以极其迅速的目光投向了金刚石薄膜，将其作为一种最佳冷阴极材料给予极大关注。因为负电子亲和势将导致冷阴极发射起始电场大幅度下降，与金属冷阴极场发射相比，起始发射电场约下降三个数量级。这意味着冷阴极电子发射不必再在高电压下进行，仅在上百伏甚至更低的电压下就有可能实现冷阴极电子发射。这无疑对冷阴极场发射的研究及应用将会有一个大的推动作用。采用金刚石薄膜作为发射体，还具有发射效率高、导热率高、表面稳定性好等优点。同时，既可以采用微尖结构，也可采用平面结构，这就使得制造工艺大为简化，因此，以金刚石材料作为冷阴极场致发射器件受到了人们的关注。

Wang等人相继发现在小于3×10^5 V/cm电场下，可观察到10 mA/cm^{2}的电流密度。他们认为这是由于金刚石具有负电子亲和势，有利于电子的发射。如N型杂质能级在导带下1.7 eV处，如果进行处理，形成O-Cs结构，则可将亲和势降低约1 eV，这样金刚石中的电子就可无势垒阻挡地进入真空，成为发射电子，从而产生大电流。由此，他们推测出这是金刚石中石墨给电子提供了通道。这种解释引起了很多争议，人们又做了很多实验来研究金刚石的发射机理。

Latham提出了击穿模型。在以金属为衬底的金刚石膜结构中，金属与金刚石界面的不平滑处产生很强的电场（高达10^7 V/cm），从而引起该处被击穿，使得电子能在金刚石中通过隧道效应进入真空。这里，假设金属与金刚石间无耗尽层，且真空能级位于金刚石导带以下。按照此模型，电子首先从金属通过隧道效应进入金刚石导带，然后再从金刚石导带射出，进入真空成为发射电子，从而产生大电流。这种模型符合F-N理论，具有一定的正确性。

元光等人对在硅微尖上生长金刚石膜进行了研究，他们利用微波等离子体技术在微尖阵列上生长了金刚石膜，它除具有金刚石的逸出功小、化学稳定性能强、可发射电流大、并可在低真空下获得高的发射效率等优点外，还能与硅集成工艺相兼容。近年来已成为金刚石场致发射的研究重点。

曾葆青等人直接采用金属铜作沉积金刚石薄膜的衬底，将多晶金刚石颗粒生长在金属基片上，散状分布的金刚石微小颗粒作为发射体可以有效地降低场致发射电子的开启电场。所制备的金刚石薄膜发射体的开启电场小于 10^5 V/cm。当电场强度为 $3.45×10^5$ V/cm 时，最大发射电流大于 2.0 mA，最大发射电流密度大于 100 mA/cm²。开启电场较低的原因在于金刚石薄膜可以看成由很多微小的金刚石发射体微尖锥组成，当颗粒间距较大时，发射体尖顶的电场增强因子更大，同时用无氧铜作为发射基底，有利于在金刚石与基底间形成良好的欧姆接触，有利于电子的发射。

总之，金刚石的大电流发射现象应归功于它的负电子亲和势，但是电击穿等因素也大大地增强了它的发射电流，并且提高发射电流的稳定性。金刚石作为阴极材料具有低的电子亲和势、高的热导率、高的击穿电场和电子迁移率及化学性质不活泼，被认为是场发射阴极材料的发展方向。不过，有关金刚石的阴极发射机理仍需大量的理论和实验才能弄清楚。

类金刚石与金刚石的键价结构类似，亦具有负电子亲和势，所以类金刚石也能在低电场下发射电子而作为很好的冷阴极发射材料。金刚石膜一般需要在较高温度下（900 ℃）制备，且难以大面积均匀成膜。而类金刚石薄膜可在室温下制备，这对衬底材料就没有太多的限制，如玻璃、塑料等都可作为衬底材料。类金刚石膜的制备成本低，比较容易获得较大面积的类金刚石薄膜，同时类金刚石薄膜发射电流更稳定，这就使得人们近几年来对类金刚石薄膜的场发射研究倾注了极大的热情。

近年来人们研究了大量类金刚石场发射材料。Chuang 等人用脉冲激光制备的类金刚石薄膜，在电场强度达到 $2×10^5$ V/cm 时，总的发射电流达到 40 μA，此时的电流密度为 160 μA/cm²，阈值场强为 $1132×10^5$ V/cm，其制作工艺主要分为两步：第一步，在硅基片上用电子束蒸发出大小约 1.5 μm、间隔 10 μm 的钼微尖阵列，包括淀积绝热层 SiO_2 和 Al 电极；第二步，在室温和压强为 3 Pa 下用 CVD 一层层地淀积类金刚石薄膜达 20 nm 厚。用这种方法制作的场致发射阴极与钼材料发射阴极进行同等条件下的发射测试，门极电压从 75 V 下降到 55 V，且具有良好的发射稳定性。CVD 金刚石薄膜能在低电场下大面积发射电子，在针尖阵列上成功生长超薄非晶态金刚石薄膜，能实现阵列的稳定和均匀电子发射，实现非晶金刚石薄膜的可控掺氮。在这方面国内也早就有研究，郑州大学 1997 年就进行了功能样品的制作，上海微系统与信息技术研究所在金刚石和类金刚石薄膜场发射技术研究方面具有诸多的创新和经验，到目前还没有进入图像显示的样屏制作阶段，在阴极进行栅控结构和像素细化方面工艺等器件总成技术方面要做更深一步的研发和提高。Talin 等人研究了类金刚石薄膜的场发射阴极和阳极之间的放电现象。认为阴极和阳极之间气体电离，正离子会加速轰击阴极样品，从而导致雪崩击穿，产生亚微突出物形成粗糙的火山口形，认为击穿后形成的许多尖端结构充当场强增强点，从而降低了阈值场强。

美国的 FEPET 公司曾经制作出 DLC 作为电子发射体的电子枪，并提出了 HyFED 结构，采用分屏扫描的场发射显示方式，每一个电子源可以上下左右扫描对应的 64（8×8）个像元，采用了薄层精密微结构偏转和扫描部件，对平面的电子源在有限尺寸内形成电子发射、聚焦、栅控、扫描和偏转来轰击对应的阳极荧光粉区域发光。也曾与上广电进行过相关的技术合作交流，作为碳膜的场发射显示方式也深入地进行了一系列研究，但其分层高精度电极的放置和固定难度极高，对电子束的聚焦、偏转、扫描至关重要，实施工艺难度是其进展缓慢的重要因素。

7.6.3 纳米管场发射显示技术（CNT）

CNT是1991年才被发现的一种碳结构。理想的碳纳米管是由碳原子形成的石墨烯片层卷成的无缝、中空的管体。石墨烯的片层一般可以从一层到上百层，含有一层石墨烯片层的称为单壁碳纳米管（Single-Walled Carbon Nanotube，SWNT），多于一层的则称为多壁碳纳米管（Multi-Walled Carbon Nanotube，MWNT）。CNT通常直径小于100 nm，长度可以达到数微米以上，其尖端有很小的曲率半径。通常认为如此形状使CNT可能在一定的电场强度下产生一个足够大的场增强因子，从而获得良好的电子发射性能。同时，CNT具有很高的强度、良好的导热性及化学稳定性，因此成为一种非常理想的场发射冷阴极材料。这类发射体包括在衬底上直接生长和用纳米管粉末涂覆在衬底上两大类。后一类又分为丝网印刷型、电泳沉积型和电镀型等。

1995年，Rinzler等首先报道了多壁CNT的场发射性质。同年，de Heer等提出利用CNT代替其他发射体作为场发射电子源的设想，开创了CNT场发射显示器的新纪元。仅过了三年时间，第一个CNT平板显示器在1998年研制成功，这是厦门火炬福大显示技术公司一种具有32×32可矩阵寻址的二极管结构。韩国三星公司于1999年利用丝网印刷工艺在玻璃基板上印制纳米碳管薄膜，其制作的CNT-FED结构如图7-14所示。该显示器为二极管结构，阴极和阳极分别由条状行列矩阵电极构成，CNT与有机物混合后印刷到阴极汇流电极上，由于电场的边缘效应，使得电子发射只发生在电极的边缘部分，电子束向两侧发散，造成束斑很大。为了防止电子束发散过大，将CNT印刷在汇流电极的一侧，如图7-14所示，这样电子束只向一个方向偏离，适当调整阳极位置，可使电子束着屏准确，防止其他色出现。但利用此方式做出的图像存在严重的色不纯，可见电子束发散和准确着屏问题没有得到很好解决。

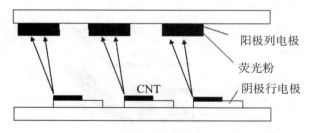

图7-14 印刷型CNT-FED结构

如图7-15所示为日本伊势电子研制的二极管型CNT-FED的基本结构。阳极是由涂覆荧光粉的条状透明导电膜构成，阴极是由涂覆碳纳米管的条形银膜构成。阳极条形电极和阴极条形电极之间是障壁，其厚度为0.15 mm左右。障壁起多重作用，可以保证条形电极之间的绝缘，防止杂散电子攻击荧光粉，并起到了阴阳极板之间的支撑作用。

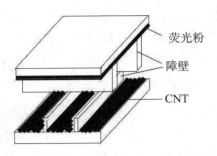

图7-15　障壁分割型二极管CNT-FED

CNT二极管FED阴阳极间距在100～300 μm，为了达到显示所需的基本亮度，阳极电压需要500 V以上，因此需要高压集成驱动电路，导致很高的成本。二极管结构的FED只能用低压荧光粉，其上不能覆盖铝膜，因此性能方面存在许多问题。首先是较低的流明效率，其次是含硫的红粉和蓝粉在电子轰击下分解出硫和含硫化合物，这些分解出的物质将严重污染发射体。

受到实际工艺的限制，很难将二极管型的平板显示器的工作电压降低到80 V以下，也就很难和常规的驱动电路相结合，造成整体器件的制作成本居高不下。受到阳极表面荧光粉层的发光效率、发光寿命以及电子散射等诸多因素的限制，阳极和阴极之间需要相互隔离开一定的距离，但是又不希望由于二者之间距离的增大而导致器件工作电压的增高，因此，在阴极、阳极之间增加一个控制栅极结构就成为一种必然的选择。于是，三极管型的场致发射平板显示器就应运而生。在三极管型的显示器中，由阳极电压和栅极电压共同作用才能够使碳纳米管阴极发射电子，再加之栅极和碳纳米管阴极的距离非常小，从而导致控制栅极的工作电压很低。目前国际上比较好的显示器件中的控制栅极电压已经低于50 V，这是平板显示领域的一大进步。

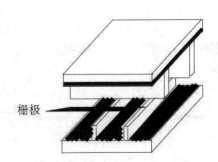

图7-16　障壁分割型三极管CNT-FED

在三极管和带聚焦电极的四极管结构中，阳极可以加高电压和使用高压荧光粉。如图7-16所示为伊势电子研究的一种三极管结构的CNT-FED。与二极管结构的差别是在阳极板和阴极板障壁之间增加了网状栅极，栅极条与阳极荧光粉条——对应。阳栅间距2～4 mm，阴栅间距0.3 mm左右。工作电压为6V，栅压数百伏。这种结构需要解决障壁上电荷积累的问题，否则容易引起打火击穿。另一个缺点是像素尺寸较大，难以实现高清晰度显示。

从三极管型碳纳米管场致发射显示器的器件制作方面来看，栅极结构既是整体器件的重要组成部分，也是场致发射显示器的重要性能衡量指标之一。目前，国际上常用的三极管型显示器大致可以分为以下几种。

（1）高栅结构。其主要特征是碳纳米管场发射阴极位于栅极孔的正下方。高栅结构的优势在于器件工作所需要的栅极电压相对比较低；从实际制作的角度来说，这种栅极结构在工艺上也比较容易实现，所制作的器件场致发射特性好，能够制作出高显示亮度的实际器件，并且栅极结构的强有力控制作用相当明显。但是，这种栅极结构所形成的栅极电流也比较大（受到栅极正电势的影响），对于栅极和阴极之间隔离材料的绝缘性能要求比较高，对于栅极结构所造成的不利影响也不容忽视，这是其不利之处。结合常规的丝网印刷工艺，西安交通大学已经制作出了实际器件。

（2）平栅结构。其主要特征是场致发射阴极和控制栅极位于同一个平面上。这种平栅结构的优势在于器件所形成的栅极电流比较小，有利于器件进一步提高显示亮度；其缺点就是栅极结构的控制作用比较弱，很容易由于阳极的高电压而引起器件的二极结构场致发射。另外，从实际器件的制作方面来看，制作成实际器件的成功率比较低。

（3）低栅结构。其主要特征是碳纳米管场发射阴极的平面稍高于控制栅极所在的平面，目前采用这种结构的器件很少。

（4）背栅结构。其主要特征是控制栅极完全位于碳纳米管场发射阴极的背部，如图7-17所示。这种背栅结构的优势在于对栅极结构的材料要求很低，在栅极结构的制作过程中不会对碳纳米管阴极的制作产生不良影响，而且控制栅极电压也比较低，目前韩国三星公司制作的背栅结构平板显示器的控制栅极电压已经低于75 V；其不利之处就在于整体器件的显示亮度比较低，并且栅极的控制作用很差。

因此，目前还需要加大对三极管型平板显示器件制作和研发方面的投入，解决好器件制作方面的难题。从工艺制作的角度来看，既需要能够满足大规模丝网印刷工艺的需要，同时还要满足大面积显示器件的制作需要；从材料选择的角度来看，既需要进一步提高材料的绝缘性能，同时还要极大地降低整体器件的生产成本，提高器件的显示亮度。当然，随着低功函数场致发射阴极研究的进展，出现了开发以简化工艺、降低成本为目的的新型场致发射显示技术的趋势，值得关注。

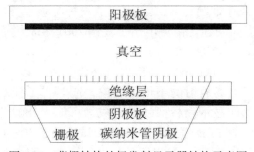

图7-17　背栅结构的场发射显示器结构示意图

在大面积三极管型的场致发射显示器中，随着控制栅极结构的加入，使得整体器件的制作工艺变得更加复杂，也面临着许多技术难题，尤其是体现在大尺寸平板显示器件当中。其中，为了抵抗内外大气压力差而特殊制作的支撑柱结构就是需要值得认真考虑的问题之一。由于器件内部是"真空"，器件外部是常温常压下的大气，二者之间就会形成巨大的压力差。为了防止玻璃面板在内外大气压力差的作用下发生形变，就必须采用支撑柱结构来从器件内部"支撑"玻璃面板，用于抵抗大气压力差。所谓的支撑柱结构，就是说一方面这种结构要求器件的玻璃面板起到一种"支撑"的作用，另一方面这种"柱"结构要具有较大的高宽比率，以避免对阳极像素的发光产生影响。在一般情况下，对于支撑柱结构需要具有如下的基本要求：（1）大的纵横比率。随着器件分辨率的提高，显示像素的面积也越来越小，由此也就要求支撑柱具有更小的宽度以及较大的高度。（2）热膨胀率。当支撑柱结构安装到器件中时，就需要和平板玻璃面板相互集成到一起，这样就涉及二者之间的热匹配问题。如果二者之间的热膨胀系数相差过大，则极易引起封装玻璃面板的碎裂。此外，使用热膨胀系数过大的支撑柱结构也容易发生位移，影响显示图像的质量，不利于精确对准。（3）纯净度。由于支撑柱结构要被密封在真空当中，因此要求支撑柱结构必须具有一定的纯净度，不能对器件内部的真空环境产生恶劣的影响，不能释放出大量的气体，否则会严重影响器件的正常工作状态等。

在实际器件的制作工艺上，还需要切实考虑到支撑柱结构的装配问题。随着器件显示面积的增大，相应地就需要更多的支撑柱结构来对玻璃面板产生支撑作用，这是必然的。但是，过多的支撑柱结构"矗立"在真空腔的内部，会将整体真空腔隔离成一个个小的单元空间，形成器件内部气体流动不畅，从而影响排气。不仅会延长整体器件的排气时间和降低排气速率，更会影响到整体器件的老化和稳定性处理，直接影响到扫描方式下平板显示器件的寿命问题。

此外，不仅需要考虑到支撑柱结构的绝缘性能、机械强度、防二次电子发射能力等性能指标，还需要兼顾制作这种支撑柱结构的工艺难度以及技术可行性。

Samsung 公司在 1999 年发布了 4.5 英寸 FED 显示器，2000 年 6 月推出了 15 英寸的 FED 全彩色显示器件。此后，每年都有较大的突破，大面积、均匀 CNT 阴极制作技术已有较大进展，2004 年对 30 英寸 CNT-FED 的研制已接近完成，并继续研制 32 英寸及 38 英寸 CNT-FED 面板产品。同时三星公司解决了两大技术难题：其一，通过在荧光屏的中间放置一真空支柱，成功解决了碳纳米管在真空状态下发射电子束而形成大面积层状真空腔这一难题；其二，找到了一种与玻璃热膨胀系数相同的材料，攻克了显示器的热胀冷缩问题。伊势电子工业于 2001 年成功研制了采用 CNT 发射阴极的 14.5 英寸大画面彩色 FED，其亮度高达 10 000 cd/m²。在 15 英寸级别的大画面 CNT-FED 中亮度达到 10 000 cd/m² 还是首次。该公司使用 CVD 在底板上把 CNT 制作成均匀的薄膜，减小了电场放射的不均匀现象，同时为了控制元件变形采用了将底座夹在中间的新构造，使显示面板面积增大成为可能。2002 年 SID 会议上，伊势报道已经研制了 40 英寸 CNT-FED 面板。日本 NEC 试制出了 30×30 像素的 CNT-FED，尽管尺寸不大，但却成功实现了 100 V 以下的低电压驱动。下一步是实现 30 英寸以下电视和个人电脑的显示FED商品化。摩托罗拉也已成功开发出使用碳纳米管的FED面板。除已经发表的15英寸样品以外，该公司还将加紧试制30英寸产品，摩托罗拉把这类FED面板称为"NED（Nano-Emissive Display，纳米发光显示器）"，并已在美国获得160项NED相关专利。并强调其制作工艺技术能够实现低阈值，驱动IC比PDP中的驱动IC更便宜，开发的显示驱动技术和集成电路都具有独特的优势，但在大尺寸的操作方面尚待验证。法国原子能委员会（LETI）2004年10月研制成功了6英寸单色CNT-FED。国内的西安交通大学、中山大学、东南大学、上海微系统和信息所、上广电等都进行了CNT在场发射显示器中应用的研究，但在三极式的栅控技术与工艺方面上尚缺乏实质性的科研成果，在产业化技术的转化上尚有巨大的差距。从综合情况来看，CNT场发射在解决发射均一性和栅控技术方面目前遭遇到了重大挫折，这显然无法满足显示器像素精细化的要求。栅控阈值的不一致性和发射性能的不一致性导致显示器的亮度和色度都偏差过大以致无法应用。这些因素阻碍了CNT产业化技术工艺的转化，制约了CNT显示器商品化的进程，有的厂家利用其发射电流密度大的优势把CNT作为液晶显示器的背光源或其他专业照明、显示管研究开发，或许可以弥补CNT的缺陷并能充分发挥发射电流大的特长。

双栅极（Double-Gate）是一种比较新的场发射平板显示结构，是在单栅（Single-Gate）基础上改进的，保证阴极发射的电子束具有更好的会聚，以降低显示中的像素串扰。Samsung的Park等人成功地用碳纳米管发射体制造了双栅极场发射阵列，增加阳极加速电压，电子的聚焦性能得到改善，这种双栅极结构CNT-FED具有较好的发光均匀性、较高的发光效率以及稳定性，其阳极电压为800 V，第一个栅极的电压为50 V，第二个栅极的电压为10 V。双栅极机构有效地改善了电子束的汇聚，减少了交叉效应，但是和Single-Gate结构相比，其开启电场要高。有关双栅极结构的研究还有待进一步深入。

LG Display的Philips提出了一种利用绝缘体材料二次电子发射性能的跳跃式场致发射显示（HOPFED）架构。结构中，通常型场发射元（包括阴极导线、电介质绝缘体和门电极）被制作在玻璃阴极上。通常型阳极被磷层图样和黑矩阵所覆盖，一层铝衬层又覆盖在上面。横跨于阳极玻璃和阴极玻璃区域之间的额外玻璃板，是使这种结构成为HOPFED的新要素（如图7-18所示）。跳跃间隔玻璃板（下部）和屏幕间隔玻璃（上部）包含有下部（跳跃）和上部（屏幕）漏斗。这些漏斗由粉体喷射玻璃制成，在漏斗的内壁涂上一层绝缘材料，下面的漏斗涂MgO，上面带有高电压的漏斗涂Cr_2O_3。

这种独特的架构是为了控制电子的传输。通过绝缘结构收集来自CNT场发射元的电子，将它们压缩在一起，就像是电子在绝缘层上"跳跃"，并使它们朝着漏斗结构的出口加速。阴极发射的电子轰击漏斗内表面产生二次电子，并在汇聚电极的电场作用下在漏斗状通道内形成自适应（二次电子发射系数为1）的电子迁移；由于漏斗入射端面积比出射端面积大，因此可以起到放大电流密度的作用。同时这种结构还可以减小离子对阴极的轰击，提高阴极的可靠性。

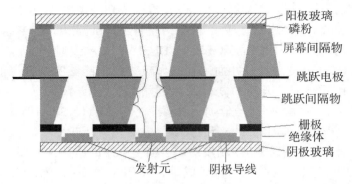

图 7-18　HOPFED 的双间隔架构使每一个磷点都能接收到均衡分布的电子
（磷点上的铝背衬层没有画出）

采用传统的 FED 技术，应尽可能避免电子轰击引起的隔片充电。但是，在 HOP-FED 中，尽量使电子轰击跳跃漏斗的绝缘表面，这正是此种架构具有独特特性的根源。在这种收集机制下，电子混合并均匀分布，而且被压缩得像是在漏斗内壁上跳跃，使得对电子束的要求降低了许多。另一个优点是对电子束的压缩允许使用大的发射面积，于是自动降低了驱动电压。

屏幕间隔漏斗中的电子被加速，阳极电压在 7～9 kV 比较适宜，可实现高发光效率而不会使磷受到过分轰击。跳跃和屏幕隔片阻止了二次电子和反向散射电子打到错误的磷点上，使高的对比度和色纯度成为可能。每一个像素都有隔片的额外好处是隔片不会被观察者注意到，而这正是传统柱状和肋状隔片不足的地方。试验结果表明，这种结构有效地提高了纳米碳管发射性能，在没有隔离层的时候阳极电流为 1.2 mA（阳极电压 2 kV，栅电极电压 200 V），有隔离层的时候，阳极电压为 1.7 kV 时，阳极电流增加了 40%。

CNT-FED 中碳纳米管的制造工艺主要有两种：（1）碳纳米管粉末涂覆在衬底上；（2）CVD 方法在衬底上直接生长。前者工艺比较简单，但在制作高精度面板时存在困难，这种方法还存在一些其他问题：①难以形成垂直于衬底的碳纳米管；②要去除残余材料；③难以保持发射器位置的均匀性和较高密度。后一种方法通过制作 CVD 催化剂图形、选择性生产碳纳米管的方法，比较容易保证精度，但也有问题：①由于生长温度过高，限制了衬底材料的选择；②难以保证大面积上的均匀性。对于这两种方法都需要解决的一个问题是如何在结构中加入栅极以减小驱动电压。下一步 CNT 阴极的发展重点是更好地控制 CNT 制造工艺，保证大批量、高纯度、无缺陷、稳定地生产 CNT，制造出大面积均匀场、发射稳定的 CNT 阴极。

7.6.4　弹道电子表面发射显示（BSD）

所谓的弹道电子发射实际上指的是利用多孔硅实现的一种准弹道电子发射，最早的结果是 1995 年报道的。这种发射有较高的效率和小的起伏，被认为可以克服 Spindt 型阴极的许多缺点。1999 年，基于这种阴极的被称为弹道电子表面发射显示（BSD）的器件样品在松下电子公司研制出来。

BSD 阴极起初是在硅片上制作的，后来发展为在玻璃基片上沉积的多晶硅膜上制作。用硅片为衬底的制作工艺过程如图 7-19 所示。首先在取向 100 面的 N 型硅片上用扩散方法制备行电极。然后用液相 CVD 方法沉积 1.5 μm 厚的非掺杂多晶硅。接着在 1：1 的 HF（50%）和乙醇溶液中进行 12 s 阳极化多孔处理，电流密度为 30 mA/cm²，同时在 20 cm 的距离上用 500 W 的钨灯进行照明。对多孔硅在 900 ℃ 下进行 60 min 氧化处理后，再沉积 15 nm 的金膜作为栅极。栅极图形用离子研磨技术形成。为减小栅极电阻，用较厚的铝膜制作汇流电极。

BSD 阴极的发射阈值电压大约为 8 V，当栅极电压达到 30 V 时，发射电流密度达到 2 mA/cm²，可以满足高亮度显示的需要。如果将发射电流和栅极电流之比定义为发射率，则当栅压在 22～30 V 时，发射效率达到 1%。实验表明，这种阴极可以在压强高达 10 Pa 时仍能正常工作。

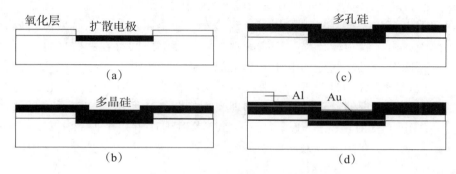

图 7-19　Si 衬底上 SBD 阴极制作过程

BSD 阴极的发射原理可以结合图 7-20 加以说明。阳极化过程形成的多孔结构实际上是由纳米颗粒组成的，快速氧化过程使得纳米晶粒和周围多晶孔硅颗粒表面形成一层二氧化硅。由于热发射，电子从基底进入多孔硅中。电子和纳米晶粒之间的碰撞概率很小，导致电子在纳米晶粒中的平均自由程远远大于体硅材料中的自由程，因此被认为是准弹道电子。由于氧化层的存在，得以在多孔硅层中施加强电场（10^7 V/m）。在这种强场作用下，电子向栅极运动，获得几个电子伏特的能量，并通过金层发射到真空中。

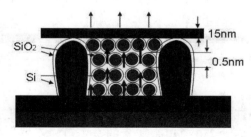

图 7-20　BSD 工作原理

BSD 具有很多优点，其发射阈值低、高发光效率、高亮度、低功耗、电子束发散角小、有自聚焦功能、抗污染的特点，且最大的一个优势是对器件的真空度要求比较低，从 10^{-5} Pa 的高真空到 10^1 Pa 的低真空状态发射电流变化不大，相对比较稳定。但其发射率比较小，需要提高，而且还面临大面积成膜和氧化成膜的问题。最近，Komoda 等通过利用低温工艺，在 TFT 或 PDP 基底上制作出了对角线为 7.6 英寸，全色 84×63 像素的 BSD 样品，为 BSD 在大尺寸显示器件的发展打下了基础。

7.6.5 表面传导发射显示（SED）

日本佳能公司首先用表面传导发射原理制造了大面积场发射平板显示器件，目的是与 PDP 竞争。他们用简单的手段实现了阴极和引出电极之间非常小的缝隙，解决了精密光刻技术的高成本问题。

SED 是苏联学者在 20 世纪 60 年代初期发现的，一般将其归类为薄膜场发射。这种阴极结构完全是平面型的，即阴极和引出电极在一个平面内。其制造工艺如下：首先在平面衬底上用蒸发和光刻方法制成平行结构的阴极和引出极，间距在 10 μm 左右。在间隙上沉积一层二氧化锡薄膜，或蒸发一层金属锡薄膜，然后氧化成导电二氧化锡薄膜。由于膜很薄，呈非连续的孤岛状，孤岛之间存在一些导电通道。真空条件下，在两个电极之间施加电压，当电流达到一定值时，一些导电通道就会被烧掉。这一过程持续数小时，直至所有导电通道都被烧掉。这时通过两极之间的电流是靠场发射过程实现的。SED 的简单物理模型如图 7-21 所示，它表示了孤岛之间的电场分布和电子发射情况。电子从一个孤岛发射到达下一个孤岛，实现了表面传导。如图中所示，在阴极板上面放置阳极，孤岛之间通过真空传导电子中的一部分就会在电压的作用下到达阳极。

将发射到阳极去的电流和表面传导电流之比定义为发射率。用上面描述的二氧化锡薄膜进行传导发射，得到的发射率达 5% 以上。这种氧化锡表面传导阴极发射电流很不稳定，起伏达到 10%。造成这种现象的原因很多，最主要的是二氧化锡本身的不稳定性。20 世纪 70 年代之后，关于这种发射结构的研究报道基本上就没有了。

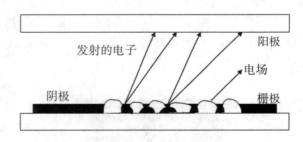

图 7-21 SED 原理图

见表 7-9 所列为是佳能公司显示技术不同开发阶段的样机基本参数。1997 年在国际显示会议上推出 10 英寸 240×240 个像素的全彩色显示器，曾经引起很大的轰动。佳能用氧化钯纳米粒子代替了氧化锡，用其擅长的喷墨技术将与有机溶剂混合的直径在 10 nm 左右的氧化钯粒子均匀地分散在阴极和引出极之间 10 μm 的缝隙上。经过高温烧结后，形成一层纳米粒子薄膜。毫无疑问，这种薄膜上会存在许多导电通道。在发射极和栅极之间施加高压脉冲，烧掉一些导电通道，形成一条宽度约10 nm的缝隙。在阴极和引出极之间施加的电压中，一个很大的比例落在了这条缝隙上，其间电场达到1 V/nm以上，很容易实现场发射。该器件阴极和引出极之间电压为15 V，电子发射率为1%。

表7-9　SED样机参数

尺寸/(英寸)	3.1	10	36
阴阳极间距/(nm)	2.5	3	1.7
像素尺寸/(nm)	0.72×0.23	0.65×0.29	0.615×0.205
像素数	80×80×3	240×240×3	1280×768×3
阳极电压/(kV)	6	6	10
最高亮度/(cd/m²)	640	690	430
对比度	—	1000∶1	100 000∶1

2004年，佳能与东芝宣布合资设立SED公司，共同生产先进的SED显示器，并展示出了36英寸SED显示器样机，其光暗对比度高达8600∶1，灰阶为10位，SED面板黑色表现完美，对于强光下的对比度表现非常好，几乎看不到因响应迟缓而导致的尾影，以及轮廓模糊等不良表现，影像非常艳丽，颇有深度。SED发射体用喷墨技术涂敷，平面电极采用印刷技术。两平面电极间距10 nm，中间用喷墨头涂敷一层PdO薄膜，电极间加高压，击穿PdO薄膜，形成10 nm缝隙，在阴极和引出线之间施加的15 V电压中，一个很大的比例落在了这条缝隙上，其间电场达到1 V/nm以上，很容易实现场发射。SED的图像质量接近CRT水平，在诸多方面都优于LCD和等离子体显示，如视频响应、对比度和颜色再现能力等。SED的响应时间由荧光材料的延迟特性决定，小于1 ms，比LCD和PDP都短。SED的荧光粉材料与CRT中使用的相似，因此颜色再现能力和视频响应都接近于CRT的水平。对比度是SED另一个突出的优点，因其暗色能够非常有效地进行定位，对比度可以做到10 000∶1。相对于其他各类场发射显示器，其最大的特点是驱动电压低，因此可以脉宽驱动模式实现256级灰度级和1700万种颜色或者更高，目前灰度等级已经可以做到1 024，能够产生细节非常丰富的图片。寿命过去一直是SED的一个问题，但目前佳能和东芝合作研制的SED在寿命问题上有所改进，可以达到CRT的水平。SED的功耗大约是传统CRT的1/2、LCD的2/3，只有PDP的1/3。2006年10月，在第七届日本高新技术博览会上，SED公司推出了55英寸全高清（1920×1080）SED样机，显示了在大尺寸上已经开发成功。SED显示器量产的工作也已经启动，初期投资1800亿日元。同时，SED显示器的研发工作也将始终贯穿在预产和量产工程中，说明这一新技术的成本控制等还有较大的改进空间。

在发射稳定的前提下提高发射率是SED当前需要解决的主要问题，这样可以大大降低驱动电路的成本。相对于其他各类场发射显示器，这种器件的最大特点是驱动电压低，因此可以采用脉宽驱动模式实现256个灰度级和1700万种颜色。

7.6.6　MIM 结构的 FED

薄膜内场致发射藉电子隧穿效应产生热电子，形成有效发射，有金属–绝缘体–金属（Metal-Insulator-Metal，MIM）和金属–绝缘层–半导体–金属（Metal-Insulator-Semiconductor-Metal，MISM）两种结构。

MIM 结构作为一种场发射阴极的研究历史可以追溯到 20 世纪 30 年代。将其成功地用到 FED 中来，却是 20 世纪 90 年代以后的事。

日本日立公司 1997 年用阳极氧化方法制作成 MIM 阴极并将其用到 FED 中。其制作过程如下：先在玻璃基片上沉积铝膜，光刻成行电极。用阳极氧化方法在其上形成一层 10 nm 的三氧化二铝薄膜，然后溅射沉积和光刻出总厚度为 6 nm 的 Ir-Pt-Au 列电极。阳极板是涂有荧光粉和透明导电薄膜的玻璃。经封接和排气后，最终制成 FED 器件。

如图 7-22 所示为这种 FED 的 MIM 阴极结构。当极间电场达到 1 V/nm 时，发射电流达到 5 mA/cm^2，可以满足显示的需要。定义发射电流与极间传输的二极管电流之比为发射率，其值为 0.3% 左右。

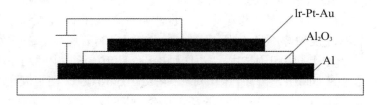

图 7-22　MIM 结构

MIM 结构发射电子的原理如图 7-23 所示。该图表示了外加电压下的能带结构，其中，E_{F1} 为下电极金属的费米能级，E_{F2} 为上电极金属的费米能级。E_c 为绝缘层的导带底，E_v 为绝缘层的价带顶，E_{vac} 为真空能级。$\chi = E_{vac} - E_c$ 为绝缘层的电子亲和势。下电极中的电子在强电场的作用下，依靠隧道效应穿过下电极金属和绝缘层之间的势垒，进入绝缘层的导带中。在其中经过各种散射和陷阱效应，不断失去能量，同时又从电场中得到能量。到达上电极时，一部分电子的能量超过表面势垒而发射到真空中。电子在金属上电极中也受到散射，部分电子失去能量而成为二极管电流，因此发射出去的比例是很小的，即发射率很低。

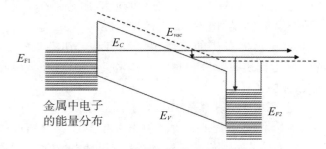

图 7-23　MIM 的能级结构和电子传输原理

电子在绝缘层中的传输行为可以用平均自由程来描述，即两次散射之间运动的距离。平均自由程与电场和电子电量的乘积即为电子的平均能量。很显然，提高电压和增大平均自由程可以提高电子的平均能量，提高发射率。最高电压受到绝缘层能承受的击穿电场强度的限制，因此增大自由程是唯一可行的方法。由于三氧化二铝是非晶态的，电子平均自由程只有 1 nm 左右，当电场强度达到 0.5 V/nm 时；平均能量达到 0.5 eV。电场再强，容易造成击穿。三氧化二铝电子的亲和势为 0.8 eV，高于电子平均能量，因此发射率较低是正常的。造成发射率较低的另一个原因是上电极中的散射。只有 6 nm 的上电极也是非晶结构的，因此，其中电子的平均自由程远远小于结晶金薄膜中 10 nm 左右的值，成为发射率低的主要原因之一。

上电极采用复合多层金属结构是为了增加器件的稳定性和提高发射率。在强电场作用下，上电极中的金属原子有可能进入绝缘层中，降低其耐压能力，导致打火击穿。实验和理论表明，金属铱 Ir 原子在强电场下并不进入绝缘层中，并能起到隔离层的作用，有效地阻止其他金属原子进入。至于用 Pt 和 Au，主要是为了降低表面的有效功函数。由于 Pt 和 Au 的功函数之间有 0.5 eV 的差值，能使得表面上真空能级降低相应的值，从而大幅度提高发射率。如果最外层采用具有更低功函数的材料，表面上真空能级降低的数值更大，但考虑到材料高温封接时的稳定性，Au 是较好的选择。

绝缘层材料的选择条件是有较宽的带隙、较低的电子亲和势、较高的耐压和较大的电子平均自由程。几乎没有材料可以满足所有这些要求，选材时需要斟酌。电子亲和势低的材料的电子发射需要的能量低，容易得到较大的发射率。然而，电子注入时遇到的势垒大，隧穿概率低，需要较高的电场才能达到所需的电流密度，容易造成绝缘层击穿。到目前为止，MIM 中绝缘层所用的材料包括 Al_2O_3、SiO_2 和 MgO 等少数宽带隙介质。

阳极氧化的绝缘介质层致密度高，阈值内漏电流小，适用于小尺寸显示器的制作。尺寸增大后阳极氧化介质的效果就变差，漏电流增加，均匀性和耐压性能很难得到保证。后来工艺扩展为采用溅射、CVD 等工艺直接形成或复合、渐变形成绝缘层，上电极采用逸出功低的金属薄膜。增加工作电压、提高电子平均自由程进而能提高发射率。最高电压受到绝缘层耐压强度的限制，因此电子的发射率一直得不到很好的提高。日立公司研制的显示器阳压 4 kV 时的电子发射率能到 0.5%。

MIM 结构的 FED 优点很多，如发射均匀性好、抗污染能力强、可以在很低的真空度下工作等。MIM 结构中电子束发散小，当阴、阳极间距为 3 mm、阳压为 5000 V 时，横向发散小于 25 μm。这一点对高分辨率应用是至关重要的，也是这类阴极的最大优势之一。发射率低是这种阴极的主要缺点，在特定的发射电流密度下，导致传导电流过大。对于大面积显示，过大的电流必然导致驱动电路成本的加大。

7.7　展望

FED 具有质量轻、厚度薄、亮度高、分辨率高和功耗小等特点，是具有广阔前景的新一代显示技术之一。FED 不仅拥有 CRT 的图像画质，且具有省电及轻薄的优点。FED也拥有相当好的色彩再生能力。其像素间距是目前PDP和LCD的几万分之一，远远超过目前高清晰度电视的标准，将成为真正高清电视的"终结者"。

受益于其高可靠性与恶劣环境的适应性，大、中、小屏幕FED显示器适用于各种场所。如壁挂彩色电视机（会议室、演播室、指挥中心、家用电视机、手提式旅行电视机）、电脑显示器（PC机、笔记本电脑、掌上电脑）、广告牌（大型户外和室内广告、机场、车站、码头交通信息和股市信息）。

韩国"GaN半导体开发计划"从2000年至2008年，由政府投入4.72亿美元，企业投入7.36亿美元，其中政府投入的资金60%用于研发，20%用于建设基地，10%用于人才培养，10%用于国际合作。研究项目包括以GaN为研究材料的白光LED，蓝、绿光Laser Diode及高功率电子组件HEMT三大领域，分别由Knowledge*On、Samsung公司及LG公司负责进度管理。韩国首尔半导体在"CEATEC JAPAN 2006"上展出了98lm的白光LED，发光效率实现了84 lm/W。在2016年法兰克福建筑与照明大展中，首尔半导体与三星LED纷纷推出200 lm/W的中功率LED。

但是现有液晶屏幕LCD以及PDP的技术都已经相当成熟，而且显示器的画质亦有相当高的水准，FED显示器欲进入市场，必须具有现有平板显示器的大部分优点，而且不能有重大且不能被接受的缺点，且其制造成本一定要低于现有的平板显示器。目前仍在研发中的有机发光显示器（OLED），同样具有相当的发展潜力，它将是FED显示器可能遇到的重大挑战。

尽管FED的研究在高效低压荧光粉、抗大气压支撑体、显示寿命等方面已取得可喜的进步，但要实现商品化，仍存在诸多急待解决的问题：①发射体发射机制的研究；②优化器件参数结构，尤其是阳极电压的设计；③真空封装工艺；④扩大显示面积，改善发射稳定性和均匀性；⑤提高寿命，降低制造成本。因此，要实现理想的显示器，FED的研究仍有一段探索之路。高画质、低成本、大面积将是FED的发展趋势。当今最有希望实用化的FED，一是印刷碳基发射体薄膜，尤其是CNT发射体；二是采用厚膜技术大尺寸、低成本的SED。

参考文献

[1] Spindt C. A. J. Appl. Phys. 1968,39:3504

[2] Thomas R. N., Wickstrom R. A., Schroder D. K, et al. Solid. State. Electron. 1974, 17(2):155

[3] Spindt C. A, Brodie I, Humphrey L, et al. J. Appl. Phys. 1976,47(12):5248

[4] 山崎映一. 发光型显示. 北京：科学出版社,2003

[5] Binh V. T., Garcia N. and Purcell S. T. Academic Press. 1996. 95:65

[6] Fowler R H, Nordheim L W. London. Imperial College Press. 1928, 119A. 1732181.

[7] 应根裕,胡文波,邱勇,等. 平板显示技术. 北京：人民邮电出版社,2002

[8] Ghis A, Meyer R, Rambaud P, et al. IEEE Trans, Electron Dev. 1991,38. 2320

[9] Itoh S, Niiyama T. Taniguchi M. and Watanabe T. J. Vac. Sci. Technol. 1996,B14. 1977

[10] Itoh. J. Appl. Surf Sci. 1997,111:194

[11] 胡汉泉,王迁. 真空物理与技术及其在电子器件中的应用(下). 北京. 国防工业出版社,1985

[12] Kochanski G. P.,Murray C. A,Steigerwald M. L,*et al*. US Patent 5838118,1998

[13] 成建波,冉启钧. 六硼化镧阴极. 成都:电讯工程学院出版社,1988

[14] 祁康成. 六硼化镧场发射特性研究. 博士学位论文. 成都:电子科技大学,2008

[15] Xu N S,Tzeng Y,Latham R V. J Phys. D. Appl. Phys. 1993,26.1776

[16] Komoda T,Ichihara T,Honda Y,et al. Soc. Inf. Display. 2004,12. 29

[17] Yamaguchi E,Sakai K,Nomura I,et al. J. Soci. Inform. Display. 1997,5. 345

[18] http://www.globrand.com/2005/05/27/20050527-10121-1.shtml

[19] http.//tech.sina.com.cn/h/2004-09-17/0919426933.shtml

[20] Kusunoki T,Suzuki M. IEEE Trans,Electron Dev. 2000,47. 1667

[21] Robertson J,Milne W I,Teo K B K,et al. Austria. American Institute of Physics,2002:537

[22] Saito Y. J. Nanosci and Nanotech. 2003,3(1-2). 39

[23] Groning P,Ruffieux P,Schlapbach L,et al. Adv. Eng. Mate. 2003,5(8):54

习题⑦

7.1　场致发射与热电子发射的本质区别是什么? 有什么优点?

7.2　根据场致发射公式计算钨尖阴极 (逸出功 4.52 eV) 在绝对零度下, 电场强度为 2×10^7 V/cm 和 4×10^7 V/cm 时的场致发射电流密度。

7.3　简述金属 FEA 的制作工艺流程。

7.4　如何提高 FED 显示器的发射均匀问题及工作寿命? 为何市场上见不到 FED 显示器? 谈谈自己的看法。

8.1 立体显示技术

与二维显示相比，立体显示技术的诞生解决了虚拟现实领域的视觉显示问题，能在一定程度上给观察者以身临其境的感受，可以真实地重现客观世界的景象，表现图像的深度感、层次感和真实性，它的应用领域非常广泛，如医学、建筑、科学计算可视化、影视娱乐、军事训练、视频通信等。立体显示技术经过几十年的研究和发展，取得了十分丰硕的成果，从各种立体眼镜、头盔显示器直到现在的不需要任何辅助设备的 Autostereoscop ic 3D（自动立体）显示器、全息显示和体三维显示。各种立体显示技术以不同的实现方式在带给观察者立体感觉的同时，也存在着不同的问题和局限性，下文将对立体显示的基本原理和各种不同立体显示方式进行详细介绍。

8.1.1 立体显示的原理

立体视觉的作用分为两眼起作用和单眼起作用两种情况。前者包括两眼视差和辐合，后者包括焦点调节和运动视差。它们都是直接影响立体效果的因素，此外，经验知识等也是重要因素。

当用摄像机从不同角度拍摄同一景物时，所得到的图像会有一些微小差异。与此同理，人在用两只眼睛看物体时，左右眼视网膜上成的像也是不一样的，两眼就是利用这种差异来判断前后关系的，这就是两眼视差，它担负着立体视觉的核心任务。例如，有一个位于远处的大球和一个位于近处的小球，如果球体上没有图案和阴影，那么单眼是很难感觉到他们之间的区别的。而如果用两只眼睛来观察，它们的前后关系和大小差别就显得很明确了。两眼视差作用的大小由此可知。此外，眼睛还要为注视某个点而工作，这时，其光轴就要对准注视点而向内转动。这就是称为辐辏的功能，其光轴交角称为辐辏角。

单眼作用是用一只眼睛收集立体信息。眼睛里有一种透镜，看远处和看近处时透镜厚度被调节在不同的大小上，这种透镜焦点调节功能可以给出前后关系的判断。在一般情况下，焦点被调节在与辐辏相同的位置上。运动视差是当人和物体移动时视见度的变化。假定是水平方向的移动，则观看物体的角度就发生变化，物体上一些被遮挡的部位就能看到了。此外，远处景色的时间度不怎么变化而近处物体则是以很快速度变化的，这种经验知识也是立体感的重要因素。两个物体前后重叠，远处物体就被近处物体遮挡住了。这虽然是很自然的现象，但是对于立体视觉来说却是必不可少的。无论立体感多么好的立体显示器，违反了这种经验规律的图像，都会产生失调感，不能形成立体视觉。绘画技法中所熟知的远近法及光照所形成的阴影也是与此同理。有一种所谓的幻影图画就是反过来巧妙地运用了这种经验规律来表现的，最有名的就是水在密闭空间里持续流动的"流沙瀑布"和同样描绘出"流沙"不停地攀登楼梯的"上升和下降"等视觉效果。可以说，这种图画的存在，本身就是反过来在讲述着视角中经验规律的重要性。立体显示器中，制作不会导致与这种经验规律相矛盾的图像的问题，也与立体显示效果有着密切关系。

8.1.2 立体显示器的分类

人们早就知道两眼视差在立体感中起到的巨大作用，利用这一作用制作的立体图像的历史也很早。窥视镜方式的立体照片于19世纪80年代问世，众所周知的视差栅（Parallax Barrier）方式和条形透镜（Lenticular Lens）方式也在20世纪初作为立体照片提出了方案。动画立体显示的研究也早就在进行，立体电影在1889年的巴黎万国博览会上问世后，就开始研究立体照片方式、偏振光眼镜方式等各种眼镜方式的立体显示器。全息图像被认为是终极的立体显示，它的基本原理发明于1948年。可以说，立体显示器的基本思路在20世纪中叶就已经基本形成。

立体显示器的分类，既有8.1.1小节所述的按照如何利用两眼视差、辐辏、运动视差、焦点调节等人眼空间直觉机能来分类的方法，也有从立体显示器硬件构成来考虑按照显示信息来分类的办法。视差信息方式是显示从多个视点所拍摄的视差图像的方式。各视点图像所具有的信息和普通的二维图像完全相同，而三维坐标信息并不是直接记录的。现在已经提出的立体显示器方案几乎都属于这一类，可以分为眼镜方式和非眼镜方式（不戴眼镜）。眼镜方式和非眼镜方式又可以按左右图像的显示方式分为空间切割方式和时间切割方式。眼镜方式中，具有代表性的空间分割方式有窥视镜方式、偏振光眼镜方式、立体照片方式、普耳弗里奇方式。偷窥显示器（HMD）方式按其构造属于窥视镜方式。时间分割方式中，快门眼镜方式已经广为人知，它也有偏振光眼镜方式。由于这些眼镜方式在原理上都是由左右眼观看两种视差图像，所以两眼式是其基本方式。如果结合观看者头部位置检测对图像进行切换，可以隔成能像多眼式那样观看的"HMD"方式等。现在在大力研究这类方式。

非眼镜方式有视差栅方式、条形透镜方式、全息光学单元（HOE）方式、光源切割方式、积分照相方式等。光源切割方式既可以是空间切割，也可是时间切割。这些非眼镜方式中，观看者所看到的图像是随观看位置而变的，能看到不同图像的区域数取决于视差图像的个数。也可以按照视差图像个数的多少分为两眼式和多眼式，其原理相同。

纵深信息方式是给X、Y坐标所表示的二维信息加上纵深坐标Z，并将再现空间内的三维坐标信息全部予以显示。截面再生方式是其主要方式，但因其信息量大而未得到充分开发。与此相反，有一种给各二维像素信息加上纵深位置来作为立体信息的方式，这种方式在纵深方向上没有拥挤的图像信息，只需要非常少的信息量即可实现。我们把这种方式称之为纵深再生方式，Depth-Fused 3-D（DFD）方式和可变焦点方式是其代表性的方式。

波面信息方式与以上两类方式有本质的区别。视差信息方式和纵深信息方式都是显示器件像素与再生点一一对应，而波面信息方式可以说各个点的信息记录在记录部的所有位置上，这就是全息。再生的时候，通过整个记录面所发出的衍射光的干涉来再现图像。由于信息量大，实用化还需要一段时间。但它的图像质量非常好，正在被作为理想立体显示器而继续研究。

8.1.3 利用视差信息的立体显示器——眼镜方式

眼镜方式立体显示器的最大优点是画面大且便于多数人观看。它常常出现在电影和博览会上，给人们带来快乐。偏振光眼镜方式是现在的大画面立体显示的主流方式，其完善程度在逐年提高。多功能演播室中，三维终端操作系统软件"terminator 2：3D"巧妙地把大画面立体图像、实物与人结合起来，通过驱动椅子振动和浪花飞溅等立体感装置，甚至使人忘掉自己还戴着眼镜而沉浸在极强的现场感中。俗称红蓝眼镜方式的立体照片方式也还会继续存在，这是因为尽管它还有不能显示彩色的缺点，但眼镜制作特别简单，只要有彩色滤光片就行。快门眼镜方式已经成为CRT显示器立体化的主要手段，与偏振光眼镜方式相比，它多用于小型立体显示器的场合。

随着液晶显示技术的发展，其性能在不断提高，民用品的商品化也在进行。普耳弗里奇方式是用普通二维图像获得立体观看效果的方式，虽然图像有限制，但没有其他方式那样的必须使用专用图像的必要性，从这点上讲，它是一种趣味性很强的手法。下面对几种主要方式加以介绍。

1. 偏振光眼镜方式（空间切割方式）

当光照射到偏振光滤光片上时，只有特定极化方向的偏振光可以通过。将这种滤光片按照偏振光极化方向互相垂直的原则安装到左右眼镜相框上，就构成了偏振光眼镜。例如，首先设左眼滤光片为水平极化方向，右眼滤光片为垂直极化方向。然后用两台显示器分别显示左右眼图像，如果两台显示器所发出的光分别为水平和垂直极化的偏振光，则左右眼就只能看到不同显示器上的图像。最常用的系统是如图 8-1 所示的由两台液晶投影仪所构成的方式。因屏幕上左右图像重叠，所以不戴眼镜时所看到的图像是重像。由于液晶显示器本来就是由偏振光操作来显示图像，所以对其进行放大和投影的投影仪所投射出的光也是偏振光。因此，如果把这两台投影仪投射出的光预置为正交偏振光，则左右眼就能看到不同投影仪的图像。另外，两台显示器的图像在光学上应该互相重合，在这点上，投影仪是合适的，它能把两个图像按重合要求显示到同一屏幕上。至于偏振光，除了水平极化和垂直极化的偏振光外，还可以使用互为正交的斜极化偏振光和互为相反旋转的圆极化偏振光。

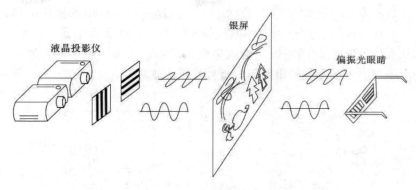

图8-1　由液晶投影仪构成的偏振光眼镜方式

也有采用具有微隙（Micropore）的特殊功能的薄膜，把一台显示器变为立体显示器的方法。普通液晶显示器中，整个表面上贴着一层具有同一偏光轴的偏振光滤光膜。如图8-2所示依据像素行结构使偏振光逐行正交，则可以通过偏振光眼镜看到不同的像素。图中就是通过奇数行显示右眼图像，在偶数行上显示左眼图像，由左右眼分别看到不同图像来获得立体视角。从表面形状看，微隙是一种条状结构的薄膜，实质上它是一个二分之一波片，具有能使偏振光极化方向旋转90°的功能，将它贴在偏振光板上，就能使改变波长的偏振光分离开来。利用这一原理，不但笔记本电脑这样的直视型显示器很容易立体化，而且还可以用一台液晶投影仪构成投影型立体显示器。

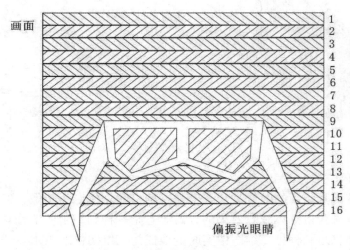

图8-2　像素行结构偏振光逐行正交

2. 快门眼镜方式

空间分割方式的做法是左右眼两种图像同时显示而用光学方法加以分离。与此相反，时间分割方式是两种图像按时间交替显示和分离。快门眼镜方式是人们最熟悉的时间切割方式，眼镜框上安装着一种特殊的快门。这种快门的构造原理如图8-3

所示，是通过液晶的作用来实现开关状态。入射偏振板和出射偏振板的极化方向相互正交，当未加电压时，穿过入射偏振板的光因为受到液晶作用而发生90°的极化方向旋转，从而能穿过出射偏振板，这就是透过状态。当加上电压时，液晶分子对偏振光的极化作用消失，光就被出射偏振板挡住了，这就是遮光状态。

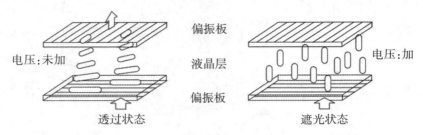

图8-3 液晶快门的构造

将这种快门安装在眼镜上，并使左右快门能独立控制。如图8-4所示为左眼快门开、右眼快门关的状态，这一瞬间画面上也正在显示左眼图像。然后是下一个瞬间，图像切换为右眼图像，同时快门的开关状态反向。切换频率一般可以设定为普通电视场频的2倍（如120 Hz），这样对于单眼来说，场频仍然是60 Hz，不会出现闪烁效果。另一方面，由红外线装置把正在显示的图像是左眼图像还是右眼图像的信息传递给快门，使快门与图像准确联动，从而使观看者看到立体图像。

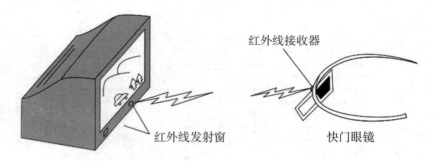

图8-4 快门眼镜方式

3. 普耳弗利奇方式

一般立体显示器所用的图像是从多个视点拍摄的立体专用图像，但是也有通过普通的二维图像来获得立体观看效果的方式。它是一种利用了所谓普耳弗利奇效应的方式，其原理也是一种把二维图像实时变换成为三维图像的技术。普耳弗利奇方式的眼镜上只有一只眼镜框上装着透光率较低的滤光片，就像墨镜被去掉一只镜片一样。如图8-5所示，当戴着这种眼镜观看内容为小鸟从左向右飞翔的图像时，能产生小鸟从背景中飞出来的效果。这种效果起因于人脑知觉时间随进入眼镜的光的强度大小而具有微妙差异的生理特点。光强越弱，则知觉时间越长，装有滤光片的右眼意识到小鸟位置的反应就越慢。也就是说，在某个瞬间意识到的小鸟位置，左眼和右眼是不同的。这种不同是作为两眼视差而起作用的，因而能获得立体感。这种方式的缺点是静态图像和垂直方向的移动都不能获得立体感，并且立体的方向和纵深程度会随着物体的移动方向和移动速度而变化。但它能够很简便地用普通二维图像获得立体感，这一点颇有价值，特别是在家用电视摄像方面。只要在拍摄某个被摄物体时让摄像机沿着水平方向按照一定速度移动，就能很容易地制成具有被摄体一直从背景中飞出的那种效果的图像。上述效果也可以通过对录像带进行编辑来达到。在家里也能简单地欣赏立体图像，这是一个相当大的优点。

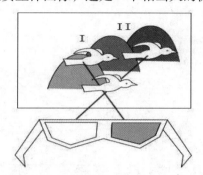

图8-5　小鸟从背景中飞出来的效果图

8.1.4　利用视差信息的立体显示器——非眼镜方式

偏振光眼镜和快门眼镜的作用是让左右眼看到不同的图像。非眼镜式立体显示器中不装有这种特殊眼镜，而是通过别的措施来让左右眼分别看到不同的图像。由于使用上的方便性，双凸透镜方式在历史上曾经作为立体照片的重要方式。但是，当作为与图像显示器件相组合的立体显示器发展时，双凸透镜方式并不比其他方式优越，因此就有了从光学系统上进行改进的各种方案。例如视差栅方式作为照相技术虽然不如双凸透镜方式，但是由于它与液晶显示器的兼容性好而受到重视，出现了各种发展型，此外还提出了多种多样的实际方式。

为了使这种非眼镜方式立体显示器更易于观看，多眼式和头部跟踪技术是相当重要的。

顾名思义，多眼式就是视差数目增多的方式。说起来，非眼镜方式还是首先从多眼式开始研究而发展起来的，这是因为从双眼发展为多眼在原理上比较容易。积分照相方式也是多眼式的一种方案。近年来，超多眼式的技术也引起了人们的极大重视，虽然它只是多眼式的延伸，但是它却有以往未曾得到的眼焦点调节功能的特点。

头部跟踪就是用传感器检测到观看者的头部位置，以此调节显示器，使观看者总是能够准确地看到立体图像。立体显示器还有要求以少的信息量显示出高分辨率图像的问题，当前盛行的带有头部跟踪功能的两眼式立体显示器开发就是这方面的研究之一。

如上所述，非眼镜方式是多样的，可以说还没有首选方式。不过近年来显示器件在发展，计算机处理速度在提高，通信技术在进步，数字技术的进步更为引人注目，非眼镜方式立体显示器今后一定会取得显著进步。下面对主要的非眼镜方式加以介绍。

1. 双凸透镜方式

双凸透镜方式是一种给显示器表面配置上许多条形透镜来控制图像观看方向的方式。这里，我们以如图8-6所示的八眼式立体显示器开发实例为基础来进行说明。八台摄像机从不同角度所拍摄的视差图像被分为两组，由两台液晶投影仪投影到银幕上，并通过适当的调整使第二台投影图像的像素插进第一台投影图像的像素与像素之间。这是一种防止因多眼化造成分辨率恶化的措施。其结果就是八种图像以像素列为单位重新排列后投影到银幕上。

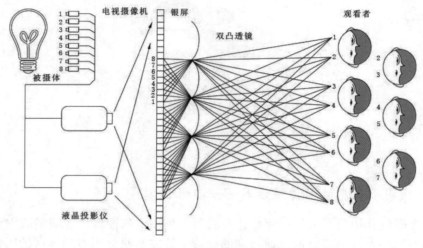

图8-6　八眼式立体显示器

双凸透镜的一个透镜与一组八列的像素相对应，按照设计要求，像素的像能成像于某个既定观看距离的面上。这样一来，观看距离上的某一位置就只能看到第一列像素，沿着横向稍微移动一点的位置上的某一点就只能看到第一列像素，以此类推，各列像素的观看位置就分离开了。这样只要在第一到第八图像这一连续范围内，无论站在哪个位置上，都能获得立体视。

2. 视差栅方式

视差栅方式在左右眼观看不同图像这点上与双凸透镜方式相同，但视差栅方式中没有运用双凸透镜，而是采用了如图8-7所示的许多狭缝。

图8-7　视差栅方式

如图8-8所示为两眼式的原理图。液晶板用于显示图像，左右图像是按照像素列交替显示的，观看者透过狭缝观看这种图像，即可实现左右图像分离。由图可知，这种方式的缺点是视差栅的遮光作用使图像变暗了。正是由于这一缺点，使得它把主角的位置让给了双凸透镜方式。然而近年来，由于液晶板的崛起，视差栅方式重新得到了重视。条形透镜板因为用玻璃制成比较困难，所以几乎全部是树脂制品。这虽然有利于大型化，但与玻璃相比，其精度很差，不适合与液晶板这样的以玻璃基板为材料且像素节距固定的显示器相结合。正是由于以上原因，它在像素尺寸可以微调的投影式大型立体显示器中得到较多的运用。而视差栅不但能由玻璃基板制成，而且条缝模板可以通过与液晶板相同的工艺来制成，因而精度高，与液晶的兼容性好。

利用液晶板能分割为图像显示部和背投光部的结构特点，又提出了各式各样的改进型，这些改进型也可以称为图像分离方式。例如把视差栅置于液晶板和背投光之间，并把遮光部面对背投光的一面做成反射膜，就能够使碰到遮光部的光产生反射而提高光的反射率（如图8-9所示）。又如在液晶板的两面配置视差栅可以提高立体性能，这是因为经过双重遮光能有效地防止漏光所造成的左右眼图像的混叠（交调失真）。

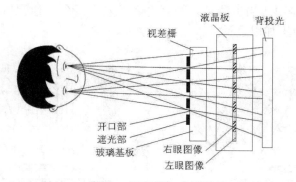

图8-8　视差栅方式的原理

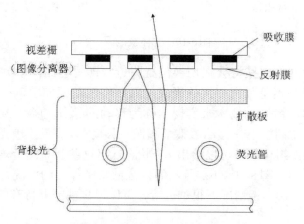

图8-9　光源侧配置的视差栅（图像分离器）方式

3. 头部跟踪方式

两眼式非眼镜立体显示器方式是在空间中形成了两种能观看图像的区域。因而观看者必须把左右眼位置调整到这两种区域来观看，几乎不允许偏离最佳位置。一旦在横向上移动，立即就会出现左眼看见右眼图像而右眼看见左眼图像的问题，即变成了逆视状态。多眼式是解决这一问题的有效手段之一，但又会因为眼数增加带来相应程度的分辨率恶化问题。于是又转而研究以两眼式为基础，实时检测观看者眼睛位置，并配合眼睛位置将立体显示器控制在最佳状态的办法。实际做法多为检出头部位置后将其中心作为眼间隔中心，再加上显示器控制。二者合在一起称为头部跟踪。

头部位置检测常用的办法是，给观看者头上贴一块反射板，向反射板发射红外线，用红外线检测装置接受其反射状态以确定。但是，对于观看者来说，佩戴反射板是一件麻烦的事，因而希望用面板图像处理方法来判定头部位置，这是今后的课题。

显示器控制有控制显示图像和控制视差栅两类方法。如图8-10（a）所示为无头部跟踪时的通常立体视区域。中央的菱形是正面立体视区域，如果观看者头部中心在这一范围内，就能得到立体视。两邻的菱形是逆视区域，不能得到立体视。再往两边，又变为立体视区域。实际上，只要将逆视区域的左右图像互换，就可以变成立体视区域，也就是说，当检测结果为观看者的左右眼位于逆视区域时，可以把左右眼图像按照相反位置加以显示。

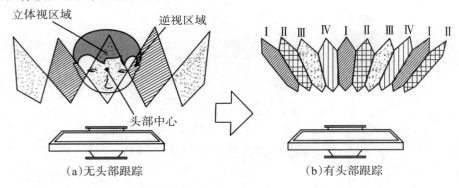

（a）无头部跟踪　　　　　　　（b）有头部跟踪

图8-10　立体视范围

但是仅用这种图像切换将会在切换位置附近（即另行之间）残留下失调感，这是因为各菱形之间并不是紧密邻接的缘故。因而将视差栅如图8-11所示用电的办法加以移动。这种移动由液晶技术来实现，称为移动图像分离器，该图像分离器能切换两种状态。对于初期状态，移动后整个图像只移动1/4节距。遮光部的这一移位与先前的左右图像切换组合起来可以给出4个状态。将这些状态结合观察者的位置进行最佳切换，就能得到如图8-10（b）所示的各区域紧密邻接的状况，实现宽范围的立体视。这种控制在条形透镜情况下很难进行，可以说是视差栅特有的方法。

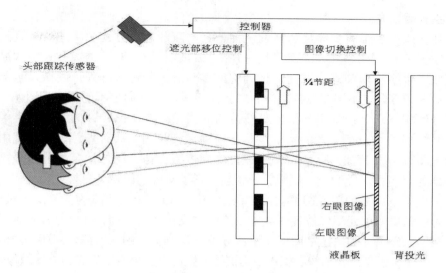

图 8-11　头部跟踪示意图

4. 光源分割方式

这也是观看者头部位置检测方式的一种，按其原理，有可能供多数人观看，并且是一种可供多数人观看而又不必配戴眼镜的立体显示方式。

如图 8-12 所示，显示器由液晶板、背投光和菲涅耳透镜组成。这里的背投光不同于一般的背投光，其发光范围需要能自由控制，因而需要采用 CRT 或 LED，是能够在必要的时间里选择必要的范围使之发光的那一种背投光。菲涅耳透镜是按照能把这种背投光成像于观看位置的要求设计的，这样就能够按照背投光的发光区域控制观看距离上所能看到的图像的范围。在此基础上加入头部跟踪要素，就有可能只让观看者眼镜位置所对应的背投光位置始终发光。这种方式是首先向观看者发出红外线，然后用装有红外线滤光片的摄像机进行摄像，并将所摄图像直接作为背投光。这样一来，伴随着观看者位置的移动，背投光位置就自动地移动，如果有多个观看者，就会有多个背投光出现。

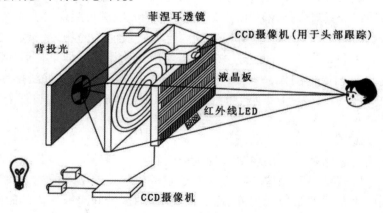

图 8-12　光源分割方式

5. 积分照相方式

这种方式是多眼式立体显示器的一种，它与双凸透镜方式中所述的多眼式的不同之处在于该方式在垂直方向上也具有视差。也就是说，双凸透镜方式中的纵长透镜被换成了水平方向和垂直方向都排列着许多凸透镜的透镜阵列，图像显示部分不但能显示水平方向上不同视点的图像，并且能显示垂直方向上不同视点的图像。

积分照相方式是一开始就拍摄重新排列的图像。图 8-13 中，为了表示摄像系统和显示系统的关系，把二者的系统重叠起来画在一张图上。首先，摄像系统用配置在图像记录部分及其被摄体这一侧的透镜阵列进行摄像；图像记录部分被分割为与透镜阵列各透镜相对应的微小记录区域；与各透镜对应的区域各自构成摄像机，在各个区域上记录下微小的单元图像。图中所示为以被摄体上两个点为代表的记录情形。其次，对已拍摄的单元图像按各区域施以点对称反转变换处理，并将其投映到图像显示部分上面。然后，用由这一图像显示部分及其观看者一侧的透镜阵列所构成的显示系统观看图像。于是，各个像素就再现为被摄体上的点，再生图像成为立体图像。

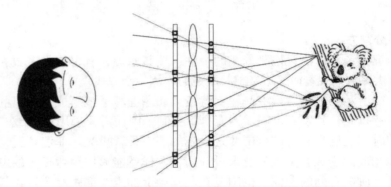

图 8-13　积分照相方式的摄像系统和显示系统的关系

这种拍摄方法基本上与多眼式的摄像方法等效。图中只表示出水平方向的情形，垂直方向与此相同。左端所示为多眼式摄像系统四台水平摄像机的拍摄情形。各摄像机的记录像素数为 6 个像素，每个摄像机有一个镜头，镜头按照严格的条件像图中那样移动。当只对通过像素中心和透镜中心的光线进行跟踪时，摄像机 1 的记录部分像素（1，1）～（1，6）上所记录的内容为光线前端的物体信息。这些直线全都相交于透镜中心，是一个直线簇。其他摄像机与此相同。如果是用多眼式立体显示器显示这里所拍摄的图像，只需对各个图像的像素序列施以重新排列处理即可，例如这里的（1，1）、（2，1）、（3，1）、（4，1）在图 8-6 中将成为与某个双凸透镜相对应的像素序列群。

6. 超多眼式

超多眼式的思路基本上是多眼式的延伸。在某些条件下，眼睛的生理作用会发生变化，超多眼式就是利用这一特点而充分发挥了焦点调节功能的方式。双凸透镜方式中提到的多眼式通常都能把能看到不同图像的区域间隔取作人的眼间距，这就带来了一个问题，即尽管看到了向前伸出或向后伸出的位置上存在着物体，但眼睛的焦点始终是固定在显示画面上。这实际是两眼视差引起眼睛疲劳的最大因素。超多眼式解决这一问题的方法是把能看到不同图像的区域间隔减小为比瞳孔的大小还要小，从而使多个视差图像入射到单眼瞳孔内。图 8-14 中用角度关系给出了更确切的说明。这里有 N 个视差图像，再生像的某个点 P 记录在各个图像的像素 $P_1 \sim P_N$ 上。在表达 P 的光线中，设相邻视差图像所射出光线的交角为 θ，从 P 点向观看者瞳孔望去的角度为 φ，则 $\theta < \varphi$ 成立的范围就是超多眼区域。当这一条件满足时，单眼就能够同时看到表达 P 点的不同像素，与其把焦点调节到显示面上，不如调节到光线交汇位置（即实际的 P 点附近）更为自然。

当然，如果减小能看到不同图像的区域间隔，则区域数必然相应增多，能获得立体视的区域本身也就变窄了，因而就必须显示非常多的视点图像。普通多眼式中，不但分辨率和亮度难以保证，而且衍射所造成的光扩散的影响也会增大。现在，已经提出采用激光的显示方法，但存在着图像信息量太大的问题，还有待相关技术的飞速发展。

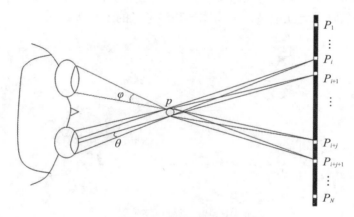

图 8-14   超多眼的状态

8.1.5   利用纵深信息的立体显示器——DFD 方式

说到二维图像的像素信息，那就是颜色和亮度。DFD 方式中，这种像素信息上附加了纵深位置。与视差图像不同，DFD 方式的各个像素都具有立体信息。因此，如何把纵深位置可视化就成了关键。DFD 方式中利用了这样一种现象，当纵深方向上排列着的几个点具有不同亮度时，就会有纵深感产生。如图 8-15 所示，两个显示部分上的点是相对应重复显示的，如果让远处的点较亮，则感到该点在远处；如果让近处的点较亮，则感到该点在近处；如果让二者一样亮，则感到的是位于二者中间的一个点。开发实例中采用了多个液晶显示器，并用半反射镜对它们进行合成。各个显示器按照能看到纵深方向间隙的原则配置，并分别显示亮度分布不同的同一图像。各像素的亮度由纵深信息决定，纵深由像素单位来表现。

有报告说，这种方式是焦点调节功能起到了重要作用，有望以大大少于超多眼式或后述的全息方式的信息量实现焦点可调的立体显示器。

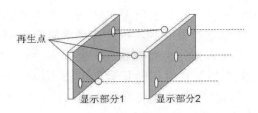

图 8-15　DFD 立体显示方式

8.1.6　利用波面信息的立体显示器——全息方式

全息被认为是终极的立体显示器，称为波面再生方式，是完全再现物体的放射光的方式。这里对其原理作以简单叙述。

首先来看如图 8-16 所示的摄像方法。光束分离器把激光分为两路，一路称为物体光，由透镜变成球面波之后去照射被摄体，物体光的反射方向上置有胶片。另一路光称为参考光，经反射镜反射后再由透镜变成球面波，与物体光叠加在一起照射到胶片上。于是胶片上就记录下了物体光和参考光的干涉条纹。

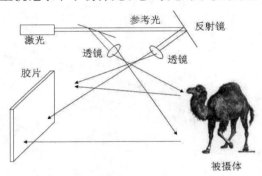

图 8-16　全息摄像系统

再生的情形如图 8-17 所示，只对干涉条纹投射参考光。其结果是衍射效应把干涉条纹中所包含的物体光再现了出来，这种再现光也称为再生光。这样，被摄体就恰如再现在它原来所在的地方一样。全息与其他立体方式的不同之处在于它是物体反射光波面本身的再现，所以能够获得既细致又忠实地再生像。

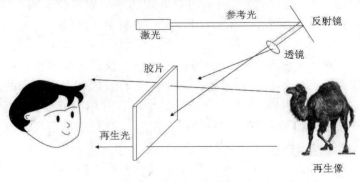

图 8-17　全息的显示系统

全息动态图像显示已由称为电子全息系统的划时代方法得以实现，但其构成单元中的音响光学元件、电镜（Galvanomirror）、多面反射镜（Polygon Mirror）等许多器件都是特殊器件。虽然正在探索其他的显示方法，但全息干涉条纹是每毫米多达1000～7000根之多的非常细的复杂条纹，现在的显示器件技术还不能达到实用动态图像显示的需要。另一方面，对于图像信息处理系统来说，要处理如此庞大的信息量也还有许多要解决的课题。此外在用激光照射被摄体来进行记录的性质上，可记录对象是受限制的，背景等位于远处物体的拍摄也受到制约。但如果是显示计算机图形学方面的图像，则可以通过对物体所发射波面的计算，由计算机合成全息来解决。无论如何，作为未来的立体显示器，人们对全息寄予极大的期望，应该密切注视其今后的发展情况。

8.1.7 裸眼3D显示新技术

1. **多层显示 MLD**

美国 PureDepth Inc（KFA Deep Video Imaging Ltd）研发出改进后的裸眼3D技术MLD（Multi-Layer Display 多层显示）。MLD技术用两个不同屏幕模拟深度，一个屏幕位于另一个的前方，两者间有一个透明的间隔层。系统显示前景与背景图像时，就能显示出任意角度的三维图像，且没有任何分辨率损失。MLD解决了左、右眼会聚的问题，以及观看角度的限制。2001年该公司就已取得MLD基本专利，该专利是由该公司的前身新西兰 Deep Video Imaging 申请的，目前两公司的专利同时存在。

MLD技术与以往采用柱面透镜（Lenticular Lens）的裸眼3D显示器相比，具有以下几个优点：（1）不会产生观看3D影像引发的眩晕、头疼及眼睛疲劳等副作用；（2）3D显示时分辨率不会降低；（3）可同时且组合显示文字等2D影像和3D影像；（4）观看3D影像的视野及角度没有明确的界限。

2006年 PureDepth 与三洋电机签署了授权协议。三洋电机的子公司三洋电机System Solutions 已开始根据该协议生产采用MLD技术的面板，并被老虎机（Pachisuro）厂商 Abilit 等采用，配备于2008年11月上市的老虎机上。三洋电机还与美国知名老虎机厂商 International Game Technology 进行了合作。2008年向美国拉斯维加斯市的赌场等交付了可用于老虎机的20.1英寸显示器。最近还将开始在韩国量产12英寸显示器。IGT公司的显示器和这种小型显示器均委托给了韩国 Kortek 公司生产。

PureDepth 表示，争取在便携式游戏机及智能手机上配备显示器，目前已经试制除了配备MLD的智能手机。该公司还打算涉足被称为数字标牌的"公共信息显示器"领域。

2. **扫描式背光立体显示技术**

三菱电机的扫描式背光（Scanning Backlight）立体显示技术使用了两组LED光源作为扫描背光，这两组LED能够单独朝向使用者左右眼睛照射，而使用的LED具有上下方向移动性，可以以90°的旋转方式，进行液晶面板背光扫描，达到在上、下方向分别显示不同的画面信息的目的。面板上，三菱电机是采用具有高速更换视差影像的FFD（Feed Forward Driving，正反馈驱动）高速应答技术。显示的原理是利用液晶面板，在显示左眼观看的视差影像时，点亮左侧LED，而当显示右眼观看的视差影像时点亮右侧LED，观看者不必佩戴特殊的眼镜，就能从双眼中看到各自的视觉影像，再加上使用和电视相同的60 Hz频率，让左右两边的LED同步闪烁，这样一来就能使双眼同时感受到两个重叠影像，组合而成为立体的画面。

8.1.8　体积显示

体积显示（Volumetric Display）可分为扫描体显示（Swept-Volume Display）和固态体显示（Solid-Volume Display）两种。其中，前者的代表是Felix3D和Perspecta，而后者的代表是DepthCube。

1. 扫描体显示

Felix3D的结构是一个螺旋面的旋转结构，一个马达带动一个螺旋面高速旋转，然后由R、G、B三束激光会聚成一束色光经过光学定位系统打在螺旋面上，产生一个彩色亮点，当旋转速度足够快时，螺旋面看上去变得透明了，而这个亮点则仿佛是悬浮在空中一样，成了一个体像素（空间像素，Voxel），多个这样的体像素（也称为体素）便能构成一个体直线、体面，直到构成一个3D物体。

据体积显示系统中所采用的体像素生成方式，体积显示技术也可以分为矢量式和位图式两种。矢量式体积显示一次只能生成一个或几个体素。位图式体积显示则可一次生成一个截面的体像素，其固有体像素的利用率大幅提高。其中，Felix3D是属于矢量式，而Perspecta和DepthCube是属于位图式。由于矢量式体积显示固有体素的利用率很低，所以位图式将是未来体积显示的发展方向。

美国Actuality Systems公司的Perspecta是目前扫描体显示领域效果最好的方案，它采用了柱面轴心旋转外加空间投影的结构，与Felix3D相比，它的旋转结构更简单，就一个由马达带动的直立投影屏，屏的旋转频率可高达900 r/m，它由很薄的半透明塑料做成。当需要显示一个3D物体时，Perspecta将首先通过软件生成这个物体的198张剖面图（沿Z轴旋转，平均每旋转2°不到截取一张垂直于X-Y平面的纵向剖面），每张剖面分辨率为798×798像素，投影屏平均每旋转2°不到，Perspecta便换一张剖面图投影在屏上，当投影屏高速旋转、多个剖面被轮流高速投影到屏上，就可形成一个可以全方位观察的自然的3D图像。

Perspecta能显示将近10亿个体像素，它的投影帧频达到了2409 f/s，每秒钟需要的数据量高达4.286 GB。为实现如此高的显示精度，Perspecta采用了DLP技术，其核心是三块基于微机电系统（MEMS）的DLP光学芯片，每块芯片上均布设了由百万个以上DMD（Digital Micro-mirror Device，数字微镜器件）组成的高速发光阵列，这三块DLP芯片分别负责R、G、B三色图像，并被合成一幅图像，由经底座中的固定光学系统以及随马达同步旋转的光中继镜片的反射，最终被投影至屏幕上面。而且Perspecta在PC上几乎可以即插即用，能够与3DS Max、OpenGL很好地兼容。

Perspecta可以获得能在360°的任意位置观看的立体图像，显示效果非常好，不会产生视觉疲劳，制造成本也可接受，成为目前最有可能率先进入电子消费市场的立体显示设备。但是它也有很多缺点：亮度较低，显示为半透明，全向开放容易受到背景光影响；而且高速旋转则使得安置平台必须有较高的稳定度。

2. 固体态显示

Light Space公司的DepthCube系统是目前最接近实用的固态体显示技术，它采用了层叠液晶屏幕方式来实现三维体显示，由20个液晶屏幕层叠而成，每个屏的分辨率为1024×748，屏与屏之间间隔约为5 mm。这些特制液晶屏的液晶像素具有特殊的电控光学属性，当对其加电压时，该像素的液晶体将像百叶窗的叶面一样变得平行于光束传播方向，从而令照射该点的光束透明地穿过，而当对其不施加电压时，该液晶像素将变成不透明的，从而对照射光束进行漫反射，形成一个存在于液晶屏层叠体中的体像素。在任意时刻，有19个液晶屏是透明的，只有1个屏是不透明的，呈白色的漫反射状态，DepthCube将在这20个屏上快速地切换显示3D物体截面，从而产生纵深感。它是一种背投立体式显示器：采用DLP投影器，每秒投射1200个，立体图像的截面，轮流投影20个不同景深的立体图像截面，同时控制液晶屏，使只有相应景深的一张工作，其他都透明，工作中的液晶屏的像素点可将投影的光散射开，形成可看到的体像素，所有20个液晶屏以60 Hz的频率刷新，形成连续的立体画面。DepthCube还采用了一种名为"三维深度反锯齿"（3D Depth Anti-Aliasing）的显示技术来扩大这20个屏所能表现的纵深感，令1024×748×20的3D分辨率看起来像高达1024×748×608的显示分辨率。该方案的立体图像真实，可以在正面的任意角度观看，且不会产生视觉疲劳，该技术的缺点也是只能产生半透明的3D图像，亮度、对比度都不足。

8.1.9 3D显示的性能

3D显示引入了3D显示特有的立体视角、立体分辨率等技术性能，以及立体显示失真问题。

1. 立体视角

立体视角是指观看者在屏幕中心水平方向可看到立体图像的视角范围。对于二维视频LCD，观看者在屏前160°视角范围内，多个观看者均可以清晰地观看二维视频图像。但对2个视点的立体显示，观看者只能站在屏幕正前方一定的位置观看，才能获得最佳的立体视觉。当观看者的头部向屏幕左边或者右边稍微移动时，由于双眼无法同时接收到视差图像源，感受不到立体效果，只能看到二维画面。立体视角小是双视视频立体显示的一个主要缺陷。

为扩展观看的立体视角和实现更多观看者同时观看，已发展多视点视频的立体显示器。N个摄像机从不同角度同时拍摄相同的场景物体，获得的多个视频传输到多视点立体显示器，经LCD面板投射出立体图像。N个观众可同时观看立体图像，不仅在跨度很大的视角范围内均可看到立体图像，而且在不同位置可看到物体的不同侧面，使观众有看到实际景物那样的临场感。拍摄时摄像机数（视点多）越多，立体视角就越大，立体感也就越好。但是视点数越多，会增加编码传输的负担，会使立体分辨率显著下降，故立体视角与分辨率之间只能相互折中，一般取8～12个视点为宜。例如，国外的三星、飞利浦和国内的超多维生产的三维液晶显示器都取9

个视点。

2. 立体分辨力

立体分辨力是指能分辨三维立体图像细节的程度。对于一个二维/三维可转换的显示器，其三维显示的立体分辨力相对于二维显示时的分辨力会明显下降。例如，液晶显示器二维显示时的分辨力为1920×1080，将其转为9个视点的立体显示时，则立体分辨力变为640×360。

以9个视点柱透镜光栅立体液晶显示器为例说明立体分辨力下降的原因。对于柱透镜光栅平行于液晶显示面板的情况，由于显示图像由9个视点的图像合成，观看时，一只眼睛只接收其中一个视角的图像，因此观看到的立体图像的水平分辨力仅是相对于直接观看二维图像时水平分辨力的1/9，而垂直分辨力没有变化，这不仅导致水平分辨力明显下降，而且水平方向与垂直方向的分辨力不平衡，使观看图像产生变形，严重破坏观看效果。为了平衡水平与垂直的分辨力，将平行柱透镜光栅改为倾斜柱透镜光栅进行3D显示，透镜阵列倾斜角为18.435°，垂直分辨力和水平分辨力为二维时的1/3，这种方法通过垂直方向的分辨力来补偿水平方向的分辨力，既克服了图像的严重失真，减弱了立体水平分辨力下降的程度，也相对提高了观看立体图像的清晰度。

3. 立体失真

和传统的二维失真相比，由于立体视频增加了深度信息，因此在产生立体感的同时也带来了立体显示所特有的失真，如楔石失真、剪切失真、纸板效应和串扰。这些失真会影响立体图像的显示质量和观看舒适度。

（1）楔石失真

两个摄像机拍摄长方形物体时，摄像机的图像传感器朝向略微不同导致摄像机记录了梯形图像形状，图像中长方形变为左大右小或者左小右大的楔石失真。在立体显示中，这种梯形图像形状会引入不正确的垂直和水平视差，后者导致深度平面弯曲，使得在图像边缘处的物体和在图像中央的相比更远离观看者，造成观看者错误地感受物体的相对距离，并会在摄像机移动拍摄时干扰图像运动。两台摄像机平行能消除楔石失真。

（2）剪切失真

在双目立体显示中剪切失真表现为立体图像跟随着观看者位置的移动而产生位置变化。观看者往两侧移动时导致的图像失真称为剪切失真，在显示器外面的图像会往观看者移动的方向产生剪切效应，而在显示器后面的图像则会往相反方向产生剪切效应。剪切失真还会导致相对物体距离感错误，左边的图像会比右边的图像显得更接近观看者；剪切失真引起的另一个结果是观看者在观看距离上移动会引起物体也在移动的错觉。剪切失真可以用多视点立体显示的方式来避免。

（3）纸板效应

纸板效应是一种典型的立体失真，它是由对深度进行量化、导致一种不自然的深度感受所引起的、使一个物体看上去似乎在几个离散的深度平面上，形成一种闪烁的深度感受，令人感到不适。纸板效应常由拍摄参数（如焦距、摄像机基线和拍摄距离）不当或对深度值的粗量化引起。

（4）串扰

当左、右视图像分离不完善使左（右）视图像漏进了右（左）视图像，就会引起串扰。串扰由强到弱表现为"鬼影"、重轮廓、模糊等。串扰会降低人眼把两幅视图融合成立体图像的能力，影响图像质量和视觉舒适度，造成人眼疲劳。串扰的可视性会随着视差的增大而增大。由于左、右视图的不完善分离与立体显示器的参数设置有关，因此可以通过调整显示器的设计参数降低串扰度。

可以采用平行式多视点立体显示系统来有效降低剪切失真，消除楔石失真，并通过正确设置摄像系统和显示系统的参数来降低纸板效应和串扰现象，提高立体观看效果和观看舒适度，降低观看者的视觉疲劳。

8.1.10　3D显示的问题

观看3D显示器的视觉疲劳是指当观看3D显示器的立体图像时间较长时，眼睛感到累甚至有头昏眼花等不良感觉。产生视觉疲劳的主要原因是人的生理原因和3D显示器性能不佳。

1. 基于生理原因的视觉疲劳

在生理方面，辐辏若与焦点调节不一致是产生视疲劳的主要原因。现实世界中辐辏与焦点调节是一致的，而在观看立体图像时，若视差的大小在融合范围内，辐辏和焦点调节虽然不一致，但是仍可以把左右眼视差图像融合成一幅立体图像，因此观看者在立体显示器上看到的是一幅具有纵深感的立体图像。但是若视差的大小在融合范围之外，观看者无法将左、右眼两幅视差图融合成一幅立体图像，看到的将是一幅不清晰的串扰图像，从而产生严重的视觉疲劳。

与普通平面显示器相比，在观赏3D显示影像时，辐辏和焦点调节不一致所引起的视疲劳是不能完全消除的，但要尽可能减小。例如，把左右视差图的视差控制在大脑能够融合的范围之内；对于立体感要求不强的场景，可适当减小视差，以得到较舒适的观看效果。

2. 3D显示器性能引起的视觉疲劳

因3D显示器性能方面的原因造成视觉疲劳的主要因素，除了左、右图像发生串扰以外，尚有左、右视差图像的亮度和颜色存在较大差异，这使得在观看者眼中出现不匹配视差图像对和莫尔条纹等。

3. 观看时的不舒适感

观看3D图像除了会让人产生视疲劳之外，还会因立体失真有时感到眩晕等不舒适感，其中眩晕是在长时间观看三维视频之后会产生的生理感觉。这是因为人在通过听觉、视觉、触觉获取外界信息时，各种感觉器官是高度协同的，如内耳中的"前庭器"器官就负责感受运动方向和加速度等身体的平衡。在观看三维视频时，若图像立体感过强、视角切换太频繁，会导致人眼向大脑传达"自己真的在运动"这一信息，而此时大脑实际上没有收到肌肉运动的信号，便会产生"知觉错误"矛盾，再加上内耳前庭的平衡感被打乱，人就可能出现头晕等不适，不适的程度因人而异。

4. 消除或减轻视觉疲劳和不舒适感的方法

要改善 3D 显示器性能不佳引起的视觉疲劳应分析其产生原因。若不舒适感是由串扰引起的，应改进左、右图像的分离方法；若是由左右视差图像的亮度和颜色的不一致性引起的，应改善亮、色补偿方法；若是因莫尔条纹引起的，则可以通过改善光栅参数，使光栅与显示器得到最佳匹配；若是因立体视频失真引起的，则可用上节给出的方法来改善。

视觉疲劳与不舒适感实际上大多是由于立体显示器自身的问题与人的生理心理因素相互作用引起的。

5. 儿童不宜

有些立体电视制造厂家对其产品发出"立体电视不适合儿童观看"的警示，有人提出，儿童经常而且广泛地接触电视屏幕上的立体影像，可能受到永久性的损害。由于立体电视最近两年来突发地涌现，确实尚未进行过有关保健的研究，观看立体电视节目的儿童的健康是否受到损害，需要依据多年的数据方可能下结论。成年人两眼距离为 65 mm，儿童两眼距离为 50 mm，两眼距离小时视差被强调。为了确保儿童身体健康，儿童应尽量少看、不看立体电视。

8.1.11　未来立体显示器的展望

就像电视曾经从黑白发展为彩色一样，显示器今后很可能要从二维发展为立体。但实际情况是，原理上早已发明了的各种立体显示器却一直很难普及，其原因之一在于信息量太大。即使从简单处考虑，能使物体完全三维再现所需的信息量也是二维信息的 3/2 次方，这样大的信息量就算是能够处理，也没有相应的显示器件。

考虑到这种状况，两眼式立体显示器便成了当前开发的中心。眼镜方式的完善程度还在提高，可以考虑通过与环壁型显示器等相结合来推进实用化。非眼镜方式少不了要搭配头部跟踪装置，正确检测头部位置的跟踪技术将是重要的关键。

与此同时，预计下一阶段的多眼式立体显示器也将会加快开发，其主要课题将是提高分辨率和确定摄像方法。就提高分辨率而言，虽然与提高显示器件的分辨率直接相关，但在投影型的情况下，可以通过把前面所讲过的多图像重叠投影的方法组合起来使分辨率进一步提高。在直视型情况下，对多个显示器件进行光学合成是不现实的，只能寄希望于显示器件本身分辨率的提高。显示 NTSC 制电视图像需要 VGA（640 × 480）级别的分辨率，要把这种图像做成水平和垂直都为四眼的立体显示器，就需要 2560 × 1920 个像素。实际上，分辨率比这还要高的液晶板已经发明，除了价格问题以外，八眼的直视型立体显示器面世的日子已经不远了。另一个课题是摄像方法的问题。为了拍摄多视点图像，需要对复杂的摄像系统进行控制。关于这一点，假如用正在飞速发展着的计算机图形学方法来制作图像，由于它全都能在虚拟空间内处理，所以可以避免构成复杂仪器的问题。而作为技术开发的大集成，还有待于超多眼式以及全息这样的理想立体显示器的出现。

8.1.12　立体显示器

现在，数字图像技术及微机等数字图像处理硬件已相当发达，数据处理速度已相当快。三维图像的信息处理已变得容易了。伴随着这种技术进步，各种博览会和主题公园活动中几乎毫无例外地都要放映立体图像，博得了人们的喜爱。此外，医疗和教育等方面也已提出了应用立体图像的要求。

要求采用立体图像的原因在于与通常的二维图像相比，立体显示器能显示纵深信息，因而能更正确地认识事物的形状和运动情形，其结果是获得了高临场感。

本节按以下的分类来介绍当前各领域中正在开展的立体显示器应用情况：①娱乐领域，②医疗领域，③通信及广播领域，④文化教育领域。

1. 娱乐领域

（1）立体电影院

现在许多主题公园和博览会等活动中广泛应用立体影院。在立体影院中，每次可供几十到近百人用偏振光眼镜同时观看，也有采用了双凸透镜方式非眼镜立体显示器系统所构成的立体影院。偏振光眼镜方式的观众人数一般取决于会场大小等因素，而这种非眼镜方式一次可容纳的人数为20人左右。现在，正在构建将100英寸以上大画面与音箱及照明效果巧妙结合，并使观众座位与立体图像联动的立体图像系统，这种系统将具有非常强的临场感。

（2）游戏机

作为立体显示器在娱乐领域中的一种应用，游戏机是最容易流行起来的一类设备。游戏机领域里，为了使游戏更实时、更有临场感，一直在游戏节目类型开发上不遗余力，现在已达到了能实时处理分辨率非常高的三维数据的水平。游戏机对立体显示器的要求是非眼镜方式及可供多数人从任何方向观看，当前现状是希望开发满足以上要求的硬件。这一领域对立体显示器的潜在要求相当大，预计将来会成为非常大的应用领域。

（3）弹子博彩机

弹子博彩机在日本是一种极具代表性的娱乐设施，现在也用上了立体显示器。这在弹子博彩业界是一次划时代的尝试，引发了许多话题。新的弹子博彩机为显示弹子中靶情形而在中心画面处安装了图像分割方式非眼镜立体显示器，只要观看者坐在机器前就能看到立体图像，观看距离和方向对立体图像的识别无特别影响。这是因为，尽管在前面曾讲过非眼镜方式立体显示器的特点是观看位置要受到限制，但是在弹子博彩机的情况下，观看者的座位已经被限制在一定范围内，而人的立体感又有其容许度，也就是说，设计当中已按观看距离和方向充分保证了立体视区域。

2. 医疗领域

X射线CT和MRI给医疗领域的图像诊断技术带来了划时代的变革，这就是诊断中可以利用三维数据了。但是显示装置还是二维的，没有纵深感，病灶形状的正确把握仍然很难，因而对立体显示器的潜在需求很大。现正在全力以赴地进行这方面的研究和开发。

立体显示器在医疗领域的应用包括作为手术支援设备使手术过程更准确，作为诊断设备使诊断结果精度更高，以及作为现场教学设备使教学更直观等。下面介绍几个具体例子。

（1）用于手术的三维系统

外科手术中，正确把握病灶形状和纵深信息是非常重要的，因而外科领域里需要有立体显微镜和立体内窥镜等。

作为显示立体显微镜或立体内窥镜的立体图像系统，以前也有过使用眼镜方式的尝试。但由于手术过程中眼镜的戴卸都很困难，并且长时间手术中一直戴着眼镜也很麻烦，因而还是非眼镜立体显示器更为合适，现在已有许多手术实例的报道。

（2）诊断系统

将X射线CT或MRI等装置的三维数据显示到立体显示器上，有利于医生准确把握人体内部器官组织和病灶形状，做出正确诊断，以及手术的顺利进行。例如用MRI拍摄血管交织在一起的部位时，如果是二维图像，那么纵深方向的情况就只能通过估计推测来判断，这就对医生的经验和判断熟练程度提出了很高的要求。如果是立体显示，那就不必要求熟练，也能相当正确地迅速掌握其形状及位置关系。

这种系统最适合于医疗领域的教学训练。一方面它可以把以往长期积累的经验变为易懂的提示信息，使教学效果更好；另一方面在对患者说明病情时也更有效，更易于为患者所接受。

3. 通信广播领域

这一领域中的应用是要同时给众多的人提供实时立体图像，据报道，现已有大量的应用实例。

（1）立体电视

如图8-18所示为立体电视的外观照片，其特点是系统中采用了时间分割方式的液晶快门眼镜，可供许多人同时收视。现行广播电视尚无正式的立体广播节目，立体广播还在试播阶段。这种立体电视采用的是把普通二维图像实时变换成三维图像的2D→3D变换技术。这种2D→3D变换技术是通过检测出图像各部分的运动矢量后在数帧之间插入图像数据来表现立体感。

图8-18　通信广播领域的应用实例——立体电视

广播领域的立体显示器正在为能同时向遥远地区提供具有临场感的立体图像而进行试播。普通电视以往一直担负着以通俗易懂的方式向人们传送准确信息的任务，立体图像的采用将使它在发展道路上跨上新的台阶。这一领域的立体化普及是可以预料的。

不过，广播领域的一个重要问题是，为了普及到一般家庭就必须开发价格低的立体显示器，有吸引力的立体图像节目源也是必不可少的。由于要考虑到收视者是非特定人群和长时间观看的问题，所以，如何既要控制或抑制图像节目的立体感（凸出量或纵深量）又要提供具有临场感的立体图像，将是立体电视的很大课题。

（2）在因特网中的应用

近年来，个人计算机等硬件性能在显著提高，高速通信网在不断完善，因特网用户正在以迅猛之势增长。无数的信息在因特网上交换和供应，网民们可以随意获取所需的信息。这些信息中也包括大量三维图像。

因特网上的信息是以图像和文字数据提供的，这就要求在这种数据混杂的实际情况下提供容易观看的图像。为此，采用了图像分割式非眼镜2D／3D立体显示器。该立体显示器中，按提供立体图像的部分和提供文字数据的部分来控制图像分割机能的通断。观看二维图像或文字的场合，图像分割功能置于关断状态，使其与一般二维的液晶显示器相同，只有当提示立体图像时才将图像分割功能置于接通状态，以便能识别立体图像。此外，显示画面被分割成16块，以便能对任意区域提供立体图像。

立体显示器若接在微机上，平时可作为微机的显示器来用，若接在因特网上，只有在必要的时候才可作为立体显示器使用。

4. 文化教育领域

文化教育领域的应用可举出以下两方面。

（1）教学和训练

首先，可举出在教学中用于提高学习效率的系统。例如，在帮助中小学生理解图形、平面等空间概念知识或物理现象之类的原理时，利用立体图像要比利用二维图像的认识程度高、理解程度深。

其次，飞行模拟器和零件修理模拟器等设备中也大量使用着立体显示系统。与实际驾驶飞机飞行和将零件拆开学习修理相比，利用模拟器要经济得多，并且具有可以通过设定各种条件在短时间内学到丰富经验的特点。

（2）文化艺术欣赏

例如可以把我们平时难得一见的高价美术作品、工艺品、文物等做成立体图像节目，通过立体显示器提供给观众。

展示这类贵重物品时，安全保卫是个很大的问题，其举办管理费用很高，因而相当多的人无缘目睹。当然也可以通过照片广为公开，但从照片是很难弄明白其形状的。如果有了上述系统，就能让很多人很方便地及时看到具有立体感的艺术品，这对于没有接触过艺术品的孩子来说，是一种特别有效的欣赏教育手段。

8.1.13 小结

以上从社会需求的多个领域介绍了当前立体显示器的应用。就内容而言，许多方案都很有趣。尽管它们是许多企业和研究机关提出的，但作为市场来说其规模尚小，从发展的角度看还很不充分。在这点上可以说，改善立体显示器的硬件性能固然重要，而设计内容形式更为生动有趣的画面也必不可少。为了今后的进一步发展，很有必要通过硬件和软件两方面的技术开发方案来创造市场。

8.2 真空荧光显示（VFD）

真空荧光显示器（Vacuum Fluorecent Display，VFD）是具有代表性的自发光显示器件之一，它是由阴极、栅极和阳极构成，由阴极放出的电子在栅极控制下碰撞阳极，阳极上按一定图形涂布的荧光体被低速电子束激发发光，并由此显示出所需要信息的自发光型电子显示器。VFD是一种低能电子发光显示器件，它的显示特性与CRT、FED类似。与CRT不同的是激发荧光体的方式，CRT以一万伏左右的高电压高速加速数十微安的电子流激发荧光体；而VFD则以数十伏电压的数十毫安低速电子流激发荧光体。VFD克服了CRT体积大、电压高的缺点，虽然是真空器件，但工作电压低、体积小且亮度高。因此，在环境亮度变化大和对功耗无要求的场合具有LCD无法比拟的优点，在低中档显示领域，如计算器、汽车、仪器仪表等方面有广泛的应用。

VFD是利用氧化锌（ZnO：Zn）等荧光粉在数十伏电压作用下的低能电子轰击而产生的发光现象。如图8-19所示为一种平板多位显示管的示意图。

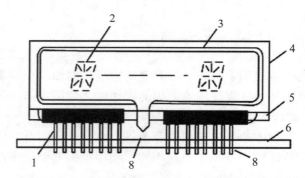

1—引线端子；2—阳极；3—平板玻璃；4—玻璃粉；5—玻璃基板；
6—PC机键盘；7—焊接引线；8—排气管

图8-19 平板多位显示管示意图

8.2.1 VFD的结构与工作原理

如图8-20所示为平板荧光显示管的结构剖面图。它是一个典型的真空三极管结构，由阴极、栅极、阳极组成。阴极是一根或多根细钨丝，上面涂敷一层三元碳酸盐，在制管过程中激活成碱性金属氧化物。所以是一种直热式氧化物阴极，在约

650 ℃工作温度下能很好地发射电子。这一点与CRT的氧化物阴极在本质上是一样的。

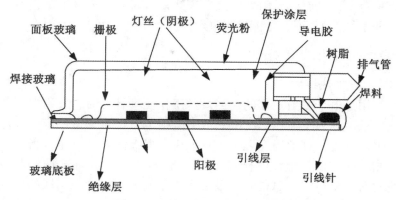

图8-20　平板型VFD剖面结构图

位于阳极与阴极之间的栅极是用极薄（厚度约 50 μm）的金属板光刻出高透明的细密格子或龟纹形的金属网。阳极和荧光粉层做在玻璃底板上，是利用厚膜印刷技术和烧结工艺在玻璃板上依次做好引线电极、绝缘层和阳极图形，如图8-21所示。先在玻璃基板上制作上电极引线，利用掩膜板和蒸发铝膜来形成。然后印刷上绝缘层，这是带少量黑色素的低熔点玻璃粉。绝缘层上留有使层上电极与层下电极相连的通孔。阳极按需要显示图形的形状，由石墨或铝等薄膜形成导体，并通过通孔与绝缘的引线电极相连，再按显示图形涂布荧光体。玻璃底板表面上，除了阳极及连接所必需的通孔外，全部由绝缘层包覆。

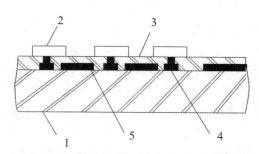

1—玻璃底板；2—阳极；3—绝缘层；4—通孔；5—布线
图8-21　厚膜玻璃板剖面图

真空荧光管是一个真空容器，其上下是两块内侧镀有导电膜的平板玻璃，四周用玻璃粉进行密封，并且留有一个排气管。为了维持器件内的真空度，还放上了一个环状消气器，内装消气剂。排气结束后，使用高频加热把消气剂中的金属钡蒸发到平板玻璃的内侧面，以吸收使用过程中器件内释放出来的气体。

当面板玻璃尺寸变大时，为了支撑大气压力，需要增加玻璃厚度，但这会增加重量，所以常采用在平板玻璃之间加支撑的办法。

在VFD中，阴极发射电子，在讨论中取为零电位。阴极发射的电子能否通过栅极孔到达阳极，取决于栅极对于阴极的电位。当栅极电位为正时，阴极发射的部分电子被栅极截获，变成栅流，这部分电流越小越好；部分电子穿过栅极孔打到阳极，激发荧光粉发光，而成为阳极电流。当然，这时阳极上必须是正电压。也就是栅极和阳极同时为正电压时，才能发光显示。

8.2.2　VFD的电学与光学特性

（1）阴极灯丝加热特性

VFD是利用热电子发射工作的，当灯丝工作温度较低时，发射电流与灯丝温度之间为指数关系，称为工作在温度限制区，发射电流很难保持稳定。当灯丝工作温度较高时，阴极电流与灯丝温度无关，只取决于栅极和阳极电压，当栅极电压V_g与阳极电压V_a相等时，阴极电流随栅极电压的3/2次方上升，称这种状态为空间电荷区。为了使发射电流稳定，总是使阴极工作温度稍高于温度限制区的温度。但是过高了也不好，会降低阴极寿命。

（2）伏安特性

对于寻址显示，经常采用$V_g=V_a$，在这种情况下，阴极电流i_k分成栅极电流i_g和阳极电流i_a两部分，即

$$i_k = i_g + i_a = i_a\left(1+\frac{i_g}{i_a}\right) = i_a\left(1+d\right) \tag{8-1}$$

式中，$d=i_g/i_a$称为电流分配系数，与器件结构有关。一般而言，$d=0.3\sim0.8$。

在空间电荷限制下，对于典型的二极管有$i_a=kV_a3/2$。在VFD器件三极管结构下，若$V_g=V_a$，则有

$$i_a=nk\,V_a \tag{8-2}$$

式中，k是决定于电极结构的常数，$n=1.5\sim2.0$。

（3）脉冲响应特性

VFD的电光响应特性受荧光粉响应特性的支配。对于ZnO：Zn，其上升时间与下降时间分别约为$10\,\mu s$，所以当电压脉冲宽度大于$20\,\mu s$时，亮度与电压脉宽无关，只取决于脉冲系列的占空比D_u。由于VFD的响应特性好，对动态显示不存在障碍。

（4）截止特性

VFD驱动过程中，要将不需要显示的部分的阳极电流截止，可有两种截止方式。

阳极截止：栅极处于正电压，在属于该栅极的阳极上施加负电压，使该阳极不发光。只要很小的负电压就足以起到截止作用。

栅极截止：阳极为正电压，加上足够的负栅压，使阳极不发光，即将电子截断。考虑到阳极电压通过栅极向阴极的渗透作用、邻近电极上驱动脉冲的偶合作用和直热式灯丝阴极上的电位差，栅极截止负电压需要足够大。

（5）电光特性

VFD的发光辉度由阳极平均功率及荧光粉的发光效率来决定：

$$L = \frac{1}{S}\cdot i_a V_a \cdot D_u \cdot \eta \cdot \left(\frac{1}{\tau}\right) \tag{8-3}$$

式中，L为辉度（cd/m²）；i_a、V_a为阳极峰值电流（A）和峰值电压（V）；D_u为阳极电流的占空比；S为阳极面积（m²）；η为荧光粉的发光效率（lm/W）。

8.2.3　VFD的驱动方法

（1）静态驱动

静态方式适用于位数少的数字显示等笔段显示，典型的应用实例是钟表，如图8-22所示。栅极使用各个位数的公共电极并施加额定直流电压，阳极的各个段使用独立引线端子。因此，在任意时间里给阳极段电极施加信号电压时，就能够选择不同的位显示和图形显示。当位数增多时，阳极段的引线端子就要急剧增加，因此该方式只适合位数较少的显示管使用。

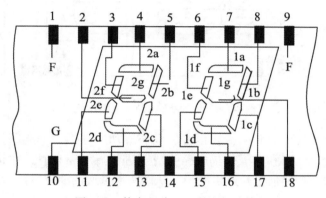

图8-22　静态驱动VFD的电极连接

静态驱动电路实例如图8-23所示，它的周边电路简单，驱动电压为10～15 V，各个位数上具有阳极段的选择电路。该驱动方式多用于车载用时钟驱动显示。

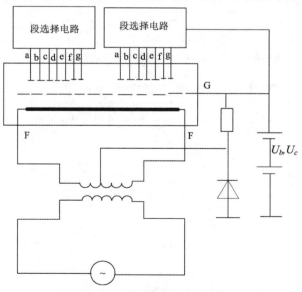

图8-23　静态驱动电路实例

（2）动态驱动（时分驱动）

位数多的数字笔段显示，为简化面板内的布线和驱动电路而采用动态驱动。这种驱动是把栅极作为位数电极进行位数扫描。如图8-24所示，位于各个位数的相同位置上的阳极段电极与管内相连接，接在公共通用的接线端子上。因此，段电极引线端子的个数与位数无关，只需要用一位数的段电极数目，栅极按位数分别引出接线端子即可。

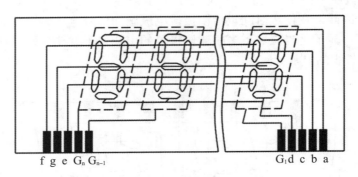

图8-24　动态驱动VFD的电极连接

如图8-25所示为栅极和阳极段信号的动态驱动原理图。该电路是由一个与位数无关的段电极选择电路和栅极扫描电路组成。进行显示驱动时，将选通的阳极段信号与位信号（栅极扫描信号）产生同步，从而实现选通段的数字显示。

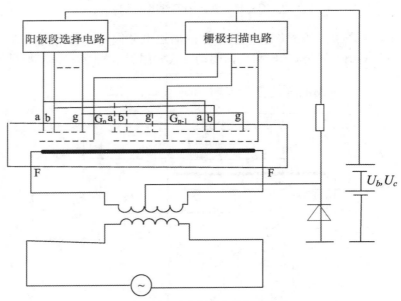

图8-25　动态驱动电路原理图

（3）矩阵显示

VFD用作图像显示时，需采用矩阵驱动方式作为驱动电路。矩阵驱动方式分为单矩阵方式和多矩阵方式。

①双线栅极型单矩阵显示

双线栅极型结构如图8-26所示。在玻璃基板上利用ITO膜或Al膜形成条状阳极，并涂覆荧光粉。线状栅极与条状阳极垂直，而阴极则与阳极平行。驱动脉冲加在相邻两栅极上，两者的相位差为半个行周期，则两条栅极线所夹部位对应的阳极上荧光粉发光。其工作原理如图8-27所示。如与栅极扫描同步，在阳极加上图像信号，就可以实现图像显示。

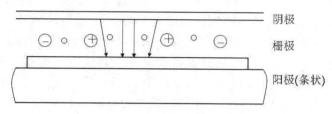

图8-26　双线栅极型结构图

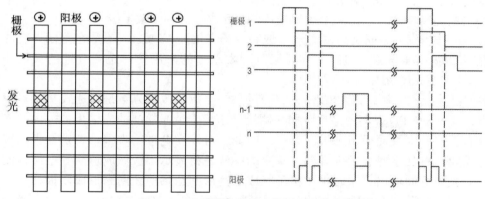

图8-27　双线栅极型的工作原理及动态信号图

②二层阳极多矩阵显示

二层阳极矩阵显示如图8-28所示。阳极与栅极互相平行，但不是上下对齐，而是阳极相对栅极错动半个节距，即阳极正好处于两个栅极的中间位置，而且阳极是隔位相连。当某一阳极所对应的两条栅极都处于高电平，即为选通态时，则这两条栅极所夹的阳极需要发光时处于高电平，而其相邻阳极必处于低电平，可以避免交叉干扰发光的产生。

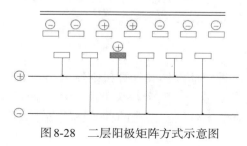

图8-28　二层阳极矩阵方式示意图

针对图像显示 VFD 的各种驱动，已开发出各种模块，将控制、驱动、电源都做在模块中，这样不但外引线减少了，而且可靠性也提高了，使用起来很方便。

③有源矩阵显示

有源矩阵 VFD，分为大面积的 TFT 寻址和单晶片上的 MOS 晶体管寻址。

8.2.4 VFD 的应用与发展前景

荧光显示管从 7 段、8 段数字的显示、符号显示开始，扩大到 14 段、16 段的英文和各种符号显示。接着又实现了 5×7、5×12 个像素的英文和汉字及各种符号显示。通过增加显示的位置和行数发展到显示接近 A4 大小的整页数的显示，显示面积在不断地增加。并且，矩阵显示屏实现了英文、汉字等显示及图形图像显示。

目前，VFD 主要应用在录像机音响设备及其他家用电器、汽车仪表板、计算器、计算机等办公室自动化设备的显示上。VFD 值得注意的一种应用是平视式显示，它的原理与 CRT 头盔的显示相同，但作为显示源的 VFD 在汽车上并不戴在驾驶者的头上，而是装置在车上，驾驶者在汽车行驶中并不需要低头看仪表盘，就可以从挡风玻璃上看到由反光装置投射产生的速度、油量等数字的虚像。这种应用利用了 VFD 的高亮度特性，它比 VFD 普通应用的显示亮度高一个数量级。

VFD 的技术发展方向是高密度化（或高分辨率化）、多功能、全彩色显示、有源矩阵显示、显示屏与驱动电路一体化以及开发新型的采用简单矩阵寻址的大尺寸（大于 30"）彩色图像显示屏。

除前已述及的有源矩阵 VFD 外，VFD 的另一个重要改进方案是背透式 VFD。我们知道，通常的 VFD 观察者是从阴极一侧接受阳极上荧光粉层的光输出的，由于面板玻璃有一定厚度及面板与阳极间有一定间隙，对发光电极的观察，特别在表面玻璃的滤光膜印有文字时会发生视差，解决的办法是将显示阳极做成透明导电层，使荧光粉发光向背面输出。这时采用格子状成六角形网孔铝薄膜网来形成阳极，以代替电阻会随工作温度变化而改变的 ITO 导电膜。背透式 VFD 的荧光粉厚度对发光亮度有较大影响，较厚的粉层对光的吸收增大，而过薄的粉层又使电子激发时荧光粉的发光面积减少，两者都会使光输出减少，从而降低亮度，因此，背透式荧光粉层的厚度必须有一最佳值。背透式的亮度仅为常规 VFD 的 60%～70%，但它仍然是一种十分有用的结构。

VFD 工作时的消耗功率为阳极、栅极、灯丝消耗功率之和，其中灯丝功率最大，热阴极的灯丝不仅需要专门的灯丝电源，也增加了显示设备的功耗和设备的使用寿命，因此人们力图采用场发射的电子源来代替灯丝阴极，研制新型结构的 VFD 是目前 VFD 发展的又一方向。

8.3 投影显示技术

进入 21 世纪，随着电视广播媒体和计算机媒体的出现和迅猛发展，以及网络技术的普遍应用和信息技术的进步，整个社会的生活和生产环境发生了巨大的变革，社会全面进入了多媒体信息化时代。信息的种类也逐渐丰富多彩，再也不仅仅只是单调枯燥的数字文本，更多的是以图像、声音等多媒体形式出现。为了在多种场合获得大屏幕、多色彩、高亮度以及高分辨的显示效果，作为图像信息的主要载体，投影显示产业已经取得了极大的进步。通过投影显示方式获得大屏幕显示效果，可以克服采用直接显示方式所带来的体积庞大、重量和成本增加等一系列问题，并且随着微电子、光学技术以及其他附属技术的发展和强有力技术的支持，投影显示已经从家庭娱乐、商用等推广到军事指挥、大型会议等更多领域，成为大屏幕显示的主流方式。

投影显示是指由平面图像信息控制光源，利用光学系统和投影空间把图像放大并显示在投影屏幕上的方法或装置。投影显示适应了大屏幕显示的要求，特别是HDTV的要求。在相同的视距情况下，HDTV要求显示屏幕比普通电视屏幕更大，如视距为3 m，按水平视角的要求，普通电视屏的尺寸为52 cm（即对角线为52 mm，21英寸）。而HDTV屏为155 cm（61英寸），实际使用时，屏面更大些，如前者在25英寸以上，后者为80英寸，而直视型显示的CRT屏幕尺寸难以做得更大，国内最大的CRT彩色电视机屏尺寸为34英寸，国际上曾出现过45英寸。因此，在众多的显示技术中，投影显示是实现40英寸以上高分辨率大屏幕显示的最佳选择。

基于微显示芯片的投影显示技术与成熟的CRT投影显示技术相比，主要区别在于CRT投影显示技术是将输入信号源分解到红、绿、蓝三个CRT管的荧光屏上，此时在高压作用下荧光粉的发光信号经过放大、会聚，在屏幕上显示出彩色图像，是一种通过在显示器件上直接形成高亮度的图像，再由光学系统成像在屏幕上的显示方式；而前者是采用自身并不发光的微显示芯片作为空间光调制器，通过图像动态输入信号来改变显示芯片自身的反射率、折射率等光电特性，以进一步控制外光源照明光束，将显示芯片控制的图像信息投影到屏幕上。虽然CRT显示投影技术具有图像显示色彩丰富、还原性好、具有丰富的几何失真调整能力等优点，但是由于图像分辨率与亮度之间相互制约，整体操作复杂，移动性也不好，已经随着其他投影显示技术的发展逐渐退出市场。

目前，利用微显示芯片开发的投影显示系统，在技术上已经相当成熟，主要采用以下3种微显示芯片：TFT-LCD（Thin Film Transistor Liquid Crystal Devise）、LCOS（Liquid Crystal on Silieon）、DLP（Digital Light Proeessor）。

8.3.1　液晶投影显示

液晶大屏幕投影电视（简称LCD-PTV）主要依靠投射型TFT-LCD器件产生图像，TFT-LCD投影显示技术又名透过型液晶投影技术，它采用具有快速反应和高对比度的透过式液晶光阀作为空间光调制器，是三种投影显示技术中起步较早和发展最成熟的技术。液晶是介于液体和固体之间的物质，本身并不发光，但是液晶分子的排列可以在电场的作用下发生变化，TFT-LCD投影显示技术正是利用液晶的光电效应，通过电信号控制液晶单元的透光率，以达到准确控制通过液晶单元的光线的目的，从而在屏幕上产生具有不同灰度层次及颜色的图像。

TFT-LCD投影显示技术是一种采用外光源照射的被动式投影方式，按照

TFT-LCD 显示芯片的片数，系统可分为三片式和单片式结构。在单片式系统中，选用了一片 TFT-LCD 显示芯片作为空间光调制器，整个系统具有体积小、重量轻、操作简单、携带极其方便、成本低等优点。但是由于 TFT-LCD 显示芯片上覆盖有栅格，光线透过率低，造成最后投影亮度低，尤其是高分辨率时情况更为严重，所以一般单片式 TFT-LCD 投影显示系统只适用于低端产品。目前 TFT-LCD 投影显示系统一般选用三片式结构。由光源发出的光经过由反光碗、复眼积分器、偏振转换系统以及分色系统组成的照明系统后，光束被均匀化并整理成偏光方向，同时光束分离成红绿蓝三原色，照射到与各颜色相对应的 3 片 TFT-LCD 显示芯片上；电信号经过模数转换，调制加载到显示芯片上，通过控制液晶单元的开启、闭合，从而控制光路的通断，再用合色棱镜将各液晶光阀调制了的光束合成，由投影镜头投射在屏幕上形成彩色图像。此结构的优点在于由于采用红、绿、蓝三原色独立照明的 TFT-LCD 显示芯片，可以通过分别调整每个彩色通道的亮度和对比度，以得到高保真色彩的投影效果，但必须保证三种颜色的光线精确汇聚是此类三片式结构的一个不利因素。

目前，液晶投影显示器的画面质量已接近 CRT，但其仍有不少缺点：

①透过率低，一对偏振片的透过率只有约 0.3。

②开口率低，不到 0.4，使整个投影系统的光利用率只有 3%。为了使投影电视结构紧凑，如采用小尺寸 LCD，则由于电极引线和 TFT 器件的尺寸不能成比例地缩小，使小尺寸的 LCD 的开口率更低。耗散在器件上的光能量使器件升温，会导致液晶性能变坏，所以这种投影系统必须带风扇。

③用于液晶投影显示器的 TFT-LCD 的规格一般为对角线 3.6 英寸或 3.0 英寸，这样与之配套的各种光学元件尺寸也小不下来，造成高质量的液晶投影显示器的价格居高不下。

高质量液晶投影显示器多是从荷兰菲利普、比利时巴可、法国保利登等公司进口；下面以一个伟事达公司生产的 60 英寸的液晶投影显示器作为例子。

像素 1280×1024，分辨率 800 TVL，水平扫描频率 60 kHz，垂直扫描频率 75 Hz；亮度 300 cd/m²，对比度 350：1，均匀性 90%，寿命 5 万小时，采用激光光学结构屏幕（菲涅尔透镜+散射层+柱面透镜）；水平视角 ±42°；垂直视角 ±15°；成像器件为 3 片式。表 8-1 中列出了 LCD-PTV 在发展过程中各代系统的性能。

表 8-1　各代 LCD-PTV 的性能比较

参数	第一代	第二代	第三代	第四代	第五代
清晰度	640×480 VGA	640×480 VGA	800×600 SVGA	1024×768 XGA	大于 1024×768 XGA/SXGA
开口率	0.30	0.45	0.40	0.50	0.94
对比度	100：1	100：1	20：1	250：1	300：1
流明度数/lm	200	600	800	1000	>1000
主要技术基础	单片投射 LC	单片投射 LC	三片投射 LC	三片投射 LC	三片反射 LCOS

8.3.2 LCOS 投影显示

LCOS（Liquid Crystal on Silieon）技术是一种基于标准CMOS工艺的反射式LCD投影显示技术。其结构是在硅单晶圆片上，利用半导体技术制作驱动面板（又称为CMOS-LCD），然后将单晶片用研磨技术磨平，并镀上铝当作反射镜，形成CMOS基板，然后将CMOS基板与含有透明电极的玻璃基板贴合，再注入液晶，进行封装测试。其结构示意图如图8-29所示。

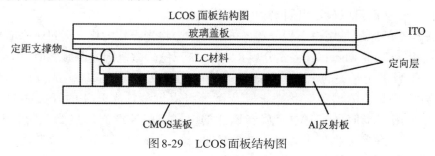

图 8-29　LCOS面板结构图

该技术不仅能够克服TFT-LCD技术开口率低和像素化等缺点，而且还大大降低了设备的制造成本。开口率的大幅提高是因为微电路部分都集成在像素反射镜之中，有效面积大大增加，而且像素尺寸减小到微米量级，是目前普遍认为有前途的一种微显示技术。基于LCOS的大屏幕投影显示系统具有高亮度、高对比度（可达350～500：1）、高分辨率、色彩鲜艳、较低价格等优点。

与穿透式LCD投影显示及数字光处理器DLP显示相比，LCOS具有下列特点。

①光利用效率高。LCOS与LCD投影显示器类似，主要的差别就是LCOS属于反射式成像，所以光利用效率可达40%以上，与DLP相当，而穿透式LCD仅有3%～10%而已；

②体积小。LCOS可将驱动器等外围线路完全整合至Si基板上，减少外围IC的数目及封装成本，并使体积缩小。

③开口率高。由于LCOS的晶体管及驱动线路都制作于硅基板内，位于反射面之下，不占表面面积，所以仅有像素间隙占用开口面积，不像穿透式LCD的TFT及导线皆占用开口面积，故LCOS的开口率可高达90%以上。

④制造技术较成熟。LCOS的制作可分为前道的半导体CMOS制造及后道的液晶面板贴合封装制造。前道的半导体CMOS制造已有成熟的设计、仿真、制作及测试技术，所以目前良品率已可达90%以上，成本低廉；至于后道的液晶面板贴合封装制造，虽然据说目前的良品率只有30%，但由于液晶面板制造已发展得相当成熟，理论上其良品率提升速率应远高于DMB芯片。

⑤由于LCOS的尺寸一般为0.7英寸，所以相关的光学器件尺寸也大大缩小，使LCOS-PTV的总成本大幅度下降。

⑥此外，LCOS还有一项优点，就是HTPS-LCD目前仅有SONY及SEIKO EP-SON拥有专利权，而DLP是TI的独家专利，LCOS则更无专利权的问题。

8.3.3 DLP显示

DLP-Digital Light Processing即数字光处理。该技术是由德州仪器公司（TI）发明的，其核心DMD-Digital Micromirror Device即数字微镜器件。是由J. Hornbeck于1987年在TI研制成功的。DMD由成千上万个微反射镜组成，每一个微反射镜对应一个像素，通过寻址微反射镜下面对应的RAM单元，可以使DMD陈列上的这些微反射镜偏转到开或关的位置，处于开状态的微镜对应亮的像素，处于关状态的微镜对应暗的像素，从而可以显示出明暗相间的图像。

DLP投影的原理是用一个积分器（Integrator）将光源均匀化，通过一个有色彩三原色的色轮（Color wheel），将光分成R、G、B三色，微镜向光源倾斜时，光反射到镜头上，相当于光开关的"开"状态。微镜向光源反方向倾斜时，光反射不到镜头上，相当于光开关的"关"状态。其灰度等级由每秒钟光开关的开关次数比来决定。因此采用同步信号控制数字旋转镜片的电平，将连续光转换为灰阶，配合R、G、B三基色将色彩表现出来，最后投影成像，便可以产生高品质、高灰度等级的图像。如图8-30所示为DLP投影显示的原理图。

图8-30　DLP投影显示的原理图

DLP投影技术的优势主要表现在以下几个方面。

①高亮度和对比度

DLP采用反射技术，DLP系统的综合光利用效率大于60%，而且反射技术在处理光源散热问题时相对比较容易，所以DLP系统允许使用很强的光源，而不会导致系统过热。现在DLP背投电视的亮度可达到6500ANSI流明，对比度达到3000∶1。

②精确的灰度和彩色再现能力

由于DLP的全数字化特点，使它能够产生数字化的灰度等级和颜色水平。假设每种颜色由8 bits数字量表示，那么，DLP可以产生$16.7×10^6$种不同的颜色。可见，DLP的数字化特征，使数字视频信号的再现，具有更加精确的灰度和色彩，能够产生更加准确的灰度等级或不同颜色的图像再现，从而使再现的视频图像更加自然。

③无缝的电影质量图像

开口率是光阀显示装置的重要指标之一，其定义为有效像素面积与光阀总面积之比，其值越高则图像质量越细腻。LCD和PDP每个像素周围都包围着一圈隔离物，像素之间不能做到"无缝连接"；等离子屏的每个荧光小室周围有塑料隔栅，液晶光阀的像素点间距为30～40μm，开口率只有50%。而DMD上的小方镜面积为16 μm×16 μm，每个间距1 μm，开口率达到89%，几乎全部区域都用于显示图像，因此产生的图像如丝绸般光滑，可创造出比普通投影机更加真实、自然、细腻的投影图像。

④全数字化

现代显示技术已利用数字方法实现信号的采样、编辑、广播发送、数字接收，由于LCD和LCOS仍是由模拟量控制，必须将这些数字信号转换成模拟信号，才能进行显示。每个D/A转换环节都会向系统中引入噪声，相应地降低了系统的信噪比，从而影响了系统的性能。DLP技术改变了这种现状，它使视频信息在"采样–处理–传输–接收–显示"链条的最后环节中，即"显示"之前不需要进行D/A转换，而是直接进行数字信号输出，为数字信号的实时显示提供了全数字的连接，也为数字视频的重建提供了可能。

⑤高清晰度

目前DMD已经能够做成2048×2252（2.35兆）的阵列，显示HDTV信号已绰绰有余。

⑥绿色环保、体积小巧

DLP投影系统内完全没有X射线的辐射，与PDP相比，无气体放电的火花干扰和电磁辐射干扰，也没有真空部件，因而更符合绿色环保和安全要求。DMD体积小巧，便于结构设计，有利于基于DLP的投影系统的小型化、微型化。

⑦高可靠性和持久稳定的亮度对比度

TI公司对DMD器件进行过1G次以上的循环测试，没有发现任何铰链折断现象，相当于可连续运行操作20年，产品稳定性极高。DLP投影显示系统的图像不会因设备长期使用而褪色，因为DMD的反射效率不随时间变化。

8.4　激光显示技术

8.4.1　激光显示的发展过程

1. 概述

从CRT电视到目前主流的液晶电视，再到OLED第三代显示技术，或许很多人都会觉得电视的显示技术已经到达顶峰，其实不然，现有的显示器件的色彩重现能力低，无法满足真正的高清显示的要求，其显色范围仅能覆盖人眼所能观察到的色彩空间的33%左右，还有大量的颜色是无法展现出来的。

因此，在未来的显示技术发展中，对色彩的高还原度显示将是主要的研究方向。显示技术中能还原颜色的数量一般用覆盖色域的大小来衡量。而显示色域的大小主要与光源的光谱宽度相关。由于现今普遍使用的光源都是宽谱光源，单色性不好，因此难以达到很大的色域覆盖范围。而激光光源天生具有极窄的光谱宽度，使用激光作为光源的显示技术能够令色域覆盖范围轻易达到普通显示技术的两倍以上，如图 8-31 所示。因此，作为大色域显示技术的代表，激光显示技术将是未来显示技术发展的重要方向。

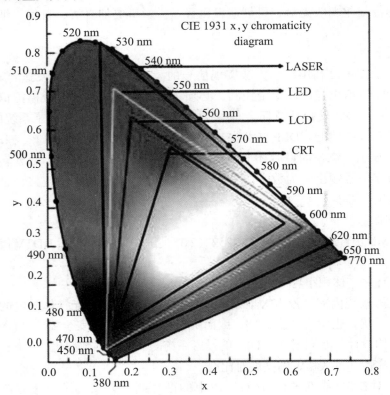

图 8-31　红、绿、蓝三基色激光合成白光

激光显示是以红、绿、蓝三基色（或多基色）激光为光源的新型显示技术和产品，通过控制三基色激光强度比、总强度和强度空间分布即可实现彩色图像显示，如图 8-32 所示。

图 8-32　红、绿、蓝三基色激光合成白光

由于激光具有方向性好、单色性好和亮度高等三个基本特性，用于显示可实现"冲击人眼极限"的大色域、双高清（几何、颜色）的高保真视频图像再现，被国际业界视为"人类视觉史上的革命"，是继黑白显示、彩色显示、数字显示之后的新型显示技术，如图 8-33 所示。"中国制造 2025 重点领域技术路线图（2015 年版）"已将其列入发展重点，是显示产业转型升级的重要战略方向。

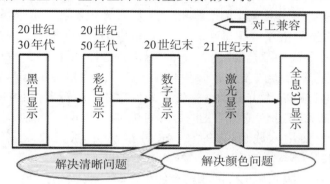

图 8-33　显示技术发展路线图

2. 国内外激光显示技术现状

（1）国外激光显示发展情况

激光显示技术的研究与发展可分为四个阶段：概念阶段、研发阶段、产业化前期阶段和规模产业化阶段。

激光显示概念在 20 世纪 60 年代出现，世界各国的科学家都尝试将激光技术运用于显示光源的研究，激光显示技术就进入了发展的轨道。在早期，激光器的种类很少，主要是氩离子激光/氪离子激光等气体激光器，因此只能用它们作为光源开发激光显示技术。利用激光具有良好方向性的特点，许多公司开发了扫描式激光显示。在 1960—1970 年，美国 Texas 公司、美国通用电话电子公司、日本日立公司分别提出了各自的 525 行扫描激光显示技术。但由于气体激光器体积庞大、能耗很高、寿命短且易损坏，不适合作为显示光源使用，因此激光显示的发展受到了限制，难以实现产业化。

直到 20 世纪 80 年代末，大功率半导体激光（LD）技术、全固态激光（DPL）技术和微型显示器系统技术的长足进展，使得激光显示技术突破了光源落后的限制，开始逐渐走向商业化、产业化道路。

对激光显示专利的分析表明，从 2001 年开始由于全固态激光技术的突破，激光显示技术开始高速发展。2003 年激光显示技术的研究获得了历史性的突破，并在当时推出了一系列工程样机，不过一直到 2005—2010 年才逐渐进入了激光显示产业化的前期阶段。

2009 年，三菱电器推出了 65 英寸的激光电视，2010 年又推出了 75 英寸的激光电视，三菱激光电视在日本和美国的销量共计 10 万台。2012 年 1 月，比利时巴可（Barco）推出 55 000 流明的激光光源的原型机，随后 NEC 发布了 50 000 流明的激光影院工程机，2012 下半年美国科视推出 72 000 流明亮度的激光电影原型机。2012 年 1 季度，明基推出了一款基于激光光源技术的商教投影机，该机器配备了业界领先的蓝核光引擎技术。2012年4月，日本索尼公司和美国科视（Christie）公司也推出了样机。日本三菱电机在2013年4月发布了系列混合光源投影机，采用了独立的蓝色与绿色激光光源。日本松下公司也推出了多款混合型激光投影机，并于2013年8月推出全球第一款高清混合型激光投影机。日本索尼公司2013年4月在北京国际视听集成设备与技术展上新发布3LCD激光投影机，此款激光投影机为世界上第一台3LCD激光投影机，纯激光光源，亮度可以达到4000流明，分辨率达到1920×1200，成为业内同类产品中最亮的激光投影仪。它的工作寿命最高可长达20 000小时以上。受益于小型化三基色激光器的发展，微型激光投影系统也出现了新产品。Barco公司2019年展示了基于RGB激光光源、矩形阵列像素数字微镜器件（TRP DMD）、4 K分辨率、98.5% REC2020色域的激光电影放映机等；2014年科视数字投影系统公司（Christie）展示了使用六原色（6P）的4K分辨率3D激光放映系统，2019年在BIRTV展示了4K分辨率、120 Hz的高帧率的RGB电影放映机。

预计到2026年，激光显示产品年销售额将达5000亿美元。正因为如此巨大的市场，当前日、韩、美等国都投入了大量人力物力在开发激光显示技术，意欲争夺下一代显示器件的国际市场。曾在LCD、PDP以及数字电视的开发竞赛中占尽先机的日本产业界，将激光显示技术称为人类视觉史上的革命。日本政府高度重视激光显示技术，现在正以国家的力量加速开发，意欲保持其显示器产业大国的地位。具有代表性的研究工作包括日本索尼公司、日本三菱电气公司、韩国三星电子、韩国LG公司以及美国Laser Power公司等。

（2）国内激光显示发展现状

国内激光显示的发展与国外基本同步，已经从过去的跟跑发展到总体并跑、产业规模领跑的阶段。中国科学院研究团队一直是国内从事激光显示领域的领军团队，在国内最早开展激光显示技术的研发。值得一提的是，我国在激光显示技术领域已经处于世界先进水平，所拥有的激光显示方面的公开专利数量为全球第四。在激光显示的很多领域，中国都走在了前面。通过国家863计划等科学计划的周密部署，已经建立了从核心光学材料与器件、半导体与全固态激光器至整机集成的完整技术链，为我国激光显示的研究打下了坚实的基础和具备了良好的发展环境。

20世纪70年代中国科学院物理研究所等单位实现了基于气体激光光源的扫描式激光显示样机开发。在国家863、十五计划期间，中国科学院光电研究院在大色域、大屏幕的激光显示核心关键技术领域取得了国际领先的突破，成功研制出60英寸、84英寸、140英寸和200英寸大屏幕激光显示样机。2002年，中科院在国内首次实现了全固态激光显示；2005年成功研

图8-34　2005年国内首台激光全色投影显示样机

制140寸激光背投样机，如图8-34所示。

2006年1月，中科院与信息产业部联合科技成果鉴定的结果为总体技术国际先进，其中140英寸的激光投影样机使用了新研制的全固态激光光源，使得投影输出光功率达到23 W，色域覆盖率达到79%，超过世界上的同类水平。2015年中国科学院研制成功国际首台100英寸三基色LD激光电视样机，证明了激光显示技术实现产业化的可行性，随后建成三基色激光显示生产示范线，初步打通了激光显示材料、器件、整机到产业示范的创新链。

2016年，中国科学技术大学成功研制了"高亮度大色域的三基色全半导体激光投影机"，并通过了安徽省科技成果鉴定。其主要性能指标达到：光通量6400流明，色域149.7% NTSC，散斑对比度2.25%，发光效率108 lm/W，分辨率1920×1080。这个成果的整机技术达到国际先进，散斑抑制与发光效率达到国际领先。

我国专利占世界专利总数的30%，涉及激光显示的主要关键环节，在激光器件、匀场、消相干和整机技术方面占有优势。目前，国内红光LD单管功率可达2 W（寿命超过$1×10^4$ h），蓝光LD单管最大输出功率为2.8 W（寿命已超过5 000 h），绿光LD最大输出功率达到500 W。

整机方面，我国在高功率激光模块、散斑抑制和集成制造关键技术方面已经形成多项核心专利技术，总体已达国际领先水平。国家出台一系列相关政策及项目支持，极大地推动了骨干企业在激光显示的投入和产业的快速发展，国内包括海信视像科技股份有限公司、四川长虹电器股份有限公司、杭州中科极光科技有限公司、深圳光峰科技股份有限公司、TCL科技集团股份有限公司等数十家传统家电企业和互联网企业，围绕激光显示全链条开展产业布局，2019年国内激光显示产值已经超过125亿元，近几年年复合增长率接近100%，产业规模达到国际领先水平。可见，激光显示技术在我国有着坚实的研究基础与良好的发展前景。

3. 激光显示的发展趋势分析和挑战

激光显示技术要走向产业应用，亟待解决红绿蓝三基色光源、超高清视频图像技术、配套关键材料与器件、总体设计与集成这四大关键技术，同时系统布局激光显示专利池和国际标准，有望打造具有自主知识产权的激光显示产业生态体系，抓住显示产业转型升级的重大机遇，实现我国显示产业从大国到强国的跨越式发展。

（1）三基色激光光源

纵观激光显示几十年来的发展历程，实际上驱动着激光显示产业不断发展的核心推动力就是激光光源，也是激光显示实现高画质图像再现的核心竞争力。如图8-35所示，激光显示光源经历了从气体激光器（体积大、耗电大、寿命短、不易实用化）、全固态激光器（结构复杂、效率低、难以消散斑），目前已发展到三基色半导体激光（LD）光源为代表的阶段。三基色LD光源，与其他相干/非相干光源相比，具有直接电激发、高效率、高偏振度、长寿命、高可靠、小型化、频域/空域/时域综合参数易于调控等优势，更重要的是，LD具有可用半导体制造工艺实现大规模量产降低成本的独到优势，支撑激光显示实现高性价比，可进入寻常百姓家。LD是激光显示产业化的最佳光源。目前国内三基色LD材料器件已经取得了重大进展，已经接近了实用化水平。

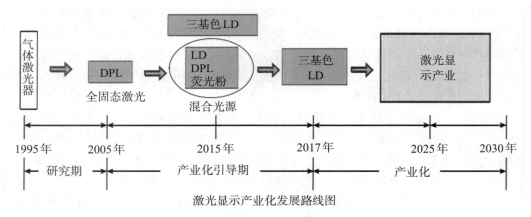

激光显示产业化发展路线图

图8-35 激光显示产业发展路线

（2）超高清视频图像技术

显示已经进入超高分辨率时代，8K超高清电视技术的全球竞争已经展开，工业和信息化部等多部门印发《超高清视频产业发展行动计划（2019—2022年）》，预示着我国2022年要实现超高清视频生态体系建设。激光显示作为超高清显示技术的代表，亟待解决4K/8K超高分辨率显示芯片、超高清视频图像的获取/存储/处理/传输、人眼生物学特征和视觉心理特性等关键技术。在超高清视频标准方面我国进展较快，自主研究制定自主数字视音频编解码技术标准。同时，新一代信息技术比如5G、大数据、云计算技术的普及，使激光显示视频图像信息的高速率、大带宽需求成为可能，支撑超高清电视信号进入寻常百姓家。

（3）激光显示配套材料与器件

超高分辨光学成像镜头、高增益光学屏幕、新型匀光整形材料、智能驱动/显示芯片等激光显示配套关键材料与器件，是激光显示生态体系必不可少的一环。我国已具备了超短焦镜头设计和制造能力，初步实现了镜头、光机在内的4K光学引擎的批量生产；在高性能菲涅耳光学屏幕方面，持有多项核心设计/制造专利，实现了超大尺寸光学屏幕生产示范；在散斑抑制技术方面，国内已有很多专利技术基础，提出多手段消散斑技术和评价方法，加速了其实用化进程。另外，关键材料的生长和加工设备如菲涅耳模具大型CNC加工设备等也亟须解决依赖进口的问题。

（4）激光显示整机总体设计与集成

在激光显示整机方面，需要重点开展超高清、大色域整机设计、关键器件集成、高良率量产工艺、可靠性测试以及相应的标准等产业化应用技术的研究，具体包括光学设计、图像处理、整机鲁棒性和寿命检测/分析及优化对策研究，以及规模量产工艺与设备研究，以整机应用需求为牵引，带动激光显示关键材料器件快速走向应用，从而建成完备的设计、材料生长、器件制备、整机集成到产业应用的全链条创新体系。

8.4.2　激光显示的技术特点

研究表明，人类获取的信息中有70%～80%来自于视觉，显示作为人机界面终端，最终是要满足人眼观看、观赏等需求和实现这些功能。激光显示作为新一代显示技术，在继承了数字显示技术所有优点的基础上，还具有以下本征优势，可真正实现高保真图像再现。

1. 几何/颜色双高清

几何高清即线分辨率。人眼生物学和视光学原理表明，人眼的极限分辨力约为1'，人眼清晰视场为横向35°、纵向20°，余光视场横向120°、纵向60°，因此人眼可观察到超高分辨率图像以及丰富和精细的色彩。激光的方向性好，其发散角小，易实现4K、8K甚至更高的（全屏）显示分辨率。

颜色高清即颜色数。激光显示最突出的特点就是激光光谱很窄，称为线状光谱，谱宽小于5 nm，而其他显示光源基本为带状光谱，谱宽约为30～40 nm，如图8-36所示。

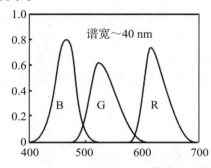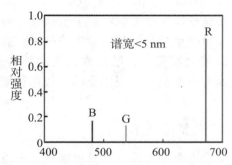

图8-36　传统显示的波长与激光显示的波长对比

由于谱宽太宽，三基色光谱在颜色混合时很多精细的颜色重叠人眼已经分辨不出，无法在终端很好地展现出来。而采用小于5 nm光谱宽度的三基色激光作为光源时，颜色的色纯度很高，可以完全实现12 bit颜色数编码不重叠，实现传统显示的500倍以上的大颜色数显示，更能反映自然界的真实色彩。

2. 大色域

现有的彩色显示设备，其红、绿、蓝三基色光源为带谱，在色度图中，其色域只覆盖了人眼所能识别颜色的一小部分，因而不能再现饱和度很高的颜色。激光的单色性好，其光谱为线谱，可在色度图上形成超大色域，如图8-31所示，颜色更加鲜艳，颜色表现能力是传统显示器的2～3倍，拥有无与伦比的颜色再现能力。

3. 高观赏舒适度

激光显示采用反射式成像，与自然万物反射光成像进入人眼的原理相同，光线经屏幕反射至人眼，光线柔和不刺眼；同时激光显示的工作原理决定了其像素与发光面积相同，且像素与像素之间无边缘效应，过渡平缓，因此观看舒适度高。中国电子技术标准化研究院赛西实验室与北京协和医院进行观看舒适度测试，结果显示激光显示是良好舒适性的显示产品。

综上所述，在技术上激光显示具有很多优点：光源谱宽窄（～5 nm），可以实现12 bit颜色灰阶编码不重叠；激光波长可控，依据1952年美国国家电视标准委员会制定的彩色电视广播标准（NTSC），可构成150% NTSC以上超大色域；激光亮度高，且可精确控制在人眼最佳视觉感知区（8K几何高清）；激光色温精确可调，极易实现超大屏幕（～100 m²级）无缝拼接显示；与全息技术结合，可再现物光波长（颜色）、振幅（强度）和相位（立体）的全部信息，实现真三维显示。激光显示是目前唯一能够实现BT.2020超高清国际显示标准的显示技术，可满足人类追求美好视觉效果的极致需求。同时，激光显示还兼具轻薄、低成本、绿色制造等特点：功耗比同尺寸液晶电视节能50%，寿命可达2×10^4 h以上，节能环保；产品体积小、重量轻、价格低，100英寸激光电视的重量约为20kg（同尺寸LCD电视的重量约为150 kg），容易投放于电梯和进入寻常百姓家；激光显示采用反射式成像，观看舒适度好；激光显示属于绿色制造产业，不需要大型投资规模，相比于传统平板显示在高世代面板的巨大投资（显示面板领域累计投入超过1.2万亿元），激光显示制造工艺简单，符合新型显示柔性、便携、低成本、高色域、高光效的发展趋势。

激光显示作为新型显示技术的代表，与我国《〈中国制造2025〉重点领域技术路线图（2015年版）》和《超高清视频产业发展行动计划（2019—2022年）》等国家重大战略高度契合，已经成为我国影响国计民生以及后续发展的优势产业，是维护国家产业安全、体现国家信息技术智能化水平、促进产业转型升级的重要战略产业。

8.4.3　激光显示技术

除按照光源分类外，激光投影机还可以被分为其他不同的类别。从体积和投影范围来看，可以分为微型激光投影机、中小型激光投影机和大型激光投影机等；从焦距来看，可以分为长焦激光投影机、标焦激光投影机、短焦激光投影机和超短焦激光投影机；从应用场景上看，可以分为家庭激光投影机、商用激光投影机和激光影院等。

根据图像产生方式的不同，激光显示主要分为：整帧投影显示、整行扫描显示、逐点扫描显示，见表8-2所列。整帧投影显示主要是利用LCD、DLP和LCOS器件等二维空间光调制器，在同一时刻对整个二维画面投影，实现整帧图像投影。整行扫描显示主要是利用光栅机电系统、光栅光阀等一维空间光调制器，在二维图面上扫描一维的影像线，实现整行扫描投影。逐点扫描显示主要是利用微型机电系统，在二维画面上扫描一个光点，实现逐点扫描投影。相比较于逐点扫描显示和整行扫描显示对光斑的尺寸要求较高来说，整帧投影显示凭借它对光斑的尺寸要求低、光能转换效率高、安全性高等优势逐渐成为激光投影显示中主要的研究方向，也是目前各大厂家采用最多的一种方式。

表 8-2 激光投影显示投影技术分类

投影技术	点扫描式	线扫描式	图像投影
示意图			
激光聚焦	点光源	线扩散	面扩散
屏幕瞬态激光功率密度	非常高	高	低
应用	微型投影机（Microvision）	光阀式投影机（Sony Evans & Sutherland）	二维微显示（DLP，LCoS）投影

点扫描式，屏幕瞬态激光功率密度非常高，常应用于微型投影机；线扫描式，屏幕瞬态激光功率密度高，常应用于光阀式投影机；图像投影，屏幕激光功率密度较低，常应用于二维显示，如 DLP、LCoS 等。

另外，家用激光投影机一般采用短焦技术。区分普通短焦、超短焦及反射式超短焦投影机的主要指标是投射比。投射比指投影距离与投射出的画面底边长度的比值，如图 8-37 所示。投射比的数值，可以简单理解为，数值越小，投影机距离屏幕的距离越近。利用超短焦技术，投影距离只需 42 cm 即可使投射画面达到 100 寸，并且在使用过程中可以防止对投射光线的遮挡，同时光路的缩短有效避免了亮度损失，保证了画面亮度。安装过程中，也能节约空间。因此，有时也将家用激光投影机称为激光电视，它可以媲美甚至超越普通的液晶电视。

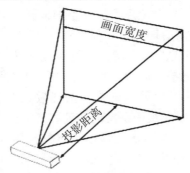

图 8-37 投影比示意图

1. 扫描式投影激光显示系统

这是一种较早期的激光显示器采用的方式。原理是将经过信号调制的 RGB 三色激光束直接通过机械扫描方法偏转扫描到显示屏上。扫描式可利用转镜、声光、电光等技术实现行扫描，转镜技术实现帧扫描，声光或电光技术进行信号调制，类似于传统电视的逐行逐点扫描模式，具有可投射非平面屏幕、大屏幕、特种屏幕及光能利用率高等特点。如图 8-38 所示为一个常见的扫描投影激光显示系统。

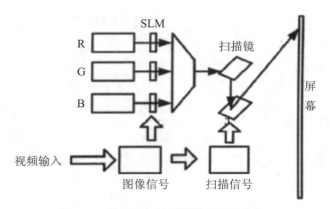

图8-38 常见的扫描投影激光显示系统

这种扫描投影显示系统内部的核心部件是光束调制、扫描部件。由于用于扫描的激光光束亮度很高，方向性很好，因此可以在很小的距离下投影出大而亮的图像，非常适合用于便携式、小型化的显示系统。

扫描式激光显示又分为逐点扫描和整行扫描两种方式。

（1）点扫描式

逐点扫描是对一个单点光束进行二维扫描，主要包括单像素逐点扫描和双光束转镜-振镜点扫描两种方式。

阴极射线管显示器通过偏转线圈控制的电子流高速定点的轰击荧光屏，荧光屏上的荧光粉被电子轰击而发光，一个亮点代表一个像素。运用逐行扫描或隔行扫描技术使电子束扫描荧光屏，描绘出各种图像和符号。逐点扫描式激光显示原理与此相似。只不过用激光束代替了电子束，用激光光强的大小代表单个像素的强度，色彩由分别被调制的RGB三色光合色反映。逐点扫描式激光显示的核心系统是光束偏转器的设计。光束偏转器主要有声光系统和光机系统。

声光系统利用超声波对光的作用使光束发生偏转来实现扫描，这种系统具有控制容易、扫描速度快、系统结构简单等优点，主要缺点是激光光束的扫描角较小。光机系统是通过机械装置带动反射系统旋转实现激光光束二维扫描，其原理简单，扫描角度大，分辨率高，但是对机械系统的精度和稳定性要求非常高。

随着技术的发展，以前困扰着激光显示的机械扫描部件的稳定性和精度有了长足的进步，为激光显示技术的发展提供了技术保障。目前，光机扫描系统主要有机械转镜-机械转镜系统、机械转镜-振镜系统、双振镜系统等。目前，光机扫描系统研究的热点主要集中在机械转镜-振镜系统的研究上。德国激光显示公司和韩国三星集团报道的激光显示系统都是采用这种系统。

①单像素逐点扫描方式

使平面镜在一定角度范围周期性往复摆动就形成了扫描振镜。为实现二维扫描，必须用两个振镜，一个在X方向扫描，一个在Y方向扫描。振镜扫描的优点是简单直观，使用方便。但由于其固有的惯性不能实现高速扫描，不适于高清晰图像扫描，而且扫描的图像易形成枕形畸变或桶形畸变，只能扫描出简单的图形。

如图8-39所示为振镜彩色图形扫描方案，三组 X-Y 振镜分别进行 RGB 扫描，由于有6个振镜同时振动，除了速度低之外，此方案的扫描同步问题也很复杂。并且，由于采用单束激光，由电流计偏转器和多面转镜组成的扫描头进行扫描显示，它对转镜角度分割误差、转镜的转速及其稳定性要求极高，这也是这种激光显示器迟迟没有得到进展的主要原因。

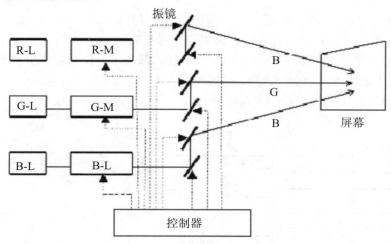

图8-39　X-Y 振镜扫描系统方案

②双光束转镜–振镜点扫描方式

该方式采用两束激光（每束都由红、绿、蓝三基色配比而成）通过一个扫描头同时扫描，扫描头的行偏转采用多面转镜实现，场偏转采用电流计偏转实现，与单束扫描方式相比较，首先可以将多面转镜的转速降至1/2，提高了扫描装置的性能，同时降低了光学扫描系统的制作难度；其转镜镜面尺寸和出射光束直径可以相应加大，扫描光斑在屏幕上聚焦更好，图像显示更清晰；其次，两组调制器同时工作，屏幕水平分辨率可提高2倍；而且在相同的屏幕亮度下，单点功率密度相应降低，提高了安全性。双镜二维扫描系统的原理如图8-40所示。

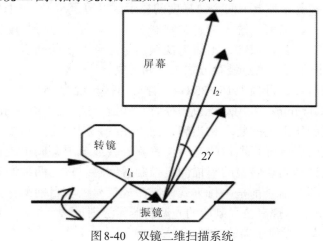

图8-40　双镜二维扫描系统

如果扫描的画面宽高比为 16∶9，可推导得到转镜的面数 n，振镜的摆角 2γ，转镜上反射点到振镜中心的距离 l_1，振镜中心到屏幕中心 l_2，与系统结构参数之间的关系为

$$\frac{\text{tg}\gamma}{\text{tg}(360/n)} = \frac{9(l_1 + l_2)}{16l_2} \tag{8-1}$$

若 $n=40$，显示的面积为 5m^2，l_1 与 l_2 相比很小，可得到 $\gamma = 5.1°$，$l_2 \approx 6.3\text{m}$。但这里必须指出，考虑到激光束的宽度时，激光行扫描实际能扫描的最大角度并不能达到 $(720°/n)$，这是因为转镜的每个反射面只有中间一部分可以作为扫描反射面，两端靠近转镜的棱不能作为反射面，否则会造成画面左右两边图像畸变。

转镜–振镜扫描系统原理如图 8-41 所示。

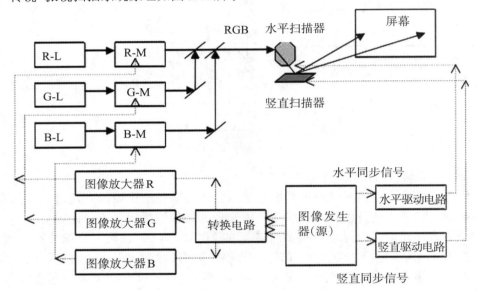

图 8-41　转镜-振镜扫描系统原理示意图

特点是在屏幕上分为上下两个等高度的显示区（分屏幕），每个分屏幕都由一束光进行扫描显示；扫描前系统先通过调制器对每束扫描光进行灰度控制，由于机械扫描系统具有固有的转动惯性，不能与视频信号达到完全的同步，所以采用数字视频缓存与控制系统单元，通过缓存方式来协调解决。

对 PAL 视频信号，行频为 15 625 Hz，若行扫描转镜为 45 面，采用单束扫描时，转镜转速为 20 800 r/min；采用双光束扫描时，转镜转速为 10 400 r/min。采用这种扫描方式，其转镜制作工艺的要求相当高，由于系统采用双光束扫描组合显示，光束指向误差会造成两个分屏幕图像的起始位置不齐，或分屏幕间出现重叠或衔接不上的问题；再就是这种高速转镜的扫描同步控制等问题。以上两种激光扫描系统因均采用扫描式的，图像信号都是串行方式调制激光信号，就目前的标清视频信号，最高频率也要 6 兆赫兹，现有技术制造的光调制器无法满足这个指标。诸如以上许多的问题制约着扫描式激光显示器的发展。

（2）线扫描式

逐点扫描是对一个单点光束进行二维扫描，而整行扫描是对一个线状光束进行一维扫描，是靠一维空间光调制器实现的。随着微机电系统技术（Micro Electro Mechanical System，MEMS）的发展，人们找到一种可以用来替代逐点扫描式所使用的光栅光阀（Grating Light Valve，GLV），是一种多面转镜光阀。GLV技术由美国多家公司及日本索尼公司相继研究了十多年，最先是由美国斯坦福大学的戴维布鲁姆教授和其学生发明，并获得专利。于1994年交由美国硅光机公司（Silicon Light Machines，SLM）开发，2000年由日本索尼公司与其签约获得技术转让继续研制，最终取得成功。

GLV栅状光阀与DMD相似，都是依靠静电驱动微型机械部件对入射光的强度和反射方向进行控制的器件，它们同属于MRMD。不同的是，DMD由微小的镜子阵列组成一个面阵，而GLV是一个线阵式硅芯片器件，只能产生一条竖直的线阵式像素，要变成一个平面图像还要依靠光学的扫描方法。GLV的显微结构如图8-42所示。

图8-42　GLV器件扫描电极的显微结构

GLV器件的结构是长条形的，其表面由一排微小的、并排排列的细条状氮化硅金属陶瓷晶片组成条栅状结构。这些并排排列的氮化硅金属陶瓷晶片，每6条组成一组三基色像素，每一个基色使用两条，分别用于红、蓝、绿三基色像素的显示，每两条镜片代表一种基色的像素，其中一条用于显示，一条接地用于隔离基色之间的影响。每个长条形金属陶瓷片的表面镀铝，因而像镜子一样光滑，可以反射入射的激光。

栅状光阀的作用原理如图8-43所示。由于每一个金属栅条非常薄，当镜片与底部晶片之间加上电场时，在外加电场的作用下，金属栅条发生弯曲，使激光发生衍射而使反射角改变，当所加电压强度不同时，激光的反射强度也会不同，就可以像DLP微镜器件一样，使得投射到屏幕上的光产生明暗不同的像素显示。当激光束依次照射到这样一长排并排排列的金属晶片条栅组上，与此同时又在每一条镜片与底部晶片间加上受视频电视信号调制的电压时，就可以使反射光的明暗按照电视图像的规律产生变化，如果再利用旋转棱镜，使反射光产生横向扫描，这样，一组像素就可在投射屏幕上产生一行电视图像，而一条器件则可产生一幅电视图像，电视图像中垂直像素的多少，由GLV线阵器件的像素数目决定。

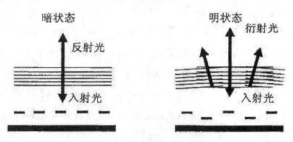

图8-43　栅状光阀的作用原理

GxL是索尼公司开发的应用1080个像素GLV一维光栅光阀的激光投影显示技术。将由1080组GLV光栅反射的激光带，用光学棱镜水平旋转投射到屏幕上，就可以形成一幅1920×1080的高清晰度电视图像。水平像素的多少，由光栅所加电视信号的行像素决定。GLV每个晶片的长度为20 μm，宽度为5 μm。镜片能够高速运动，每秒可实现50 000次弯曲和弹回。其速度比DLP微镜器件还快，因而可以实现高清晰度电视图像扫描显示。

索尼公司的GxL激光投影仪不同于其他使用二维器件的技术，通过GxL器件可以将红、绿和蓝三色激光束调制为1080个像素的一维图像，再通过Galvano振镜在垂直方向上扫描此一维图像，从而在屏幕上形成1920×1080像素的二维图像，如图8-44所示。

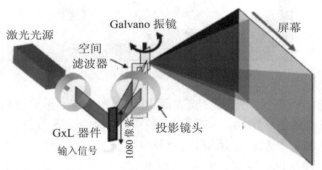

图8-44　GxL投影仪光学元件的原理结构

GxL光学引擎原理如图8-45所示。一个颜色滤波器将每个GxL模块的RGB图像进行组合，组合后的图像进入Offner中继光学系统中，Offner中继透镜里的凸面球面镜的功能类似于Shlieren空间滤波器只反射一阶衍射光束，生成衍射限制的一维图像，系统中有一个定位狭缝用来消除杂散光。2D-OP再将此一维图像转换为二维图像，校正失真后投影到屏幕上。

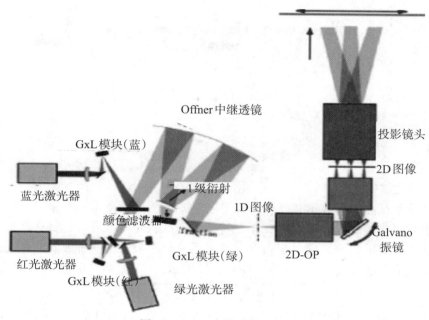

图8-45　GxL光学引擎原理图

由于GxL器件在一个方向上只产生一个衍射光束，可以通过调整RGB三色激光束的入射角度，将所有三基色GxL器件产生的衍射光束都调整为朝同一方向发射。这样可以使得Shlieren滤镜尺寸最小化，从而提高对比度。由于激光束的衍射角相同，可多路复用来增强激光光源的结构。在激光散斑抑制方面，基于GxL器件非偏振特性的偏振复用和一维水平扫描的平均效应，散斑对比度小于10%。

扫描投影显示尽管有着便于小型化、集成化的优点，但由于需要引入复杂的扫描转镜或振镜装置，增加了系统的机械不稳定性。而且为了提高投影图像的分辨率，需要将光束汇聚到空间上的一点或一线，造成局部的光能量聚集，容易对直接观察者造成视力损害。因此在实用化与商业化的道路上，扫描投影激光显示系统并不是激光显示技术的主要发展方向。

2. 整帧投影式激光显示系统

投影式显示系统基本的工作原理，如图8-46所示。无论系统结构如何复杂，其基本的工作原理都是一致的，投影光源发出的光经过照明系统后被均匀地照射在核心成像器件（又称为空间光调制器）后反射或透射出去，根据显示信号的要求对空间光调制器进行调制作为图像源，再经过投影光学镜头进行放大，投射到一定距离上的辅助平面（通称为屏幕）上进行显示。二维空间光调制器件是系统的核心器件之一，影响着整个系统的设计。目前主流的二维空间光调制器件分为三种：LCD、LCOS和DLP，这已在前文介绍过。

图 8-46　投影显示系统原理

（1）系统结构组成

相比较于逐点扫描显示和整行扫描显示对光斑的尺寸要求较高来说，整帧投影显示凭借它对光斑的尺寸要求低、光能转换效率高、安全性高等优势逐渐成为激光投影显示中主要的研究方向，也是目前各大厂家采用最多的一种方式。激光整帧投影显示系统主要包括以下几个部分，如图 8-47 所示。

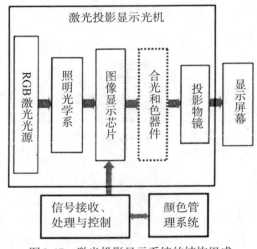

图 8-47　激光投影显示系统的结构组成

激光投影显示光机主要由 RGB 激光光源、照明系统、图像引擎、合光和色器件、投影物镜等组成。

①RGB 激光光源：作用是为显示系统提供足够的高光谱纯度的光能量。

②照明系统：作用是将 RGB 激光器出射的激光束通过整形匀光，与消散斑器件及其他光学元件为图像显示提供均匀照明。

③图像引擎：它接受视频或图像数字信号驱动，并对均匀照明光束进行空间调制，从而完成视频或图像数字信号的电光转换；目前投影显示中常用 LCD、LCOS 和 DLP 等。LCD 的原理利用液晶材料的光电效应和透射特性根据不同图像信号控制液晶板对 H 基色的透射率变化，来实现图像的显示；LCD 显示的体积小、结构简单且成本低，但由于液晶材料对光的吸收及光利用率较低，因其亮度、对比度相对较低。DLP 主要依靠数字微镜（DMD）将入射光反射形成图像；DMD 的表面存在几千

甚至几万个微反射镜，通过控制光灰度等级调制微反射镜角度的状态。DLP显示的优点包括对比度高、亮度高、寿命长等，但它的成本较高。LCOS技术采用的是反射式液晶图像显示模块，它的结构是通过半导体工艺将有源矩阵及驱动电路等制作在硅片上，并在表面镀反射膜，通过外部信号调制投射光实现图像湿示。LCOS显示具有开口率高、亮度高、对比度高等优点。

④合光和色器件：作用是将携带图像信息的三基色光束合为一束，实现彩色显示；一般采用X型三色合光棱镜；当显示系统采用单个图像显示芯片且采取时序合色时，则不需要合光和色器件。

⑤投影物镜：用于将合成后的彩色图像投影成像在显示屏幕上；根据投影显示系统的应用要求不同，可选用不同结构和性能的投影物镜。

（2）显示系统工作原理

典型的投影激光显示系统原理如图8-48所示。

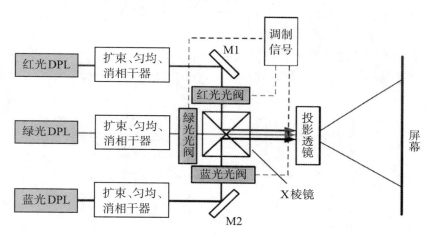

图8-48　投影式激光显示

投影式激光显示系统主要由三基色激光光源、光学引擎和屏幕三部分组成，光学引擎是指红、绿、蓝三个光阀，有的设计三光阀合一时分复用。由合束X棱镜、投影镜头和驱动光阀构成图像调制信号系统。红、绿、蓝三色激光分别经过扩束、匀场、消相干后入射到相对应的光阀上，光阀上加有图像调制信号，经调制后的三色激光由X棱镜合色后入射到投影物镜，最后经投影物镜投射到屏幕，得到激光显示图像。

参考文献

[1] 彭国贤.电子显示技术.南京：江苏科学技术出版社，1987

[2] 应根裕，胡文波，邱勇.平板显示技术.北京：人民邮电出版社，2002

[3] 阮世平.高性能真空荧光显示器（VFD）开发和应用.光电子技术，2005，25：211-217

[4] 柴天恩.平板显示器件原理及应用.北京：机械工业出版社，1996

[5] Nobuyuki M，Takasaki Y，Minamitsu S. Fluorescent display tubes and method of

manufacturing the same. US，1987

[6] 田民波. 电子显示. 北京：清华大学出版社，2001

[7] 甄艳坤. Lcos 微投影显示中照明系统的研究和设计，杭州：浙江大学，2007

[8] 应根裕. 平板显示技术. 北京：人民邮电出版社，2002

[9] 杨利营，印寿根，华玉林，等. 柔性显示器件的衬底材料及封装技术. 功能材料，2006

[10] 林慧. ITO 导电基板与有机光电器件的制备及特性研究. 成都：电子科技大学，2008

习题⑧

8.1 简述立体显示的原理。

8.2 立体显示器有哪几类？各自的特点是什么？

8.3 简述 VFD 的结构和工作原理。

8.4 VFD 有哪些电学与光学特性？

8.5 投影显示技术主要分哪几种？简述各自的特点。